普通高等学校"十三五"规划教材

工程数学

崔学慧　明　辉　范　申　彭晓明　编著

中国铁道出版社
CHINA RAILWAY PUBLISHING HOUSE

内 容 简 介

本书由三个单元构成，按照问题驱动式结构编写。第一单元为工程计算必备的数学基础知识，特别增加了现代科学计算必需的变分方法；第二单元为常用统计方法，主要包括参数估计与假设检验、回归分析与方差分析；第三单元简要介绍数学反演的基础理论和方法。通过学习本书，能够为工程中的正反演问题打下数学基础。

本书适合作为全日制专业型硕士研究生计算类教材和普通高等院校本科高年级的计算类数学教材，作为学术型硕士研究生的数学教材也有一定的适用性，还可作为广大工程技术人员的参考书。

图书在版编目(CIP)数据

工程数学/崔学慧等编著. —北京：中国铁道出版社，2018.2
普通高等学校“十三五”规划教材(2018.9 重印)
ISBN 978-7-113-24296-1

Ⅰ.①工… Ⅱ.①崔… Ⅲ.①工程数学-高等学校-教材 Ⅳ.①TB11

中国版本图书馆 CIP 数据核字(2018)第 029267 号

书　　名：工程数学
作　　者： 崔学慧　明　辉　范　申　彭晓明　编著

策　　划： 李小军　　　　**读者热线：** (010)63550836
责任编辑： 张文静　徐盼欣
封面设计： 付　巍
封面制作： 刘　颖
责任校对： 张玉华
责任印制： 郭向伟

出版发行： 中国铁道出版社(100054，北京市西城区右安门西街 8 号)
网　　址： http://www.tdpress.com/51eds/
印　　刷： 北京虎彩文化传播有限公司
版　　次： 2018 年 2 月第 1 版　　2018 年 9 月第 2 次印刷
开　　本： 787 mm×1 092 mm　1/16　**印张：** 17.5　**字数：** 425 千
书　　号： ISBN 978-7-113-24296-1
定　　价： 45.00 元

前　言

各类工程问题的分析和计算，除了需要具备扎实的本专业理论知识和实践能力外，还需要掌握专业所需的多种数学理论和方法基础，二者互相促进、融合，共同推动数学各学科专业和各工程学科专业的发展和进步，乃至孕育出新的数学研究方向、新的工程问题研究方向。工程问题多种多样，需要的数学工具自然也是多种多样的，特别是随着计算机和网络软硬件理论及技术的日新月异，对各类工程问题的研究而言，机遇与挑战并存。

从2009年我国实行全日制专业学位硕士研究生培养改革以来，原有的学术型硕士研究生的培养思路与教材已不能适应专业型硕士研究生的培养目标与定位：高层次应用型专门人才，突出该类型研究生的专业性，以具备解决实际问题的能力培养为能力目标，与学术型硕士研究生处于同一层次。因此，如何开展面向全日制专业学位硕士研究生（以下简称专硕）的数学教育自然是一个亟需解决的关键问题。其中，面向专硕的数学教材建设是关键环节之一。

工程问题的范围很广，我们不可能在有限的篇幅内包罗万象。作为面向专硕的数学教材，应该是基础性的。通过编者及团队近几年的教学实践和改革以及与相关院校的交流，我们逐步确立了以科学计算、常用统计方法和反演方法为主要授课内容，这三个方面的内容能够涵盖大多数的专硕专业培养目标，能够为学生进行专业应用奠定良好的数学基础及知识面。基于此，我们在教学讲义的基础上编著了面向专硕的《工程数学》教材。

本书主要由三个单元构成，特点是问题驱动。第一单元为工程计算必备的数学基础知识，与“数值分析”或“计算方法”部分内容重合，我们增加了现代科学计算必需的变分方法；第二单元为常用统计方法，主要包括参数估计与假设检验、回归分析与方差分析；第三单元简要介绍数学反演的基础理论和方法。通过学习本书，能够为处理部分正演计算和反演计算打下数学基础。本书授课时间约需64学时。

本书由崔学慧、明辉、范申、彭晓明编著。具体编写分工如下：第1、2、4～8章由崔学慧编著，第3章由彭晓明编著，第9、10章由明辉编著，第11章由范申编著，全书由崔学慧统稿。

本书适合作为全日制专业型硕士研究生计算类教材和普通高等院校本科高年级的计算类数学教材，作为学术型硕士研究生的数学教材也有一定的适用性，还可作为广大工程技术人员的参考书。

编者及团队衷心感谢对本书编写给予热忱帮助的中国石油大学（北京）研究生院的相关同志。成稿过程中得到中国石油大学（北京）理学院数学系刘建军教授、高阳副教授的热情帮助，构思过程中得到了吉林省教学名师、长春工业大学王新民教授的指导，在此致以诚挚谢意。

由于我们的学识有限，书中疏漏和不足之处不可避免，敬请广大读者批评指正。

编著者
2017年10月

目　　录

第1章　数学基础知识

线性空间、赋范线性空间、内积空间、矩阵变换等数学基础知识是各专业应用数学知识解决各类具体问题的理论基础之一.本章对它们进行简要介绍,为后续各章节打下基础.虽然有些概念在应用数学方法解决实际问题时并非必需,但是掌握它们对于深入研究工程计算的理论,阅读有关文献专著,却有很大的益处.

1.1　线性空间与赋范线性空间

1.1.1　线性空间

线性空间是对集合概念的扩充,研究的是施加在集合上的代数运算规律的基础数学概念.

定义 1.1　设 V 是一个非空集合,F 是一个数域.任意元素 $\boldsymbol{\alpha},\boldsymbol{\beta},\boldsymbol{\gamma},\boldsymbol{\delta}\in V,k,l\in F$.

(1)在集合 V 中的元素之间定义一种代数运算,称之为**加法**,用通常的"+"表示.即对集合 V 中的任意元素 $\boldsymbol{\alpha}$ 与 $\boldsymbol{\beta}$,按照这种加法运算法则,在 V 中有唯一的元素 $\boldsymbol{\gamma}$ 与它们对应,称为 $\boldsymbol{\alpha}$ 与 $\boldsymbol{\beta}$ 的**和**,记作:$\boldsymbol{\gamma}=\boldsymbol{\alpha}+\boldsymbol{\beta}$,也称这个"+"运算具有**加法封闭性**.

(2)在集合 V 中的任意元素 $\boldsymbol{\alpha}$ 与数域 F 中的任意元素 k 之间定义另一种代数运算,称之为**数量乘法**,简称**数乘**,用通常的"·"表示.即对集合 V 中的任意元素 $\boldsymbol{\alpha}$ 与数域 F 中的任意元素 k,按照这种数乘运算法则,在 V 中存在唯一一个元素 $\boldsymbol{\delta}$ 与它们对应,称为 k 与 $\boldsymbol{\alpha}$ 的**数量乘积**,记作:$\delta=k\cdot\boldsymbol{\alpha}$,通常简记为 $\boldsymbol{\delta}=k\boldsymbol{\alpha}$,也称这个"·"运算具有**数乘封闭性**.

如果上述定义的加法和数乘运算满足下述运算规则,则称 V 是数域 F 上的**线性空间**或**向量空间**,记作 $V(F)$.这些规则如下:

(1) $\boldsymbol{\alpha}+\boldsymbol{\beta}=\boldsymbol{\beta}+\boldsymbol{\alpha}$;

(2) $(\boldsymbol{\alpha}+\boldsymbol{\beta})+\boldsymbol{\gamma}=\boldsymbol{\alpha}+(\boldsymbol{\beta}+\boldsymbol{\gamma})$;

(3) 在 V 中有一个元素 $\mathbf{0}$,对 V 中任一元素 $\boldsymbol{\alpha}$,都有 $\boldsymbol{\alpha}+\mathbf{0}=\boldsymbol{\alpha}$,称具有这个性质的 V 中元素 $\mathbf{0}$ 为**零元素**;

(4) 对任意 $\boldsymbol{\alpha}\in V$,都有 $\boldsymbol{\beta}\in V$,使得 $\boldsymbol{\alpha}+\boldsymbol{\beta}=\mathbf{0}$,称这个 $\boldsymbol{\beta}$ 为 $\boldsymbol{\alpha}$ 的**负元素**,记作 $-\boldsymbol{\alpha}$;

(5) $1\boldsymbol{\alpha}=\boldsymbol{\alpha}$;

(6) $k(l\boldsymbol{\alpha})=(kl)\boldsymbol{\alpha}$;

(7) $(k+l)\boldsymbol{\alpha}=k\boldsymbol{\alpha}+l\boldsymbol{\alpha}$;

(8) $k(\boldsymbol{\alpha}+\boldsymbol{\beta})=k\boldsymbol{\alpha}+k\boldsymbol{\beta}$.

通过线性空间的定义,集合 V 中的元素也称**向量**.直接从线性空间的定义出发,还可以证明:一个线性空间中零元素、负元素都是**唯一**的,利用负元素,还可以延伸定义如下的**减法**:$\boldsymbol{\alpha}-\boldsymbol{\beta}=\boldsymbol{\alpha}+(-\boldsymbol{\beta})$.这样,集合 V 与数域 F 之间就具有除了"除法"以外的类似"四则运算"中的加、减、乘(这里是数乘)三种运算了.

如果选择的数域 F 是实数域 $\mathbf{R}$,那么直角坐标系下的矢量的集合就是一个线性空间,只不过把这个空间中的向量称为"矢量".

下面给出几个线性空间的例子.

例 1.1 复数的全体 $\mathbf{C}$:可以看成复数域 $\mathbf{C}$ 的线性空间,定义的加法是复数的加法,数乘是实数与复数按复数乘法相乘.

例 1.2 $\mathbf{R}^n$:全体 n 维实列向量的集合,定义加法和数乘运算为通常实向量的加法和数乘运算,构成实数域上的线性空间.

例 1.3 $\mathbf{R}^{m\times n}(\mathbf{C}^{m\times n})$:实数域(复数域)上所有 $m\times n$ 阶矩阵的集合,按矩阵的加法和数乘矩阵定义加法和数乘,构成线性空间.

例 1.4 $P[x]_n$:实数域上所有次数不超过 n 的多项式的全体,按多项式加法和数乘多项式定义加法和数乘,构成线性空间,但次数等于 n 的多项式全体不能构成线性空间.

例 1.5 $P[x]$:实数域上的多项式全体,按多项式加法和数乘多项式法则构成线性空间.

例 1.6 $C[a,b]$:区间$[a,b]$上的一元连续实函数的全体,按函数的加法和数乘连续函数的定义,是实数域 $\mathbf{R}$ 上的线性空间.

例 1.7 正实数的全体,记作 $\mathbf{R}_+$,在其中定义加法"$\oplus$"及数乘"$\circ$"运算为

$$a\oplus b=ab,\quad \lambda\circ a=a^{\lambda}\quad (\lambda\in\mathbf{R};a,b\in\mathbf{R}_+).$$

根据线性空间的定义,可以验证如上定义的加法和数乘运算使得 $\mathbf{R}_+$ 是实数域 $\mathbf{R}$ 上的线性空间,只不过这个线性空间的零元素是数字 1,而不是数字 0;元素 a 的负元素是数字$\dfrac{1}{a}$,而不是数字$-a$.

根据线性空间的定义,若 $\boldsymbol{\alpha}_1,\boldsymbol{\alpha}_2,\cdots,\boldsymbol{\alpha}_n\in V(F)$,$k_i\in F(i=1,2,\cdots,n)$,则

$$k_1\boldsymbol{\alpha}_1+k_2\boldsymbol{\alpha}_2+\cdots+k_n\boldsymbol{\alpha}_n\in V.$$

定义 1.2 称 $\boldsymbol{\alpha}=k_1\boldsymbol{\alpha}_1+k_2\boldsymbol{\alpha}_2+\cdots+k_n\boldsymbol{\alpha}_n=\sum\limits_{i=1}^{n}k_i\boldsymbol{\alpha}_i$ 为向量 $\boldsymbol{\alpha}_1,\boldsymbol{\alpha}_2,\cdots,\boldsymbol{\alpha}_n$ 的一个**线性组合**,或称 $\boldsymbol{\alpha}$ 可由 $\boldsymbol{\alpha}_1,\boldsymbol{\alpha}_2,\cdots,\boldsymbol{\alpha}_n$ 线性表示.

定义 1.3 设 V 是定义在数域 F 上的线性空间,$\boldsymbol{\alpha}_1,\boldsymbol{\alpha}_2,\cdots,\boldsymbol{\alpha}_n\in V$,若存在一组不全为零的数 $k_i\in F(i=1,2,\cdots,n)$,使 $\sum\limits_{i=1}^{n}k_i\boldsymbol{\alpha}_i=\mathbf{0}$,则称元素组 $\boldsymbol{\alpha}_1,\boldsymbol{\alpha}_2,\cdots,\boldsymbol{\alpha}_n$ **线性相关**,否则称它们**线性无关**.

定义 1.4 设 V 是定义在数域 F 上的线性空间,如果存在 n 个元素 $\boldsymbol{\alpha}_1,\boldsymbol{\alpha}_2,\cdots,\boldsymbol{\alpha}_n$ 满足

(1) $\boldsymbol{\alpha}_1,\boldsymbol{\alpha}_2,\cdots,\boldsymbol{\alpha}_n$ 线性无关;

(2) V 中任一元素 $\boldsymbol{\alpha}$ 总可由 $\boldsymbol{\alpha}_1,\boldsymbol{\alpha}_2,\cdots,\boldsymbol{\alpha}_n$ 线性表示,即 $\boldsymbol{\alpha}=k_1\boldsymbol{\alpha}_1+k_2\boldsymbol{\alpha}_2+\cdots+k_n\boldsymbol{\alpha}_n$.

则称 $\boldsymbol{\alpha}_1,\boldsymbol{\alpha}_2,\cdots,\boldsymbol{\alpha}_n$ 是线性空间 V 的一个**基**;有序的系数 $k_1,k_2,\cdots,k_n$ 称为 $\boldsymbol{\alpha}$ 在这个基下的**坐标**,通常用列向量$(k_1,k_2,\cdots,k_n)^{\mathrm{T}}$ 表示;n 称为线性空间 V 的**维数**,记为 $n=\dim V$,如果 n 等于无穷,则这个空间是无穷维的.

例 1.8 对于多项式空间 $P[x]_n$,不难证明函数组 $1,x,x^2,\cdots,x^n$ 在$(-\infty,\infty)$上线性无关,故 $1,x,x^2,\cdots,x^n$ 是 $P[x]_n$ 的一组基,$P[x]_n$ 称为$n+1$ 维多项式空间.

例 1.9 在 $\mathbf{R}^n$ 中,令向量 $\boldsymbol{e}_i=(0,\cdots,0,\underset{i}{1},0,\cdots,0)^{\mathrm{T}}\in\mathbf{R}^n$,$i=1,2,\cdots,n$,则它们构成了 $\mathbf{R}^n$

的基.

设 V 是 F 上的线性空间，$\boldsymbol{\alpha}_1,\boldsymbol{\alpha}_2,\cdots,\boldsymbol{\alpha}_n\in V$(这些 $\boldsymbol{\alpha}_i$ 未必线性无关)，令

$$V_1=\left\{\boldsymbol{\beta}=\sum_{i=1}^{n}k_i\boldsymbol{\alpha}_i\,|\,k_1,k_2,\cdots,k_n\in F\right\},$$

显然，V_1 也构成了 F 上线性空间. 从而得到如下的定义：

定义 1.5　称 $V_1=\left\{\boldsymbol{\beta}=\sum_{i=1}^{n}k_i\boldsymbol{\alpha}_i\,|\,k_1,k_2,\cdots,k_n\in F\right\}$ 为由元素 $\boldsymbol{\alpha}_1,\boldsymbol{\alpha}_2,\cdots,\boldsymbol{\alpha}_n$ 生成的**子空间**，记作 $V_1=\mathrm{span}\{\boldsymbol{\alpha}_1,\boldsymbol{\alpha}_2,\cdots,\boldsymbol{\alpha}_n\}$，集合 $S=\{\boldsymbol{\alpha}_1,\boldsymbol{\alpha}_2,\cdots,\boldsymbol{\alpha}_n\}$ 中的元素 $\boldsymbol{\alpha}_i$ 称为 V_1 的张成元. 因此，也称 V_1 为由元素 $\boldsymbol{\alpha}_1,\boldsymbol{\alpha}_2,\cdots,\boldsymbol{\alpha}_n$ 张成的空间.

显然，线性空间 V 本身也是由其基向量张成的. 下面给出几个特殊子空间的例子.

例 1.10　矩阵 $\boldsymbol{A}\in\boldsymbol{R}^{m\times n}$ 的零空间.

称齐次方程组 $\boldsymbol{Ax}=\boldsymbol{0}$ 的解集是 $\mathbf{R}^n$ 的子空间，称为 $\boldsymbol{A}$ 的零空间，记为 $N(\boldsymbol{A})$，即

$$N(\boldsymbol{A})=\{x\in\mathbf{R}^n\,|\,\boldsymbol{Ax}=\boldsymbol{0},\quad \boldsymbol{A}\in\mathbf{R}^{m\times n}\}\subset\mathbf{R}^n.$$

例 1.11　矩阵 $\boldsymbol{A}\in\mathbf{R}^{m\times n}$ 的列空间和行空间.

任意 $\boldsymbol{A}\in\mathbf{R}^{m\times n}$，由 $\boldsymbol{A}$ 的列向量张成的集合全体是 $\mathbf{R}^m$ 的子空间，称为 $\boldsymbol{A}$ 的列空间，记为 $R(\boldsymbol{A})$，即

$$R(\boldsymbol{A})=\{\boldsymbol{b}\in\mathbf{R}^m\,|\,\boldsymbol{b}=\boldsymbol{Ax},\quad \forall\,\boldsymbol{x}\in\mathbf{R}^n\}\subset\mathbf{R}^m$$

若矩阵 $\boldsymbol{A}$ 按列分块为 $\boldsymbol{A}=[\boldsymbol{\alpha}_1,\boldsymbol{\alpha}_2,\cdots,\boldsymbol{\alpha}_n]$，$\boldsymbol{\alpha}_i\in\mathbf{R}^m(i=1,2,\cdots,n)$，则

$$R(\boldsymbol{A})=\mathrm{span}\{\boldsymbol{\alpha}_1,\boldsymbol{\alpha}_2,\cdots,\boldsymbol{\alpha}_n\}.$$

由 $\boldsymbol{A}$ 的行向量张成的集合全体是 $\mathbf{R}^n$ 的子空间，称为 $\boldsymbol{A}$ 的行空间. $\boldsymbol{A}$ 的行空间可以看成 $\boldsymbol{A}^{\mathrm{T}}$ 的列空间，因此 $\boldsymbol{A}$ 的行空间记为 $R(\boldsymbol{A}^{\mathrm{T}})$，即

$$\mathrm{R}(\boldsymbol{A}^{\mathrm{T}})=\{\boldsymbol{y}\in\mathbf{R}^n\,|\,\boldsymbol{y}=\boldsymbol{A}^{\mathrm{T}}\boldsymbol{x},\quad \forall\,\boldsymbol{x}\in\mathbf{R}^m\}\subset\mathbf{R}^n,$$

显然，有 $\dim(R(\boldsymbol{A}))=\dim(R(\boldsymbol{A}^{\mathrm{T}}))=r(\boldsymbol{A})$.

1.1.2　赋范线性空间

在 1.1.1 节中已经给出线性空间的定义，它具有两种代数运算：加法和数乘. 在此基础上，根据实际需要，有时要用距离的概念来刻画线性空间中两个向量之间的差异或近似程度. 因此，本节首先给出范数(长度、模)的定义，然后依据范数给出距离的定义.

定义 1.6　设 V 是数域 F 上的线性空间，如果 $\forall\,\boldsymbol{x}\in V$，都存在一个实数(记为 $\|\boldsymbol{x}\|$)与之对应，且满足以下三条公理，则称实数 $\|\boldsymbol{x}\|$ 为向量 $\boldsymbol{x}$ 的**范数**：

(1) 正定性(非负性)：$\|\boldsymbol{x}\|\geqslant 0$，且 $\|\boldsymbol{x}\|=0\Leftrightarrow\boldsymbol{x}=\boldsymbol{0}$；

(2) 齐次性：对 $\forall\,k\in F$，$\|k\boldsymbol{x}\|=|k|\,\|\boldsymbol{x}\|$；

(3) 三角不等式：$\|\boldsymbol{x}+\boldsymbol{y}\|\leqslant\|\boldsymbol{x}\|+\|\boldsymbol{y}\|\ (\forall\,\boldsymbol{x},\boldsymbol{y}\in V)$.

把定义了范数的线性空间称为**赋范线性空间**.

不难看出，范数的概念其实就是绝对值概念的推广. 下面，给出在实际应用中常用的范数，即常用的赋范线性空间.

1. $\mathbf{R}^n$ 及其常用范数

对于 $\forall\, \boldsymbol{x}=(x_1,x_2,\cdots,x_n)^{\mathrm{T}}\in\mathbf{R}^n$，定义在其上的常用的范数有如下三种：

(1) 向量的 1-范数：

$$\|\boldsymbol{x}\|_1=\sum_{i=1}^{n}|x_i|. \tag{1.1}$$

(2) 向量的 2-范数(又称欧氏范数)：

$$\|\boldsymbol{x}\|_2=\left(\sum_{i=1}^{n}|x_i|^2\right)^{\frac{1}{2}}. \tag{1.2}$$

(3) 向量的∞-范数(又称最大模范数)：

$$\|\boldsymbol{x}\|_\infty=\max_{1\leqslant i\leqslant n}|x_i|. \tag{1.3}$$

不难验证，这三种范数都满足向量范数的三条公理，证明省略. 实际上，以上三种范数可以统一表示成如下的形式：

$$\|\boldsymbol{x}\|_p=\left(\sum_{i=1}^{n}|x_i|^p\right)^{\frac{1}{p}},\quad p=1,2,\infty. \tag{1.4}$$

根据式(1.4)，可以发现对 $\mathbf{R}^n$ 中同一向量 $\boldsymbol{x}$ 可以定义不同的范数，也就是说根据使用的度量标准的不同，向量 $\boldsymbol{x}$ 具有不同的长度. 但这些范数之间是存在一定的关系的，这就是范数等价性的概念.

定义 1.7 已知 $\|\boldsymbol{x}\|_{p_1}$ 和 $\|\boldsymbol{x}\|_{p_2}$ 是定义在 $\mathbf{R}^n$ 上的不同范数，若存在正常数 C_1 和 C_2($C_2\geqslant C_1>0$)，对 $\forall\, \boldsymbol{x}\in\mathbf{R}^n$，有

$$C_1\|\boldsymbol{x}\|_{p_2}\leqslant\|\boldsymbol{x}\|_{p_1}\leqslant C_2\|\boldsymbol{x}\|_{p_2}, \tag{1.5}$$

则称 $\|\boldsymbol{x}\|_{p_1}$ 和 $\|\boldsymbol{x}\|_{p_2}$ 是**等价**的.

不难验证，对 $\forall\, \boldsymbol{x}\in\mathbf{R}^n$，下面的关系式成立：

$$\begin{gathered}\frac{1}{\sqrt{n}}\|\boldsymbol{x}\|_2\leqslant\|\boldsymbol{x}\|_\infty\leqslant\|\boldsymbol{x}\|_2;\\ \|\boldsymbol{x}\|_\infty\leqslant\|\boldsymbol{x}\|_2\leqslant\sqrt{n}\|\boldsymbol{x}\|_\infty;\\ \|\boldsymbol{x}\|_\infty\leqslant\|\boldsymbol{x}\|_1\leqslant n\|\boldsymbol{x}\|_\infty.\end{gathered} \tag{1.6}$$

向量范数等价性的意义在于：对某一问题的结论可以用不同的范数表示，也就是度量的标准(方法)不同，但这些度量之间存在一定的制约关系. 需要指出的是：范数等价性不是互相替代，即在同一问题中不能混用不同的范数，度量标准要统一. 向量范数的等价性只在有限维空间中成立，在无限维空间中是不成立的.

2. $C[a,b]$及其常用范数

对于 $\forall\, f(\boldsymbol{x})\in C[a,b]$，定义在其上的常用的范数有如下三种：

(1) 函数 $f(\boldsymbol{x})$的 1-范数：

$$\|\boldsymbol{f}\|_1=\int_a^b|f(\boldsymbol{x})|\,\mathrm{d}\boldsymbol{x}. \tag{1.7}$$

(2) 函数 $f(\boldsymbol{x})$的 2-范数(又称函数的欧氏范数):

$$\|\boldsymbol{f}\|_2=\left(\int_a^b f^2(\boldsymbol{x})\mathrm{d}\boldsymbol{x}\right)^{\frac{1}{2}}. \tag{1.8}$$

(3) 函数 $f(\boldsymbol{x})$的∞-范数(又称函数的切比雪夫范数):

$$\|\boldsymbol{f}\|_\infty=\max_{x\in[a,b]}|f(\boldsymbol{x})|. \tag{1.9}$$

不难验证,这三种范数都满足向量范数的三条公理,证明省略.与 $\mathbf{R}^n$ 中定义的范数类似,函数 $f(\boldsymbol{x})$的这三种常用的范数也可以统一表示成如下的形式:

$$\|f(\boldsymbol{x})\|_p=\left(\int_a^b|f(\boldsymbol{x})|^p\mathrm{d}x\right)^{\frac{1}{p}},\quad p=1,2,\infty. \tag{1.10}$$

3. $\mathbf{R}^{n\times n}$及其常用范数

定义 1.8　设矩阵 $\boldsymbol{A}\in\mathbf{R}^{n\times n}$,若存在一个实数 $F(\boldsymbol{A})=\|\boldsymbol{A}\|$($F:\mathbf{R}^{n\times n}\to\mathbf{R}$)与其对应,且满足以下条件:

(1) 正定性(非负性):$\|\boldsymbol{A}\|\geqslant 0$,及$\|\boldsymbol{A}\|=0$ 当且仅当 $\boldsymbol{A}=\mathbf{0}$;

(2) 齐次性:对 $\forall k\in\mathbf{R}$ 有 $\|k\boldsymbol{A}\|=|k|\,\|\boldsymbol{A}\|$;

(3) 三角不等式:$\forall\boldsymbol{A},\boldsymbol{B}\in\mathbf{R}^{n\times n}$,有 $\|\boldsymbol{A}+\boldsymbol{B}\|\leqslant\|\boldsymbol{A}\|+\|\boldsymbol{B}\|$;

(4) 相容性:$\forall\boldsymbol{A},\boldsymbol{B}\in\mathbf{R}^{n\times n}$,有 $\|\boldsymbol{AB}\|\leqslant\|\boldsymbol{A}\|\,\|\boldsymbol{B}\|$.

称$\|\boldsymbol{A}\|$是 $\mathbf{R}^{n\times n}$上的一个矩阵的**范数**.

我们知道,向量是一个特殊矩阵,那么是否能够根据前面的向量的范数类比得到方阵的范数呢?答案是不一定.

如果从向量的 2-范数出发做类比,令

$$\|\boldsymbol{A}\|_F=\left(\sum_{i=1}^n\sum_{j=1}^n(a_{ij})^2\right)^{\frac{1}{2}}, \tag{1.11}$$

可以验证式(1.11)满足定义 1.8,称之为矩阵的 Frobenius 范数(F-范数),这个范数也称矩阵的**欧氏范数**.这就是说,从向量的 2-范数出发做类比,可以得到矩阵的一种特殊范数.那么,是不是对其他类型的向量范数也可以做这种类比呢?例如,已知矩阵 $\boldsymbol{A},\boldsymbol{B}$ 如下:

$$\boldsymbol{A}=\boldsymbol{B}=\begin{pmatrix}1&1\\1&1\end{pmatrix},\quad \boldsymbol{AB}=\begin{pmatrix}2&2\\2&2\end{pmatrix}.$$

如果按照 $\mathbf{R}^n$ 的最大值范数$\|\cdot\|_\infty$进行类比定义:$\|\boldsymbol{A}\|_\infty=\max\limits_{1\leqslant i,j\leqslant n}|a_{ij}|$,因为按照这个定义,可以得到$\|\boldsymbol{AB}\|_\infty=2$,$\|\boldsymbol{A}\|_\infty=\|\boldsymbol{B}\|_\infty=1$,显然$\|\boldsymbol{AB}\|_\infty\leqslant\|\boldsymbol{A}\|_\infty\|\boldsymbol{B}\|_\infty$不成立.所以,对向量的$\|\cdot\|_\infty$不能直接用类比的逻辑来定义矩阵的范数.

在实际应用中,矩阵和向量往往是互相关联的,因此希望借助已知向量的范数来导出矩阵的范数.这就要求矩阵范数和向量范数满足相容性,即

$$\|\boldsymbol{Ax}\|\leqslant\|\boldsymbol{A}\|\,\|\boldsymbol{x}\|. \tag{1.12}$$

根据这一要求,矩阵的**算子范数**定义如下:

定义 1.9(矩阵的算子范数)　设 $\boldsymbol{x}\in\mathbf{R}^n$,$\boldsymbol{x}\neq\mathbf{0}$,$\boldsymbol{A}\in\mathbf{R}^{n\times n}$,定义矩阵的**算子范数**为

$$\| \boldsymbol{A} \| = \max_{x \neq 0} \frac{\| \boldsymbol{Ax} \|}{\| \boldsymbol{x} \|} = \max_{\| x \| = 1} \| \boldsymbol{Ax} \| , \tag{1.13}$$

其中，$\| \boldsymbol{x} \|$ 是向量 $\boldsymbol{x}$ 的某一种范数.

容易验证以上定义的矩阵算子范数满足一般矩阵范数的四个条件，因此式(1.13)定义的是矩阵范数.

矩阵算子实际上是函数概念的推广. 我们知道，对于一个矩阵 $\boldsymbol{A} \in \mathbf{R}^{n \times n}$ 和向量 $\boldsymbol{x} \in \mathbf{R}^n$，可以把线性代数方程组 $\boldsymbol{Ax} = \boldsymbol{b}$ 变形成为 $\boldsymbol{Y} = f(\boldsymbol{x}) = \boldsymbol{Ax}$. 这样，矩阵 $\boldsymbol{A}$ 自然起到了一个函数 $\boldsymbol{f}$ 的作用，因此也把矩阵称为矩阵算子.

从式(1.13)可知，矩阵的算子范数是向量 $\boldsymbol{x} \in \mathbf{R}^n$ 在矩阵算子 $\boldsymbol{A} \in \mathbf{R}^{n \times n}$ 的作用下，通过变换前后的向量的范数的比值得到的，因此矩阵的算子范数也称向量范数的**从属范数**. 今后如不特别指明，简称矩阵的范数就是指算子范数.

根据式(1.13)右端向量不同的范数类型，可以计算出具体的矩阵算子范数，这里只给出结果.

(1) 矩阵的 1-范数(矩阵的列范数) $\| \boldsymbol{A} \|_1$：

$$\| \boldsymbol{A} \|_1 = \max_{1 \leqslant j \leqslant n} \sum_{i=1}^{n} | a_{ij} |. \tag{1.14}$$

(2) 矩阵的 ∞-范数(矩阵的行范数) $\| \boldsymbol{A} \|_\infty$：

$$\| \boldsymbol{A} \|_\infty = \max_{1 \leqslant i \leqslant n} \sum_{j=1}^{n} | a_{ij} |. \tag{1.15}$$

(3) 矩阵的 2-范数(矩阵的行范数) $\| \boldsymbol{A} \|_2$：

$$\| \boldsymbol{A} \|_2 = \sqrt{\lambda_{\max}(\boldsymbol{A}^{\mathrm{T}} \boldsymbol{A})}, \tag{1.16}$$

其中，$\lambda_{\max}(\boldsymbol{A}^{\mathrm{T}} \boldsymbol{A})$ 表示 $\boldsymbol{A}^{\mathrm{T}} \boldsymbol{A}$ 的最大特征值.

4. 赋范线性空间中的距离

在定义了线性空间 V 的范数 $\| \cdot \|$ 以后，就可以用范数定义 V 中元素之间的距离.

定义 1.10 $\forall \boldsymbol{\alpha}, \boldsymbol{\beta} \in V$，称

$$\rho(\boldsymbol{\alpha}, \boldsymbol{\beta}) = \| \boldsymbol{\alpha} - \boldsymbol{\beta} \| \tag{1.17}$$

为向量 $\boldsymbol{\alpha}$ 与 $\boldsymbol{\beta}$ 之间的**距离**. 既然距离是一个几何概念，它应该满足距离的三条公理：

(1) 非负性：$\rho(\boldsymbol{\alpha}, \boldsymbol{\beta}) \geqslant 0$，且 $\rho(\boldsymbol{\alpha}, \boldsymbol{\beta}) = 0 \Leftrightarrow \boldsymbol{\alpha} = \boldsymbol{\beta}$;

(2) 对称性：$\rho(\boldsymbol{\alpha}, \boldsymbol{\beta}) = \rho(\boldsymbol{\beta}, \boldsymbol{\alpha})$；

(3) 三角不等式：$\rho(\boldsymbol{\alpha}, \boldsymbol{\beta}) \leqslant \rho(\boldsymbol{\alpha}, \boldsymbol{\gamma}) + \rho(\boldsymbol{\gamma}, \boldsymbol{\beta})$.

容易证明，用范数定义的距离 $\rho(\boldsymbol{\alpha}, \boldsymbol{\beta}) = \| \boldsymbol{\alpha} - \boldsymbol{\beta} \|$ 满足距离的三条公理.

因此，范数的作用就在于刻画了线性空间中元素的长度及元素间的差异程度. 在实际应用中，可以利用范数来表示向量之间误差的大小. 众所周知，微积分的数学基础就是利用距离来定义极限的概念，所以可以利用范数这个概念，得到线性空间 V 中向量序列的收敛和极限的定义.

定义 1.11 设向量序列 $\{\boldsymbol{x}_n\}_{n=1}^{\infty} \subset V$，若存在 $\boldsymbol{\alpha} \in V$，使得

$$\lim_{n\to\infty}\rho(\boldsymbol{\alpha},\boldsymbol{x}_n)=\lim_{n\to\infty}\|\boldsymbol{x}_n-\boldsymbol{\alpha}\|=0, \tag{1.18}$$

则称向量序列$\{\boldsymbol{x}_n\}_{n=1}^{\infty}$**收敛**于$\boldsymbol{\alpha}$,记作$\lim\limits_{n\to\infty}\boldsymbol{x}_n=\boldsymbol{\alpha}$.

可以证明,收敛点列的极限必是唯一的,而且收敛点列满足 **Cauchy 条件**:对$\forall\varepsilon>0$,存在N,使当$n,m>N$时,有

$$\|\boldsymbol{x}_n-\boldsymbol{x}_m\|<\varepsilon.$$

通常,把满足 Cauchy 条件的点列叫做**基本列**.可见,收敛点列必为基本列.特别指出,对实数域而言,一个极其重要的性质是上述命题反之亦然,即凡基本列必收敛,这叫做实数域的完备性.

不难理解,赋范线性空间中极限的定义实际上就是数列极限概念的一般化,只不过这里用范数来代替绝对值作为距离的度量.

定理 1.1　在赋范线性空间$\mathbf{R}^n$中,向量序列(点列)$\{\boldsymbol{x}^{(k)}=(\boldsymbol{x}_1^{(k)},\boldsymbol{x}_2^{(k)},\cdots,\boldsymbol{x}_n^{(k)})^{\mathrm{T}}\}_{k=1}^{\infty}$的极限$\lim\limits_{k\to\infty}\boldsymbol{x}^{(k)}=\boldsymbol{x}^*=(\boldsymbol{x}_1^*,\boldsymbol{x}_2^*,\cdots,\boldsymbol{x}_n^*)^{\mathrm{T}}$存在的充分必要条件是$\lim\limits_{k\to\infty}\boldsymbol{x}_i^{(k)}=\boldsymbol{x}_i^*$,$(i=1,2,\cdots,n)$.

证明:$\lim\limits_{k\to\infty}\boldsymbol{x}^{(k)}=\boldsymbol{x}^*\Leftrightarrow\lim\limits_{k\to\infty}\|\boldsymbol{x}^{(k)}-\boldsymbol{x}^*\|_\infty=0\Leftrightarrow\lim\limits_{k\to\infty}\max\limits_{1\leqslant i\leqslant n}|\boldsymbol{x}_i^{(k)}-\boldsymbol{x}_i^*|=0\Leftrightarrow\lim\limits_{k\to\infty}|\boldsymbol{x}_i^{(k)}-\boldsymbol{x}_i^*|=0$ $\Leftrightarrow\lim\limits_{k\to\infty}\boldsymbol{x}_i^{(k)}=x_i^*\ (i=1,2,\cdots,n)$.

简单来说,定理 1.1 表明点列的收敛性等价于其各分量数列的收敛性.

需要指出的是,定理 1.1 中并没有指出极限过程所采用的范数类型.实际上,由范数的等价性(类似数列极限的控制收敛定理),若向量序列按某一种范数收敛,则按其余范数也收敛.

同理,对于$\mathbf{R}^{n\times n}$中的矩阵序列$\{\boldsymbol{A}^{(k)}\}_{k=1}^{\infty}$的收敛性,也有与定理 1.1 结构类似的结论,读者可以完全可以自行写出,这里不再赘述.

1.2　内积空间

从几何的角度来看,1.1 节中用范数的概念来刻画向量的长度(模),那么如何利用严格的数学定义来刻画向量之间的夹角就自然是需要顺序解决的另外一个数学基础问题.有了范数、角度的概念以后,线性空间就具有了相对完整的几何概念.要想解决如何定义角度的问题,就需要内积的概念,进而得到内积空间.在诸多工程应用领域,大多是在内积空间的框架下讨论其数学模型及其求解方法的.本节只讨论实数域上的内积空间.

1.2.1　内积及内积空间的定义

定义 1.12　设V是实数域$\mathbf{R}$上的线性空间,对于$\forall\boldsymbol{\alpha},\boldsymbol{\beta}\in V$,规定它们之间的一种新的运算规则:记作$(\boldsymbol{\alpha},\boldsymbol{\beta})$,且$(\boldsymbol{\alpha},\boldsymbol{\beta})\in\mathbf{R}$.如果这个运算规则满足以下四个条件:

(1) 对称性$(\boldsymbol{\alpha},\boldsymbol{\beta})=(\boldsymbol{\beta},\boldsymbol{\alpha})$;

(2) 可加性$(\boldsymbol{\alpha}+\boldsymbol{\beta},\boldsymbol{\gamma})=(\boldsymbol{\alpha},\boldsymbol{\gamma})+(\boldsymbol{\beta},\boldsymbol{\gamma})$,$\forall\boldsymbol{\gamma}\in V$;

(3) 齐次性$(k\boldsymbol{\alpha},\boldsymbol{\beta})=k(\boldsymbol{\alpha},\boldsymbol{\beta})$,$\forall k\in\mathbf{R}$;

(4) 正定性$(\boldsymbol{\alpha},\boldsymbol{\alpha})\geqslant0$,当且仅当$\boldsymbol{\alpha}=\mathbf{0}$时才有$(\boldsymbol{\alpha},\boldsymbol{\alpha})=0$.

则称$(\boldsymbol{\alpha},\boldsymbol{\beta})$为向量$\boldsymbol{\alpha}$与$\boldsymbol{\beta}$的**内积**,定义了内积的线性空间称为**内积空间**,定义了内积的实线性

空间是实内积空间，又称**欧氏空间**.

很显然，根据上述内积的定义，如下的基本性质自然成立：

$$(\boldsymbol{\alpha},k\boldsymbol{\beta})=k(\boldsymbol{\alpha},\boldsymbol{\beta}),\quad (\boldsymbol{\alpha},\boldsymbol{\beta}+\boldsymbol{\gamma})=(\boldsymbol{\alpha},\boldsymbol{\beta})+(\boldsymbol{\alpha},\boldsymbol{\gamma}),\quad (\boldsymbol{\alpha},\mathbf{0})=(\mathbf{0},\boldsymbol{\beta})=0.$$

内积空间中的内积运算，可以理解成一种乘法运算，但这种乘法运算与线性空间定义中的数乘运算是不同的，区别在于内积的结果是一个数值，而数乘的结果是一个向量.

下面介绍几种常用的内积空间.

例 1.12 内积空间 $\mathbf{R}^n$.

$\forall\, \boldsymbol{x},\boldsymbol{y}\in\mathbf{R}^n$，定义

$$(\boldsymbol{x},\boldsymbol{y})=\boldsymbol{x}^{\mathrm{T}}\boldsymbol{y}=\sum_{i=1}^{n}\boldsymbol{x}_i\boldsymbol{y}_i. \tag{1.19}$$

根据矩阵的运算法则，不难验证式(1.19)满足内积运算要求的四个条件，所以式(1.19)定义了 $\mathbf{R}^n$ 中的内积，$\mathbf{R}^n$ 就成为一个内积空间. 同时，不难看出式(1.19)实际上就是解析几何中矢量(向量)的数量积(点积)概念的一般化.

下面给出 $\mathbf{R}^n$ 中另一种内积的定义.

$\forall\, \boldsymbol{x},\boldsymbol{y}\in\mathbf{R}^n$，对于给定的实对称正定阵 $\boldsymbol{A}\in\mathbf{R}^{n\times n}$，定义

$$(\boldsymbol{x},\boldsymbol{y})=\boldsymbol{x}^{\mathrm{T}}\boldsymbol{A}\boldsymbol{y}=\sum_{i,j=1}^{n}\boldsymbol{x}_i\boldsymbol{a}_{ij}\boldsymbol{y}_j, \tag{1.20}$$

它也满足内积运算的四个条件，即 $\mathbf{R}^n$ 以这种形式定义的内积也构成内积空间，仍记为 $\mathbf{R}^n$. 不难看出，式(1.20)是线性代数中二次型概念的推广，这也说明对同一个线性空间，定义不同的内积运算可构成不同的内积空间.

例 1.13 内积空间 $C[a,b]$.

为了使用内积空间 $C[a,b]$ 适应不同的应用目的，首先给出权函数的定义.

定义 1.13 设 $[a,b]$ 是有限或无限区间，函数 $\rho(x)$ 在 $[a,b]$ 上非负可积，若其满足

(1) $\int_a^b \rho(x)\mathrm{d}x>0$；

(2) $\int_a^b x^n\rho(x)\mathrm{d}x$ 存在，$n=0,1,\cdots$；

(3) 若对 $[a,b]$ 上的非负连续函数 $g(x)$ 有 $\int_a^b \rho(x)g(x)\mathrm{d}x=0$，则在 $[a,b]$ 上必有 $g(x)=0$.

则称 $\rho(x)$ 是 $[a,b]$ 上的一个**权函数**.

权函数 $\rho(x)$ 的一种解释是物理上的密度函数，相应的 $\int_a^b \rho(x)\mathrm{d}x$ 表示总质量. 当 $\rho(x)=$ 常数时，表示质量分布是均匀的.

定义 1.13 保证了 $\rho(x)$ 是 $[a,b]$ 区间上可积的非负函数，而且在 $[a,b]$ 的任一开子区间上 $\rho(x)\neq 0$. 常用的权函数有如下五个：

$$\rho(x)=1,\ -1\leqslant x\leqslant 1;\quad \rho(x)=\frac{1}{\sqrt{1-x^2}},\ -1\leqslant x\leqslant 1;\quad \rho(x)=\sqrt{1-x^2},\ -1\leqslant x\leqslant 1;$$

$$\rho(x)=\mathrm{e}^{-x},\ 0\leqslant x<+\infty;\quad \rho(x)=\mathrm{e}^{-x^2},\ -\infty<x<+\infty.$$

这五个权函数在后续的最佳平方逼近和数值积分中会用到.

下面给出 $C[a,b]$中内积的定义.

$\forall f(x),g(x)\in C[a,b]$和给定的权函数 $\rho(x)>0,x\in[a,b]$,定义

$$(f,g)=\int_a^b \rho(x)f(x)g(x)\mathrm{d}x, \tag{1.21}$$

称式(1.21)为 $C[a,b]$中带权函数 $\rho(x)$ 的内积. 特别地,若 $\rho(x)=1$,则有 $(f,g)=\int_a^b f(x)g(x)\mathrm{d}x$. 容易验证式(1.21)满足内积的运算法则,因此根据选择的权函数的不同,$C[a,b]$构成了不同的内积空间,也可以记作 $L_2[a,b]$.

1.2.2　内积范数

以上给出了内积空间的定义,那么赋范线性空间与内积空间是否存在一定的关系呢? 为了回答这个问题,自然需要解决根据内积的定义,以及能否诱导出一种新的范数.

定义 1.14　设 $\boldsymbol{\alpha}$ 是内积空间 V 中任一向量,则

$$\|\boldsymbol{\alpha}\|=\sqrt{(\boldsymbol{\alpha},\boldsymbol{\alpha})}, \tag{1.22}$$

称 $\|\boldsymbol{\alpha}\|$ 为向量 $\boldsymbol{\alpha}$ 的**内积范数**.

需要指出的是,式(1.22)只是一种形式上的范数定义,它究竟是否是范数,还需要验证它是否满足范数的三条公理. 根据内积的定义,式(1.22)满足范数的正定性和齐次性,对于三角不等式这个性质,目前从式(1.22)式还难以证明. 因此说式(1.22)只是在形式上暂时称为内积范数. 如下的 Cauchy-Schwarz 不等式可以解决这一问题.

定理 1.2　设 $\forall \boldsymbol{\alpha},\boldsymbol{\beta}\in V$,$V$ 是内积空间,则有如下的 Cauchy-Schwarz 不等式成立:

$$(\boldsymbol{\alpha},\boldsymbol{\beta})^2\leqslant(\boldsymbol{\alpha},\boldsymbol{\alpha})(\boldsymbol{\beta},\boldsymbol{\beta}), \tag{1.23}$$

其中,等号只有当且仅当 $\boldsymbol{\alpha}$ 与 $\boldsymbol{\beta}$ 线性相关时才成立.

证明:对 $\forall k\in\mathbf{R}$,任意取定 $\boldsymbol{\alpha},\boldsymbol{\beta}\in V$,计算$(\boldsymbol{\alpha}+k\boldsymbol{\beta},\boldsymbol{\alpha}+k\boldsymbol{\beta})$,根据内积的正定性,必有

$$(\boldsymbol{\alpha}+k\boldsymbol{\beta},\boldsymbol{\alpha}+k\boldsymbol{\beta})=(\boldsymbol{\alpha},\boldsymbol{\alpha})+2k(\boldsymbol{\alpha},\boldsymbol{\beta})+k^2(\boldsymbol{\beta},\boldsymbol{\beta})\geqslant 0,$$

$\boldsymbol{\beta}=\mathbf{0}$ 时,显然上式成立. 当 $\boldsymbol{\beta}\neq\mathbf{0}$ 时,上式等号右端是关于 k 的一元二次方程,则其判别式

$$4(\boldsymbol{\alpha},\boldsymbol{\beta})^2-4(\boldsymbol{\alpha},\boldsymbol{\alpha})(\boldsymbol{\beta},\boldsymbol{\beta})\leqslant 0,$$

所以$(\boldsymbol{\alpha},\boldsymbol{\beta})^2\leqslant(\boldsymbol{\alpha},\boldsymbol{\alpha})(\boldsymbol{\beta},\boldsymbol{\beta})$

成立.

当 $\boldsymbol{\alpha}$ 与 $\boldsymbol{\beta}$ 线性相关时,即 $\boldsymbol{\alpha}=k\boldsymbol{\beta}$($k\in\mathbf{R}$ 且 $k\neq 0$),式(1.23)中等号自然成立;反之,如果式(1.23)中等号成立,则 $\boldsymbol{\alpha}$ 与 $\boldsymbol{\beta}$ 必线性相关. 因为若 $\boldsymbol{\alpha}$ 与 $\boldsymbol{\beta}$ 线性无关,则对 $\forall k\in\mathbf{R}\neq 0$,必有 $\boldsymbol{\alpha}+k\boldsymbol{\beta}\neq\mathbf{0}$,则$(\boldsymbol{\alpha}+k\boldsymbol{\beta},\boldsymbol{\alpha}+k\boldsymbol{\beta})>0$,所以等号不成立,矛盾.

利用内积范数的形式定义,Cauchy-Schwarz 不等式可以表示成

$$|(\boldsymbol{\alpha},\boldsymbol{\beta})|\leqslant\|\boldsymbol{\alpha}\|\ \|\boldsymbol{\beta}\|. \tag{1.24}$$

Cauchy-Schwarz 不等式是内积空间中的核心结论,有了它就可以进一步证明式(1.22)确

实定义了一种范数. 因为在内积空间中$\forall \boldsymbol{\alpha},\boldsymbol{\beta}\in V$,根据式(1.24)有

$$\begin{aligned}\|\boldsymbol{\alpha}+\boldsymbol{\beta}\|^2&=(\boldsymbol{\alpha}+\boldsymbol{\beta},\boldsymbol{\alpha}+\boldsymbol{\beta})\\&=(\boldsymbol{\alpha},\boldsymbol{\alpha})+2(\boldsymbol{\alpha},\boldsymbol{\beta})+(\boldsymbol{\beta},\boldsymbol{\beta})\\&\leqslant\|\boldsymbol{\alpha}\|^2+2\|\boldsymbol{\alpha}\|\;\|\boldsymbol{\beta}\|+\|\boldsymbol{\beta}\|^2\\&=(\|\boldsymbol{\alpha}\|+\|\boldsymbol{\beta}\|)^2,\end{aligned}$$

即三角不等式$\|\boldsymbol{\alpha}+\boldsymbol{\beta}\|\leqslant\|\boldsymbol{\alpha}\|+\|\boldsymbol{\beta}\|$成立. 所以,式(1.22)所称的内积范数是一种范数,故内积空间也一定是赋范线性空间,但赋范线性空间不一定是内积空间.

在本节开头,我们指出本节的目的是要得到向量之间夹角这一个几何概念. 这个夹角的概念正是通过 Cauchy-Schwarz 不等式变形进行定义的,定义如下:

定义 1.15 内积空间中任意两个向量 $\boldsymbol{\alpha}$ 与 $\boldsymbol{\beta}$ 的**夹角**为

$$\theta=\arccos\frac{(\boldsymbol{\alpha},\boldsymbol{\beta})}{\|\boldsymbol{\alpha}\|\;\|\boldsymbol{\beta}\|},\quad 且\ \theta\in[0,\pi]. \tag{1.25}$$

不难发现,式(1.25)就是解析几何中两个矢量夹角定义的一般化,只不过式(1.25)中利用内积代替了点积,利用内积范数取代了矢量的模.

对于两个不为零的向量 $\boldsymbol{\alpha}$ 与 $\boldsymbol{\beta}$,若$(\boldsymbol{\alpha},\boldsymbol{\beta})=0$,则 $\theta=\frac{\pi}{2}$,这时称 $\boldsymbol{\alpha}$ 与 $\boldsymbol{\beta}$ 互相垂直或正交,记作 $\boldsymbol{\alpha}\perp\boldsymbol{\beta}$.

定义 1.16 若赋范线性空间 H 的每一个基本列都在 H 中有极限存在,则称 H 是**完备**的,完备的内积空间称为 Hilbert 空间,完备的赋范线性空间称为 Banach 空间.

设 S 是内积空间 H 的子集(记作 $S\subset H$),如果对任何 $x\in H$,恒有 $x_n\in S$,使 $x_n\to x$,即 H 中的任一点都能以 S 中的点列来任意逼近,则称 S 在 H 中稠密,或称 S 是 H 的一个稠密子集,可以证明,任何一个不完备的内积空间,总可以将它完备化,使之成为一个 Hilbert 空间,也就是如下的定理:

定理 1.3 任何内积空间 H 均可由添加新元素的办法而作成一个 Hilbert 空间 $\overline{H}$,且使 H 为 $\overline{H}$ 的稠密子集.

至此,我们就系统建立了通常几何意义上的长度和角度的概念,这样就可以从几何的角度看待抽象的线性空间,并开展应用研究. 我们完全可以预见内积这个概念在应用数学知识解决实际问题中的重要性.

1.2.3 内积与正交投影及投影向量

我们知道,从几何的角度来看,投影是有大小、正负,而没有方向的量. 那么,在内积空间的框架下,一个向量 $\boldsymbol{\alpha}$ 与其正交投影之间的关系自然是要考虑的问题之一.

性质 1 设 V 是内积空间,向量 $\boldsymbol{v}\in V$,且其内积范数 $\|\boldsymbol{v}\|=1$,即 $\boldsymbol{v}$ 为单位向量,$\boldsymbol{\alpha}\in V$ 为非零向量,则 $\boldsymbol{\alpha}$ 在 $\boldsymbol{v}$ 上的**正交投影**为内积$(\boldsymbol{\alpha},\boldsymbol{v})$.

证明:设 $\boldsymbol{\alpha}$ 与 $\boldsymbol{v}$ 的夹角为 θ,$\boldsymbol{\alpha}$ 在 $\boldsymbol{v}$ 上的正交投影记作 a,则根据向量夹角的定义,有

$$\cos\theta=\frac{(\boldsymbol{\alpha},\boldsymbol{v})}{\|\boldsymbol{\alpha}\|\;\|\boldsymbol{v}\|},$$

又因为$\|\boldsymbol{v}\|=1$,则$(\boldsymbol{\alpha},\boldsymbol{v})=\|\boldsymbol{\alpha}\|\cos\theta$,而该等式右端就是几何意义上正交投影的数学表示,

所以 $a=(\boldsymbol{\alpha},\boldsymbol{v})$.

进而,向量 $\boldsymbol{\alpha}$ 在单位向量 $\boldsymbol{v}$ 上的**正交投影向量** $\boldsymbol{\beta}$ 为 $\boldsymbol{\beta}=(\boldsymbol{\alpha},\boldsymbol{v})\boldsymbol{v}$,即正交投影向量 $\boldsymbol{\beta}$ 在 $\boldsymbol{v}$ 上的坐标为正交投影 $(\boldsymbol{\alpha},\boldsymbol{v})$,而且可以验证 $\boldsymbol{\beta}$ 与 $\boldsymbol{\gamma}=\boldsymbol{\alpha}-\boldsymbol{\beta}$ 正交.

性质 1 告诉我们,在内积空间的框架和内积运算的辅助下,正交投影以及投影向量、坐标是不可分割的整体.

1.2.4 Gram-Schmidt 正交化方法

根据线性空间基的定义,可知基向量之间必然是线性无关的. 当这个线性空间构成内积空间以后,是否能够找到互相正交的基向量自然是需要研究的. 构造正交向量组的方法即为 Gram-Schmidt 正交化方法.

性质 2　设 $\{\boldsymbol{\alpha}_1,\boldsymbol{\alpha}_2,\cdots,\boldsymbol{\alpha}_r\}(r\leqslant n)$ 是内积空间 V^n 中的正交非零向量组,即

$$(\alpha_i,\alpha_j)=\begin{cases}0 & 当\ i\neq j\\ >0 & 当\ i=j\end{cases},\quad i,j=1,2,\cdots,r,$$

则 $\boldsymbol{\alpha}_1,\boldsymbol{\alpha}_2,\cdots,\boldsymbol{\alpha}_r$ 线性无关.

证明:设有实数 $\lambda_1,\lambda_2,\cdots,\lambda_r$,使得

$$\lambda_1\boldsymbol{\alpha}_1+\lambda_2\boldsymbol{\alpha}_2+\cdots+\lambda_r\boldsymbol{\alpha}_r=\boldsymbol{0},$$

对上式两端同时与非零向量 $\boldsymbol{\alpha}_i$ 作内积,因为 $\boldsymbol{\alpha}_i$ 之间的正交性,可得

$$(\boldsymbol{\alpha}_i,\lambda_1\boldsymbol{\alpha}_1+\cdots+\lambda_r\boldsymbol{\alpha}_r)=\lambda_i(\boldsymbol{\alpha}_i,\boldsymbol{\alpha}_i)=0$$

所以 $\lambda_i=0$,即 $\{\boldsymbol{\alpha}_1,\boldsymbol{\alpha}_2,\cdots,\boldsymbol{\alpha}_r\}(r\leqslant n)$ 是内积空间 V^n 中线性无关的向量组.

这个性质简单来说就是互相正交的非零向量组必线性无关,反之未必成立. 另外,性质 2 中线性组合表达式两端同时与某一个向量作内积,从而提取组合系数的计算方法,也是内积空间中常用的运算技术.

定义 1.17　内积空间中 V^n 中的基 $S=\{\boldsymbol{\alpha}_1,\boldsymbol{\alpha}_2,\cdots,\boldsymbol{\alpha}_n\}$,若

$$(\boldsymbol{\alpha}_i,\boldsymbol{\alpha}_j)=\begin{cases}0 & 当\ i\neq j\\ \|a_i\|^2>0 & 当\ i=j\end{cases},\quad i,j=1,2,\cdots,n,$$

则称 S 是 V^n 的**正交基**,进而,若 $\|\boldsymbol{\alpha}_i\|=\sqrt{(\boldsymbol{\alpha}_i,\boldsymbol{\alpha}_i)}=1$,则称 S 是**标准正交基**.

下面给出 Gram-Schmidt 正交化方法.

定理 1.4　(Gram-Schmidt 正交化方法)内积空间 V^n 中必有标准正交基.

证明:要构造出标准正交基,首先应该已知 V^n 中的一个未必正交的基 $S=\{\boldsymbol{u}_1,\boldsymbol{u}_2,\cdots,\boldsymbol{u}_n\}$,问题就自然归结为能否从 S 出发,构造出标准正交基. 为此,可以进行如下的分析:

设 $\boldsymbol{\varepsilon}_1$ 为单位向量(只需将 S 中的 $\boldsymbol{u}_1$ 的单位化即可,$\boldsymbol{\varepsilon}_1=\boldsymbol{u}_1/\|\boldsymbol{u}_1\|$). 要计算出与 $\boldsymbol{\varepsilon}_1$ 正交的单位向量 $\boldsymbol{\varepsilon}_2$,只需从 $\boldsymbol{u}_2$ 出发,因为 $\boldsymbol{u}_2$ 与 $\boldsymbol{\varepsilon}_1$ 线性无关(即不是平行的),所以 $\boldsymbol{u}_2$ 减去 $\boldsymbol{u}_2$ 在 $\boldsymbol{\varepsilon}_1$ 上的正交投影向量,得到余量 $\boldsymbol{v}_2=\boldsymbol{u}_2-(\boldsymbol{u}_2,\boldsymbol{\varepsilon}_1)\boldsymbol{\varepsilon}_1$,显然 $\boldsymbol{v}_2$ 必与 $\boldsymbol{v}_1$ 正交,这是非常容易验证的,然后将 $\boldsymbol{v}_2$ 单位化即可得到 $\boldsymbol{\varepsilon}_2=\boldsymbol{v}_2/\|\boldsymbol{v}_2\|$,显然 $\boldsymbol{\varepsilon}_2$ 与 $\boldsymbol{\varepsilon}_1$ 正交.

依此类推,再用 $\boldsymbol{u}_3$ 减去 $\boldsymbol{u}_3$ 分别在 $\boldsymbol{\varepsilon}_1,\boldsymbol{\varepsilon}_2$ 上的正交投影分量,即

$$\boldsymbol{v}_3=\boldsymbol{u}_3-(\boldsymbol{u}_3,\boldsymbol{\varepsilon}_1)\boldsymbol{\varepsilon}_1-(\boldsymbol{u}_3,\boldsymbol{\varepsilon}_2)\boldsymbol{\varepsilon}_2,$$

可以很容易验证 $\boldsymbol{v}_3$ 分别与 $\boldsymbol{\varepsilon}_1,\boldsymbol{\varepsilon}_2$ 正交，然后再将 $\boldsymbol{v}_3$ 单位化，得到 $\boldsymbol{\varepsilon}_3=\boldsymbol{v}_3/\|\boldsymbol{v}_3\|$.

把这种总量减去正交投影分量的做法，顺序进行下去，就有

$$\begin{cases}\boldsymbol{v}_k=\underbrace{\boldsymbol{u}_k}_{\text{总量}}-\sum\limits_{j=1}^{k-1}\underbrace{(\boldsymbol{u}_k,\boldsymbol{\varepsilon}_j)\boldsymbol{\varepsilon}_j}_{\text{正交投影分量}}, \quad k=2,\cdots,n,\\ \boldsymbol{\varepsilon}_k=\boldsymbol{v}_k/\|\boldsymbol{v}_k\|\end{cases}\tag{1.26}$$

而且 $\quad\operatorname{span}\{\boldsymbol{u}_1,\boldsymbol{u}_2,\cdots,\boldsymbol{u}_n\}=\operatorname{span}\{\boldsymbol{v}_1,\boldsymbol{v}_2,\cdots,\boldsymbol{v}_n\}=\operatorname{span}\{\boldsymbol{\varepsilon}_1,\boldsymbol{\varepsilon}_2,\cdots,\boldsymbol{\varepsilon}_n\}$.

表面上看，式(1.26)用 $\boldsymbol{u}_k,\boldsymbol{\varepsilon}_1,\boldsymbol{\varepsilon}_2,\cdots,\boldsymbol{\varepsilon}_{k-1}$ 作线性组合，就构造出与 $\boldsymbol{\varepsilon}_1,\boldsymbol{\varepsilon}_2,\cdots,\boldsymbol{\varepsilon}_{k-1}$ 正交的向量 $\boldsymbol{v}_k$ 了，只不过最后进行一次单位化过程而已. 式(1.26)就是 Gram-Schmidt 正交化方法.

定理 1.4 表明，可以通过式(1.26)将一组线性无关的基向量变换成互相正交的基向量. 从几何意义上看，通过 Gram-Schmidt 正交化方法可以构造出内积空间 V^n 中的直角坐标系及每个坐标轴的单位向量.

例 1.14 已知矩阵 $\boldsymbol{A}=\begin{bmatrix}1&1&2\\1&2&3\\1&2&1\\1&1&6\end{bmatrix}$，试求矩阵 $\boldsymbol{A}$ 的列空间 $R(\boldsymbol{A})$ 的标准正交基.

解：令 $\boldsymbol{u}_1=(1,1,1,1)^{\mathrm{T}},\boldsymbol{u}_2=(1,2,2,1)^{\mathrm{T}},\boldsymbol{u}_3=(2,3,1,6)^{\mathrm{T}}$，可以验证矩阵 $\boldsymbol{A}$ 的各列线性无关，则列向量组 $S=\{\boldsymbol{u}_1,\boldsymbol{u}_2,\boldsymbol{u}_3\}$ 是 $R(\boldsymbol{A})$ 的一个基. 利用式(1.26)进行计算得到

$$\begin{aligned}
&\boldsymbol{v}_1=\boldsymbol{u}_1=(1,1,1,1)^{\mathrm{T}},\\
&\boldsymbol{\varepsilon}_1=\boldsymbol{v}_1/\|\boldsymbol{v}_1\|=\left(\frac{1}{2},\frac{1}{2},\frac{1}{2},\frac{1}{2}\right)^{\mathrm{T}},\\
&\boldsymbol{v}_2=\boldsymbol{u}_2-(\boldsymbol{u}_2,\boldsymbol{\varepsilon}_1)\boldsymbol{\varepsilon}_1\\
&\quad=(1,2,2,1)^{\mathrm{T}}-3\left(\frac{1}{2},\frac{1}{2},\frac{1}{2},\frac{1}{2}\right)^{\mathrm{T}}\\
&\quad=\left(-\frac{1}{2},\frac{1}{2},\frac{1}{2},-\frac{1}{2}\right)^{\mathrm{T}},\\
&\boldsymbol{\varepsilon}_2=\boldsymbol{v}_2/\|\boldsymbol{v}_2\|=\left(-\frac{1}{2},\frac{1}{2},\frac{1}{2},-\frac{1}{2}\right)^{\mathrm{T}},\\
&\boldsymbol{v}_3=\boldsymbol{u}_3-(\boldsymbol{u}_3,\boldsymbol{\varepsilon}_1)\boldsymbol{\varepsilon}_1-(\boldsymbol{u}_3,\boldsymbol{\varepsilon}_2)\boldsymbol{\varepsilon}_2\\
&\quad=(2,3,1,6)^{\mathrm{T}}-6\left(\frac{1}{2},\frac{1}{2},\frac{1}{2},\frac{1}{2}\right)^{\mathrm{T}}-(-2)\left(-\frac{1}{2},\frac{1}{2},\frac{1}{2},-\frac{1}{2}\right)^{\mathrm{T}}\\
&\quad=(-2,1,-1,2)^{\mathrm{T}},\\
&\boldsymbol{\varepsilon}_3=\boldsymbol{v}_3/\|\boldsymbol{v}_3\|=\left(-\frac{2}{\sqrt{10}},\frac{1}{\sqrt{10}},-\frac{1}{\sqrt{10}},\frac{2}{\sqrt{10}}\right)^{\mathrm{T}},
\end{aligned}$$

即 $R(\boldsymbol{A})$ 的标准正交基为 $\{\boldsymbol{\varepsilon}_1,\boldsymbol{\varepsilon}_2,\boldsymbol{\varepsilon}_3\}$.

现在从矩阵计算的角度重新看待以上求 $R(\boldsymbol{A})$ 的标准正交基的过程. 将这里的 $\boldsymbol{u}_1,\boldsymbol{u}_2,\boldsymbol{u}_3$ 重新用 $\boldsymbol{\varepsilon}_1,\boldsymbol{\varepsilon}_2,\boldsymbol{\varepsilon}_3$ 表示如下：

$$\boldsymbol{u}_1=2\boldsymbol{\varepsilon}_1=(\boldsymbol{u}_1,\boldsymbol{\varepsilon}_1)\boldsymbol{\varepsilon}_1=r_{11}\boldsymbol{\varepsilon}_1$$

$$
\begin{aligned}
&=(\boldsymbol{\varepsilon}_1,\boldsymbol{\varepsilon}_2,\boldsymbol{\varepsilon}_3)(r_{11},0,0)^{\mathrm{T}},\\
\boldsymbol{u}_2&=3\boldsymbol{\varepsilon}_1+\boldsymbol{\varepsilon}_2\\
&=(\boldsymbol{u}_2,\boldsymbol{\varepsilon}_1)\boldsymbol{\varepsilon}_1+(\boldsymbol{u}_2,\boldsymbol{\varepsilon}_2)\boldsymbol{\varepsilon}_2=r_{12}\boldsymbol{\varepsilon}_1+r_{22}\boldsymbol{\varepsilon}_2\\
&=(\boldsymbol{\varepsilon}_1,\boldsymbol{\varepsilon}_2,\boldsymbol{\varepsilon}_3)(r_{12},r_{22},0)^{\mathrm{T}},\\
\boldsymbol{u}_3&=6\boldsymbol{\varepsilon}_1-2\boldsymbol{\varepsilon}_2+\sqrt{10}\boldsymbol{\varepsilon}_3\\
&=(\boldsymbol{u}_3,\boldsymbol{\varepsilon}_1)\boldsymbol{\varepsilon}_1+(\boldsymbol{u}_3,\boldsymbol{\varepsilon}_2)\boldsymbol{\varepsilon}_2+(\boldsymbol{u}_3,\boldsymbol{\varepsilon}_3)\boldsymbol{\varepsilon}_3=r_{13}\boldsymbol{\varepsilon}_1+r_{23}\boldsymbol{\varepsilon}_2+r_{33}\boldsymbol{\varepsilon}_3\\
&=(\boldsymbol{\varepsilon}_1,\boldsymbol{\varepsilon}_2,\boldsymbol{\varepsilon}_3)(r_{13},r_{23},r_{33})^{\mathrm{T}}.
\end{aligned}
$$

又 $\boldsymbol{A}=(\boldsymbol{u}_1,\boldsymbol{u}_2,\boldsymbol{u}_3)$，则

$$
\begin{aligned}
\boldsymbol{A}&=(\boldsymbol{u}_1,\boldsymbol{u}_2,\boldsymbol{u}_3)\\
&=\underbrace{(\boldsymbol{\varepsilon}_1,\boldsymbol{\varepsilon}_2,\boldsymbol{\varepsilon}_3)}_{\boldsymbol{Q}}\underbrace{\begin{bmatrix} r_{11} & r_{12} & r_{13}\\ 0 & r_{22} & r_{23}\\ 0 & 0 & r_{33}\end{bmatrix}}_{\boldsymbol{R}}\\
&=\begin{bmatrix} \frac{1}{2} & -\frac{1}{2} & -\frac{2}{\sqrt{10}}\\ \frac{1}{2} & \frac{1}{2} & \frac{1}{\sqrt{10}}\\ \frac{1}{2} & \frac{1}{2} & -\frac{1}{\sqrt{10}}\\ \frac{1}{2} & -\frac{1}{2} & \frac{2}{\sqrt{10}}\end{bmatrix}\begin{bmatrix} 2 & 3 & 6\\ 0 & 1 & -2\\ 0 & 0 & \sqrt{10}\end{bmatrix}=\boldsymbol{QR}.
\end{aligned}
\tag{1.27}
$$

我们称式（1.27）为矩阵 $\boldsymbol{A}$ 的正交分解，简称 QR 分解. 可以通过Gram-Schmidt正交化方法得到矩阵 $\boldsymbol{A}$ 的 QR 分解. 读者可以自行总结出当 $\boldsymbol{A}\in\mathbf{R}^{m\times n}$ 且 $r(\boldsymbol{A})=n$ 时，矩阵 $\boldsymbol{A}$ 的 QR 分解的全过程.

1.2.5　正交多项式

1.2.1 节中给出了权函数的定义以及带权的内积空间 $C[a,b]$，这个函数空间是进行函数逼近计算的基础. 下面给出正交函数系定义：

定义 1.18　设 $\rho(x)$ 是区间 $[a,b]$ 上的权函数，若内积空间 $C[a,b]$ 中的函数系 $\{\varphi_i(x)\}_0^{\infty}$ 满足

$$
(\varphi_k(x),\varphi_j(x))=\int_a^b\rho(x)\varphi_k(x)\varphi_j(x)\mathrm{d}x=\begin{cases}0 & \text{当 } j\neq k\\ A_k=\|\varphi_k(x)\|^2>0 & \text{当 } j=k\end{cases},
$$

则称 $\{\varphi_i(x)\}_0^{\infty}$ 是区间 $[a,b]$ 上带权 $\rho(x)$ 的**正交函数系**. 若 $A_k\equiv1$，则称函数系 $\{\varphi_i(x)\}_0^{\infty}$ 为**规范正交函数系**.

例 1.15　三角函数系 $\cos x$, $\sin x$, $\cos 2x$, $\sin 2x$, …, $\cos nx$, $\sin nx$, …是 $[-\pi,\pi]$ 上带权 $\rho(x)=1$ 的正交函数系. 因为

$$\begin{cases}\int_{-\pi}^{\pi}\cos kx\cos jx\,\mathrm{d}x=0 \quad (k\neq j)\\ \int_{-\pi}^{\pi}\sin kx\sin jx\,\mathrm{d}x=0 \quad (k\neq j)\\ \int_{-\pi}^{\pi}\cos kx\sin jx\,\mathrm{d}x=0 \\ \int_{-\pi}^{\pi}\sin^2 kx\,\mathrm{d}x=\int_{-\pi}^{\pi}\cos^2 kx\,\mathrm{d}x=\pi\end{cases},\quad k,j=1,2,\cdots.$$

定义 1.19 设 $p_n(x)$是$[a,b]$上首项(最高次项)系数 $a_n\neq 0$ 的 n 次多项式,$\rho(x)$为$[a,b]$上的权函数,如果多项式序列$\{p_n(x)\}_0^{\infty}$ 满足

$$(p_m(x),p_n(x))=\int_a^b\rho(x)p_m(x)p_n(x)\mathrm{d}x=\begin{cases}0 & 当\ m\neq n\\ \|p_n(x)\|^2 & 当\ m=n\end{cases},$$

则称多项式序列$\{p_n(x)\}_0^{\infty}$ 在$[a,b]$上带权 $\rho(x)$**正交**,称 $p_n(x)$为$[a,b]$上带权 $\rho(x)$的 n 次**正交多项式**.

显然,对幂函数组$\{1,x,x^2,\cdots,x^n,\cdots\}$,利用 Gram-Schmidt 正交化方法,可以构造出正交多项式序列$\{p_n(x)\}_0^{\infty}$,只需将内积替换成带权函数 $\rho(x)$的积分即可.

正交多项式具有诸多良好的性质,在逼近计算方面有着广泛的应用,以下给出几个主要的性质.

设$\{p_n(x)\}_0^{\infty}$ 是在$[a,b]$上带权正交的多项式序列,其中 $p_n(x)$是首项系数不为零的 n 次正交多项式

$$p_n(x)=A_nx^n+\cdots+A_1x+A_0,\quad (A_n\neq 0),\quad n=0,1,2,\cdots. \tag{1.28}$$

若记

$$p_n^*(x)=\frac{p_n(x)}{A_n},$$

则 $p_n^*(x)$的最高次项系数为 1,并且 $p_n^*(x)$也是在$[a,b]$上带权正交的 n 次多项式.

性质 3 若 $p_0,p_1,\cdots,p_n$ 是正交多项式序列$\{p_k(x)\}_0^{\infty}$ 中前 $n+1$ 个正交多项式,则它们线性无关.

性质 3 是性质 2 的直接结果,并有如下的推论:

推论 1 区间$[a,b]$上任何次数不超过 n 的多项式 $q_n(x)$均可由正交多项式 $p_0,p_1,\cdots,p_n$ 线性表出,即

$$q_n(x)=\sum_{k=0}^{n}c_kp_k(x) \tag{1.29}$$

且

$$c_k=\frac{(q_n(x),p_k(x))}{(p_k(x),p_k(x))}.$$

显然,如果$\{p_k(x)\}_{k=0}^{n}$不是正交多项式,则需要通过求解线性代数方程组来确定式(1.29)中的组合系数$\{c_k\}_{k=0}^{n}$.

推论 2 区间$[a,b]$上任何次数不超过 n 的多项式 $q_n(x)$必定同正交多项式 $p_{n+1}(x)$带权

正交，即$(q_k(x),p_{n+1}(x))=0,\quad k=0,1,\cdots,n.$

特别地，有
$$(x^k,p_{n+1}(x))=0,\quad k=0,1,\cdots,n.$$

这个性质简记为：低次多项式和高次正交多项式带权正交，是一个常用的性质. 直接从式(1.29)出发，两端同时与$p_{n+1}(x)$作内积即可得证.

性质 4　$n\geqslant 1$次的正交多项式$p_n(x)$在开区间(a,b)内有n个互异的实根.

证明：不失一般性，考虑首项系数为1的正交多项式$p_n^*(x)$.

(1) 假设$p_n^*(x)$在(a,b)内没有根，不妨设$p_n^*(x)>0$，则
$$\int_a^b \rho(x)p_n^*(x)\mathrm{d}x=\int_a^b \rho(x)p_n^*(x)\underbrace{p_0^*(x)}_{=1}\mathrm{d}x>0.$$

根据正交多项式的定义，上式应该等于0，这与正交多项式的定义相矛盾. 所以，假设不成立，即$p_n^*(x)$在(a,b)内有根，于是至少存在实数$x_i\in(a,b)$，使得$p_n^*(x_i)=0$.

(2) 假设(1)中的根$x_i\in(a,b)$是$m(m\geqslant 2)$重根，则必存在$n-2$次多项式$Q_{n-2}(x)$，使得$p_n^*(x)=(x-x_i)^2Q_{n-2}(x)$成立，则
$$Q_{n-2}(x)=p_n^*(x)/(x-x_i)^2,$$
由正交多项式的定义，对上式两端作如下的内积，根据推论2，有
$$\int_a^b \rho(x)p_n^*(x)\frac{p_n^*(x)}{(x-x_i)^2}\mathrm{d}x=0,$$
另一方面却有
$$\int_a^b \rho(x)p_n^*(x)\frac{p_n^*(x)}{(x-x_i)^2}\mathrm{d}x=\int_a^b \rho(x)\left[\frac{p_n^*(x)}{x-x_i}\right]^2\mathrm{d}x>0,$$
产生矛盾，这说明x_i只能是$p_n^*(x)$的单根.

(3) 假设$p_n^*(x)$在开区间(a,b)内的单根分别为$x_1,x_2,\cdots,x_k$，且$k<n$，于是
$$p_n^*(x)=(x-x_1)(x-x_2)\cdots(x-x_k)q_{n-k}(x),$$
进而得到
$$p_n^*(x)(x-x_1)(x-x_2)\cdots(x-x_k)=[(x-x_1)(x-x_2)\cdots(x-x_k)]^2q_{n-k}(x),$$
上式两边同乘以$\rho(x)$，并在$[a,b]$上积分，对于左端来讲，由于$(x-x_1)(x-x_2)\cdots(x-x_k)$的次数低于$n$，所以由正交多项式的定义可知，其积分值为0；对于右端来讲，由于$q_{n-k}(x)$在$[a,b]$上不变号，所以积分值不为0，由此得到矛盾，所以k必须等于n，即$p_n^*(x)$在(a,b)内恒有n个互异的实根.

前面已经交代过，利用Gram-Schmidt正交化方法可以构造出首项系数为1的正交多项式序列$p_k(x)(k=0,1,2,\cdots)$，即
$$\begin{cases}p_0(x)=1\\ p_{k+1}(x)=x^{k+1}-\displaystyle\sum_{i=0}^{k}\frac{(x^{k+1},p_i(x))}{(p_i(x),p_i(x))}p_i(x)\end{cases},\quad k=0,1,2,\cdots. \tag{1.30}$$

但是式(1.30)的计算量比较大，利用正交多项式的性质可以得到如下的简化构造方法：

性质 5　对于最高次项系数为1的正交多项式序列$\{p_k(x)\}_0^\infty$，存在着如下的三项递推关系：

$$\begin{cases} p_0(x)=1 \\ p_{k+1}(x)=(x-\alpha_{k+1})p_k(x)-\beta_k p_{k-1}(x) \end{cases}, \quad k=0,1,2,\cdots \tag{1.31}$$

其中，

$$\begin{aligned} &\alpha_{k+1}=\frac{(xp_k(x),p_k(x))}{(p_k(x),p_k(x))}, \quad k=0,1,2,\cdots, \\ &\beta_0=0, \quad \beta_k=\frac{(p_k(x),p_k(x))}{(p_{k-1}(x),p_{k-1}(x))}, \quad k=1,2,\cdots, \end{aligned} \tag{1.32}$$

其中，内积 $(xp_k(x),p_k(x))=\int_a^b \rho(x)xp_k^2(x)\mathrm{d}x$.

证明：令 $p_0(x)=1$，则 $xp_k(x)$是首项系数为 1 的 $k+1$ 次多项式，则由推论 1，得

$$xp_k(x)=p_{k+1}(x)+\sum_{i=0}^{k}c_ip_i(x),$$

对上式两端同时与 $p_j(x)(j=0,1,2,\cdots,k-2)$作内积，得

$$(p_j(x),xp_k(x))=(p_j(x),p_{k+1}(x))+\sum_{i=0}^{k}c_i(p_j(x),p_i(x)),$$

而由推论 2 知$(p_j(x),xp_k(x))=(xp_j(x),p_k(x))=0$，则 $c_1=c_2=\cdots=c_{k-2}=0$. 所以

$$xp_k(x)=p_{k+1}(x)+c_kp_k(x)+c_{k-1}p_{k-1}(x), \tag{1.33}$$

上式两端与 $p_{k-1}(x)$作内积，得

$$\begin{aligned} (p_{k-1}(x),xp_k(x)) &= (p_{k-1}(x),p_{k+1}(x))+c_k(p_{k-1}(x),p_k(x))+c_{k-1}(p_{k-1}(x),p_{k-1}(x)) \\ &= c_{k-1}(p_{k-1}(x),p_{k-1}(x)), \end{aligned}$$

而 $xp_{k-1}(x)=p_k(x)+a_{k-1}p_{k-1}(x)+a_{k-2}p_{k-2}(x)$，则

$$\begin{aligned} (p_{k-1}(x),xp_k(x)) &= (xp_{k-1}(x),p_k(x)) \\ &= (p_k(x),p_k(x))+a_{k-1}(p_{k-1}(x),p_k(x))+a_{k-2}(p_{k-2}(x),p_k(x)) \\ &= (p_k(x),p_k(x)), \end{aligned}$$

故

$$\begin{aligned} c_{k-1} &= \frac{(p_k(x),p_k(x))}{(p_{k-1}(x),p_{k-1}(x))} \\ &= \frac{\int_a^b \rho(x)p_k^2(x)\mathrm{d}x}{\int_a^b \rho(x)p_{k-1}^2(x)\mathrm{d}x}. \end{aligned}$$

对式(1.33)两端与 $p_k(x)$作内积，同理可得

$$\begin{aligned} c_k &= \frac{(xp_k(x),p_k(x))}{(p_k(x),p_k(x))} \\ &= \frac{\int_a^b \rho(x)xp_k^2(x)\mathrm{d}x}{\int_a^b \rho(x)p_k^2(x)\mathrm{d}x}, \end{aligned}$$

将 c_{k-1}, c_k 代入式(1.33)得到

$$p_{k+1}(x)=\left[x-\frac{(xp_k(x),p_k(x))}{(p_k(x),p_k(x))}\right]p_k(x)-\frac{(p_k(x),p_k(x))}{(p_{k-1}(x),p_{k-1}(x))}p_{k-1}(x),\quad k=1,2,\cdots,$$

整理后即为式(1.31)和式(1.32).

推论 3　对于最高次项系数为 A_k 的正交多项式 $\{p_k(x)\}_0^\infty$，有如下三项递推关系：

$$p_{n+1}(x)=\frac{A_{n+1}}{A_n}(x-\hat{\beta}_n)p_n(x)-\frac{A_{n+1}A_{n-1}}{A_n^2}\hat{\gamma}_n p_{n-1}(x),$$

其中，$\hat{\beta}_n=(xp_n,p_n)/(p_n,p_n)$，$\hat{\gamma}_n=(p_n,p_n)/(p_{n-1},p_{n-1})$.

下面列举几个最常用的正交多项式.

(1) Legendre 多项式

当区间为$[-1,1]$，权函数 $\rho(x)=1$ 时，由$\{1,x,\cdots,x^n,\cdots\}$正交化得到的多项式称为 **Legendre多项式**，并用 $P_0(x),P_1(x),\cdots,P_n(x),\cdots$来表示. 这是 Legendre(勒让德)于 1785 年引进的. 1814 年 Rodrigul(罗德利克)给出了简单的表达式

$$P_0(x)=1,P_n(x)=\frac{1}{2^n n!}\frac{\mathrm{d}^n}{\mathrm{d}x^n}[(x^2-1)^n],\quad n=1,2,\cdots. \tag{1.34}$$

由于$(x^2-1)^n$ 是 $2n$ 次多项式，求 n 阶导数后得

$$P_n(x)=\frac{1}{2^n n!}(2n)(2n-1)\cdots(n+1)x^n+a_{n-1}x^{n-1}+\cdots+a_0,$$

于是得首项 x^n 的系数 $a_n=\frac{(2n)!}{2^n(n!)^2}$. 显然，最高次项系数为 1 的 Legendre 多项式为

$$P_n^*(x)=\frac{n!}{(2n)!}\frac{\mathrm{d}^n}{\mathrm{d}x^n}[(x^2-1)^n]. \tag{1.35}$$

(2) Chebyshev 多项式

当区间为$[-1,1]$，权函数 $\rho(x)=(1-x^2)^{-\frac{1}{2}}$时，由$\{1,x,\cdots,x^n,\cdots\}$正交化得到的多项式称为 **Chebyshev 多项式**. 其形式为

$$T_n(x)=\cos(n\arccos x),\quad n=0,1,2,\cdots. \tag{1.36}$$

若令 $x=\cos\theta$，则 $T_n(x)=\cos n\theta, 0\leqslant\theta\leqslant\pi$.

(3) Laguerre 多项式

在区间$[0,+\infty)$上带权 $\rho(x)=\mathrm{e}^{-x}$的正交多项式称为 **Laguerre(拉盖尔)多项式**，其表达式为

$$L_n(x)=\mathrm{e}^x\frac{\mathrm{d}^n}{\mathrm{d}x^n}(x^n\mathrm{e}^{-x}),\quad n=0,1,\cdots \tag{1.37}$$

(4) Hermite 多项式

在区间$(-\infty,+\infty)$上带权函数 $\rho(x)=\mathrm{e}^{-x^2}$ 的正交多项式称为 **Hermite(埃尔米特)多项式**，其表达式为

$$H_m(x)=(-1)^n\mathrm{e}^{x^2}\frac{\mathrm{d}^n}{\mathrm{d}x^n}(\mathrm{e}^{-x^2}),\quad n=0,1,2,\cdots. \tag{1.38}$$

最后,给出关于离散点集$\{x_0,x_1,\cdots,x_m\}\subset[a,b]$带权系数$w_i>0(w_i\in R,i=0,1,\cdots,m)$的正交函数组的定义.

设有$n+1$个线性无关的函数$\{\boldsymbol{\phi}_j(x)\}_{j=0}^{n}$,给出离散点集$\{x_0,x_1,\cdots,x_m\}\subset[a,b]$以及权系数$w_i>0(w_i\in\mathbf{R},i=0,1,\cdots,m)$,$m>n$,每一个函数$\varphi_j(x)$在点集上值构成一个$\mathbf{R}^{m+1}$中的向量,记为$\boldsymbol{\phi}_j=(\varphi_j(x_0),\varphi_j(x_1),\cdots,\varphi_j(x_m))^{\mathrm{T}}\in\mathbf{R}^{m+1}(j=0,1,\cdots,n)$.由向量组$\{\boldsymbol{\phi}_0,\boldsymbol{\phi}_1,\cdots,\boldsymbol{\phi}_n\}$可张成$\mathbf{R}^{m+1}$的子空间,记为$H$,即$H=\mathrm{span}\{\boldsymbol{\phi}_0,\boldsymbol{\phi}_1,\cdots,\boldsymbol{\phi}_n\}\subset\mathbf{R}^{m+1}$,在$H$空间中定义带权$w_i(i=0,1,\cdots,m)$的内积$(\boldsymbol{\phi}_k,\boldsymbol{\phi}_j)=\sum\limits_{i=0}^{m}w_i\varphi_k(x_i)\varphi_j(x_i)$,

则H空间成为内积空间,内积范数为$\|\boldsymbol{\phi}_j\|=(\phi_k,\phi_j)^{\frac{1}{2}}=\left(\sum\limits_{i=0}^{m}w_i\varphi_j^2(x_i)\right)^{\frac{1}{2}}$.

定义 1.20 若在空间H中满足

$$(\boldsymbol{\phi}_k,\boldsymbol{\phi}_j)=\sum_{i=0}^{m}w_i\varphi_k(x_i)\varphi_j(x_i)=\begin{cases}0 & \text{当 } j\neq k\\ p>0 & \text{当 } j=k\end{cases},\tag{1.39}$$

则称向量组$\varphi_0(x),\varphi_1(x),\cdots,\varphi_n(x)$是关于点集$\{x_0,x_1,\cdots x_m\}$和带权$w_0,w_1,\cdots,w_m$的**正交函数组**.

构造正交函数组的方法也可以按式(1.31)和式(1.32)计算,只是式中内积的计算不同,所采用的内积为$(\varphi_k(x),\varphi_j(x))=(\boldsymbol{\phi}_k,\boldsymbol{\phi}_j)=\sum\limits_{i=0}^{m}w_i\varphi_k(x_i)\varphi_j(x_i)$.

1.2.6 算子的概念

算子是函数概念的推广,了解算子的定义有助于使用更加通用、标准的数学语言表达实际问题.

定义 1.21 设D和D'为线性赋范空间H的子集,若D和D'建立了某种一一对应关系,即D中任一元素u对应于D'中的一个元素$L(u)$,则称L为**算子**,算子L所作用的集合D,称为算子的**定义域**,记作D_L;而D_L中的元素被算子L作用后所生成的元素集合,称为算子L的**值域**,记作R_L.

例如,对 Laplace 算子Δ:$\Delta u=\frac{\partial^2u}{\partial x^2}+\frac{\partial^2u}{\partial y^2}+\frac{\partial^2u}{\partial z^2}$,$D_L$是所有二次可微函数的集合,$R_L$是微分后生成的函数集合.

如果对任意的$u_1,u_2\in D_L$,算子L满足条件

$$L(\alpha_1u_1+\alpha_2u_2)=\alpha_1Lu_1+\alpha_2Lu_2,\quad\forall\alpha_1,\alpha_2\in K,\tag{1.40}$$

则称L为**线性算子**.

显然,Laplace 算子Δ是线性算子,线性代数方程组所对应的系数矩阵$\mathbf{A}$也是线性算子.而$Lu=u\frac{\mathrm{d}u}{\mathrm{d}x}+C$是非线性算子.

如果对任意$u,v\in D_L$,算子L满足满足

$$(L(u),v)=(u,L(v)),\tag{1.41}$$

则称 L 为**对称算子**.

例如,齐次边界条件的 Laplace 算子

$$\begin{cases}\Delta u=\dfrac{\partial^2 u}{\partial x^2}+\dfrac{\partial^2 u}{\partial y^2}, & (x,y)\in\Omega \\ u|_{\Gamma}=0 \text{ 或} \left.\dfrac{\partial u}{\partial n}\right|_{\Gamma}=0, \end{cases}$$

是对称算子,因为由 Green 公式可以推出$(\Delta u,v)=(u,\Delta v)$.

如果对任意 $u\in D_L$,存在一个常数 $\gamma>0$,使得线性算子满足条件

$$(Lu,u)\geqslant\gamma\ \|\boldsymbol{u}\|^2, \tag{1.42}$$

则称 L 为**正定算子**.

1.3 常用矩阵变换

矩阵计算是工程计算的基础数学工具之一,而矩阵变换是不可或缺的.因此,本节以工程计算领域常用的矩阵变换方法为核心进行扼要介绍.

1.3.1 Gauss 变换阵与矩阵的三角分解

我们熟悉的求解线性代数方程组的 Gauss 消元法与这里要介绍的 Gauss 变换阵具有十分密切的关系.后续将会介绍常用的求解线性代数方程组的消元法,如果从矩阵变换的角度看,消元的过程就是通过 Gauss 变换阵实现的.

定义 1.22　设向量$\bar{\boldsymbol{l}}_k=(0,\cdots,0,l_{k+1,k},l_{k+2,k},\cdots,l_{n,k})^{\mathrm{T}}\in\mathbf{R}^n$,$\boldsymbol{e}_k=(0,\cdots,0,\underset{(k)}{1},0,\cdots,0)^{\mathrm{T}}\in\mathbf{R}^n$,$\boldsymbol{I}$ 是 n 阶单位矩阵,则称矩阵 $\boldsymbol{L}_k=\boldsymbol{I}-\bar{\boldsymbol{l}}_k\boldsymbol{e}_k^{\mathrm{T}}$ 为**高斯**(Gauss)**变换阵**.

显然,$\boldsymbol{L}_k$ 的分量形式(空白处元素均为 0)为

$$\boldsymbol{L}_k=\begin{bmatrix}1 & & & & & & \\ & \ddots & & & & & \\ & & 1 & & & & \\ & & & \ddots & & & \\ & & & & 1_{k,k} & & \\ & & & & -l_{k+1,k} & 1 & \\ & & & & \vdots & & \ddots \\ & & & & -l_{n,k} & & & 1\end{bmatrix}, \tag{1.43}$$

不难发现,$\boldsymbol{L}_k$ 是单位矩阵 $\boldsymbol{I}$ 经过初等行变换得到的.

性质 6　Gauss 变换阵具有如下的性质:

(1)高斯(Gauss)变换阵 $\boldsymbol{L}_k=\boldsymbol{I}-\bar{\boldsymbol{l}}_k\boldsymbol{e}_k^{\mathrm{T}}$ 是可逆的,其逆矩阵 $\boldsymbol{L}_k^{-1}$ 仍然是 Gauss 变换阵,且

$$
\boldsymbol{L}_k^{-1}=\boldsymbol{I}+\bar{\boldsymbol{l}}_k\boldsymbol{e}_k^{\mathrm{T}}=\boldsymbol{L}_k=\begin{bmatrix}1 & & & & & & \\ & \ddots & & & & & \\ & & 1 & & & & \\ & & & 1 & & & \\ & & & l_{k+1,k} & 1 & & \\ & & & l_{k+2,k} & & \ddots & \\ & & & \vdots & & & \ddots \\ & & & l_{n,k} & & & & 1\end{bmatrix}.
$$

(2) $\boldsymbol{L}_1\boldsymbol{L}_2\cdots\boldsymbol{L}_{n-1}=(\boldsymbol{I}-\bar{\boldsymbol{l}}_1\boldsymbol{e}_1^{\mathrm{T}})(\boldsymbol{I}-\bar{\boldsymbol{l}}_2\boldsymbol{e}_2^{\mathrm{T}})\cdots(\boldsymbol{I}-\bar{\boldsymbol{l}}_{n-1}\boldsymbol{e}_{n-1}^{\mathrm{T}})$

$$
=\begin{bmatrix}1 & & & & & \\ -l_{21} & 1 & & & & \\ -l_{31} & -l_{32} & 1 & & & \\ \vdots & \vdots & & \ddots & & \\ \vdots & \vdots & & & 1 & \\ -l_{n1} & -l_{n2} & \cdots & \cdots & -l_{n,n-1} & 1\end{bmatrix},
$$

$$
\boldsymbol{L}_1^{-1}\boldsymbol{L}_2^{-1}\cdots\boldsymbol{L}_{n-1}^{-1}=(\boldsymbol{I}+\bar{\boldsymbol{l}}_1\boldsymbol{e}_1^{\mathrm{T}})(\boldsymbol{I}+\bar{\boldsymbol{l}}_2\boldsymbol{e}_2^{\mathrm{T}})\cdots(\boldsymbol{I}+\bar{\boldsymbol{l}}_{n-1}\boldsymbol{e}_{n-1}^{\mathrm{T}})
$$

$$
=\begin{bmatrix}1 & & & & & \\ l_{21} & 1 & & & & \\ l_{31} & l_{32} & 1 & & & \\ \vdots & \vdots & & \ddots & & \\ \vdots & \vdots & & & 1 & \\ l_{n1} & l_{n2} & \cdots & \cdots & l_{n,n-1} & 1\end{bmatrix}.
$$

(3) $\forall\, \boldsymbol{x}=(x_1,x_2,\cdots,x_n)^{\mathrm{T}}\neq 0$,且 $x_k\neq 0$,令 $m_{ik}=x_i/x_k(i=k+1,k+2,\cdots,n)$(也叫消元乘数),构造 Gauss 变换阵为

$$
\boldsymbol{L}_k=\begin{bmatrix}1 & & & & & & \\ & \ddots & & & & & \\ & & 1 & & & & \\ & & & 1 & & & \\ & & & -m_{k+1,k} & 1 & & \\ & & & -m_{k+2,k} & & \ddots & \\ & & & \vdots & & & \ddots \\ & & & -m_{n,k} & & & & 1\end{bmatrix},
$$

则有
$$
\boldsymbol{L}_k\boldsymbol{x}=\boldsymbol{y}=(x_1,x_2,\cdots,x_k,0,\cdots,0)^{\mathrm{T}},
$$

即可以构造 Gauss 变换阵 $\boldsymbol{L}_k$ 将 $\boldsymbol{x}$ 的第 k 个分量以后的各分量约化为零(消元过程).也就是说,如上的 Gauss 变换阵起到了消元的作用.

以性质 6 为基础，考查 Gauss 变换阵对矩阵 $\boldsymbol{A}=(a_{ij})_{n\times n}\in\mathbf{R}^{n\times n}$ 左乘以后的效果. 为了方便理解计算流程，记

$$\boldsymbol{A}\triangleq\boldsymbol{A}^{(1)}=\begin{bmatrix} a_{11}^{(1)} & a_{12}^{(1)} & \cdots & a_{1n}^{(1)} \\ a_{21}^{(1)} & a_{22}^{(1)} & \cdots & a_{2n}^{(1)} \\ \vdots & \vdots & & \vdots \\ a_{n1}^{(1)} & a_{n2}^{(1)} & \cdots & a_{nn}^{(1)} \end{bmatrix}.$$

设 $a_{11}^{(1)}\neq 0$，利用性质 6-(3)的计算方法计算出 $\boldsymbol{L}_1$，将 $\boldsymbol{A}^{(1)}$ 的第一列的从第二个元素开始的所有元素消元为 0，即

$$\boldsymbol{L}_1\boldsymbol{A}^{(1)}\triangleq\boldsymbol{A}^{(2)}=\begin{bmatrix} a_{11}^{(1)} & a_{12}^{(1)} & \cdots & a_{1n}^{(1)} \\ 0 & a_{22}^{(2)} & \cdots & a_{2n}^{(2)} \\ \vdots & \vdots & & \vdots \\ 0 & a_{n2}^{(2)} & \cdots & a_{nn}^{(2)} \end{bmatrix},$$

再设 $a_{22}^{(2)}\neq 0$，重复利用性质 6-(3)的计算方法计算出 $\boldsymbol{L}_2$，将 $\boldsymbol{A}^{(2)}$ 的第二列的从第三个元素开始的所有元素消元为 0，即

$$\boldsymbol{L}_2\boldsymbol{L}_1\boldsymbol{A}^{(1)}=\boldsymbol{L}_2\boldsymbol{A}^{(2)}\triangleq\boldsymbol{A}^{(3)}=\begin{bmatrix} a_{11}^{(1)} & a_{12}^{(1)} & \cdots & a_{1n}^{(1)} \\ 0 & a_{22}^{(2)} & \cdots & a_{2n}^{(2)} \\ \vdots & \vdots & & \vdots \\ 0 & 0 & \cdots & a_{nn}^{(3)} \end{bmatrix}.$$

依此类推，顺次对每列如上的进行消元计算，得

$$\boldsymbol{L}_{k-1}\cdots\boldsymbol{L}_2\boldsymbol{L}_1\boldsymbol{A}^{(1)}\triangleq\boldsymbol{A}^{(k)}=\begin{bmatrix} a_{11}^{(1)} & a_{12}^{(1)} & a_{13}^{(1)} & & \cdots & \cdots & \cdots & a_{1n}^{(1)} \\ & a_{22}^{(2)} & a_{23}^{(2)} & & \cdots & \cdots & \cdots & a_{2n}^{(2)} \\ & & a_{33}^{(3)} & & \cdots & \cdots & \cdots & a_{3n}^{(3)} \\ & & & \ddots & & & & \\ & & & & & \vdots & & \vdots \\ & & & & a_{kk}^{(k)} & a_{k(k+1)}^{(k)} & \cdots & a_{kn}^{(k)} \\ & & & & \vdots & \vdots & & \vdots \\ & & & & a_{nk}^{(k)} & a_{n(k+1)}^{(k)} & \cdots & a_{nn}^{(k)} \end{bmatrix},$$

显然，只要关键的 $a_{kk}^{(k)}\neq 0(k=1,2,\cdots,n-1)$，就可以将消元过程进行下去，至多需要 $n-1$ 个 Gauss 变换阵就可以将矩阵 $\boldsymbol{A}$ 变成上三角矩阵 $\boldsymbol{A}^{(n)}\triangleq\boldsymbol{U}$，即

$$\boldsymbol{L}_{n-1}\cdots\boldsymbol{L}_2\boldsymbol{L}_1\boldsymbol{A}\triangleq\boldsymbol{U}=\begin{bmatrix} a_{11}^{(1)} & a_{12}^{(1)} & \cdots & a_{1n}^{(1)} \\ & a_{22}^{(2)} & \cdots & a_{2n}^{(2)} \\ & & \ddots & \vdots \\ & & & a_{nn}^{(n)} \end{bmatrix}.$$

若 $a_{nn}^{(n)}$ 恰好不等于 0，则说明 $\boldsymbol{U}$ 是可逆矩阵，则 $\boldsymbol{A}$ 也是可逆矩阵.

不难理解，从以上的对 $\boldsymbol{A}^{(k)}$ 各列的主对角线元素以下各元素消元为 0 的过程，等价于矩阵

$\boldsymbol{A}$ 的各阶顺序主子式 $D_k \neq 0(k=1,2,\cdots,n-1,n)$，从而有如下的定理：

定理 1.5（矩阵的 Doolittle 分解） 若 n 阶方阵 $\boldsymbol{A}\in\mathbf{R}^{n\times n}$ 的顺序主子式 $D_k\neq 0(k=1,2,\cdots,n-1,n)$，则 $\boldsymbol{A}$ 可唯一地分解为一个单位下三角阵 $\boldsymbol{L}$ 和非奇异的上三角阵 $\boldsymbol{U}$ 的乘积，即

$$\boldsymbol{A}=\boldsymbol{L}\boldsymbol{U}, \tag{1.44}$$

其中，$\boldsymbol{L}=\boldsymbol{L}_1^{-1}\boldsymbol{L}_2^{-1}\cdots\boldsymbol{L}_n^{-1}$.

定理 1.5 中 $\boldsymbol{L}$ 和 $\boldsymbol{U}$ 的唯一性，读者自行证明.

定理 1.5 简称 LU 分解或三角分解. 根据性质 6，显然 $\boldsymbol{L}$ 的计算过程是非常简单的，该定理也说明了可以利用 Gauss 变换阵将矩阵消元成为阶梯形矩阵——上三角矩阵.

因为定理 1.5 中的得到 $\boldsymbol{U}$ 的主对角线元素均不等于 0，令 $\boldsymbol{U}$ 的对角线元素形成的矩阵为

$$\boldsymbol{D}=\begin{bmatrix} u_{11} & & & \\ & u_{22} & & \\ & & \ddots & \\ & & & u_{nn} \end{bmatrix},\quad 则\ \boldsymbol{A}=\boldsymbol{L}\boldsymbol{U}=\boldsymbol{L}\boldsymbol{D}\boldsymbol{D}^{-1}\boldsymbol{U}，记\ \boldsymbol{R}\triangleq\boldsymbol{D}^{-1}\boldsymbol{U},$$

即

$$\boldsymbol{A}=\boldsymbol{L}\boldsymbol{U}=\boldsymbol{L}\boldsymbol{D}\boldsymbol{R}, \tag{1.45}$$

其中，$\boldsymbol{R}$ 称为一个单位上三角矩阵，也具有唯一性.

若将定理 1.5 中的矩阵 $\boldsymbol{A}$ 特殊化为对称正定矩阵，显然满足定理 1.5 的条件，则关于对称正定矩阵也一定存在 $\boldsymbol{A}=\boldsymbol{L}\boldsymbol{D}\boldsymbol{R}$，又因为 $\boldsymbol{A}$ 为对称正定矩阵，所以 $u_{ii}>0(i=1,2,\cdots,n)$，令

$$\boldsymbol{D}^{\frac{1}{2}}=\begin{bmatrix} \sqrt{u_{11}} & & & \\ & \sqrt{u_{22}} & & \\ & & \ddots & \\ & & & \sqrt{u_{nn}} \end{bmatrix},$$

则 $\boldsymbol{D}=\boldsymbol{D}^{\frac{1}{2}}\boldsymbol{D}^{\frac{1}{2}}$，所以 $\boldsymbol{A}=\boldsymbol{L}\boldsymbol{U}=\boldsymbol{L}\boldsymbol{D}\boldsymbol{R}=\boldsymbol{L}\boldsymbol{D}^{\frac{1}{2}}\boldsymbol{D}^{\frac{1}{2}}\boldsymbol{R}$. 又因为 $\boldsymbol{A}$ 为对称正定矩阵，则根据 $\boldsymbol{A}=\boldsymbol{L}\boldsymbol{D}\boldsymbol{R}$ 分解的唯一性，有 $\boldsymbol{L}=\boldsymbol{R}^{\mathrm{T}}$. 记 $\boldsymbol{L}\triangleq\boldsymbol{L}\boldsymbol{D}^{\frac{1}{2}}$，则

$$\boldsymbol{A}=\boldsymbol{L}\boldsymbol{L}^{\mathrm{T}}, \tag{1.46}$$

其中，$\boldsymbol{L}$ 为下三角矩阵. 此时，称式(1.46)为对称正定矩阵的 Cholesky 分解，这个分解同样具有唯一性.

1.3.2 Householder 变换阵与矩阵的正交分解

在 1.3.1 节中，我们知道可以利用 Gauss 变换阵对矩阵进行消元运算，计算的结果是一个上三角矩阵. 那么，能否利用正交矩阵进行消元运算，也得到一个上三角矩阵呢？为了回答这个问题，首先给出 Householder 变换阵的定义.

定义 1.23 设非零向量 $\boldsymbol{\omega}\in\mathbf{R}^n$，$\boldsymbol{\omega}=(\omega_1,\omega_2,\cdots,\omega_n)^{\mathrm{T}}$，且满足条件 $\|\boldsymbol{\omega}\|_2=1$，形如

$$\boldsymbol{H}=\boldsymbol{I}-2\boldsymbol{\omega}\boldsymbol{\omega}^{\mathrm{T}} \tag{1.47}$$

的 n 阶方阵 $\boldsymbol{H}$ 称 **Householder 变换阵**，或称为**初等反射阵**.

性质 7 Householder 变换阵具有如下的性质：

(1) $\boldsymbol{H}$ 阵是非奇异阵，且 $\det(\boldsymbol{H})=-1$；

(2) $\boldsymbol{H}$ 是对称矩阵：$\boldsymbol{H}^{\mathrm{T}}=\boldsymbol{H}$；

(3) $\boldsymbol{H}$ 是正交矩阵：$\boldsymbol{H}^{\mathrm{T}}\boldsymbol{H}=\boldsymbol{I}$，或 $\boldsymbol{H}^{\mathrm{T}}=\boldsymbol{H}^{-1}$；

(4) $\boldsymbol{H}$ 变换保持向量长度不变：$\forall\, \boldsymbol{x}\in\mathbf{R}^n$，$\|\boldsymbol{Hx}\|_2=\|\boldsymbol{x}\|_2$；

(5) 设 π 是以 $\boldsymbol{\omega}$ 为法向量过原点的超平面，对任何非零向量，有 $\boldsymbol{Hx}$ 与 $\boldsymbol{x}$ 关于超平面 π 对称.

证明：(1)(2)(3)证明略，只证(4)(5).

(4) $\forall\, \boldsymbol{x}\in\mathbf{R}^n$，设 $\boldsymbol{y}=\boldsymbol{Hx}$，则 $\boldsymbol{y}^{\mathrm{T}}\boldsymbol{y}=\boldsymbol{x}^{\mathrm{T}}\boldsymbol{H}^{\mathrm{T}}\boldsymbol{Hx}=\boldsymbol{x}^{\mathrm{T}}\boldsymbol{x}$，即 $\|\boldsymbol{Hx}\|_2=\|\boldsymbol{x}\|_2$.

(5)设 π 是以 $\boldsymbol{\omega}$ 为法向量过原点的超平面，其方程为

$$\boldsymbol{\omega}^{\mathrm{T}}\boldsymbol{x}=0,\quad \forall\, \boldsymbol{x}\in\pi.$$

若 $\boldsymbol{x}\in\pi$，则 $\boldsymbol{Hx}=(\boldsymbol{I}-2\boldsymbol{\omega}\boldsymbol{\omega}^{\mathrm{T}})\boldsymbol{x}=\boldsymbol{x}-2\boldsymbol{\omega}\boldsymbol{\omega}^{\mathrm{T}}\boldsymbol{x}=\boldsymbol{x}$.

若 $\boldsymbol{y}\notin\pi$，则存在 $\boldsymbol{x}\in\pi, k\in R$ 使 $\boldsymbol{y}=\boldsymbol{x}+k\boldsymbol{\omega}$，则

$$\boldsymbol{Hy}=\boldsymbol{H}(\boldsymbol{x}+k\boldsymbol{\omega})=\boldsymbol{Hx}+k\boldsymbol{H\omega}=\boldsymbol{x}+k(\boldsymbol{I}-2\boldsymbol{\omega}\boldsymbol{\omega}^{\mathrm{T}})\boldsymbol{\omega}=\boldsymbol{x}+k\boldsymbol{\omega}-2k\boldsymbol{\omega}=\boldsymbol{x}-k\boldsymbol{\omega}=\overline{\boldsymbol{y}},$$

显然 $\overline{\boldsymbol{y}}=\boldsymbol{x}-k\boldsymbol{\omega}$ 是向量 $\boldsymbol{y}=\boldsymbol{x}+k\boldsymbol{\omega}$ 关于平面 π 的镜面反射.

性质 7-(5)告诉我们，对任何的非零向量 $\boldsymbol{x}$ 经过 $\boldsymbol{H}$ 阵作变换后所得向量与原向量关于超平面 π 对称. 几何学中称 $\boldsymbol{H}$ 为镜面反射变换，称矩阵 $\boldsymbol{H}$ 为**镜面反射阵**.

定理 1.6　设两个不相等的 n 维向量 $\boldsymbol{x},\boldsymbol{y}\in\mathbf{R}^n$，$\boldsymbol{x}\neq\boldsymbol{y}$，但 $\|\boldsymbol{x}\|_2=\|\boldsymbol{y}\|_2$，则可由向量 $\boldsymbol{u}=\boldsymbol{x}-\boldsymbol{y}$ 构造初等反射阵 $\boldsymbol{H}$，使 $\boldsymbol{Hx}=\boldsymbol{y}$.

证明：根据 Householder 变换阵几何含义和性质 7-(5)，知 $\boldsymbol{u}=\boldsymbol{x}-\boldsymbol{y}$ 必垂直于超平面 π，故设 $\boldsymbol{\omega}=\dfrac{\boldsymbol{u}}{\|\boldsymbol{u}\|_2}$，则有 $\|\boldsymbol{\omega}\|_2=1$，因此

$$\boldsymbol{H}=\boldsymbol{I}-2\boldsymbol{\omega}\boldsymbol{\omega}^{\mathrm{T}}=\boldsymbol{I}-2\,\frac{\boldsymbol{u}\boldsymbol{u}^{\mathrm{T}}}{\|\boldsymbol{u}\|_2^2}=\boldsymbol{I}-2\,\frac{(\boldsymbol{x}-\boldsymbol{y})}{\|\boldsymbol{x}-\boldsymbol{y}\|_2^2}(\boldsymbol{x}^{\mathrm{T}}-\boldsymbol{y}^{\mathrm{T}}),$$

$$\boldsymbol{Hx}=\boldsymbol{x}-2\,\frac{(\boldsymbol{x}-\boldsymbol{y})}{\|\boldsymbol{x}-\boldsymbol{y}\|_2^2}(\boldsymbol{x}^{\mathrm{T}}-\boldsymbol{y}^{\mathrm{T}})\boldsymbol{x}=\boldsymbol{x}-2\,\frac{(\boldsymbol{x}-\boldsymbol{y})(\boldsymbol{x}^{\mathrm{T}}\boldsymbol{x}-\boldsymbol{y}^{\mathrm{T}}\boldsymbol{y})}{\|\boldsymbol{x}-\boldsymbol{y}\|_2^2}.$$

因为 $\|\boldsymbol{x}-\boldsymbol{y}\|_2^2=(\boldsymbol{x}^{\mathrm{T}}-\boldsymbol{y}^{\mathrm{T}})(\boldsymbol{x}-\boldsymbol{y})=2(\boldsymbol{x}^{\mathrm{T}}\boldsymbol{x}-\boldsymbol{y}^{\mathrm{T}}\boldsymbol{x})$，代入上式后即得到 $\boldsymbol{Hx}=\boldsymbol{y}$.

定理 1.6 表明，可以构造一个 Householder 变换阵，进行正交保长变换.

性质 8　对任意向量 $\boldsymbol{x}=(x_1,x_2,\cdots,x_n)^{\mathrm{T}}\neq\boldsymbol{0}$，可构造 Householder 变换阵 $\boldsymbol{H}$ 阵 $\boldsymbol{H}_k(k=1,2,\cdots,n)$，使得 $\boldsymbol{H}_k\boldsymbol{x}=(0,\cdots,0,-\sigma_k,0,\cdots,0)^{\mathrm{T}}=-\boldsymbol{\sigma}_k\boldsymbol{e}_k$.

其中，$\boldsymbol{\sigma}_k=\mathrm{sgn}(\boldsymbol{x}_k)\left(\sum\limits_{i=1}^{n}\boldsymbol{x}_i^2\right)^{\frac{1}{2}}$，单位向量 $\boldsymbol{e}_k=(0,\cdots,0,\underset{k}{1},0,\cdots,0)^{\mathrm{T}}\in\mathbf{R}^n$，$\mathrm{sgn}(\boldsymbol{x}_k)$是符号函数.

证明：令 $\boldsymbol{y}=(0,\cdots,0,-\sigma_k,0,\cdots,0)^{\mathrm{T}}$，显然 $\boldsymbol{x}\neq\boldsymbol{y}$，但 $\|\boldsymbol{x}\|_2=\|\boldsymbol{y}\|_2$. 由定理 1.6，令

$$\boldsymbol{u}^{(k)}=\boldsymbol{x}-\boldsymbol{y}=(x_1,\cdots,x_{k-1},x_k+\sigma_k,x_{k+1},\cdots,x_n)^{\mathrm{T}},$$

构造 Householder 变换阵为 $\boldsymbol{H}_k=I-2\,\dfrac{\boldsymbol{u}^{(k)}(\boldsymbol{u}^{(k)})^{\mathrm{T}}}{\|\boldsymbol{u}^{(k)}\|_2^2}=I-\dfrac{1}{\rho_k}\boldsymbol{u}^{(k)}(\boldsymbol{u}^{(k)})^{\mathrm{T}}$，

其中，$\rho_k=\dfrac{1}{2}\boldsymbol{u}^{(k)}(\boldsymbol{u}^{(k)})^{\mathrm{T}}=\boldsymbol{\sigma}_k(x_k+\boldsymbol{\sigma}_k)$. 则必有 $\boldsymbol{H}_k\boldsymbol{x}=\boldsymbol{y}=(0,\cdots,0,-\sigma_k,0,\cdots,0)^{\mathrm{T}}\in\mathbf{R}^n$.

以上计算 $\boldsymbol{\sigma}_k$ 时取 $\mathrm{sgn}(\boldsymbol{x}_k)$ 是考虑到计算向量 $\boldsymbol{u}^{(k)}$ 的第 k 个分量 $\boldsymbol{u}_k^{(k)}=\boldsymbol{x}_k+\boldsymbol{\sigma}_k$ 时，可以有效提高 $\boldsymbol{H}_k$ 中元素的有效数字的位数，因为这样可以避免很小的数作分母.

类似地，可以作如下形式的消元运算：

性质 9 对任意向量 $\boldsymbol{x}=(x_1,x_2,\cdots,x_n)^{\mathrm{T}}\neq 0$，可构造 Householder 变换阵 $\boldsymbol{H}$ 阵 $\boldsymbol{H}_k(k=1,2,\cdots,n)$，使得

$$\boldsymbol{H}_k\boldsymbol{x}=(x_1,\cdots,x_{k-1},-\sigma_k,0,\cdots,0)^{\mathrm{T}}.$$

其中，$\boldsymbol{\sigma}_k=\mathrm{sgn}(\boldsymbol{x}_k)\left(\sum_{i=k}^{n}\boldsymbol{x}_i^2\right)^{\frac{1}{2}}$.

证明：构造初等反射阵 $\boldsymbol{H}_k$.

$$\boldsymbol{H}_k=I-\frac{1}{\rho_k}\boldsymbol{u}^{(k)}(\boldsymbol{u}^{(k)})^{\mathrm{T}}\in\mathbf{R}^{n\times n}\quad(1\leqslant k\leqslant n),$$

其中，$\boldsymbol{u}^{(k)}=(0,\cdots,0,x_k+\sigma_k,x_{k+1},\cdots,x_n)^{\mathrm{T}}\in\mathbf{R}^n$，$\sigma_k=\mathrm{sgn}(\boldsymbol{x}_k)\left(\sum_{i=k}^{n}\boldsymbol{x}_i^2\right)^{\frac{1}{2}}$. 令

$$\boldsymbol{\rho}_k=\frac{1}{2}\boldsymbol{u}^{(k)}(\boldsymbol{u}^{(k)})^{\mathrm{T}}=\boldsymbol{\sigma}_k(\boldsymbol{x}_k+\boldsymbol{\sigma}_k)=\boldsymbol{\sigma}_k\boldsymbol{u}_k^{(k)},$$

则有

$$\boldsymbol{H}_k\boldsymbol{x}=(x_1,x_2,\cdots,x_{k-1},-\sigma_k,0,\cdots,0)^{\mathrm{T}}\in\mathbf{R}^n.$$

性质 8 和性质 9 表明，在利用 Householder 变换阵进行消元时，因为它是正交矩阵，所以是保长变换，只是把向量对长度（向量的内积范数）的贡献集中到某个元素上而已. 在性质 8 中把向量对长度的贡献都集中到第 k 个位置，其他元素约化为 0；性质 9 中把 $x_k,x_{k+1},\cdots,x_n$ 对长度的贡献都集中到第 k 个位置，把 $x_{k+1},\cdots,x_n$ 约化为 0，而 $x_1,x_2,\cdots,x_{k-1}$ 这些元素不变. 所以，对于性质 8 和性质 9 可理解为在保证列向量 $\boldsymbol{x}\in\mathbf{R}^n$ 的内积范数不变的前提下的保长消元算法即可，并对计算 $\boldsymbol{H}_k$ 的过程作了适当的简化（计算 $\boldsymbol{\rho}_k$）. 显然，Gauss 变换阵进行的消元过程就不是保长的.

对于性质 9，显然 $\boldsymbol{H}_k$ 阵对向量 $\boldsymbol{x}$ 的前 $k-1$ 个分量的作用就如同一个 $k-1$ 阶单位阵的作用. 因此，对 x 进行分块，并设

$$\boldsymbol{x}^{(1)}=(x_1,x_2,\cdots,x_{k-1})^{\mathrm{T}}\in\mathbf{R}^{k-1},\quad \boldsymbol{x}^{(2)}=(x_k,x_{k+1},\cdots,x_n)^{\mathrm{T}}\in\mathbf{R}^{n-k+1},$$

则

$$\boldsymbol{x}=\begin{bmatrix}\boldsymbol{x}^{(1)}\\ \boldsymbol{x}^{(2)}\end{bmatrix}.$$

令单位阵 $\boldsymbol{I}^{(1)}\in\mathbf{R}^{(k-1)\times(k-1)}$，$\boldsymbol{I}^{(2)}\in\mathbf{R}^{(n-k+1)\times(n-k+1)}$，对 $\boldsymbol{x}^{(2)}$ 构造一个 $n-k+1$ 阶的初等矩阵 $\boldsymbol{H}_1^k$，使 $\boldsymbol{H}_1^k x^{(2)}=-\boldsymbol{\sigma}_k\boldsymbol{e}_1^{(k)}$，其中 $\boldsymbol{e}_1^{(k)}=(1,0,\cdots,0)\in\mathbf{R}^{n-k+1}$，则 $\boldsymbol{H}_k$ 可写为 $\boldsymbol{H}_k=\begin{bmatrix}\boldsymbol{I}^{(1)} & \boldsymbol{O}\\ \boldsymbol{O} & \boldsymbol{H}_1^k\end{bmatrix}$.

显然 $\boldsymbol{H}_k$ 也是对称正交阵. 我们称这种简化的计算方法是一个降维的计算方法.

定理 1.7（QR 分解定理） 对任何矩阵 $\mathbf{A}\in\mathbf{R}^{m\times n}$，总存在正交矩阵 $\boldsymbol{Q}\in\mathbf{R}^{m\times m}$ 与（拟）上三角矩阵 $\boldsymbol{R}\in\mathbf{R}^{m\times n}$，使得 $\mathbf{A}=\boldsymbol{QR}$，形式如下：

$$\mathbf{A}_{m\times n}=\boldsymbol{QR}=\begin{bmatrix}* & \cdots & *\\ \vdots & \ddots & \vdots\\ * & \cdots & *\end{bmatrix}_{m\times m}\begin{bmatrix}* & \cdots & *\\ & \ddots & \vdots\\ 0 & & *\\ 0 & \cdots & 0\end{bmatrix}_{m\times n}. \tag{1.48}$$

证明： 在 1.2.3 节中，针对 $A\in\mathbf{R}^{m\times n}$，我们已经利用 Gram-Schmidt 正交化方法实现了 QR 分解，此时，$Q\in\mathbf{R}^{m\times n}$ 是单位列正交矩阵，$R\in\mathbf{R}^{n\times n}$ 是标准的上三角矩阵，分解形式如下：

$$A_{m\times n}=QR=\begin{bmatrix} * & \cdots & * \\ \vdots & \ddots & \vdots \\ * & \cdots & * \end{bmatrix}_{m\times n}\begin{bmatrix} * & \cdots & * \\ & \ddots & \vdots \\ 0 & & * \end{bmatrix}_{n\times n}. \tag{1.49}$$

这里，我们采用 Householder 变换阵来实现 QR 分解. 按照性质 9 的计算流程计算 Householder 变换阵，这样就能保证 R 的对角线元素符号控制的统一性与唯一性.

设矩阵 A 的第一列为 $\boldsymbol{\alpha}_1$，构造 Householder 矩阵 H_1，使 $H_1\boldsymbol{\alpha}_1=(-\sigma_1,0,\cdots,0)^{\mathrm{T}}$，其中 $\boldsymbol{\sigma}_1=\operatorname{sgn}(\boldsymbol{a}_{11}^{(1)})\left[\sum_{i=1}^{m}(a_{i1}^{(1)})^2\right]^{\frac{1}{2}}$. 令 $A_1=H_1A$，则 A_1 的形状如

$$A_1=\begin{bmatrix} -\sigma_1 & a_{12}^{(1)} & \cdots & \cdots & a_{1n}^{(1)} \\ 0 & a_{22}^{(1)} & \cdots & \cdots & \vdots \\ 0 & a_{32}^{(1)} & \cdots & \cdots & \vdots \\ \vdots & \vdots & & \ddots & \vdots \\ 0 & a_{m2}^{(1)} & \cdots & a_{m,n-1}^{(1)} & a_{mn}^{(1)} \end{bmatrix}.$$

类似地，设矩阵 A_1 的第二列为 $\boldsymbol{\alpha}_2$，构造 H 矩阵 H_2，使 $H_2\boldsymbol{\alpha}_2=(a_{12}^{(1)},-\sigma_2,0,\cdots,0)^{\mathrm{T}}$. 并令 $A_2=H_2A_1=H_2H_1A$. 依此类推，作 n 次变换后，矩阵 A 将被化为如下上三角矩阵：

$$A_n=H_n\cdots H_2H_1A=\begin{bmatrix} -\sigma_1 & * & * & \cdots & * \\ 0 & -\sigma_2 & * & \cdots & * \\ 0 & 0 & -\sigma_3 & \cdots & * \\ \vdots & \vdots & \vdots & & \vdots \\ 0 & 0 & 0 & 0 & -\sigma_n \\ 0 & 0 & 0 & 0 & 0 \\ \vdots & \vdots & \vdots & \vdots & \vdots \\ 0 & 0 & 0 & 0 & 0 \end{bmatrix},$$

其中，$\boldsymbol{\sigma}_k=\operatorname{sgn}(\boldsymbol{a}_{kk}^{(k)})\left[\sum_{i=k}^{m}(a_{ik}^{(k)})^2\right]^{\frac{1}{2}}$.

将上述的保长消元过程即为 $H_n\cdots H_2H_1A=A_n\triangleq R$，记 $Q=H_1H_2\cdots H_n$，则

$$A=(H_n\cdots H_2H_1)^{-1}R=H_1H_2\cdots H_nR=QR.$$

显然，若 $A\in\mathbf{R}^{n\times n}$，则只需构造 $n-1$ 个 Householder 变换阵，就可以将矩阵 A 消元成为

$$R=\begin{bmatrix} -\sigma_1 & * & * & \cdots & * \\ 0 & -\sigma_2 & * & \cdots & * \\ 0 & 0 & -\sigma_3 & \cdots & * \\ \vdots & \vdots & \vdots & \ddots & \vdots \\ 0 & 0 & 0 & 0 & -\sigma_n \end{bmatrix},\quad 且\ Q=H_1H_2\cdots H_{n-1}.$$

1.3.3 Givens 变换阵与正交分解

我们知道,在二维平面 $\mathbf{R}^2$ 上,有如下的旋转变换:$\begin{bmatrix} X \\ Y \end{bmatrix}=\begin{bmatrix} \cos\theta & \sin\theta \\ -\sin\theta & \cos\theta \end{bmatrix}\begin{bmatrix} x \\ y \end{bmatrix}$.

若令 $\boldsymbol{G}(\theta)=\begin{bmatrix} \cos\theta & \sin\theta \\ -\sin\theta & \cos\theta \end{bmatrix}$,显然 $\boldsymbol{G}(\theta)$ 是一个正交矩阵.

对于 $\mathbf{R}^m$,令 $x=(x_1,x_2,\cdots,x_m)^{\mathrm{T}}\in\mathbf{R}^m$,$\boldsymbol{y}=(y_1,y_2,\cdots,y_m)^{\mathrm{T}}\in\mathbf{R}^m$,把$\boldsymbol{G}(\theta)$扩张成如下的正交矩阵:

$$\boldsymbol{G}(i,j,\theta)=\begin{bmatrix} 1 &&&&&&&&&& \\ & \ddots &&&&&&&&& \\ && 1 &&&&&&&& \\ &&& (\cos\theta)_{ii} && \cdots && (\sin\theta)_{ij} &&& \\ &&&& 1 &&&&&& \\ &&&&& \ddots &&&&& \\ &&&&&& 1 &&&& \\ &&& (-\sin\theta)_{ji} && \cdots && (\cos\theta)_{jj} &&& \\ &&&&&&&& 1 && \\ &&&&&&&&& \ddots & \\ &&&&&&&&&& 1 \end{bmatrix},$$

则称正交变换

$$\boldsymbol{y}=\boldsymbol{G}(i,j,\theta)\boldsymbol{x} \tag{1.50}$$

为 $\mathbf{R}^n$ 中的平面旋转变换,也称 Givens 旋转变换,$G(i,j,\theta)$ 称为平面旋转变换阵或 Givens 矩阵,为了方便起见,简记 $G(i,j,\theta)=G(i,j)$,$c=\cos\theta$,$s=\sin\theta$.

根据 $G(i,j)$ 的特点,若 $\mathbf{A}=(a_{ij})_{m\times n}\in\mathbf{R}^{m\times n}$,显然,$G(i,j)\mathbf{A}$ 只需对 $\mathbf{A}$ 的第 i 行和第 j 行元素进行计算,不改变 $\mathbf{A}$ 的其余各行,即只改变 $\mathbf{A}$ 的每列的第 i 个和第 j 个元素:

$$\begin{bmatrix} \overline{a}_{ik} \\ \overline{a}_{jk} \end{bmatrix}=\begin{bmatrix} c & s \\ -s & c \end{bmatrix}\begin{bmatrix} a_{ik} \\ a_{jk} \end{bmatrix},\quad k=1,2,\cdots,n. \tag{1.51}$$

在 1.3.1 节和 1.3.2 节中,可以分别采用 Gauss 变换阵和 Householder 变换阵实现对某列向量的消元运算,当然,也可以利用 Givens 变换阵进行消元运算.

定理 1.8 设 $\boldsymbol{x}=(x_1,\cdots,x_i,\cdots,x_j,\cdots,x_n)^{\mathrm{T}}\in\mathbf{R}^n$,且 $x_i^2+x_j^2>0$,则可以构造出 Givens 矩阵 $G(i,j)$,使得$(x_1,\cdots,\underset{i}{\overline{x}_i},\cdots,\underset{j}{0},\cdots,x_n)^{\mathrm{T}}=G(i,j)\boldsymbol{x}$,其中,$\overline{x}_i=\sqrt{x_i^2+x_j^2}$,$\tan\theta=\dfrac{x_j}{x_i}$.

证明:根据式(1.51),有$\begin{bmatrix} \overline{x}_i \\ \overline{x}_j \end{bmatrix}=\begin{bmatrix} c & s \\ -s & c \end{bmatrix}\begin{bmatrix} x_i \\ x_j \end{bmatrix}$,以及二维平面 $\mathbf{R}^2$ 上 Givens 旋转变换的几何性质,只需取 $c=\cos\theta=\dfrac{x_i}{\sqrt{x_i^2+x_j^2}}$,$s=\sin\theta=\dfrac{x_j}{\sqrt{x_i^2+x_j^2}}$,

就可以把点(x_i,x_j)变换为$(\overline{x}_i,0)$,即 $\overline{x}_i=\sqrt{x_i^2+x_j^2}$.

从几何的角度看，这种做法就是把 $\mathbf{R}^2$ 中原坐标系下的矢量 $(x_i,x_j)-(0,0)$ 旋转变为新坐标系的矢量 $(\overline{x}_i,0)-(0,0)$，这两个矢量的夹角为 θ；从代数的角度看，这种做法就是旋转变换作用下的保长消元.

在定理 1.7 中，使用了 Gram-Schmidt 正交化方法和 Householder 变换阵实现了 QR 分解，那么根据 Givens 变换阵也是正交矩阵的特性以及定理 1.8 的消元法，只需要重复执行定理 1.8 就可以把 $\boldsymbol{x}=(x_1,\cdots,x_i,\cdots,x_j,\cdots,x_n)^{\mathrm{T}}\in\mathbf{R}^n$ 消元成为向量 $\overline{\boldsymbol{x}}=(x_1,\cdots,x_{i-1},r_i,0\cdots,0)^{\mathrm{T}}\in\mathbf{R}^n$，也就是

$$
\begin{aligned}
&G(i,n)\cdots G(i,i+1)(x_1,\cdots,x_i,\cdots,x_j,\cdots,x_n)^{\mathrm{T}}\\
&=(x_1,\cdots,r_i,0\cdots,0,0)^{\mathrm{T}},
\end{aligned}
\tag{1.52}
$$

其中，$r_i=\left(\sum_{j=i}^{n}x_j^2\right)^{\frac{1}{2}}$. 在式(1.52)中，如果存在某个 $x_j=0(j>i)$，则式(1.52)左端就自然省略一个 Givens 变换阵 $G(i,j)$.

对于矩阵 $\boldsymbol{A}=(a_{ij})_{m\times n}\in\mathbf{R}^{m\times n}$，对 $\boldsymbol{A}=(\boldsymbol{\alpha}_1,\boldsymbol{\alpha}_2,\cdots,\boldsymbol{\alpha}_n)$ 的每一列 $\boldsymbol{\alpha}_i\in\mathbf{R}^m(i=1,2,\cdots,n)$ 进行式(1.52)的 Givens 消元过程，并设 $\boldsymbol{P}_i=G(i,m)\cdots G(i,i+1)\in\mathbf{R}^{m\times m}(i=1,2,\cdots,n)$，则有

$$
\boldsymbol{P}_n\cdots\boldsymbol{P}_2\boldsymbol{P}_1\boldsymbol{A}=\boldsymbol{R},
\tag{1.53}
$$

其中，

$$
\boldsymbol{R}=\begin{bmatrix}
r_1 & * & * & \cdots & *\\
0 & r_2 & * & \cdots & *\\
0 & 0 & r_3 & \cdots & *\\
\vdots & \vdots & \vdots & & \vdots\\
0 & 0 & 0 & 0 & r_n\\
0 & 0 & 0 & 0 & 0\\
\vdots & \vdots & \vdots & \vdots & \vdots\\
0 & 0 & 0 & 0 & 0
\end{bmatrix}.
$$

因此，令 $\boldsymbol{Q}=\boldsymbol{P}_1^{\mathrm{T}}\boldsymbol{P}_2^{\mathrm{T}}\cdots\boldsymbol{P}_n^{\mathrm{T}}$，也可以得到 QR 分解 $\boldsymbol{A}=\boldsymbol{Q}_{m\times m}\boldsymbol{R}_{m\times n}$.

综上，采用 Gram-Schmidt 正交化方法、Householder 变换阵、Givens 变换阵，都可以实现如下形式的 QR 分解：

(1) Gram-Schmidt 正交化方法、Householder 变换阵、Givens 变换阵：

$$
\boldsymbol{A}_{n\times n}=\boldsymbol{Q}\boldsymbol{R}=\begin{bmatrix}
* & \cdots & *\\
\vdots & \ddots & \vdots\\
* & \cdots & *
\end{bmatrix}_{n\times n}
\begin{bmatrix}
* & \cdots & *\\
\vdots & \ddots & \vdots\\
0 & \cdots & *
\end{bmatrix}_{n\times n}.
$$

(2) Gram-Schmidt 正交化方法：

$$
\boldsymbol{A}_{m\times n}=\boldsymbol{Q}\boldsymbol{R}=\begin{bmatrix}
* & \cdots & *\\
\vdots & \ddots & \vdots\\
* & \cdots & *
\end{bmatrix}_{m\times n}
\begin{bmatrix}
* & \cdots & *\\
\vdots & \ddots & \vdots\\
0 & \cdots & *
\end{bmatrix}_{n\times n}.
$$

（3）Householder 变换阵、Givens 变换阵：

$$A_{m\times n}=QR=\begin{bmatrix} * & \cdots & * \\ \vdots & \ddots & \vdots \\ * & \cdots & * \end{bmatrix}_{m\times m}\begin{bmatrix} * & \cdots & * \\ \vdots & \ddots & \vdots \\ 0 & & * \\ 0 & \cdots & 0 \end{bmatrix}_{m\times n}.$$

定理 1.9 设 $\boldsymbol{A}\in\mathbf{R}^{n\times n}$ 是非奇异矩阵，则存在正交矩阵 $\boldsymbol{Q}$ 与上三角矩阵 $\boldsymbol{R}$，使得 $\boldsymbol{A}=\boldsymbol{QR}$，且当 $\boldsymbol{R}$ 的对角线元素为正数时，分解是唯一的.

证明：只需证明唯一性. 设 $\boldsymbol{A}$ 存在两种正交分解，$\boldsymbol{A}=\boldsymbol{Q}_1\boldsymbol{R}_1=\boldsymbol{Q}_2\boldsymbol{R}_2$，其中，$\boldsymbol{Q}_1,\boldsymbol{Q}_2$ 为正交矩阵，$\boldsymbol{R}_1,\boldsymbol{R}_2$ 为对角线元素均为正的上三角矩阵，则

$$\boldsymbol{A}^{\mathrm{T}}\boldsymbol{A}=\boldsymbol{R}_1^{\mathrm{T}}\boldsymbol{Q}_1^{\mathrm{T}}\boldsymbol{Q}_1\boldsymbol{R}_1=\boldsymbol{R}_1^{\mathrm{T}}\boldsymbol{R}_1,$$
$$\boldsymbol{A}^{\mathrm{T}}\boldsymbol{A}=\boldsymbol{R}_2^{\mathrm{T}}\boldsymbol{Q}_2^{\mathrm{T}}\boldsymbol{Q}_2\boldsymbol{R}_2=\boldsymbol{R}_2^{\mathrm{T}}\boldsymbol{R}_2.$$

因为 $\boldsymbol{A}$ 是非奇异矩阵，则 $\boldsymbol{A}^{\mathrm{T}}\boldsymbol{A}$ 是对称正定矩阵，$\boldsymbol{A}^{\mathrm{T}}\boldsymbol{A}$ 必存在唯一的 Cholesky 分解，则得 $\boldsymbol{R}_1=\boldsymbol{R}_2$，从而 $\boldsymbol{Q}_1=\boldsymbol{Q}_2$.

这就是说，在利用正交变换阵对非奇异矩阵消元的过程中，只要保持消元后的矩阵的对角线元素恒为正数，那么利用 Gram-Schmidt 正交化方法、Householder 变换阵、Givens 变换阵得到的正交分解的结果是相同的.

需要指出的是 1.3.2 节中利用 Householder 变换阵得到的 $\boldsymbol{R}$ 的对角线元素不一定是正的. 此时，只要令 $D=\mathrm{diag}\left(\frac{-\sigma_1}{|\sigma_1|},\frac{-\sigma_2}{|\sigma_2|},\cdots,\frac{-\sigma_n}{|\sigma_n|}\right)$，则

$$\boldsymbol{A}=\underbrace{\boldsymbol{QD}}_{\widetilde{Q}}\underbrace{\boldsymbol{D}^{-1}\boldsymbol{R}}_{\widetilde{R}}=\widetilde{\boldsymbol{Q}}\widetilde{\boldsymbol{R}},$$

这时 $|\sigma_i|$ 就是 $\widetilde{\boldsymbol{R}}$ 的对角线元素，$\boldsymbol{A}=\widetilde{\boldsymbol{Q}}\widetilde{\boldsymbol{R}}$ 就满足定理 1.9.

另外，从利用 Givens 变换阵进行消元的过程来，步骤要比利用 Householder 变换阵进行消元烦琐一些，但是如果 $\boldsymbol{A}$ 是一个上 Hessenberg 矩阵的时候，利用 Givens 变换将它消元成为上三角矩阵 $\boldsymbol{R}$ 就很简洁了，即

$$G(n-1,n)\cdots G(2,3)G(1,2)\boldsymbol{A}=\boldsymbol{R}, \tag{1.54}$$

记 $\boldsymbol{Q}=\boldsymbol{G}^{\mathrm{T}}(1,2)\boldsymbol{G}^{\mathrm{T}}(2,3)\cdots\boldsymbol{G}^{\mathrm{T}}(n-1,n)$，则有 $\boldsymbol{A}=\boldsymbol{QR}$.

1.3.4 奇异值(SVD)分解

奇异值分解是一种重要的矩阵分解，其在图像压缩、线性代数方程组求解、特征提取、机器学习等方面有着广泛应用.

定义 1.24 设 $\boldsymbol{A}\in\mathbf{R}^{m\times n}$，若 $\boldsymbol{A}^{\mathrm{T}}\boldsymbol{A}$ 的特征值为 $\lambda_1\geqslant\lambda_2\geqslant\cdots\geqslant\lambda_r>\lambda_{r+1}=\cdots=\lambda_n=0$，称 $\sigma_i=\sqrt{\lambda_i}(i=1,2,\cdots,r)$ 为矩阵 $\boldsymbol{A}$ 的**奇异值**.

定理 1.10 设 $\boldsymbol{A}\in\mathbf{R}^{m\times n}$，且 $r(\boldsymbol{A})=r$，则存在 m 阶正交矩阵 $\boldsymbol{U}$ 和 n 阶正交矩阵 $\boldsymbol{V}$，使得 $\boldsymbol{U}^{\mathrm{T}}\boldsymbol{AV}=\boldsymbol{\Sigma}=\begin{bmatrix}\boldsymbol{\Sigma}_r & \boldsymbol{O}\\ \boldsymbol{O} & \boldsymbol{O}\end{bmatrix}$，其中，$\boldsymbol{\Sigma}_r=\mathrm{diag}(\sigma_1,\sigma_2,\cdots,\sigma_r)$，且 $\sigma_1\geqslant\sigma_2\geqslant\cdots\geqslant\sigma_r>0$. 称 $\boldsymbol{A}=\boldsymbol{U\Sigma V}^{\mathrm{T}}=$

$U\begin{bmatrix}\boldsymbol{\Sigma}_r & O\\ O & O\end{bmatrix}V^{\mathrm{T}}$ 为矩阵 $\boldsymbol{A}$ 的奇异值分解，$\boldsymbol{\Sigma}$ 为 $\boldsymbol{A}$ 的奇异值矩阵.

证明：因为 $r(\boldsymbol{A})=r$，则 $\boldsymbol{A}^{\mathrm{T}}\boldsymbol{A}$ 为半正定矩阵，故 $\boldsymbol{A}^{\mathrm{T}}\boldsymbol{A}$ 的特征值为 $\sigma_1^2,\sigma_2^2,\cdots,\sigma_n^2$，且 $\sigma_1\geqslant\sigma_2\geqslant\cdots\geqslant\sigma_r>0$，$\sigma_{r+1}=\cdots=\sigma_n=0$. 于是，存在 n 阶正交矩阵 $\boldsymbol{V}$，使得 $\boldsymbol{A}^{\mathrm{T}}\boldsymbol{A}$ 正交，相似于对角矩阵，即

$$\boldsymbol{V}^{\mathrm{T}}(\boldsymbol{A}^{\mathrm{T}}\boldsymbol{A})\boldsymbol{V}=\mathrm{diag}(\sigma_1^2,\sigma_2^2,\cdots,\sigma_r^2,0,\cdots,0),$$

其中，$\boldsymbol{V}=[v_1,\cdots,v_r,v_{r+1},\cdots,v_n]$，将 $\boldsymbol{V}$ 分块为 $\boldsymbol{V}=[\boldsymbol{V}_1,\boldsymbol{V}_2]$，且 $\boldsymbol{V}_1=[v_1,\cdots,v_r]$，$\boldsymbol{V}_2=[v_{r+1},\cdots,v_n]$. 故

$$\begin{bmatrix}\boldsymbol{V}_1^{\mathrm{T}}\\ \boldsymbol{V}_2^{\mathrm{T}}\end{bmatrix}(\boldsymbol{A}^{\mathrm{T}}\boldsymbol{A})[\boldsymbol{V}_1,\boldsymbol{V}_2]=\begin{bmatrix}\boldsymbol{V}_1^{\mathrm{T}}(\boldsymbol{A}^{\mathrm{T}}\boldsymbol{A})\boldsymbol{V}_1 & \boldsymbol{V}_1^{\mathrm{T}}(\boldsymbol{A}^{\mathrm{T}}\boldsymbol{A})\boldsymbol{V}_2\\ \boldsymbol{V}_2^{\mathrm{T}}(\boldsymbol{A}^{\mathrm{T}}\boldsymbol{A})\boldsymbol{V}_1 & \boldsymbol{V}_2^{\mathrm{T}}(\boldsymbol{A}^{\mathrm{T}}\boldsymbol{A})\boldsymbol{V}_2\end{bmatrix}$$
$$=\mathrm{diag}(\sigma_1^2,\sigma_2^2,\cdots,\sigma_r^2,0,\cdots,0),$$

因而，

$$\boldsymbol{V}_1^{\mathrm{T}}(\boldsymbol{A}^{\mathrm{T}}\boldsymbol{A})\boldsymbol{V}_1=\mathrm{diag}(\sigma_1^2,\sigma_2^2,\cdots,\sigma_r^2)=\boldsymbol{\Sigma}_r^2,$$
$$\boldsymbol{\Sigma}_r^{-1}\boldsymbol{V}_1^{\mathrm{T}}(\boldsymbol{A}^{\mathrm{T}}\boldsymbol{A})\boldsymbol{V}_1\boldsymbol{\Sigma}_r^{-1}=\boldsymbol{I}_r,$$

以及 $\boldsymbol{V}_2^{\mathrm{T}}(\boldsymbol{A}^{\mathrm{T}}\boldsymbol{A})\boldsymbol{V}_2=\boldsymbol{O}$，即 $(\boldsymbol{A}\boldsymbol{V}_2)^{\mathrm{T}}(\boldsymbol{A}\boldsymbol{V}_2)=\boldsymbol{O}$，从而 $\boldsymbol{A}\boldsymbol{V}_2=\boldsymbol{O}$.

令 $\boldsymbol{U}_1=\boldsymbol{A}\boldsymbol{V}_1\boldsymbol{\Sigma}_r^{-1}$，则 $\boldsymbol{U}_1^{\mathrm{T}}\boldsymbol{U}_1=\boldsymbol{\Sigma}_r^{-1}\boldsymbol{V}_1^{\mathrm{T}}\boldsymbol{A}^{\mathrm{T}}\boldsymbol{A}\boldsymbol{V}_1\boldsymbol{\Sigma}_r^{-1}=\boldsymbol{\Sigma}_r^{-1}(\boldsymbol{\Sigma}_r^2)\boldsymbol{\Sigma}_r^{-1}=\boldsymbol{I}_r$，这说明 $\boldsymbol{U}_1$ 的 r 个列向量是单位正交向量组. 在 $\mathbf{R}^m$ 中可由 $\boldsymbol{U}_1$ 的 r 个列向量扩充为一个标准正交基，即存在 $\boldsymbol{U}_2=[u_{r+1},\cdots,u_m]$，使 $\boldsymbol{U}=[\boldsymbol{U}_1,\boldsymbol{U}_2]$ 为 m 阶正交矩阵. 于是，

$$\boldsymbol{U}^{\mathrm{T}}\boldsymbol{A}\boldsymbol{V}=\begin{bmatrix}\boldsymbol{U}_1^{\mathrm{T}}\\ \boldsymbol{U}_2^{\mathrm{T}}\end{bmatrix}\boldsymbol{A}[\boldsymbol{V}_1,\boldsymbol{V}_2]=\begin{bmatrix}\boldsymbol{U}_1^{\mathrm{T}}\boldsymbol{A}\boldsymbol{V}_1 & \boldsymbol{U}_1^{\mathrm{T}}\boldsymbol{A}\boldsymbol{V}_2\\ \boldsymbol{U}_2^{\mathrm{T}}\boldsymbol{A}\boldsymbol{V}_1 & \boldsymbol{U}_2^{\mathrm{T}}\boldsymbol{A}\boldsymbol{V}_2\end{bmatrix}.$$

因为 $\boldsymbol{A}\boldsymbol{V}_2=\boldsymbol{O}$，则 $\boldsymbol{U}_1^{\mathrm{T}}\boldsymbol{A}\boldsymbol{V}_2=\boldsymbol{O}$，$\boldsymbol{U}_2^{\mathrm{T}}\boldsymbol{A}\boldsymbol{V}_2=\boldsymbol{O}$. 由 $\mathbf{U}_1=\mathbf{A}\mathbf{V}_1\boldsymbol{\Sigma}_r^{-1}$，得

$$\boldsymbol{U}_1^{\mathrm{T}}\boldsymbol{A}\boldsymbol{V}_1=\boldsymbol{\Sigma}_r^{-1}\boldsymbol{V}_1^{\mathrm{T}}\boldsymbol{A}^{\mathrm{T}}\boldsymbol{A}\boldsymbol{V}_1=\boldsymbol{\Sigma}_r^{-1}\boldsymbol{\Sigma}_r^2=\boldsymbol{\Sigma}_r,$$

再由 $\boldsymbol{A}\boldsymbol{V}_1=\boldsymbol{U}_1\boldsymbol{\Sigma}_r$ 以及 $\boldsymbol{U}_2^{\mathrm{T}}\boldsymbol{U}=\boldsymbol{O}$，得 $\boldsymbol{U}_2^{\mathrm{T}}\boldsymbol{A}\boldsymbol{V}_1=\boldsymbol{U}_2^{\mathrm{T}}\boldsymbol{U}_1\boldsymbol{\Sigma}_r=\boldsymbol{O}$，

所以，

$$\boldsymbol{U}^{\mathrm{T}}\boldsymbol{A}\boldsymbol{V}=\boldsymbol{\Sigma}=\begin{bmatrix}\boldsymbol{\Sigma}_r & \boldsymbol{O}\\ \boldsymbol{O} & \boldsymbol{O}\end{bmatrix}\text{成立.}$$

1.3.5　计算实例

例 1.16　计算矩阵 $\boldsymbol{A}=\begin{bmatrix}1 & 2 & 3\\ 2 & 3 & 4\\ 1 & 3 & 2\end{bmatrix}$ 的 LU 分解.

解：构造 Gauss 变换阵 $\boldsymbol{L}_1$，$\boldsymbol{L}_1=\begin{bmatrix}1 & 0 & 0\\ -2 & 1 & 0\\ -1 & 0 & 1\end{bmatrix}$，　$\boldsymbol{L}_1^{-1}=\begin{bmatrix}1 & 0 & 0\\ 2 & 1 & 0\\ 1 & 0 & 1\end{bmatrix}$，

则

$$\boldsymbol{L}_1\boldsymbol{A}=\begin{bmatrix}1 & 2 & 3\\ 0 & -1 & -2\\ 0 & 1 & -1\end{bmatrix}.$$

再构造 Gauss 变换阵 $\boldsymbol{L}_2$，$\boldsymbol{L}_2=\begin{bmatrix}1&0&0\\0&1&0\\0&1&1\end{bmatrix}$，$\boldsymbol{L}_2^{-1}=\begin{bmatrix}1&0&0\\0&1&0\\0&-1&1\end{bmatrix}$，

则
$$\boldsymbol{L}_2\boldsymbol{L}_1\boldsymbol{A}=\begin{bmatrix}1&2&3\\0&-1&-2\\0&0&-3\end{bmatrix}=\boldsymbol{U},$$

$$\boldsymbol{A}=\begin{bmatrix}1&2&3\\0&-1&-2\\0&0&-3\end{bmatrix}=\boldsymbol{L}_1^{-1}\boldsymbol{L}_2^{-1}\boldsymbol{U}=\boldsymbol{L}\boldsymbol{U}=\begin{bmatrix}1&0&0\\2&1&0\\1&-1&1\end{bmatrix}\begin{bmatrix}1&2&3\\0&-1&-2\\0&0&-3\end{bmatrix}.$$

例 1.17 利用 Householder 变换阵，计算矩阵 $\boldsymbol{A}=\begin{bmatrix}1&2&1\\2&2&1\\2&1&2\end{bmatrix}$ 的 QR 分解.

解：构造 Householder 变换阵 $\boldsymbol{H}_1$，$\boldsymbol{H}_1$ 将向量 $(1,2,2)^{\mathrm{T}}$ 保长变换为 $(-3,0,0)^{\mathrm{T}}$，且 $\sigma_1=-\sqrt{1^2+2^2+2^2}=-3$，$\boldsymbol{\omega}_1=(4,2,2)^{\mathrm{T}}$，$\|\boldsymbol{\omega}\|_2=\sqrt{24}$，

则
$$\boldsymbol{H}_1=\boldsymbol{I}-2\frac{\boldsymbol{\omega}_1\boldsymbol{\omega}_1^{\mathrm{T}}}{\|\boldsymbol{\omega}_1\|_2^2}=\frac{1}{3}\begin{bmatrix}-1&-2&-2\\-2&2&-1\\-2&-1&2\end{bmatrix},$$

$$\boldsymbol{A}_1=\boldsymbol{H}_1\boldsymbol{A}=\frac{1}{3}\begin{bmatrix}-9&-8&-7\\0&-1&-2\\0&-4&1\end{bmatrix}.$$

利用降维的方法进行计算，再构造 Householder 变换阵 $\boldsymbol{H}_2$，$\boldsymbol{H}_2$ 将向量 $\left(-\frac{1}{3},-\frac{4}{3}\right)^{\mathrm{T}}$ 保长变换为 $\left(\frac{\sqrt{17}}{3},0\right)^{\mathrm{T}}$，且

$$\sigma_2=\frac{1}{3}\sqrt{1^2+4^2}=\frac{\sqrt{17}}{3},\quad \boldsymbol{\omega}_2=\frac{1}{3}(0,-1-\sqrt{17},-4)^{\mathrm{T}},\quad \|\boldsymbol{\omega}_2\|_2=\frac{1}{3}\sqrt{34+2\sqrt{17}},$$

则
$$\boldsymbol{H}_2=\boldsymbol{I}-2\frac{\boldsymbol{\omega}_2\boldsymbol{\omega}_2^{\mathrm{T}}}{\|\boldsymbol{\omega}_2\|_2^2}=\begin{bmatrix}1&0&0\\0&\frac{-1}{\sqrt{17}}&\frac{-4}{\sqrt{17}}\\0&\frac{-4}{\sqrt{17}}&\frac{1}{\sqrt{17}}\end{bmatrix},\quad \boldsymbol{A}_2=\boldsymbol{H}_2\boldsymbol{A}_1=\begin{bmatrix}-3&\frac{-8}{3}&\frac{-7}{3}\\0&\frac{\sqrt{17}}{3}&\frac{-2}{3\sqrt{17}}\\0&0&\frac{3}{\sqrt{17}}\end{bmatrix}=\boldsymbol{R},$$

$$\boldsymbol{Q}=\boldsymbol{H}_1\boldsymbol{H}_2=\frac{1}{3}\begin{bmatrix}-1&-2&-2\\-2&2&-1\\-2&-1&2\end{bmatrix}\begin{bmatrix}1&0&0\\0&\frac{-1}{\sqrt{17}}&\frac{-4}{\sqrt{17}}\\0&\frac{-4}{\sqrt{17}}&\frac{1}{\sqrt{17}}\end{bmatrix}=\begin{bmatrix}\frac{-1}{3}&\frac{10}{3\sqrt{17}}&\frac{2}{\sqrt{17}}\\\frac{-2}{3}&\frac{2}{3\sqrt{17}}&\frac{-3}{\sqrt{17}}\\\frac{-2}{3}&\frac{-1}{\sqrt{17}}&\frac{2}{\sqrt{17}}\end{bmatrix}.$$

即

$$A=H_1H_2R=\begin{bmatrix}\frac{-1}{3} & \frac{10}{3\sqrt{17}} & \frac{2}{\sqrt{17}}\\ \frac{-2}{3} & \frac{2}{3\sqrt{17}} & \frac{-3}{\sqrt{17}}\\ \frac{-2}{3} & \frac{-1}{\sqrt{17}} & \frac{2}{\sqrt{17}}\end{bmatrix}\begin{bmatrix}-3 & \frac{-8}{3} & \frac{-7}{3}\\ 0 & \frac{\sqrt{17}}{3} & \frac{-2}{3\sqrt{17}}\\ 0 & 0 & \frac{3}{\sqrt{17}}\end{bmatrix}=QR.$$

例 1.18　利用 Givens 变换阵计算矩阵 $A=\begin{bmatrix}\frac{4}{3} & \frac{4}{3} & \frac{17}{3}\\ \frac{8}{3} & \frac{2}{3} & \frac{1}{3}\\ \frac{8}{3} & \frac{5}{3} & \frac{4}{3}\end{bmatrix}$的 QR 分解.

解:构造 $J_1(1,2)$,将向量$\left(\frac{4}{3},\frac{8}{3}\right)^{\mathrm{T}}$变换成$\left(\frac{20}{3\sqrt{5}},0\right)^{\mathrm{T}}$,则 $\cos\theta_1=\frac{1}{\sqrt{5}}$, $\sin\theta_1=-\frac{2}{\sqrt{5}}$,

从而

$$J_1(1,2)=\begin{bmatrix}\frac{1}{\sqrt{5}} & \frac{2}{\sqrt{5}} & 0\\ -\frac{2}{\sqrt{5}} & \frac{1}{\sqrt{5}} & 0\\ 0 & 0 & 1\end{bmatrix},$$

$$A_1=J_1(1,2)A=\begin{bmatrix}\frac{1}{\sqrt{5}} & \frac{2}{\sqrt{5}} & 0\\ -\frac{2}{\sqrt{5}} & \frac{1}{\sqrt{5}} & 0\\ 0 & 0 & 1\end{bmatrix}\begin{bmatrix}\frac{4}{3} & \frac{4}{3} & \frac{17}{3}\\ \frac{8}{3} & \frac{2}{3} & \frac{1}{3}\\ \frac{8}{3} & \frac{5}{3} & \frac{4}{3}\end{bmatrix}$$

$$=\begin{bmatrix}\frac{20}{3\sqrt{5}} & \frac{8}{3\sqrt{5}} & \frac{19}{3\sqrt{5}}\\ 0 & \frac{-2}{\sqrt{5}} & \frac{-11}{\sqrt{5}}\\ \frac{8}{3} & \frac{5}{3} & \frac{4}{3}\end{bmatrix}.$$

再构造 $J_1(1,3)$,将向量$\left(\frac{20}{3\sqrt{5}},\frac{8}{3}\right)^{\mathrm{T}}$变换成$(4,0)^{\mathrm{T}}$,则 $\cos\theta_2=\frac{5}{3\sqrt{5}}$, $\sin\theta_2=\frac{2}{3}$,从而

$$J_1(1,3)=\begin{bmatrix}\frac{5}{3\sqrt{5}} & 0 & \frac{2}{3}\\ 0 & 1 & 0\\ -\frac{2}{3} & 0 & \frac{5}{3\sqrt{5}}\end{bmatrix},\quad A_2=J_1(1,3)A_1=\begin{bmatrix}4 & 2 & 3\\ 0 & -\frac{2}{\sqrt{5}} & -\frac{11}{\sqrt{5}}\\ 0 & \frac{1}{\sqrt{5}} & -\frac{2}{\sqrt{5}}\end{bmatrix}.$$

再构造 $\boldsymbol{J}_2(2,3)$，将向量 $\left(-\frac{2}{\sqrt{5}},\frac{1}{\sqrt{5}}\right)^{\mathrm{T}}$ 变换成 $(1,0)^{\mathrm{T}}$，则 $\cos\theta_3=-\frac{2}{\sqrt{5}}$, $\sin\theta_3=\frac{1}{\sqrt{5}}$，从而

$$\boldsymbol{J}_2(2,3)=\begin{bmatrix}1 & 0 & 0\\ 0 & -\frac{2}{\sqrt{5}} & \frac{1}{\sqrt{5}}\\ 0 & -\frac{1}{\sqrt{5}} & -\frac{2}{\sqrt{5}}\end{bmatrix},\quad \boldsymbol{A}_3=\boldsymbol{J}_2(2,3)\boldsymbol{A}_2=\begin{bmatrix}4 & 2 & 3\\ 0 & 1 & 4\\ 0 & 0 & 3\end{bmatrix}=\boldsymbol{R}.$$

综上，

$$\boldsymbol{J}_2(2,3)\boldsymbol{J}_1(1,3)\boldsymbol{J}_1(1,2)\boldsymbol{A}=\boldsymbol{R},$$

$$\begin{aligned}\boldsymbol{Q}&=\boldsymbol{J}_1(1,2)^{\mathrm{T}}\boldsymbol{J}_1(1,3)^{\mathrm{T}}\boldsymbol{J}_2(2,3)^{\mathrm{T}}\\ &=\begin{bmatrix}\frac{1}{\sqrt{5}} & -\frac{2}{\sqrt{5}} & 0\\ \frac{2}{\sqrt{5}} & \frac{1}{\sqrt{5}} & 0\\ 0 & 0 & 1\end{bmatrix}\begin{bmatrix}\frac{5}{3\sqrt{5}} & 0 & -\frac{2}{3}\\ 0 & 1 & 0\\ \frac{2}{3} & 0 & \frac{5}{3\sqrt{5}}\end{bmatrix}\begin{bmatrix}1 & 0 & 0\\ 0 & -\frac{2}{\sqrt{5}} & -\frac{1}{\sqrt{5}}\\ 0 & \frac{1}{\sqrt{5}} & -\frac{2}{\sqrt{5}}\end{bmatrix}\\ &=\begin{bmatrix}\frac{1}{3} & \frac{2}{3} & \frac{2}{3}\\ \frac{2}{3} & -\frac{2}{3} & \frac{1}{3}\\ \frac{2}{3} & \frac{1}{3} & -\frac{2}{3}\end{bmatrix},\end{aligned}$$

$$\begin{aligned}\boldsymbol{A}&=\begin{bmatrix}\frac{1}{3} & \frac{2}{3} & \frac{2}{3}\\ \frac{2}{3} & -\frac{2}{3} & \frac{1}{3}\\ \frac{2}{3} & \frac{1}{3} & -\frac{2}{3}\end{bmatrix}\begin{bmatrix}4 & 2 & 3\\ 0 & 1 & 4\\ 0 & 0 & 3\end{bmatrix}\\ &=\boldsymbol{QR}.\end{aligned}$$

例 1.19 设 $\boldsymbol{A}=\begin{bmatrix}1 & 1\\ 1 & 1\\ 0 & 0\end{bmatrix}$，求其奇异值分解.

解：$\boldsymbol{A}^{\mathrm{T}}\boldsymbol{A}=\begin{bmatrix}2 & 2\\ 2 & 2\end{bmatrix}$，计算 $r(\boldsymbol{A}^{\mathrm{T}}\boldsymbol{A})=1$，且 $\boldsymbol{A}^{\mathrm{T}}\boldsymbol{A}$ 的特征值分别为 $\lambda_1=4,\lambda_2=0$. $\boldsymbol{A}$ 的奇异值 $\sigma_1=\sqrt{4}=2$. 从而 $\boldsymbol{A}$ 的奇异值矩阵为 $\boldsymbol{\Sigma}=\begin{bmatrix}2 & 0\\ 0 & 0\\ 0 & 0\end{bmatrix}=\begin{bmatrix}\Sigma_r & 0\\ 0 & 0\\ 0 & 0\end{bmatrix}$，且 $\Sigma_r=2$.

$\lambda_1=4$ 对应的特征向量为 $\boldsymbol{x}^{(1)}=(1,1)^{\mathrm{T}}$；$\lambda_2=0$ 对应的特征向量为 $\boldsymbol{x}^{(2)}=(1,-1)^{\mathrm{T}}$. 规范化后得正交矩阵

$$\mathbf{V}=\frac{1}{\sqrt{2}}\begin{bmatrix}1 & 1\\ 1 & -1\end{bmatrix}.$$

由
$$U_1=AV_1\Sigma_r^{-1}=\begin{bmatrix}1&1\\1&1\\0&0\end{bmatrix}\begin{bmatrix}\frac{1}{\sqrt{2}}\\ \frac{1}{\sqrt{2}}\end{bmatrix}\begin{bmatrix}\frac{1}{2}\end{bmatrix}=\begin{bmatrix}\frac{1}{\sqrt{2}}\\ \frac{1}{\sqrt{2}}\\ 0\end{bmatrix}.$$

令 $u_1=\left(\frac{1}{\sqrt{2}},\frac{1}{\sqrt{2}},0\right)^{\mathrm{T}}$，扩充为 $\mathbf{R}^3$ 中的标准正交基，需求解 $u_1^{\mathrm{T}}x=\mathbf{0}$，即

$$\left(\frac{1}{\sqrt{2}},\frac{1}{\sqrt{2}},0\right)\begin{bmatrix}x_1\\x_2\\x_3\end{bmatrix}=\frac{1}{\sqrt{2}}x_1+\frac{1}{\sqrt{2}}x_2=0.$$

解 $x_1+x_2=0$，得 $u_2=\left(\frac{1}{\sqrt{2}},-\frac{1}{\sqrt{2}},0\right)^{\mathrm{T}}$，$u_3=(0,0,1)^{\mathrm{T}}$，从而，

$$U=\begin{bmatrix}\frac{1}{\sqrt{2}}&\frac{1}{\sqrt{2}}&0\\ \frac{1}{\sqrt{2}}&-\frac{1}{\sqrt{2}}&0\\ 0&0&1\end{bmatrix},$$

所以，
$$\begin{aligned}A&=U\Sigma V^{\mathrm{T}}=U\begin{bmatrix}\Sigma_r&O\\O&O\end{bmatrix}V^{\mathrm{T}}\\&=\begin{bmatrix}\frac{1}{\sqrt{2}}&\frac{1}{\sqrt{2}}&0\\ \frac{1}{\sqrt{2}}&-\frac{1}{\sqrt{2}}&0\\ 0&0&1\end{bmatrix}\begin{bmatrix}2&0\\0&0\\0&0\end{bmatrix}\begin{bmatrix}\frac{1}{\sqrt{2}}&\frac{1}{\sqrt{2}}\\ \frac{1}{\sqrt{2}}&-\frac{1}{\sqrt{2}}\end{bmatrix}.\end{aligned}$$

例 1.20　利用奇异值分解对图像进行压缩处理.

我们知道，计算机中显示的图像实际上要存储为一个或多个矩阵，通常利用三个矩阵分别存储某一图像的红(r)、绿(g)和蓝(b)三色. 如果图像过大，那么必然需要大的存储空间，所以对图像的压缩一直是计算机图形学的研究对象. 这里简单介绍矩阵的奇异值分解在图像压缩中的应用.

我们把奇异分解进行如下的改写：

$$\begin{aligned}A&=\sigma_1u_1v_1^{\mathrm{T}}+\sigma_2u_2v_2^{\mathrm{T}}+\cdots+\sigma_ru_rv_r^{\mathrm{T}}\\&=\sum_{i=1}^{r}\sigma_iu_iv_i^{\mathrm{T}}\\&=\sum_{i=1}^{r}A_i,\end{aligned}$$

其中，$(A_i)_{m\times n}=\sigma_iu_iv_i^{\mathrm{T}}$.

从以上 r 个成分中顺序取出 $k(k\leqslant r)$ 个成分,令

$$\overline{\boldsymbol{A}}_k=\sum_{i=1}^{k}\boldsymbol{A}_i=\boldsymbol{\sigma}_1\boldsymbol{u}_1\boldsymbol{v}_1^{\mathrm{T}}+\boldsymbol{\sigma}_2\boldsymbol{u}_2\boldsymbol{v}_2^{\mathrm{T}}+\cdots+\boldsymbol{\sigma}_k\boldsymbol{u}_k\boldsymbol{v}_k^{\mathrm{T}},$$

显然,奇异值 σ_i 代表了成分 $\boldsymbol{u}_i\boldsymbol{v}_i^{\mathrm{T}}$ 对矩阵 $\boldsymbol{A}$ 的贡献率,即权重. 所以,$\overline{\boldsymbol{A}}_k\approx\boldsymbol{A}$.

通过以上的分析不难发现,k 的取值大小就可以代表对一幅图像的压缩程度. 具体的算法过程如下:

(1) 提取图像的像素矩阵(三维);

(2) 提取出该像素矩阵的 r,g,b 颜色矩阵(二维)$\boldsymbol{A}_{\mathrm{r}}$,$\boldsymbol{A}_{\mathrm{g}}$,$\boldsymbol{A}_{\mathrm{b}}$;

(3) 对每个颜色矩阵进行奇异值分解,根据程序设置的选择 k 个奇异值成分,分别得到 $\boldsymbol{A}_{\mathrm{r}}$,$\boldsymbol{A}_{\mathrm{g}}$,$\boldsymbol{A}_{\mathrm{b}}$ 的近似颜色矩阵 $\overline{\boldsymbol{A}}_{\mathrm{r}}$,$\overline{\boldsymbol{A}}_{\mathrm{g}}$,$\overline{\boldsymbol{A}}_{\mathrm{b}}$,完成颜色矩阵的压缩;

(4) 将压缩后的颜色矩阵 $\overline{\boldsymbol{A}}_{\mathrm{r}}$,$\overline{\boldsymbol{A}}_{\mathrm{g}}$,$\overline{\boldsymbol{A}}_{\mathrm{b}}$ 合成为一幅新的图像,完成原始图像的压缩工作.

已知 1 000×620 像素的图像(*.jpg),奇异值分解图像压缩(MATLAB 编程实现)如图 1.1所示。

图 1.1 奇异值分解图像压缩(MATLAB 编程实现)

1.4　算法稳定性与有效数字

因为工程计算中大多以近似计算为主，特别是随着计算机技术的发展，现在几乎所有的计算问题都是在计算机上完成的，那么是不是按照理论上正确的算法编制的正确计算程序计算结果都是可靠的呢？答案是不一定.下面通过例子来说明科学计算中需要关注的几个问题.

1.4.1　算法的稳定性

关于算法的稳定性，我们考察一个经典的例子.

例 1.21　计算 $y_n=\int_0^1 \frac{x^n}{x+5}\mathrm{d}x,=0,1,2,\cdots,8.$

解：对于这些 y_n 的计算，可以采用解析法进行计算，但是这样做似乎就是重复利用有理分式的定积分计算方法.既然这些定积分的计算与指标 n 相关，那么可以试着先推导 y_n 的一个递推公式，不难验证有

$$y_n+5y_{n-1}=\int_0^1 \frac{x^n+5x^{n-1}}{x+5}\mathrm{d}x=\int_0^1 x^{n-1}\mathrm{d}x=\frac{1}{n}, \tag{1.55}$$

故

$$\begin{cases} y_0=\ln 6-\ln 5\approx 0.182 \triangleq \overline{y}_0 \\ y_n=\dfrac{1}{n}-5y_{n-1}, \quad n=1,\cdots,8 \end{cases}, \tag{1.56}$$

直接计算得 $y_0=\ln 6-\ln 5$，如果用三位有效数字计算，取 y_0 的近似值为 $\overline{y}_0=0.182$，实际是按 $\overline{y}_n=\frac{1}{n}-5\overline{y}_{n-1}$ 计算的.

设初值 $\overline{y}_0$ 的误差为 $e_0=y_0-\overline{y}_0$，递推过程的舍入误差不计，并记 $e_n=y_n-\overline{y}_n$，则有 $e_n=-5e_{n-1}=\cdots=(-1)^n5^ne_0$.显然，随着计算的递推，误差没有得到有效控制，越来越大.当然，递推公式(1.56)最终的计算效果应该不会太好.

如果把递推公式(1.56)倒过来，即

$$y_{n-1}=\frac{1}{5}\left(\frac{1}{n}-y_n\right), \quad n=8,7,\cdots,1, \tag{1.57}$$

先要估计 y_8 的近似值，可以通过 N-L 公式来估计，但做如下的估计：

$$\frac{1}{6(n+1)}=\int_0^1 \frac{x^n}{6}\mathrm{d}x<y_n<\int_0^1 \frac{x^n}{5}\mathrm{d}x=\frac{1}{5(n+1)}.$$

在上式中我们并没有计算定积分，只是利用定积分的性质，大致估计了一下 y_8 存在范围.如果取 y_8 的一个近似值为 $\overline{y}_8=\frac{1}{2}\left(\frac{1}{6\times 9}+\frac{1}{5\times 9}\right)=0.019$，误差记为 $e_n=y_n-\overline{y}_8$，由误差递推关系

$$e_0=y_0-\overline{y}_0=-\frac{1}{5}(y_1-\overline{y}_1)=-\frac{1}{5}e_1=\cdots=\frac{(-1)^n}{5^n}e_n,$$

显然，随着计算的递推，误差越来越小，因此递推公式(1.57)可以有效压制住计算引入的初始误差 e_n.实际计算结果见表 1.1.

表 1.1

n	y_n	$\overline{y}_n$	$\overline{\overline{y}}_n$
0	0.182 322	0.182	0.182
1	0.088 392	0.090	0.088
2	0.058 039	0.050	0.058
3	0.043 139	0.083	0.043
4	0.034 306	−0.165	0.034
5	0.028 468	1.025	0.028
6	0.024 325	−4.958	0.025
7	0.021 231	24.933	0.021
8	0.018 846	−124.540	0.019

通过式(1.56)、式(1.57)及表 1.1,显然可以总结出:尽管理论上完全正确的数学公式或算法,因为在计算过程中引入了误差,有可能使得结果失真.基于这种认知,我们给出如下的定义.

定义 1.25 一个算法如果输入数据有扰动(即有误差),而计算过程中舍入误差不增长,则称此算法是**数值稳定**的,否则称此算法为**不稳定**的.

因此,不能用不稳定的数值方法做计算.不得已要用时也只能用来计算少数几步,并要采取措施控制误差的积累.现在常用的数值方法都应该是稳定性好的方法,不需要顾及舍入误差对解的精度的影响.

1.4.2 误差与有效数字

定义 1.26 设数 a 是准确值,x 是 a 的一个近似值,记

$$e=|a-x|,\quad e_r=\frac{|a-x|}{|a|}=\frac{e}{|a|},$$

称 e 为近似值 x 的**绝对误差**,称 e_r 为近似值 x 的**相对误差**.

由于准确值 a 总是无法知道的,所以数 a 的绝对误差 e 的准确值也不可能知道.但是,根据测量工具的精确度或测量计算的具体情况,可以事先估计出误差的绝对值不会超过某一个正数 δx,即 $e=|a-x|\leqslant\delta x$,称 δx 为数 a 的近似值 x 的绝对误差上界,或称为**绝对误差限**(简称误差限).同理,对于相对误差,当然有**相对误差限** $\delta_r x$ 的概念:$e_r=\frac{|a-x|}{|a|}\leqslant\delta_r x$.

另外,由于准确值 a 未知,按以上定义的相对误差 e_r 也无法知道.在实际计算时可改用 $e_r=\frac{|a-x|}{|x|}=\frac{e}{|x|}$ 代替相对误差,以及由此估计出相对误差限.

工程上,数的规范化形式是用小数形式表示(浮点形式)的,如

$$x=\pm 0.a_1a_2\cdots a_n\times 10^p,$$

其中,$p\in\mathbf{Z},n\in\mathbf{N},a_i(i=1,2,\cdots,n)$ 是 $0,1,2,\cdots,9$ 中任一数,但 $a_1\neq 0$.

定义 1.27　设准确值 a 的规范化近似数为 $x=\pm 0.a_1a_2\cdots a_n\cdots a_m\times 10^p$，若 x 的绝对误差限是 x 的第 n 位的半个单位，则称 x 有 n 位有效数字，即

$$e=|a-x|\leqslant\frac{1}{2}\times 10^{p-n}.$$

由定义 1.27 不难推出，如果 $x=\pm 0.a_1a_2\cdots a_n\times 10^p$ 是对 a 四舍五入得到的，则 x 有 n 位有效数字.

习　题　1

1. 已知 $\boldsymbol{A}=\begin{bmatrix}-2 & 1 & 0\\ 1 & -2 & 1\\ 0 & 1 & -2\end{bmatrix}$，试计算 $\|\boldsymbol{A}\|_1$，$\|\boldsymbol{A}\|_\infty$，$\|\boldsymbol{A}\|_F$，$\|\boldsymbol{A}\|_2$.

2. 在 $C[0,1]$上，由$\{1,x,x^2\}$构造带权函数为 $\ln\dfrac{1}{x}$的首项系数为 1 的正交多项式 $\varphi_0(x)$，$\varphi_1(x)$和 $\varphi_2(x)$.

3. 已知点集$\{0,0.5,0.8,1.2,1.5\}$及权系数 $w_i=1(i=0,1,2,3,4)$，试构造正交函数组 $\varphi_0(x)$，$\varphi_1(x)$和 $\varphi_2(x)$.

4. 利用 Givens 变换、Householder 变换、Gram-Schmidt 正交化方法分别求矩阵 $\boldsymbol{A}=\begin{bmatrix}0 & 3 & 4\\ 3 & 5 & 0\\ 4 & 0 & 5\end{bmatrix}$的 QR 分解.

5. 数列$\{x_n\}$满足递推公式 $x_n=10x_{n-1}-1(n=1,2,\cdots)$，若取 $x_0=\sqrt{2}\approx 1.41$(三位有效数字)，按照上述递推公式进行计算，从 x_0 开始计算到 x_{10}的误差有多大？这个计算过程稳定吗？

第2章 插 值 法

无论从数学理论与方法研究本身，还是从工程应用乃至大规模工程科学计算等角度来看，插值法都为这些问题的解决提供了某些坚实的数学理论与方法基础. 插值法是计算数学中最基本的概念和方法之一，在整个科学计算领域是不可或缺的.

实例 1 图 2.1 所示是某矿区的位置示意图，现在需要计算该矿区某选定区域的面积(假设矿区为平面区域). 选取自西向东的方向为 x 轴的正向，自南向北的方向为 y 轴的正向.

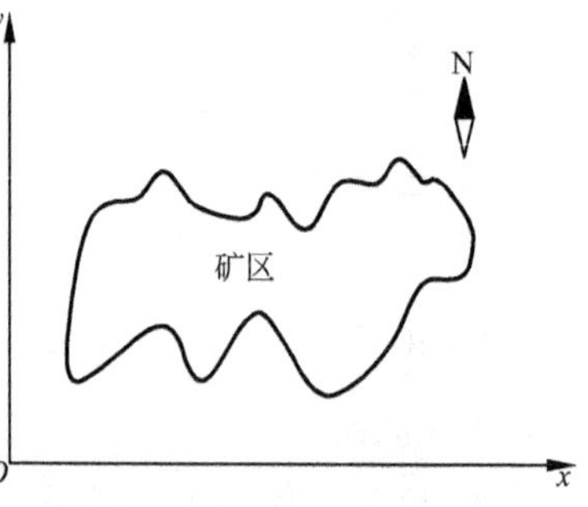

图 2.1 矿区位置示意图

测得选定矿区边界采样点数据见表 2.1，表中 y_{1i} 和 y_{2i} 分别为 x 轴上刻度为 x_i 处矿区南北边界的纵坐标.

表 2.1 单位：m

x	2.0	8.6	12.0	21.8	35.4	42.9	45.6	61.1	69.8	87.2
y_1	14.5	21.9	22.4	25.8	20.6	23.8	36.8	28.8	30.4	38.7
y_2	94.5	76.8	91.5	118.6	124.2	140.6	172.8	208.6	176.5	198.6
x	120.5	146.8	168.5	189.8	220.4	255.0	286.6	302.5	350.1	—
y_1	14.5	21.9	22.4	25.8	20.6	23.8	36.8	28.8	30.4	—
y_2	94.5	76.8	91.5	118.6	124.2	140.6	172.8	208.6	176.5	—

问题：(1)如何合理地估计出选定矿区面积.

(2)如何合理地估计出选定矿区的边界的周长.

对于问题(1)，根据微积分的知识，人们自然会打算利用定积分计算矿区的面积；对于问题(2)，似乎曲线的弧长公式是一个不错的选择.

但是问题在于，图 2.1 中的矿区边界所对应的封闭曲线的解析式是未知的，所以要想解决这两个看似简单的问题，必须事先得到矿区边界的解析式，而由于矿区边界形状的复杂性，不可能得到精确的解析表达，只能得到其近似表达. 本章的插值法正是解决计算曲线近似函数的有效方法之一.

首先，给出插值法的相关概念.

近似代替又称**逼近**，$f(x)$叫做**被逼近函数**，$\varphi(x)$叫做**逼近函数**，两者之差

$$R(x)=f(x)-\varphi(x)$$

叫做逼近的**误差**或**余项**. 由实验、观测、信号分析、计算机程序计算得到了某一规律 $y=f(x)$ 在某些互异的点 $x_0,x_1,\cdots,x_n$ 处的值 $y_0,y_1,\cdots y_n$，需要构造一个简单函数 $\varphi(x)$，使 $\varphi(x)\approx$

$f(x)$,且要求 $\varphi(x)$ 经过给定的点 $y_i=f(x_i)$,$i=0,1,\cdots n$,即

$$f(x_i)=\varphi(x_i), \quad i=0,1,\cdots,n. \tag{2.1}$$

以此为条件计算逼近函数 $\varphi(x)$ 的问题就是**插值问题**. $\varphi(x)$ 称为 $f(x)$ 的**插值函数**,$f(x)$ 是**被插值函数**,互异的自变量 x_i 称为**插值节点**,式(2.1)称为**插值条件**. 计算出 $\varphi(x)$ 以后,就可以用它来估计 $f(x)$ 不在插值节点处的函数值了,如果有必要,还可以进一步估计误差 $R(x)$.

要想根据式(2.1)计算出 $\varphi(x)$,必须先确定 $\varphi(x)$ 的类型. $\varphi(x)$ 既可以是一个代数多项式(代数插值或多项式插值)或三角多项式(三角插值),也可以是有理多项式(有理插值);既可以是任意光滑函数,也可以是分段光滑函数(分段插值或样条插值). 通常使用的插值函数 $\varphi(x)$ 是多项式与样条函数,因为这类函数结构简单、方便实用.

插值函数 $\varphi(x)$ 除了用于近似计算被插函数 $f(x)$ 的函数值外,还特别用于数值积分、数值微分、求微分方程数值解的公式,也是有限元方法的数学基础之一. 本章主要介绍多项式插值和样条插值.

2.1　Lagrange 插值法与 Newton 插值法

2.1.1　多项式插值的存在唯一性

选取的插值函数类,从数学严格化的角度就是选择插值函数空间 Φ,若选取 Φ 为多项式空间 $P[x]_n$,即插值函数 $\varphi(x)$ 为代数多项式

$$\varphi(x)=p_n(x)=c_0+c_1x+\cdots c_{n-1}x^{n-1}+c_nx^n$$

时,称为**代数插值**.

定理 2.1(代数插值存在唯一性)　若已知 $n+1$ 个互异的插值节点 $x_i(i=0,1,\cdots,n)$ 及其节点处的函数值 $y_i=f(x_i)$,则存在唯一一个次数不超过 n 次的多项式 $p_n(x)\in P[x]_n$ 满足插值条件

$$f(x_i)=p(x_i), \quad i=0,1,\cdots,n. \tag{2.2}$$

证明:因为 $P[x]_n$ 是线性空间,而且 $P[x]_n=\text{span}\{1,x,x^2,\cdots,x^n\}$,又因为 $p_n(x)\in P[x]_n$,所以可设 $c_i\in\mathbf{R}(i=0,1,\cdots,n)$ 作为待定的线性组合系数,有

$$p_n(x)=c_0+c_1x+\cdots c_{n-1}x^{n-1}+c_nx^n.$$

根据插值条件有
$$\begin{cases}1\cdot c_0+x_0c_1+\cdots+x_0^nc_n=y_0\\1\cdot c_0+x_1c_1+\cdots+x_1^nc_n=y_1\\\cdots\cdots\\1\cdot c_0+x_nc_1+\cdots+x_n^nc_n=y_n\end{cases},$$

其系数矩阵为
$$\mathbf{A}=\begin{bmatrix}1 & x_0 & x_0^2 & \cdots & x_0^n\\1 & x_1 & x_1^2 & \cdots & x_1^n\\\vdots & \vdots & \vdots & & \vdots\\1 & x_n & x_n^2 & \cdots & x_n^n\end{bmatrix}.$$

$\boldsymbol{A}$ 的行列式为范德蒙德(Vandermonde)行列式，$\det(\boldsymbol{A}) = \prod_{0 \leqslant j < i \leqslant n} (x_i - x_j)$，由插值节点的互异性知，$\boldsymbol{A}$ 非奇异，故方程组有唯一解. 解此方程组得到 $c_i (i=0,1,\cdots,n)$，回代即可求出 $p_n(x)$.

因此，给定 $n+1$ 个互异的插值节点，一定存在唯一一个不超过 n 次的代数多项式 $p_n(x)$ 作为插值函数.

定理 2.1 的证明过程就是**待定系数法**. 所以，利用待定系数法从理论上来讲就可以计算出插值多项式 $p_n(x)$. 不难理解，在定理 2.1 的证明过程中我们选定的基函数是 $\{1, x, x^2, \cdots, x^n\}$，就需要求解范德蒙德方程组确定待定系数 $c_i (i=0,1,\cdots,n)$. 如果选择另外一组基函数 $\{\varphi_0(x), \varphi_1(x), \cdots, \varphi_n(x)\}$ 来生成 $P[x]_n$，那么就是以这个新基函数为基础构造出另外一个线性代数方程组

$$\begin{cases} \varphi_0(x_0) \cdot \bar{c}_0 + \varphi_1(x_0)\bar{c}_1 + \cdots + \varphi_n(x_0)\bar{c}_n = y_0 \\ \varphi_0(x_1) \cdot \bar{c}_0 + \varphi_1(x_1)\bar{c}_1 + \cdots + \varphi_n(x_1)\bar{c}_n = y_1 \\ \cdots\cdots \\ \varphi_0(x_n) \cdot \bar{c}_0 + \varphi_1(x_n)\bar{c}_1 + \cdots + \varphi_n(x_n)\bar{c}_n = y_n \end{cases} \tag{2.3}$$

来确定待定系数 $\bar{c}_i (i=0,1,\cdots,n)$，从而得到 $p_n(x) = \sum_{i=0}^{n} \bar{c}_i \varphi_i(x)$.

而根据定理 2.1 的结论，必有 $p_n(x) = \sum_{i=0}^{n} \bar{c}_i \varphi_i(x) = \sum_{i=0}^{n} c_i x^i$，计算的结果 $p_n(x)$ 在 $P[x]_n$ 中是唯一的，只是表达形式不同而已. 我们当然要选择使得求解 $p_n(x)$ 的计算过程尽量简单的基函数进行计算，甚至不需要求解线性代数方程组才好. 那么，能否通过不求解线性代数方程组(2.3)，即不使用待定系数法来计算出 $p_n(x)$ 呢？

答案是肯定的，方法之一就是 **Lagrange 插值法**，也称 **Lagrange 插值基函数法**.

2.1.2 Lagrange 插值法

要想避免求解线性代数方程组(2.3)，或者说不使用待定系数法来计算 $p_n(x)$，那么只要采取已知 $p_n(x) = \sum_{i=0}^{n} c_i \varphi_i(x)$ 的组合系数 c_i，进而计算或者说构造出 $\varphi_i(x)$ 作为 $P[x]_n$ 的基函数的计算策略即可. 如何使得 c_i 已知呢？答案很简单，只要取 $c_i = y_i (i=0,1,\cdots,n)$ 即可. 下面就是如何构造基函数 $\varphi_i(x)$ 的问题了.

若要使 $p_n(x) = \sum_{i=0}^{n} y_i \varphi_i(x)$ 满足插值条件(2.2)，限定 $\varphi_i(x)$ 是 n 次多项式. 根据插值条件(2.2)有

$$p_n(x_j) = \sum_{i=0}^{n} y_i \varphi_i(x_j) = y_j, \quad j = 0,1,\cdots,n. \tag{2.4}$$

通过观察，只要 $\varphi_i(x_j)$ 满足

$$\varphi_i(x_j) = \delta_{ij} = \begin{cases} 1 & \text{当 } i=j \\ 0 & \text{当 } i \neq j \end{cases}, \quad i,j=0,1,\cdots,n, \tag{2.5}$$

即可满足式(2.4)，或者说就能从求和表达式中单独提取出 y_j. 因为 $\varphi_i(x)$ 是 n 次多项式，根据

式(2.5),显然可以推出

$$\varphi_i(x)=\lambda_i(x-x_0)(x-x_1)\cdots(x-x_{i-1})(x-x_{i+1})\cdots(x-x_n)=\lambda_i\prod_{\substack{j=0\\j\neq i}}(x-x_j).$$

又因为 $\varphi_i(x_i)=1$,则

$$\lambda_i=\frac{1}{(x_i-x_0)(x_i-x_1)\cdots(x_i-x_{i-1})(x_i-x_{i+1})\cdots(x_i-x_n)}=\frac{1}{\prod\limits_{\substack{j=0\\j\neq i}}(x_i-x_j)},$$

最后得到

$$\begin{aligned}\varphi_i(x)&=\frac{(x-x_0)(x-x_1)\cdots(x-x_{i-1})(x-x_{i+1})\cdots(x-x_n)}{(x_i-x_0)(x_i-x_1)\cdots(x_i-x_{i-1})(x_i-x_{i+1})\cdots(x_i-x_n)}\\&=\prod_{\substack{j=0\\j\neq i}}\frac{x-x_j}{x_i-x_j},\quad i=0,1,\cdots,n.\end{aligned}$$

以上构造出的 $\varphi_i(x)$称为 **Lagrange 插值基函数**,通常记

$$l_i(x)\triangleq\varphi_i(x)=\prod_{\substack{j=0\\j\neq i}}\frac{x-x_j}{x_i-x_j},\quad i=0,1,\cdots,n. \tag{2.6}$$

可以证明这样构造出的 $l_i(x)(i=0,1,\cdots,n)$是线性无关的,所以它们构成了 $P[x]_n$ 的新的基. 至此,我们完成了对 Lagrange 插值基函数 $l_i(x)$的构造,回代 $l_i(x)$到式(2.4)中,并记 $L_n(x)\triangleq p_n(x)$,得到满足插值条件(2.2)的插值多项式

$$L_n(x)=\sum_{i=0}^{n}y_i\left(\prod_{\substack{j=0\\j\neq 1}}^{n}\frac{x-x_j}{x_i-x_j}\right), \tag{2.7}$$

称 $L_n(x)$为 **Lagrange 插值多项式**.

这样,我们就以一种构造性的方法构造出满足插值条件(2.2)的插值多项式 $p_n(x)$,而且避免了求解线性代数方程组. 根据定理 2.1,$L_n(x)$只是与利用待定系数法计算出的 $p_n(x)$解析表达形式不同,本质上是相等的. 而且,也实现了我们的目标:选择函数值 y_i 作为线性组合的系数,构造出插值基函数$l_i(x)$的方法,这种方法就称为 **Lagrange 插值法**.

引入如下记号的 $n+1$ 次多项式 $\omega_{n+1}(x)=\prod\limits_{j=0}^{n}(x-x_j)$,

易知

$$\omega'_{n+1}(x_i)=\prod_{\substack{j=0\\j\neq i}}^{n}(x_i-x_j),$$

于是可将插值基函数改写为

$$l_i(x)=\frac{\omega_{n+1}(x)}{(x-x_i)\omega'_{n+1}(x_i)}.$$

相应地,Lagrange 插值多项式可写为

$$L_n(x)=\sum_{i=0}^{n}y_i\frac{\omega_{n+1}(x)}{(x-x_i)\omega'_{n+1}(x_i)}. \tag{2.8}$$

式(2.8)的形式对插值计算并无实质帮助,只是形式稍简,进行理论分析时可能会更方便而已.

当 $n=1$，即只有两个数据点 (x_0,y_0)，(x_1,y_1)，且 $x_0\neq x_1$ 时，根据公式(2.7)，得到过这两个点的直线为

$$L_1(x)=\frac{x-x_1}{x_0-x_1}y_0+\frac{x-x_0}{x_1-x_0}y_1, \tag{2.9}$$

称式(2.9)为**插值直线**，它与熟知的直线解析式 $L_1(x)=y_0+\frac{y_1-y_0}{x_1-x_0}(x-x_0)$ 是等价的.

当 $n=2$，即只有三个数据点 (x_0,y_0)，(x_1,y_1)，(x_2,y_2)，且插值节点互异时，根据公式(2.7)，得到过这三个点的二次多项式，即抛物线解析式为

$$L_2(x)=\frac{(x-x_1)(x-x_2)}{(x_0-x_1)(x_0-x_2)}y_0+\frac{(x-x_0)(x-x_2)}{(x_1-x_0)(x_1-x_2)}y_1+\frac{(x-x_0)(x-x_1)}{(x_2-x_0)(x_2-x_1)}y_2. \tag{2.10}$$

称式(2.10)为**抛物插值**.

2.1.3 Lagrange 插值多项式的误差

记 Lagrange 插值多项式的误差为 $R_n(x)=f(x)-L_n(x)$. 关于 $R_n(x)$ 有如下定理：

定理 2.2 若 $f(x)\in C^n[a,b]$，且 $f^{(n+1)}(x)$ 在 (a,b) 上存在，$L_n(x)\in P[x]_n$ 为满足插值条件的多项式，则对 $\forall x\in[a,b]$，$\exists\xi=\xi(x)\in(a,b)$，使得

$$R_n(x)=f(x)-L_n(x)=\frac{f^{(n+1)}(\xi)}{(n+1)!}\prod_{i=0}^{n}(x-x_i)=\frac{f^{(n+1)}(\xi)}{(n+1)!}\omega_{n+1}(x). \tag{2.11}$$

证明：当 x 为插值节点时，式(2.11)两侧均为零，故成立. 以下假定 $x\in[a,b]$ 不是插值节点. 对于任意固定的 x，引入如下关于 t 辅助函数：

$$g(t)=R_n(t)-\frac{\omega_{n+1}(t)}{\omega_{n+1}(x)}R_n(x)=f(t)-P_n(t)-\frac{\omega_{n+1}(t)}{\omega_{n+1}(x)}R_n(x).$$

由插值条件知
$$g(x_i)=0,\quad i=0,1,\cdots,n,$$

且有
$$g(x)=R_n(x)-\frac{\omega_{n+1}(x)}{\omega_{n+1}(x)}R_n(x)=0,$$

所以，$g(t)$ 在 $[a,b]$ 上有 $n+2$ 个互异零点. 反复应用 Rolle 定理，并注意到 $g^{(n+1)}$ 存在可知，g'，g''，$\cdots$，$g^{(n+1)}$ 在区间上至少有 $n+1,n,\cdots,2,1$ 个相异零点，$\exists\xi=\xi(x)\in(a,b)$ 使得 $g^{(n+1)}(\xi)=0$. 由于

$$g^{(n+1)}(t)=R_n^{(n+1)}(t)-\frac{R_n(x)}{\omega_{n+1}(x)}\frac{d^{n+1}}{dt^{n+1}}\omega_{n+1}(t)=f^{(n+1)}(t)-\frac{R_n(x)}{\omega_{n+1}(x)}(n+1)!,$$

所以有
$$R_n(x)=\frac{f^{(n+1)}(\xi)}{(n+1)!}\omega_{n+1}(x).$$

推论 设 $a=x_0<x_1<x_2<\cdots<x_n=b$，$h=\max\limits_{1\leqslant i\leqslant n}(x_i-x_{i-1})$，$f(x)\in C^n[a,b]$，且 $f^{(n+1)}(x)$ 在 $[a,b]$ 上存在，则有：

$$\| R_n(x)\|_\infty=\| f(x)-L_n(x)\|_\infty\leqslant\frac{h^{n+1}}{4(n+1)}\| \boldsymbol{f}^{(n+1)}\|_\infty \tag{2.12}$$

证明:任取 $x\in[a,b]$,设 x 位于$[a,b]$的一个子区间$[x_{k-1},x_k]$上,其中,$k\in\mathbf{Z}$且 $1\leqslant k\leqslant n$,于是

$$|(x-x_{k-1})(x-x_k)|\leqslant\frac{h^2}{4},|x-x_{k+1}|\leqslant 2h,\cdots,|x-x_n|\leqslant(n-k+1)h,$$

$$|x-x_{k-2}|\leqslant 2h,\cdots,|x-x_0|\leqslant kh,$$

从而有
$$|\omega_{n+1}(x)|\leqslant\frac{(n-k+1)!\ k!}{4}h^{n+1}\leqslant\frac{n!}{4}h^{n+1},$$

结合式(2.11)得到 $\|R_n(x)\|_\infty\leqslant\dfrac{h^{n+1}}{4(n+1)}\|\boldsymbol{f}^{(n+1)}\|_\infty$.

特别地,对于 $n=1$ 时的线性插值有

$$\|R_1(x)\|_\infty\leqslant\frac{h^2}{8}\|\boldsymbol{f}''\|_\infty=\frac{(x_1-x_0)^2}{8}\max_{x_0\leqslant x\leqslant x_1}|f''(x)|,$$

对于 $n=2$ 时的抛物线插值有

$$\|R_1(x)\|_\infty\leqslant\frac{h^3}{12}\|\boldsymbol{f}^{(3)}\|_\infty=\frac{h^3}{12}\max_{x_0\leqslant x\leqslant x_2}|f^{(3)}(x)|,$$

其中,$h=\max\limits_{i=1,2}(x_i-x_{i-1})$.

例 2.1　设 $x_j(j=0,1,\cdots,n)$为互异节点,求证:

① $\sum\limits_{j=0}^{n}l_j(x)x_j^k=x^k,\quad k=0,1,\cdots,n;$

② $\sum\limits_{j=0}^{n}(x_j-x)^k l_j(x)=0,\quad k=1,\cdots,n.$

证明:① 取被插值函数 $f(x)=x^k(k=0,1,\cdots,n)$,利用节点 $x_j(j=0,1,\cdots,n)$对 $f(x)$构造 Lagrange 插值多项式 $L_n(x)=\sum\limits_{j=0}^{n}x_j^k l_j(x)$,由误差估计式(2.11)可知 $R_n(x)=x^k-\sum\limits_{j=0}^{n}x_j^k l_j(x)=\dfrac{f^{(n+1)}(\xi)}{(n+1)!}\omega_{n+1}(x)$,

而当 $f(x)=x^k(k=0,1,\cdots,n)$时,有 $f^{(n+1)}(x)=0$,于是有 $R_n(x)=0$,即结论成立.

② 设 $g(x)=(x_j-x)^k=\sum\limits_{i=0}^{k}a_i x_j^i x^{k-i}$,利用①式可得到

$$\begin{aligned}\sum_{j=0}^{n}(x_j-x)^k l_j(x)&=\sum_{j=0}^{n}\Big(\sum_{i=0}^{k}a_i x_j^i x^{k-i}\Big)l_j(x)=\sum_{i=0}^{k}a_i x^{k-i}\sum_{j=0}^{n}x_j^i l_j(x)\\&=\sum_{i=0}^{k}a_i x^{k-i}x^i\\&=(x-x)^k=0.\end{aligned}$$

2.1.4　Newton(牛顿)插值法

Lagrange 插值公式结构紧凑简洁,易得到插值表达式,且在理论分析中较为方便,但从数

值计算的角度来看，如果增加或减少插值节点，插值基函数全部要重新计算，这就大增加了计算量，为克服此缺点，我们引入 **Newton(牛顿)插值法**.

设 $L_j(x)$ 是函数 $f(x)$ 在插值节点 $x_0,x_1,\cdots,x_j$ 上的 j 次 Lagrange 插值多项式，并假设 $L_0(x)=f(x_0)$，为导出 $L_n(x)$ 的表达式，首先找出 $L_j(x)$ 与 $L_{j-1}(x)$ 的关系.

记 $f_i=y_i=f(x_i)(i=0,1,\cdots,n)$ 利用插值条件可知：

$$L_j(x_i)-L_{j-1}(x_i)=0, i=0,1,\cdots,j-1,$$

注意到 $L_j(x)\in P[x]_j$ 及 $L_{j-1}(x)\in P[x]_{j-1}\subset P[x]_j$，于是有

$$L_j(x)-L_{j-1}(x)=c_j\prod_{i=0}^{j-1}(x-x_i)=c_j\omega_j(x),$$

其中，c_j 为待定系数，亦为 $L_j(x)$ 的**最高项系数**，由 Lagrange 插值公式(2.7)、(2.8)可知

$$c_j=\sum_{i=0}^{j}\frac{f_i}{\omega'_{j+1}(x_i)},\quad j=0,1,\cdots,n, \tag{2.13}$$

利用关系式 $L_n(x)=L_0(x)+\sum_{j=1}^{n}[L_j(x)-L_{j-1}(x)]$，注意 $c_0=f_0$ 并记 $\omega_0(x)=1$，可得到 $L_n(x)$ 的另一种表示方式

$$L_n(x)=\sum_{j=0}^{n}c_j\omega_j(x)=f_0+\sum_{j=1}^{n}\left(\sum_{i=0}^{j}\frac{f_i}{\omega'_{j+1}(x_i)}\right)(x-x_0)\cdots(x-x_{j-1}). \tag{2.14}$$

式(2.14)的形式即为牛顿插值多项式，其本质上是选取 $P[x]_n$ 的一组新的基底多项式 $\omega_j(x)$ $(j=0,1,\cdots,n-1)$，

$$\begin{cases}\omega_0(x)=1\\ \omega_1(x)=x-x_0=(x-x_0)\omega_0(x)\\ \cdots\cdots\\ \omega_j(x)=(x-x_{j-1})\omega_{j-1}(x)\\ \qquad=(x-x_0)(x-x_1)\cdots(x-x_{j-1})\end{cases},\quad j=0,1,2,\ldots,n,$$

亦称其为 **Newton 插值基函数**，相应的形如式(2.13)的 c_j 称为 Newton 插值系数. Newton 插值的好处在于其基函数 $\omega_j(x)$ 及插值系数 c_j 均只和节点 $x_0,x_1,\cdots,x_j$ 有关，所以当新增插值节点时无须重复计算.

为将插值系数 c_j 写成更为简洁的形式，引入如下差商和差分的概念.

定义 设 $f(x)$ 在 $n+1$ 个互异点 $\{x_i\}_{i=0}^{n}$ 上有值 $\{f(x_i)\}_{i=0}^{n}$. $f[x_i]=f(x_i)$ 为 $f(x)$ 在点 x_i $(i=0,1,\cdots,n)$ 的零阶差商，称 $f[x_1,x_2]=\dfrac{f(x_2)-f(x_1)}{x_2-x_1}$ 为 $f(x)$ 关于 x_1,x_2 的**一阶差商**，一般称

$$f[x_0,x_1,\cdots,x_j]=\frac{f[x_0,x_1,\cdots,x_{j-1}]-f[x_1,x_2,\cdots x_j]}{x_0-x_j} \tag{2.15}$$

为 $f(x)$ 关于 $x_0,x_1,\cdots,x_j$ 的 j **阶差商**.

关于差商有如下的性质：

(1) 商可以由函数值的线性组合表示

$$f[x_0,x_1,\cdots,x_j]=\sum_{i=0}^{j}\frac{f(x_i)}{\omega'_{j+1}(x_i)}=\sum_{i=0}^{j}\frac{f(x_i)}{\prod\limits_{m=0,m\neq i}^{j}(x_i-x_m)};\tag{2.16}$$

(2) 差商与节点顺序无关,即对称性;

(3) 商与导数的关系.

若 $f(x)\in C^n[a,b]$,$\{x_i\}_{i=0}^{\infty}\in[a,b]$,则存在 $\xi\in\Delta:=[\min\limits_{0\leqslant i\leqslant n}x_i,\max\limits_{0\leqslant i\leqslant n}x_i]$,使得

$$f[x_0,x_1,\cdots,x_n]=\frac{f^{(n)}(\xi)}{n!}.\tag{2.17}$$

式(2.16)用数学归纳法可以证明,从略.性质②由性质①立得,式(2.17)的证明稍后给出.

由式(2.16)及式(2.13)可知,Newton 插值系数 c_j 即为 $f[x_0,x_1,\cdots,x_j]$,从而可将 Newton 插值多项式(2.14)改写为如下形式:

$$N_n(x)=\sum_{j=0}^{n}c_j\omega_j(x)=f_0+\sum_{j=1}^{n}f[x_0,x_1,\cdots,x_j](x-x_0)\cdots(x-x_{j-1}).\tag{2.18}$$

由式(2.18)可以看出,当新增加插值节点 x_{n+1} 时,由 $\{x_i\}_{i=0}^{n+1}$ 构造的 $n+1$ 次 Newton 插值多项式 $N_{n+1}(x)$满足

$$N_{n+1}(x)=N_n(x)+c_{n+1}\omega_{n+1}(x)=N_n(x)+f[x_0,x_1,\cdots x_{n+1}]\prod_{i=0}^{n}(x-x_i).\tag{2.19}$$

由此可见,新增插值节点时的插值结果只需要在先前节点上的插值结果上加上一项即可.此外,关于 Newton 插值系数 c_j 亦可通过 Newton 插值基$\omega_j(x)$利用插值条件写出.

由差商的定义可知,其计算应从低阶差商逐步求高阶差商,按表 2.2[差商表($n=4$)]的格式向下向右依次计算

表 2.2

x_i	y_i	一阶差商	二阶差商	三阶差商	四阶差商
x_0	$f(x_0)$				
x_1	$f(x_1)$	$f[x_0,x_1]$			
x_2	$f(x_2)$	$f[x_1,x_2]$	$f[x_0,x_1,x_2]$		
x_3	$f(x_3)$	$f[x_2,x_3]$	$f[x_1,x_2,x_3]$	$f[x_0,x_1,x_2,x_3]$	
x_4	$f(x_4)$	$f[x_3,x_4]$	$f[x_2,x_3,x_4]$	$f[x_1,x_2,x_3,x_4]$	$f[x_0,\cdots,x_4]$

2.1.5 Newton 插值多项式的误差

关于 Newton 插值的误差 $R_n(x)=f(x)-N_n(x)$有如下定理:

定理 2.3 若 $f(x)$于$[a,b]$上有定义,$x_0,x_1,\cdots,x_n$ 为互异节点,则当 x 异于插值节点时,

Newton 插值误差可表为

$$R_n(x)=f(x)-N_n(x)=f[x_0,x_1,\cdots,x_n,x]\omega_{n+1}(x). \tag{2.20}$$

证明:利用 $x_0,x_1,\cdots,x_n,x$ 这 $n+2$ 个节点构造 Newton 插值多项式 $N_{n+1}(t)$,则由式(2.19)知

$$N_{n+1}(t)=N_n(t)+f[x_0,x_1,\cdots,x_n,x]\omega_{n+1}(t),$$

从而,根据插值条件有 $f(x)=N_{n+1}(x)=N_n(x)+f[x_0,x_1,\cdots,x_n,x]\omega_{n+1}(x)$,

于是
$$R_n(x)=f(x)-N_n(x)=f[x_0,x_1,\cdots,x_n,x]\omega_{n+1}(x).$$

由插值多项式的唯一性知 Newton 插值与 Lagrange 插值误差应相等,故当 $f(x)$于插值区间(a,b)上 $n+1$ 阶可导时有

$$R_n(x)=f[x_0,x_1,\cdots,x_n,x]\omega_{n+1}(x)=\frac{f^{(n+1)}(\xi)}{(n+1)!}\omega_{n+1}(x),$$

于是得到差商与导数的关系为 $f[x_0,x_1,\cdots,x_n,x]=\dfrac{f^{(n+1)}(\xi)}{(n+1)!}$,

此即证明了差商与导数的关系式(2.17).

综上的待定系数法、Lagrange 插值法、Newton 插值法,不难发现这三种方法的不同之处就在于选择的插值基函数不同,从而得出具有各自特点的插值多项式,只要数据点是相同的,那么插值的结果只是表现形式不同,本质上都是相等的.简单来说,多项式插值法其实就是求经过给定点的多项式的不同方法而已.

2.1.6 导数值作为插值条件的多项式插值(Hermite 插值)

在实际应用过程中,经常会遇见以给定点处的函数值和导数值同时作为插值条件,计算出所需要的插值多项式作为逼近函数的情形.这类多项式插值问题也称 **Hermite 插值**.

其一般提法:设 $n+1$ 个互异插值节点为 $x_0,x_1,x_2,\cdots,x_n$,插值条件为

$$\begin{array}{l} f(x_0),f'(x_0),\cdots,f^{(m_0)}(x_0),\\ f(x_1),f'(x_1),\cdots,f^{(m_1)}(x_1),\\ \cdots\cdots\\ f(x_n),f'(x_n),\cdots,f^{(m_n)}(x_n), \end{array} \tag{2.21}$$

其中,$m_i(i=0,1,2,\cdots,n)$是正整数.若所有的 m_i 相等,则称为带完全导数的 Hermite 插值,否则称为带不完全导数的 Hermite 插值.

以上共有 $N=n+1+\sum\limits_{i=1}^{n}m_i$ 个插值条件,所以可以要求构造唯一一个次数不超过 $N-1$ 次的代数多项式 $H(x)$满足插值条件.

在 Hermite 插值中,最基本而重要的情形是只给出所有插值节点处的一阶导数值作为插值条件,即带一阶完全导数的 Hermite 插值.相应地,插值条件式(2.21)中只保留前两列,插值结果记作 $H_{2n+1}(x)$.显然,可以采用待定系数法进行求解,即求满足

$$\begin{cases} H_{2n+1}(x_i)=y_i \\ H'_{2n+1}(x_i)=y'_i \end{cases},\quad i=0,1,2,\cdots,n \tag{2.22}$$

的形如 $H_{2n+1}(x)=a_{2n+1}x^{2n+1}+a_{2n}x^{2n}+...+a_1x+a_0$ 的多项式 $H_{2n+1}(x)$. 类似定理 2.1,把插值条件(2.22)代入上式,求解一个$2n+2$ 阶线性代数方程组,这个线性代数方程组的解存在且唯一.

为了回避求解待定系数法产生的线性代数方程组,对于 Hermite 插值,同样可以采用 Lagrange 插值法和 Newton 插值法. 这里只介绍计算 $H(x)$的 Lagrange 插值法. 关于利用 Newton 插值法计算 $H(x)$的方法,请读者查自行查阅相关书籍.

需要指出的是,这里介绍利用 Lagrange 插值法计算 Hermite 插值多项式 $H(x)$的目的,不仅是给出一种新的计算方法,而且可以加深读者对 Lagrange 插值法本质的理解.

设 $h_i(x)$与 $\overline{h}_i(x)$分别为函数值与导数值对应的插值基函数,则可将 $H_{2n+1}(x)$写为

$$H_{2n+1}(x)=\sum_{j=0}^{n}h_j(x)y_j+\sum_{j=0}^{n}\overline{h}_j(x)y_j'. \tag{2.23}$$

通过观察可以发现,只要基函数 $h_j(x)$与$\overline{h}_j(x)$分别满足如下条件:

$$h_j(x)\in P[x]_{2n+1},\quad h_j(x_i)=\delta_{ij}=\begin{cases}1 & 当\ i=j\\ 0 & 当\ i\neq j\end{cases},\quad h_j'(x_i)=0\quad (i,j=0,1,\cdots,n), \tag{2.24}$$

$$\overline{h}_j(x)\in P[x]_{2n+1},\quad \overline{h}_j'(x_i)=\delta_{ij}=\begin{cases}1 & 当\ i=j\\ 0 & 当\ i\neq j\end{cases},\quad \overline{h}_j(x_i)=0\quad (i,j=0,1,\cdots,n). \tag{2.25}$$

那么,$H_{2n+1}(x)$就满足插值条件(2.23). 所以,只要仿造(2.5)-(2.6)的方法构造出 $h_j(x)$与 $\overline{h}_j(x)$的具体形式,即可计算出 $H_{2n+1}(x)$. 这就是计算 $H(x)$的 Lagrange 插值法.

由式(2.24)知 $x_i(i\neq j)$为 $h_j(x)$的二重零点,故可将 $h_j(x)$写作如下待定系数的形式

$$h_j(x)=(a_1x+b_1)\prod_{i=0,i\neq j}^{n}(x-x_i)^2,$$

利用 Lagrange 插值基函数 $l_j(x)=\prod_{i=0,i\neq j}^{n}\frac{(x-x_i)}{(x_j-x_i)}$,可将上式改写为

$$h_j(x)=(ax+b)l_j^2(x). \tag{2.26}$$

由式(2.24)并注意到 $\qquad h_j(x_j)=1,\quad h_j'(x_j)=0,$

代入式(2.26)可得

$$h_j(x_j)=(ax_j+b)l_j^2(x_j)=(ax_j+b)=1,$$
$$h_j'(x_j)=al_j^2(x_j)+2(ax_j+b)l_j(x_j)l_j'(x_j)=a+2l_j'(x_j)=0,$$

于是可解出待定系数 $\quad a=-2l_j'(x_j),\quad b=1-ax_j=1+2x_jl_j'(x_j),$

从而

$$h_j(x)=[1-2(x-x_j)l_j'(x_j)]l_j^2(x), \tag{2.27}$$

其中,$l_j'(x_j)=\sum_{i=0,i\neq j}^{n}\frac{1}{x_j-x_i}$.

由式(2.25)知 $x_i(i\neq j)$为$\overline{h}_j(x)$的二重零点,x_j 为$\overline{h}_j(x)$的一重零点,故可将$\overline{h}_j(x)$写作如下待定系数的形式: $\qquad \overline{h}_j(x)=c(x-x_j)l_j^2(x),$

结合条件 $\overline{h}_j'(x_j)=1$ 可解出 $c=1$,于是

$$\overline{h}_j(x)=(x-x_j)l_j^2(x), \tag{2.28}$$

最终得到形如式(2.23)的 Hermite 插值多项式

$$\begin{aligned} H_{2n+1}(x) &= \sum_{j=0}^{n} h_j(x)y_j + \sum_{j=0}^{n} \overline{h}_j(x)y_j' \\ &= \sum_{j=0}^{n} [(1-2(x-x_j)l_j'(x_j))y_j + (x-x_j)m_j]l_j^2(x). \end{aligned} \tag{2.29}$$

对于唯一性问题，若假定还存在一个多项式 $G_{2n+1}(x)\in P[x]_{2n+1}$，并满足插值条件(2.22)，令 $E(x)=H_{2n+1}(x)-G_{2n+1}(x)$，由插值条件可知$E(x_i)=E'(x_i)=0(i=0,1,\cdots,n)$，可知 $E(x)$有 $2n+2$ 重零点，注意到 $E(x)\in P[x]_{2n+1}$，故据代数基本定理可知 $E(x)\equiv 0$，此即说明了 Hermite 插值多项式的唯一性.

定理 2.4 若 $f(x)$在$[a,b]$上连续，$f^{(2n+2)}(x)$在(a,b)内存在，$x_i(i=0,1,\cdots,n)$为一组互异节点，则对于$\forall x\in[a,b]$，存在着与 x 有关的$\xi\in(a,b)$，使得

$$R_{2n+1}(x)=f(x)-H_{2n+1}(x)=\frac{f^{(2n+2)}(\xi)}{(2n+2)!}\omega_{n+1}^2(x).$$

证明过程与定理 2.2 类似，具体过程略.

以上我们给出了计算带一阶完全导数的 Hermite 插值多项式的Lagrange插值法的应用过程.为了更好地理解 Hermite 插值多项式与 Lagrange 插值法之间的关系，我们以一个例子来说明利用 Lagrange 插值法求解带不完全导数的 Hermite 插值多项式的问题.

例 2.2 根据如下的插值条件：

$$f(0)=0,\quad f(1)=1,\quad f(2)=1,\quad f'(0)=0,\quad f'(1)=1,$$

采用 Lagrange 插值法构造一个不高于 4 次的 Hermite 插值多项式 $H_4(x)$.

解：令 $H_4(x)=h_0(x)y_0+h_1(x)y_1+h_2(x)y_2+\overline{h}_0(x)y_0'+\overline{h}_1(x)y_1'$，其中 $h_0(x),h_1(x)$，$h_2(x),\overline{h}_0(x),\overline{h}_1(x)$均为 4 次多项式.

根据插值条件，通过观察发现，只要插值基函数 $h_0(x),h_1(x),h_2(x),\overline{h}_0(x),\overline{h}_1(x)$满足下列条件：

$$\begin{aligned} &h_0(x_0)=1,\quad h_1(x_0)=0,\quad h_2(x_0)=0,\quad \overline{h}_0(x_0)=0,\quad \overline{h}_1(x_0)=0;\\ &h_0(x_1)=0,\quad h_1(x_1)=1,\quad h_2(x_1)=0,\quad \overline{h}_0(x_1)=0,\quad \overline{h}_1(x_1)=0;\\ &h_0(x_2)=0,\quad h_1(x_2)=0,\quad h_2(x_2)=1,\quad \overline{h}_0(x_2)=0,\quad \overline{h}_1(x_2)=0. \end{aligned}$$

又因为
$$H_4'(x)=h_0'(x)y_0+h_1'(x)y_1+h_2'(x)y_2+\overline{h}_0'(x)y_0'+\overline{h}_1'(x)y_1',$$

则
$$\begin{aligned} &h_0'(x_0)=0,\quad h_1'(x_0)=0,\quad h_2'(x_0)=0,\quad \overline{h}_0'(x_0)=1,\quad \overline{h}_1'(x_0)=0,\\ &h_0'(x_1)=0,\quad h_1'(x_1)=0,\quad h_2'(x_1)=0,\quad \overline{h}_0'(x_1)=0,\quad \overline{h}_1'(x_1)=1. \end{aligned}$$

因为 $y_0=y_0'=0$，所以 $H_4(x)=h_1(x)y_1+h_2(x)y_2+\overline{h}_1(x)y_1'$，所以，只需构造出 $h_1(x)$，$h_2(x),\overline{h}_1(x)$即可.

根据插值条件，可以观察出 $h_1(x)$有如下形式：

$$h_1(x)=l_1(x)(x-0)(ax+b)=\frac{(x-0)(x-2)}{(1-0)(1-2)}(x-0)(ax+b).$$

因为 $h_1(1)=1,h_1'(1)=0$，所以 $\begin{cases}a+b=1\\2a+b=0\end{cases}$，解得 $a=-1,b=2$，所以 $h_1(x)=x^2(x-2)^2$.

同理，可以计算出 $h_2(x)=\frac{1}{4}x^2(x-1)^2$，$\overline{h}_1(x)=-x^2(x-1)(x-2)$. 最后，得

$$\begin{aligned}H_4(x)&=x^2(x-2)^2+\frac{1}{4}x^2(x-1)^2-x^2(x-1)(x-2)\\&=\frac{1}{4}x^2(x-3)^2,\end{aligned}$$

且有误差余项 $R_4(x)=f(x)-H_4(x)=\frac{f^{(5)}(\xi)}{5!}x^2(x-1)^2(x-2)$.

2.2　分段低次插值

2.2.1　高次插值的 Runge 现象

Lagrange 插值多项式 $p_n(x)$ 的截断误差公式(2.11)表明，误差 $R_n(x)$ 同被插函数 $f(x)$ 的导数 $f^{(n+1)}(x)$ 及 $\omega_{n+1}(x)$ 有关. 因此，随着 n 的增大，不能保证插值多项式 $p_n(x)$ 充分接近被插函数 $f(x)$.

关于这个问题的一个经典的例子就是龙格(Runge)现象. 这个现象是德国数学家 Carl Runge 在研究如下的函数(也被称为 Runge 函数)的插值问题时发现的，他考察了如下的函数

$$f(x)=\frac{1}{1+25x^2},\quad -1\leqslant x\leqslant 1,$$

取等距节点 $x_i=-1+ih,h=\frac{2}{n}(i=0,1,\cdots,n)$，作 Lagrange 插值多项式 $L_n(x)$，图形如图 2.2 所示.

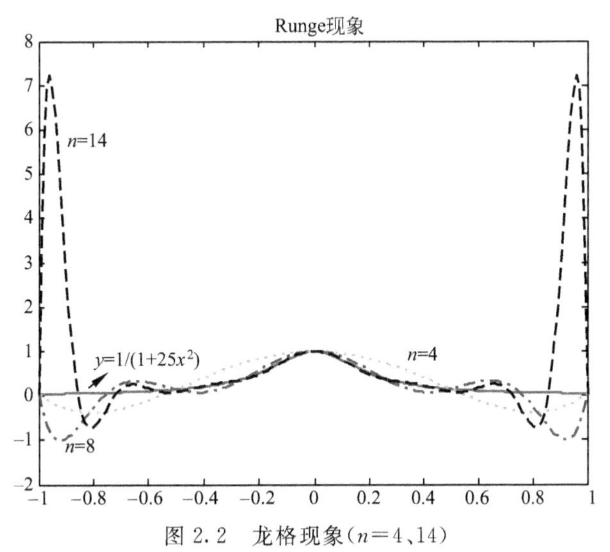

图 2.2　龙格现象($n=4$、14)

图 2.2 说明：随着节点数目的增加，插值多项式 $L_n(x)$ 的次数也随之增加，$L_n(x)$ 会出现剧烈的振荡，在插值节点之间 $L_n(x)$ 与 $f(x)$ 的偏差几乎成倍增长，这就是 **Runge 现象**. Runge 现象表明，高次插值的整体逼近效果往往是不理想的.

2.2.2 分段低次插值

为了提高插值问题的精确度，又要避免高次插值，人们常常将插值区间分为若干子区间，然后在每个小子区间上使用低次插值，例如线性插值或二次插值. 这种插值方法称为分段插值，这是一种化整为零的处理方法.

分段插值方法的处理过程分两步，首先对给定的区间作一分划

$$\Delta: a=x_0<x_1<\cdots<x_n=b,$$

并在每个小区间 $[x_i, x_{i+1}]$ 上构造插值多项式；然后将每个小区间上的插值多项式连接在一起，就得到了整个区间 $[a,b]$ 上的插值函数. 这样构造出来的插值函数是分段多项式，从几何上看，它是一条连续的折线.

如果函数 $p_k(x)$ 在分划 Δ 的每个小区间 $[x_i, x_{i+1}]$ 上都是 k 次式，则称 $p_k(x)$ 为具有分划 Δ 的分段 k 次式. 点 $x_i(i=0,1,\cdots,n)$ 称作 $p_k(x)$ 的结点（表示连结的点，与插值节点在概念上有所差别）.

1. 具有分划 Δ 的分段线性插值函数 $p_1(x)$

由于在每个小区间 $[x_i, x_{i+1}]$ 上 $p_1(x)$ 都是一次式，故由条件 $P_1(x_i)=y_i, P_1(x_{i+1})=y_{i+1}$ 可知，$p_1(x)$ 在每个小区间 $[x_i, x_{i+1}]$ 上可表示为

$$\hat{P}_1(x)=\frac{x-x_{i+1}}{x_i-x_{i+1}}y_i+\frac{x-x_i}{x_{i+1}-x_i}y_{i+1}, \quad x_i \leqslant x \leqslant x_{i+1}, \tag{2.30}$$

或写成

$$\hat{P}_1(x)=\varphi_0\left(\frac{x-x_i}{h_i}\right)y_i+\varphi_1\left(\frac{x-x_i}{h_i}\right)y_{i+1},$$

其中，$h_i=x_{i+1}-x_i$，$\varphi_0(x)=1-x$，$\varphi_1(x)=x$. 把它们拼接起来，就得到了关于分划 Δ 的分段线性插值函数 $p_1(x)$. 显然，它具有如下特点：

(1) $p_1(x)\in C[a,b]$；

(2) $p_1(x_i)=y_i, i=0,1,\cdots,n$；

(3) $p_1(x)$ 在每个小区间 $[x_i, x_{i+1}]$ 上是线性函数.

若用插值基函数表示，则在整个区间 $[a,b]$ 上 $p_1(x)$ 为

$$p_1(x) = \sum_{j=0}^{n} y_j l_j(x), \tag{2.31}$$

其中，基函数 $l_j(x)$ 满足条件 $l_j(x_i)=\delta_{ij}$，其形式为

$$l_0(x)=\begin{cases}\dfrac{x-x_1}{x_0-x_1} & \text{当 } x\in[x_0,x_1]\\ 0 & \text{其他}\end{cases},$$

$$l_j(x)=\begin{cases}\dfrac{x-x_{j-1}}{x_j-x_{j-1}} & \text{当 } x\in[x_{j-1},x_j]\\ \dfrac{x-x_{j+1}}{x_j-x_{j+1}} & \text{当 } x\in[x_j,x_{j+1}]\\ 0 & \text{其他}\end{cases},\quad j=1,2,\cdots,n-1, \tag{2.32}$$

$$l_n(x)=\begin{cases}\dfrac{x-x_{n-1}}{x_n-x_{n-1}} & \text{当 } x\in[x_{n-1},x_n]\\ 0 & \text{其他}\end{cases}.$$

分段线性插值的误差估计可利用 Lagrange 插值余项得到：

$$\max_{x_k\leqslant x\leqslant x_{k+1}}|f(x)-P_1(x)|\leqslant\frac{M_2}{2}\max_{x_k\leqslant x\leqslant x_{k+1}}|(x-x_k)(x-x_{k+1})| \tag{2.33}$$

或
$$\max_{x_k\leqslant x\leqslant x_{k+1}}|f(x)-P_1(x)|\leqslant\frac{M_2}{8}h^2,$$

其中，$h=\max\limits_k h_k$，$h_k=x_{k+1}-x_k$；$M_2=\max\limits_{a\leqslant x\leqslant b}|f''(x)|$. 可以证明，若 $f(x)\in C[a,b]$，则当 $h\to 0$ 时，有 $P_1(x)\to f(x)$，即 $P_1(x)$在$[a,b]$上一致收敛到 $f(x)$.

2. 具有分划 Δ 的分段三次 Hermite 插值 $p_3(x)$

分段线性插值的算法简单，计算量小，但精度不高，插值曲线也不光滑. 若在节点 $x_i(i=0,1,\cdots,n)$上除已知函数值 y_i 外还给出导函数值 y_i'，则可构造一个导函数连续的分段插值函数 $p_3(x)$.

由于 $p_3(x)$在每个小区间$[x_i,x_{i+1}]$上都是三次式，满足如下插值条件：

$$P_3(x_i)=y_i,\quad P_3'(x_i)=y_i',\quad i=0,1,\cdots,n,$$

根据两点三次 Hermite 插值多项式可知，$p_3(x)$在$[x_i,x_{i+1}]$上的表达式为

$$\begin{aligned}\hat{P}_3(x)=&\left(1+2\frac{x-x_i}{x_{i+1}-x_i}\right)\left(\frac{x-x_{i+1}}{x_i-x_{i+1}}\right)^2 y_i+\left(1+2\frac{x-x_{i+1}}{x_i-x_{i+1}}\right)\left(\frac{x-x_i}{x_{i+1}-x_i}\right)^2 y_{i+1}+\\&(x-x_i)\left(\frac{x-x_{i+1}}{x_i-x_{i+1}}\right)^2 y_i'+(x-x_{i+1})\left(\frac{x-x_i}{x_{i+1}-x_i}\right)^2 y_{i+1}'.\end{aligned} \tag{2.34}$$

若在整个区间$[a,b]$上定义一组分段三次插值基函数 $A_j(x)$，$B_j(x)(i=0,1,\cdots,n)$，则 $p_3(x)$可表示为
$$P_3(x)=\sum_{j=0}^{n}A_j(x)y_j+\sum_{j=0}^{n}B_j(x)y'_j,$$

其中，$A_j(x)$，$B_j(x)$分别为

$$A_0(x)=\begin{cases}\left(1+2\dfrac{x-x_0}{x_1-x_0}\right)\left(\dfrac{x-x_1}{x_1-x_0}\right)^2 & \text{当 } x\in[x_0,x_1]\\ 0 & \text{其他}\end{cases},$$

$$A_j(x)=\begin{cases}\left(1+2\dfrac{x-x_j}{x_{j-1}-x_j}\right)\left(\dfrac{x-x_{j-1}}{x_j-x_{j-1}}\right)^2 & \text{当 } x\in[x_{j-1},x_j]\\ \left(1+2\dfrac{x-x_j}{x_{j+1}-x_j}\right)\left(\dfrac{x-x_{j+1}}{x_j-x_{j+1}}\right)^2 & \text{当 } x\in[x_j,x_{j+1}]\\ 0 & \text{其他}\end{cases},\quad j=1,2,\cdots,n-1,$$

$$A_n(x)=\begin{cases}\left(1+2\dfrac{x_n-x}{x_n-x_{n-1}}\right)\left(\dfrac{x-x_{n-1}}{x_n-x_{n-1}}\right)^2 & \text{当 } x\in[x_{n-1},x_n]\\ 0 & \text{其他}\end{cases},$$

$$B_0(x)=\begin{cases}(x-x_0)\left(\dfrac{x-x_1}{x_1-x_0}\right)^2 & \text{当 } x\in[x_0,x_1]\\ 0 & \text{其他}\end{cases},$$

$$B_j(x)=\begin{cases}(x-x_j)\left(\dfrac{x-x_{j-1}}{x_j-x_{j-1}}\right)^2 & \text{当 } x\in[x_{j-1},x_j]\\ (x-x_j)\left(\dfrac{x-x_{j+1}}{x_j-x_{j+1}}\right)^2 & \text{当 } x\in[x_j,x_{j+1}]\\ 0 & \text{其他}\end{cases},\quad j=1,2,\cdots,n-1,$$

$$B_n(x)=\begin{cases}(x-x_n)\left(\dfrac{x-x_{n-1}}{x_n-x_{n-1}}\right)^2 & \text{当 } x\in[x_{n-1},x_n]\\ 0 & \text{其他}\end{cases}.$$

若 $f(x)\in C^4[a,b]$，则 $f(x)$ 在 $[x_i,x_{i+1}]$ 上以 x_i,x_{i+1} 为节点的三次 Hermite 插值余项由定理 2.3 给出：

$$f(x)-\hat{P}_3(x)=\frac{f^{(4)}(\xi)}{4!}(x-x_i)^2(x-x_{i+1})^2, \tag{2.35}$$

其中，$\min\limits_i\{x_i,x_{i+1},x\}\leqslant\xi=\xi(x)\leqslant\max\limits_i\{x_i,x_{i+1},x\}$.

记 $M_4=\max\limits_{a\leqslant x\leqslant b}|f^{(4)}(x)|$，则 $|f(x)-\hat{P}_3(x)|\leqslant\dfrac{M_4}{4!}\left(\dfrac{x_{i+1}-x_i}{4}\right)^4\leqslant\dfrac{M_4}{384}h^4$，可见，$h\to0$ 时，也有 $P_3(x)\to f(x)$.

分段插值法的算法简单而且收敛性能够得到保证.只要结点间距充分小，分段插值法总能获得所要求的精度，而不会像高次插值那样发生 Runge 现象.

分段插值法的另一个重要特点是它的局部性质.对于分段插值，如果修改某个数据，那么插值曲线仅在某个局部范围内受影响.

从以上的讨论可以看出，分段三次 Hermite 插值的逼近效果比分段线性插值有明显的改善，但这种插值要求给出结点上的导数值，而这往往是难以达到的，并且分段三次插值不能保证二阶导数连续，因而往往不能满足工程上光滑性的要求.为了克服这一缺点，下面给出三次样条插值.

2.2.3 三次样条插值

前已指出，插值多项式的次数并非与计算的精度成正比.事实上，在插值过程中，误差有两种来源；一是由插值多项式代替函数 $f(x)$ 所引起的，这就是前面说到的余项，即截断误差；二是由节点数据 $f(x_i)$ 本身的误差所引起的.由于插值次数越高，计算越繁，尽管截断误差减小，但在计算过程中的舍入误差增大.然而，以上引入的分段插值不能保证相邻区间的两个插值函数在结点处的光滑性，所以不能满足某些工程技术的高精度要求.例如，在飞机设计中，绘制飞机外形的理论模型，不仅要求曲线连续，而且要求曲线的曲率也连续，这种问题就不能用分段插值来完成.由此引出一种高精度的插值方法,即样条(Spline)插值方法.

样条是绘图员用来画光滑曲线的一种细木条(或细金属条).在工程上,例如船体、车体的放样,为了把一些指定点按某种要求连成一条光滑曲线,就是用这种富有弹性的细木条把指定点连接起来,并使连接处光滑,即把所有的点连成一条光滑曲线.

所谓样条函数,就是对绘图员描绘的样条曲线进行数学模拟后得出的函数,其特征为:

(1) 是分段多项式;

(2) 各段多项式之间具有某种连接性质.所以,样条函数既是充分光滑的,同时又保留有一定的间断性.光滑性保证了外形曲线的平滑优美,而间断性则使它能转折自如地被灵活运用.下面给出样条函数的数学描述.

设在$[a,b]$上给定一个分划:

$$\pi: a=x_0<x_1<\cdots<x_n=b,$$

若函数 $S(x)$具有如下性质:

(1) $S(x)$在每个小区间$[x_{k-1},x_k](k=1,2,\cdots,n)$上是 m 次多项式;

(2) $S(x)$及其直到 $m-1$ 阶导数在$[a,b]$上连续.

则称 $S(x)$是关于分划 π 的 m 次样条函数,也记为 $S_m(x)$.

显然,如果 $S(x)$在分划 π 的每个小区间$[x_{k-1},x_k](k=1,2,\cdots,n)$上都是零次式,则 $S(x)$就是零次样条,记为 $S_0(x)$,这就是常说的阶梯函数;如果它在分划 π 的每个小区间$[x_{k-1},x_k]$上都是一次式,则 $S(x)$就是一次样条,即折线函数,记为 $S_1(x)$,依定义可知,折线函数 $S_1(x)$在每个内结点 $x_k(k=1,2,\cdots,n-1)$上函数值连续,即 $S_1(x_k-0)=S_1(x_k+0)$,　$k=1,2,\cdots,n-1$成立.

进一步可知,三次样条函数 $S_3(x)$在每个小区间$[x_{k-1},x_k]$上都是三次式,且在内结点上具有直到二阶连续导数,即

$$\begin{aligned}&S_3(x_k-0)=S_3(x_k+0),\\&S_3'(x_k-0)=S_3'(x_k+0),\quad k=1,2,\cdots,n-1\\&S''_3(x_k-0)=S''_3(x_k+0).\end{aligned}$$

本节仅限于三次样条函数 $S(x)$的构造.

1. 从二阶导数出发构造 $S(x)$

由于 $S''(x)$在$[x_{k-1},x_k]$上为线性函数,于是由线性 Lagrange 插值多项式有

$$S''(x)=\frac{x-x_k}{x_{k-1}-x_k}S''(x_{k-1})+\frac{x-x_{k-1}}{x_k-x_{k-1}}S''(x_k).$$

令 $S''(x_{k-1})=M_{k-1}$,$S''(x_k)=M_k$,$h_k=x_k-x_{k-1}$,则有

$$S''(x)=\frac{x_k-x}{h_k}M_{k-1}+\frac{x-x_{k-1}}{h_k}M_k. \tag{2.36}$$

显然,为求出 $S(x)$在$[x_{k-1},x_k]$上的表达式,只需对式(2.36)积分两次,就可得到

$$S(x)=M_{k-1}\frac{(x_k-x)^3}{6h_k}+M_k\frac{(x-x_{k-1})^3}{6h_k}+C_k(x_k-x)+D_k(x-x_{k-1}),\quad x\in[x_{k-1},x_k],$$

其中，C_k 与 D_k 可依插值条件 $S(x_i)=y_i(i=0,1,\cdots,n)$ 定出：

$$C_k=\frac{1}{h_k}\left(y_{k-1}-\frac{M_{k-1}h_k^2}{6}\right),\quad D_k=\frac{1}{h_k}\left(y_k-\frac{M_kh_k^2}{6}\right).$$

于是

$$\begin{aligned}S(x)=&M_{k-1}\frac{(x_k-x)^3}{6h_k}+M_k\frac{(x-x_{k-1})^3}{6h_k}+\\&\left(y_{k-1}-\frac{M_{k-1}h_k^2}{6}\right)\frac{x_k-x}{h_k}+\left(y_k-\frac{M_kh_k^2}{6}\right)\frac{x-x_{k-1}}{h_k},\end{aligned}\tag{2.37}$$

其中，$M_0,M_1,\cdots,M_n$ 为待定参数，可由样条节点处的光滑连接条件

$$S'(x_k-0)=S'(x_k+0),\quad k=1,2,\cdots,n-1$$

所确定. 由式(2.37)可知，$S(x)$的导数为

$$\begin{aligned}S'(x)=&-M_{k-1}\left(\frac{x_k-x}{2h_k}\right)^2+M_k\left(\frac{x-x_{k-1}}{2h_k}\right)^2+\\&\frac{y_k-y_{k-1}}{h_k}-\frac{M_k-M_{k-1}}{6}h_k,\quad x\in[x_{k-1},x_k].\end{aligned}$$

分别令 $x=x_{k-1},x_k$，得 $S'(x_k-0)=\frac{h_k}{6}M_{k-1}+\frac{h_k}{3}M_k+\frac{y_k-y_{k-1}}{h_k}$，

$$S'(x_{k-1}+0)=-\frac{h_k}{3}M_{k-1}-\frac{h_k}{6}M_k+\frac{y_k-y_{k-1}}{h_k},$$

可得

$$S'(x_k+0)=-\frac{h_{k+1}}{3}M_{k-1}-\frac{h_{k+1}}{6}M_{k+1}+\frac{y_{k+1}-y_k}{h_{k+1}},$$

于是由连接条件 $S'(x_k-0)=S'(x_k+0)(k=1,2,\cdots,n-1)$可得

$$\frac{h_k}{6}M_{k-1}+\frac{h_k+h_{k+1}}{3}M_k+\frac{h_{k+1}}{6}M_{k+1}=\frac{y_{k+1}-y_k}{h_{k+1}}-\frac{y_k-y_{k-1}}{h_k},\quad k=1,2,\cdots,n-1.\tag{2.38}$$

若记

$$\begin{aligned}\mu_k&=\frac{h_k}{h_{k+1}+h_k},\\\lambda_k&=\frac{h_{k+1}}{h_{k+1}+h_k}=1-\mu_k,\\d_k&=6\left(\frac{y_{k+1}-y_k}{h_{k+1}}-\frac{y_k-y_{k-1}}{h_k}\right)\Big/(h_k+h_{k+1})=6f[x_{k-1},x_k,x_{k+1}],\end{aligned}$$

则式(2.38)成为

$$\mu_kM_{k-1}+2M_k+\lambda_kM_{k+1}=d_k,\quad k=1,2,\cdots,n-1.\tag{2.39}$$

这是一个具有 $n+1$ 个未知数 $n-1$ 个方程的线性代数方程组. 为了求出 $n+1$ 个未知参数 M_0，$M_1,\cdots,M_n$，还需要添加两个条件，通常称这两个条件为边界条件. 一般来说，此类边界条件包括两种：

(1) 固定边界条件

假定端点的切线斜率为已知，$S'(a)=y_0'$，$S'(b)=y_n'$，则可增加两个方程：

$$2M_0+M_1=\frac{6}{h_1}\left(\frac{y_1-y_0}{h_1}-y_0'\right)=\frac{6}{h_1}(f[x_0,x_1]-y_0'),$$

$$M_{n-1}+2M_n=\frac{6}{h_n}\left(y_n'-\frac{y_n-y_{n-1}}{h_n}\right)=\frac{6}{h_n}(y_n'-f[x_{n-1},x_n]).$$

若记

$$\lambda_0=\mu_n=1,$$

$$d_0=\frac{6}{h_1}(f[x_0,x_1]-y_0'),$$

$$d_n=\frac{6}{h_n}(y_n'-f[x_{n-1},x_n]),$$

则有

$$\begin{cases}2M_0+\lambda_0 M_1=d_0\\ \mu_n M_{n-1}+2M_n=d_n\end{cases}. \tag{2.40}$$

(2) 自然边界条件

假定 M_0,M_n 为已知,$M_0=y_0''$,$M_n=y_n''$,则方程组(2.39)减少了两个未知数. 此时 $S(x)$叫做自然三次样条插值函数.

无论是固定边界条件,还是自然边界条件,求解 $M_0,M_1,\cdots,M_n$ 的方程组均可写为

$$\begin{cases}2M_0+\lambda_0 M_1=d_0\\ \mu_1 M_{k-1}+2M_k+\lambda_k M_{k+1}=d, \quad k=1,\cdots,n-1.\\ \mu_n M_{n-1}+2M_n=d_n\end{cases}$$

或写为

$$\begin{bmatrix}2 & \lambda_0 & & & & & \\ \mu_1 & 2 & \lambda_1 & & & & \\ & \mu_2 & 2 & \lambda_2 & & & \\ & & \ddots & \ddots & \ddots & & \\ & & & \ddots & \ddots & \ddots & \\ & & & & \mu_{n-1} & 2 & \lambda_{n-1}\\ & & & & & \mu_n & 2\end{bmatrix}\begin{bmatrix}M_0\\ M_1\\ M_2\\ \vdots\\ \vdots\\ M_{n-1}\\ M_n\end{bmatrix}=\begin{bmatrix}d_0\\ d_1\\ d_2\\ \vdots\\ \vdots\\ d_{n-1}\\ d_n\end{bmatrix} \tag{2.41}$$

这是一个三对角方程组,可用"追赶法"(见第 5 章)求解. 解出 $M_0,M_1,\cdots,M_n$,代回式(2.37),便得到三次样条插值函数.

2. 从一阶导数出发构造 $S(x)$

由插值条件可知,在$[x_{k-1},x_k]$端点处,

$$S(x_{k-1})=y_{k-1}, \quad S(x_k)=y_k.$$

若假设 $S(x)$在$[x_{k-1},x_k]$端点处的一阶导数已知,即设

$$m_k=S'(x_k), \quad m_{k-1}=S'(x_{k-1}),$$

则由三次 Hermite 插值公式,在区间$[x_{k-1},x_k]$上可确定出 $S(x)$的表达式:

$$S(x)=m_{k-1}\frac{(x_k-x)^2(x-x_{k-1})}{h_k^2}-m_k\frac{(x-x_{k-1})^2(x_k-x)}{h_k^2}+$$

$$y_{k-1}\frac{(x_k-x)^2[2(x-x_{k-1})+h_k]}{h_k^3}+y_k\frac{(x-x_{k-1})^2[2(x_k-x)+h_k]}{h_k^3},\tag{2.42}$$

$$x\in[x_{k-1},x_k].$$

显然,只要求出 $m_k(k=0,1,\cdots,n)$,也就得到了三次样条插值函数 $S(x)$.

由条件 $S''(x_{k-})=S''(x_{k+})$,可得

$$\frac{1}{h_k}m_{k-1}+2\left(\frac{1}{h_k}+\frac{1}{h_{k+1}}\right)m_k+\frac{1}{h_{k+1}}m_{k+1}=3\frac{y_k-y_{k-1}}{h_k^2}+3\frac{y_{k+1}-y_k}{h_{k+1}^2},$$

或写成

$$\lambda_k m_{k-1}+2m_k+\mu_k m_{k+1}=C_k,\quad k=1,2,\cdots,n-1,\tag{2.43}$$

其中,

$$\lambda_k=\frac{h_{k+1}}{h_{k+1}+h_k},\mu_k=1-\lambda_k,$$

$$C_k=3\left(\lambda_k\frac{y_k-y_{k-1}}{h_k}+\mu_k\frac{y_{k+1}-y_k}{h_{k+1}}\right).$$

考虑固定边界条件或自然边界条件后,则可得如下线性代数方程组

$$\begin{cases}2m_0+\mu_0 m_1=C_0\\ \lambda_k m_{k-1}+2m_k+\mu_k m_{k+1}=C_k,\quad k=1,\cdots n-1,\\ \lambda_n m_{n-1}+2m_n=C_n\end{cases}$$

解出这个具有 $n+1$ 个未知数、$n+1$ 个方程的三对角方程组,便得到 $m_0,m_1,\cdots,m_n$,将其代入式(2.42)同样得到三次样条插值函数.

可以证明,三次样条插值问题的解是存在且唯一的.

2.2.4 实例计算

例 2.3 对实例 1 的计算.

利用分段线性插值和三次样条插值,给出本章实例 1 的 Matlab 计算结果如下:

(1)矿区面积:分段线性插值:40 396 m^2;三次样条=42 613 m^2.

(2)周长:分段线性插值=6623.8 m;三次样条插值= 11 135 m.

由图 2.3 可见,三次样条插值出来的曲线要比分段线性插值更光滑,这样面积也就更加准确.

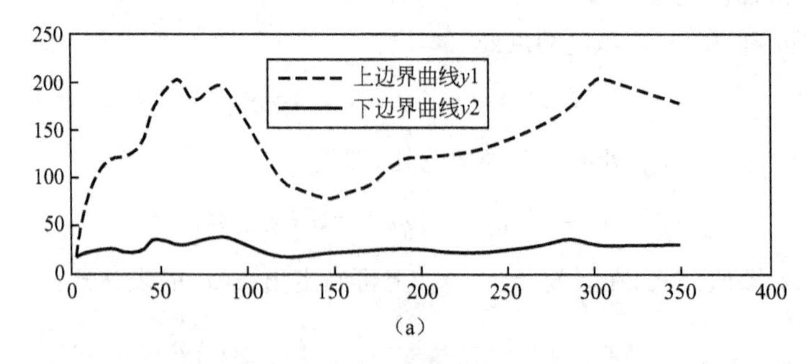

图 2.3 矿区插值图

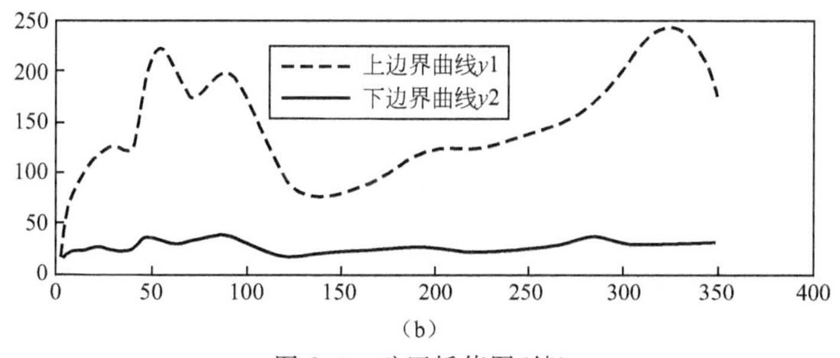

(b)

图 2.3　矿区插值图(续)

例 2.4　设 $f(x)=\ln x$,并已知表 2.3 所示数据表.

表　2.3

x	0.40	0.50	0.70	0.80
$\ln x$	−0.916 291	−0.693 147	−0.356 675	−0.223 144

采用 Lagrange 插值法估计 ln 0.6 的值,并估计精度.

解:利用四点三次 Lagrange 插值公式 $\ln x \approx P_3(x)=\sum_{j=0}^{3} y_j l_j(x)$,

其中,

$$l_0(x)=-\frac{1}{0.012}(x-0.5)(x-0.7)(x-0.8),$$

$$l_1(x)=\frac{1}{0.006}(x-0.4)(x-0.7)(x-0.8),$$

$$l_2(x)=-\frac{1}{0.006}(x-0.4)(x-0.5)(x-0.8),$$

$$l_3(x)=\frac{1}{0.012}(x-0.4)(x-0.5)(x-0.7),$$

得

$$l_0(0.6)=-\frac{1}{6},\quad l_1(0.6)=\frac{2}{3},\quad l_2(0.6)=\frac{2}{3},\quad l_3(0.6)=-\frac{1}{6};$$

故

$$\ln(0.6)\approx -\frac{1}{6}\ln(0.4)+\frac{2}{3}\ln(0.5)+\frac{2}{3}\ln(0.7)-\frac{1}{6}\ln(0.8)$$

$$=-0.509\,975,$$

其误差为

$$R_3(0.6)=\frac{f^{(4)}(\xi)}{4!}(0.6-0.4)(0.6-0.5)(0.6-0.7)(0.6-0.8),$$

其中,ξ 如何依赖于 0.6 我们并不清楚,所以只能给出误差的估计值. 实际上,由于 $f^{(4)}(x)=-6/x^4$,所以,$\max\limits_{[0.4,0.8]}|f^{(4)}(x)|=6/(0.4)^4<234.4$,从而 $R_3(0.6)<\frac{1}{24}(0.0004)(234.4)<0.003\,91$,比较有,

真值:$\ln 0.6=-0.510\,826$,

近似值:$P_3(0.6)=-0.509\,975$,

真误差:$\ln 0.6-P_3(0.6)=-0.000\,851$,

估计的上界：$|\ln(0.6)-P_3(0.6)|<0.00391$.

例 2.5 已知函数 $y=f(x)$ 的数据见表 2.4.

表 2.4

x	0	1	2	3
$f(x)$	1	3	9	27

试作一个三次 Newton 插值多项式 $N_3(x)$，并利用 $N_3(x)$ 计算 $\sqrt{3}$ 的近似值.

解：利用 Newton 插值公式

$$N_3(x)=f(x_0)+f[x_0,x_1](x-x_0)+f[x_0,x_1,x_2](x-x_0)(x-x_1)+$$
$$f[x_0,x_1,x_2,x_3](x-x_0)(x-x_1(x-x_2)$$

为此，先作差商表，见表 2.5.

表 2.5

x	$f(x)$	一阶差商	二阶差商	三阶差商
0	1			
1	3	2		
2	9	6	2	
3	27	18	6	4/3

故 $$N_3(x)=1+2x+2x(x-1)+\frac{4}{3}x(x-1)(x-2)=\frac{4}{3}x^3-2x^2+\frac{8}{3}x+1.$$

其实，由数据表可以猜测出知，可能 $f(x)=3^x$，而 $\sqrt{3}=3^{\frac{1}{2}}$，故令 $x=\frac{1}{2}$，即得

$$\sqrt{3}\approx N_3\left(\frac{1}{2}\right)=\frac{4}{3}\times\left(\frac{1}{2}\right)^3-2\times\left(\frac{1}{2}\right)^2+\frac{8}{3}\times\frac{1}{2}+1=2.$$

例 2.6 已知数据表(见表 2.6).

表 2.6

x	1	2	4	5
$f(x)$	1	3	4	2

求满足条件 $S_3''(1)=S_3''(5)=0$ 的三次样条插值函数 $S_3(x)$，并计算 $f(3)$ 的近似值.

解：先作差商表，见表 2.7.

表 2.7

x	$f(x)$	一阶差商	二阶差商
1	1		
2	3	2	
4	4	0.5	−0.5
5	2	−2	−0.833 333

利用二阶导数作为边界条件的三次样条插值计算方法，知 $M_0=M_3=0$，由

$$\begin{bmatrix}2 & \lambda_1\\ \mu_2 & 2\end{bmatrix}\begin{bmatrix}M_1\\ M_2\end{bmatrix}=\begin{bmatrix}6f[x_0,x_1,x_2]-\mu_1 M_0\\ 6f[x_1,x_2,x_3]-\lambda_2 M_3\end{bmatrix}$$

其中

$$\lambda_1=\frac{h_1}{h_0+h_1}=\frac{2}{1+2}=0.666\,666,$$

$$\lambda_2=\frac{h_2}{h_1+h_2}=\frac{1}{2+1}=0.333\,334,$$

$$\mu_1=1-\lambda_1=0.333\,334,\mu_2=1-\lambda_2=0.666\,666.$$

于是，关于 M_1,M_2 的线性方程组为

$$\begin{bmatrix}2 & 0.666\,666\\ 0.666\,666 & 2\end{bmatrix}\begin{bmatrix}M_1\\ M_2\end{bmatrix}=\begin{bmatrix}-3\\ -4.999\,998\end{bmatrix}.$$

解此方程组，得 $M_1=-0.750\,001$，　$M_2=-2.249\,997$.

由于 $3\in[2,4]$，所以

$$\begin{aligned}S_3(x)&=M_1\frac{(x_2-x)^3}{6h_1}+M_2\frac{(x-x_1)^3}{6h_1}+\left(f_1-M_1\frac{h_1^2}{6}\right)\frac{x_2-x}{h_1}+\left(f_2-M_2\frac{h_1^2}{6}\right)\frac{x-x_1}{h_1}\\&=-0.750\,001\times\frac{(4-x)^3}{12}-2.249\,999\times\frac{(x-2)^3}{12}+\\&\quad 3.500\,001\times\frac{4-x}{2}+5.499\,999\times\frac{x-2}{2},\quad x\in[2,4]\end{aligned}$$

上式中，令 $x=3$，得 $f(3)\approx S(3)=4.250\,000$.

2.3　二元函数分片插值法

以上主要介绍了一元函数的插值法，这里简单介绍二元插值问题，通过学习本节，可以为进行多元函数插值逼近乃至有限元计算打下坚实的基础.

2.3.1　问题的提出

二元函数分片插值问题的一般提法是：

已知二元函数 $u(x,y)$ 的一组离散近似值 $u(x_i,y_i)$，要求构造一个简单函数 $g(x,y)$ 近似代替 $u(x,y)$，且满足插值条件

$$g(x_i,y_i)=u(x_i,y_i)\tag{2.44}$$

称这类问题为二元函数插值问题.

构造二元插值函数通常可采用两种方法. 第一种方式是仿照一元插值函数的构造法，例如一元函数的 Lagrange 插值法. 这时，对于具有 n 个互异节点的二元插值函数 $g(x,y)$，只要寻求 n 个属于某一函数类 G 的函数 $\varphi_j(x,y)$，使它满足 $\varphi_j(x_i,y_i)=\delta_{ij}$，　$i,j=1,2,\cdots,n$，于是

$$g(x,y)=\sum_{j=1}^{n}\varphi_j(x,y)u(x_j,y_j)\tag{2.45}$$

就是满足插值条件(2.44)的插值函数.

第二种方法是乘积型插值法.这种方法类似于求多元函数的导数,先固定 x(或 y),将 $u(x,y)$ 视为 y(或 x)的函数,然后用一元插值法对 y(或 x)做插值,记为 $P_y u(x,y)$.再将函数 P_y 对 x 做插值,得到的插值函数记为 $P_x P_y u(x,y)$.可以验证,这就是满足插值条件的二元插值函数 $g(x,y)$.

2.3.2 矩形域上的分片插值问题

将所给的平面区域剖分成若干小区域(或单元),然后在每个小区域上做插值,称这类问题为分片插值问题.

设研究区域 Ω 为一平面域,并已将 Ω 分成若干矩形,下面讨论矩形域上的插值问题.

1. 分片双线性插值

在 xOy 平面给定一个矩形域 $A_1A_2A_3A_4$(见图 2.4)其顶点坐标 $A_i(x_i,y_i)$ 分别为 $A_1(-1,-1)$,$A_2(1,-1)$,$A_3(1,1)$,$A_4(-1,1)$,在 A_i 上给定函数值为 $u(x_i,y_i)$ 或简记为 $u(A_i)$,$i=1,2,3,4$,现在来寻求它的插值函数 $g(x,y)$,使其满足条件(2.44).据插值条件,可取插值函数类

$$G_1: a+bx+cy+dxy, \tag{2.46}$$

称(2.46)为双线性函数.这类插值问题称为矩形域上的分片双线性插值.下面在 G_1 中构造满足条件(2.44)的双线性插值函数 $g(x,y)$.

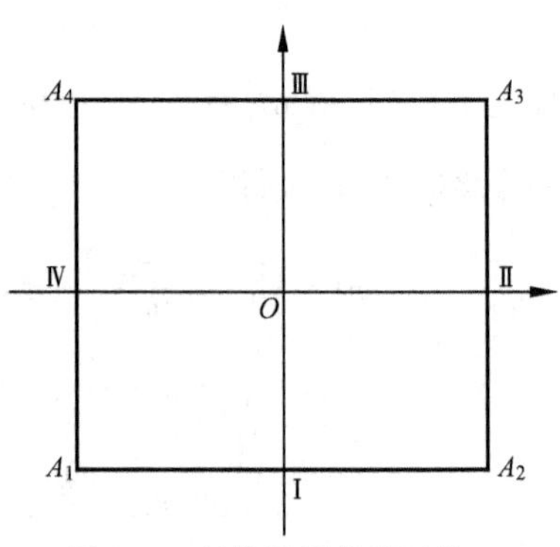

图 2.4 双线性插值基函数

方法 1 模仿一元函数的 Lagrange 插值法.

设插值函数为

$$g(x,y) = \sum_{j=1}^{4} \varphi_j(x,y)u(x_j,y_j) \tag{2.47}$$

其中,$\varphi_j(x,y)\in G_1$,令其满足条件

$$\varphi_j(x_i,y_i)=\delta_{ij}, \tag{2.48}$$

则可分片双线性插值问题归结为在条件(2.48)下构造双线性函数 $\varphi_j(x,y)$,$j=1,2,3,4$.

已知矩形 $A_1A_2A_3A_4$ 的各边方程为

$$\text{Ⅰ}:1+y=0;\quad \text{Ⅱ}:1-x=0;\quad \text{Ⅲ}:1-y=0;\quad \text{Ⅳ}:1+x=0.$$

由于 $\varphi_1(x,y)$ 满足条件 $\varphi_1(A_1)=1$,$\varphi_1(A_i)=0$,$i=2,3,4$,而 A_2,A_3,A_4 在由Ⅱ,Ⅲ所成的折线上,即 A_2,A_3,A_4 满足方程 $(1-x)(1-y)=0$,故 $\varphi_1(x,y)$ 具有如下结构

$$\varphi_1(x,y)=C_1(1-x)(1-y).$$

显然 $\varphi_1(x,y)\in G_1$,且满足 $\varphi_1(A_i)=0$,$i=2,3,4$,选取常数 C_1 使满足 $\varphi_1(x_1,y_1)=1$,则得到 $C_1=\dfrac{1}{4}$,从而 $\varphi_1(x,y)=\dfrac{1}{4}(1-x)(1-y)$.

类似地可构造出 $\varphi_2(x,y)$,$\varphi_3(x,y)$,$\varphi_4(x,y)$,它们分别为

$$\varphi_2(x,y)=\frac{1}{4}(1+x)(1-y),$$

$$\varphi_3(x,y)=\frac{1}{4}(1+x)(1+y),$$

$$\varphi_4(x,y)=\frac{1}{4}(1-x)(1+y),$$

即

$$\varphi_j(x,y)=\frac{1}{4}(1+x_jx)(1+y_jy),\quad j=1,2,3,4, \tag{2.49}$$

于是,分片双线性插值函数为

$$g(x,y)=\frac{1}{4}\sum_{j=1}^{4}(1+x_jx)(1+y_jy)u(x_j,y_j). \tag{2.50}$$

方法 2　乘积型插值法.

先对 $u(x,y)$ 做关于 x 的线性插值,记为 $P_xu(x,y)$,然后再对 $P_xu(x,y)$ 做关于 y 的线性插值,记为 $P_yP_xu(x,y)$,则 $P_yP_xu(x,y)$ 就是所要构造的双线性插值函数.

事实上,由关于 x 的线性插值的定义有

$$\begin{aligned}P_xu(x,y)&=\frac{x-x_2}{x_1-x_2}u(x_1,y)+\frac{x-x_1}{x_2-x_1}u(x_2,y)\\&=\frac{1}{2}(1+x_1x)u(x_1,y)+\frac{1}{2}(1+x_2x)u(x_2,y)\\&=\frac{1}{2}\sum_{j=1}^{2}(1+x_jx)u(x_j,y),\end{aligned}$$

再由关于 y 的线性插值有

$$\begin{aligned}P_yP_xu(x,y)&=\frac{1}{2}\sum_{j=1}^{2}(1+x_jx)P_yu(x_j,y)\\&=\frac{1}{2}\sum_{j=1}^{2}(1+x_jx)\left[\frac{y-y_4}{y_1-y_4}u(x_j,y_1)+\frac{y-y_1}{y_4-y_1}u(x_j,y_4)\right]\\&=\frac{1}{4}\sum_{j=1}^{2}(1+x_jx)[(1+yy_1)u(x_j,y_1)+(1+yy_4)u(x_j,y_4)]\\&=\frac{1}{4}[(1+xx_1)(1+yy_1)u(x_1,y_1)+(1+xx_2)(1+yy_1)u(x_2,y_1)+\\&\qquad(1+xx_1)(1+yy_4)u(x_1,y_4)+(1+xx_2)(1+yy_4)u(x_2,y_4)].\end{aligned}$$

注意到 $y_1=y_2,y_3=y_4,x_1=x_4,x_2=x_3$,便有

$$P_yP_xu(x,y)=\frac{1}{4}\sum_{j=1}^{4}(1+x_jx)(1+y_jy)u(x_j,y_j).$$

这就是式(2.50).

2. 分片不完全的双二次插值

给定矩形域 $A_1A_2A_3A_4$ 上四个顶点的函数值 $u(A_i)$ 及四个中点的函数值 $u(B_i)$(见图 2.5),

四个顶点和四个中点的坐标分别为 $A_1(-1,-1)$，$A_2(1,-1)$，$A_3(1,1)$，$A_4(-1,1)$，$B_1(0,-1)$，$B_2(1,0)$，$B_3(0,1)$，$B_4(-1,0)$，要求构造一个插值函数 $g(x,y)$，使满足

$$\begin{cases} g(A_i)=u(A_i) \\ g(B_i)=u(B_i) \end{cases},\quad i=1,2,3,4. \tag{2.51}$$

据插值条件，取插值函数类为

$$G_2: a_1+a_2x+a_3y+a_4xy+a_5x^2y+a_6xy^2+a_7x^2+a_8y^2 \tag{2.52}$$

称式(2.52)为不完全的双二次函数，这类插值问题称为不完全的双二次插值.

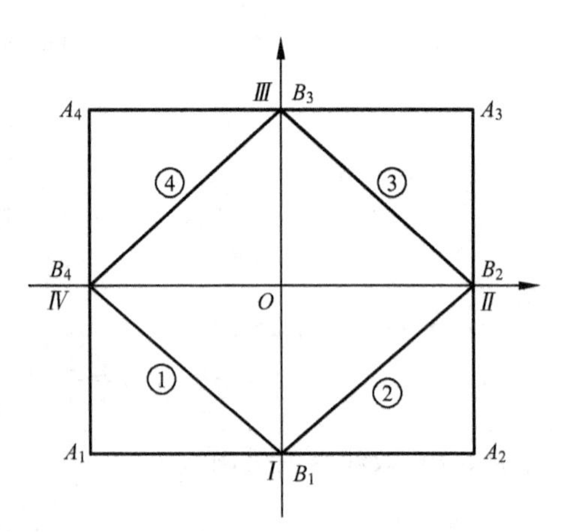

图 2.5 不完全双二次插值基函数

仿照 Lagrange 插值函数的构造思想，令不完全的双二次插值函数为

$$g(x,y)=\sum_{j=1}^{4}\varphi_j(x,y)u(A_j)+\sum_{j=1}^{4}\psi_j(x,y)u(B_j), \tag{2.53}$$

其中，$\varphi_j(x,y),\psi_j(x,y)\in G_2$，且满足

$$\begin{cases} \varphi_j(A_i)=\delta_{ij},\varphi_j(B_i)=0 \\ \psi_j(A_i)=0,\psi_j(B_i)=\delta_{ij} \end{cases}, \tag{2.54}$$

显然，满足条件(2.54)的函数(2.53)满足插值条件(2.51). 所以，构造一个满足条件(2.51)的插值函数 $g(x,y)$ 的问题，就转化为构造一个满足条件(2.54)的属于 G_2 的函数 $\varphi_j(x,y)$ 和 $\psi_j(x,y)$ 的问题.

由矩形相邻两边中点连线的方程

$$①1+x+y=0,\quad ②1-x+y=0,\quad ③1-x-y=0,\quad ④1+x-y=0$$

及矩形 $A_1A_2A_3A_4$ 的四边方程可构造出满足条件(2.54)的 $\varphi_j(x,y)$ 和 $\psi_j(x,y)$. 例如，若构造 $\varphi_1(x,y)$，由条件 $\varphi_1(A_i)=0,i=2,3,4$ 和 $\varphi_1(B_i)=0,i=1,2,3,4$ 可知 A_2,B_2,A_3,B_3,A_4 在直线Ⅱ、Ⅲ所成的折线上，所以这些点满足方程 $(1-x)(1-y)=0$；而 B_1,B_4 满足方程①，从而可取

$$\varphi_1(x,y)=C_1(1-x)(1-y)(1+x+y),$$

为了使其满足条件 $\varphi_1(A_1)=1$，只要取 $C_1=\dfrac{1}{(1-x_1)(1-y_1)(1+x_1+y_1)}=-\dfrac{1}{4}$，于是

$$\begin{aligned}\varphi_1(x,y)&=-\frac{1}{4}(1-x)(1-y)(1+x+y)\\&=-\frac{1}{4}(1+x_1x)(1+y_1y)(1-x_1x-y_1y).\end{aligned}$$

类似地可以得到 $\qquad \varphi_2(x,y)=-\dfrac{1}{4}(1+x_2x)(1+y_2y)(1-x_2x-y_2y),$

$$\varphi_3(x,y)=-\frac{1}{4}(1+x_3x)(1+y_3y)(1-x_3x-y_3y),$$

$$\varphi_4(x,y)=-\frac{1}{4}(1+x_4x)(1+y_4y)(1-x_4x-y_4y),$$

即
$$\varphi_j(x,y)=-\frac{1}{4}(1+x_jx)(1+y_jy)(1-x_jx-y_jy),\quad j=1,2,3,4. \tag{2.55}$$

显然 $\varphi_j(x,y)\in G_2, j=1,2,3,4$.

$\psi_j(x,y)$也可类似地得到.如若构造 $\psi_1(x,y)$,注意到

$$\psi_1(B_i)=0,\quad i=2,3,4;\quad \psi_1(A_i)=0,\quad i=1,2,3,4.$$

则选取
$$\psi_1(x,y)=D_1(1-x)(1-y)(1+x).$$

由条件 $\psi_1(\hat{x}_1,\hat{y}_1)=1$,有 $D_1=\dfrac{1}{(1-\hat{x}_1)(1-\hat{y}_1)(1+\hat{x}_1)}=\dfrac{1}{2}$.

从而有
$$\psi_1(x,y)=\frac{1}{2}(1-x)(1-y)(1+x)$$
$$=\frac{1}{2}(1-y_1x)(1+\hat{y}_1x)(1+x_1y)(1-\hat{x}_1y).$$

同理可得 ψ_2,ψ_3,ψ_4,将其统一写成

$$\psi_j(x,y)=\frac{1}{2}(1-y_jx)(1+\hat{y}_jx)(1+x_jy)(1-\hat{x}_jy),\quad j=1,2,3,4. \tag{2.56}$$

显然 $\psi_j(x,y)\in G_2, j=1,2,3,4$.

将式(2.55)、式(2.56)代入式(2.53),便得到不完全的双二次插值函数.

以上给出了矩形区域上的二元插值问题的初步介绍,实际应用中三角形区域上的插值问题也是常用的.关于这方面的知识,请读者自行查阅有限元方法或微分方程数值解的相关章节.

习　题　2

1. 设 Lagrange 插值基函数是 $l_i(x)=\prod\limits_{\substack{j=0\\ j\neq i}}^{n}\dfrac{x-x_j}{x_i-x_j},\quad i=0,1,2,\cdots,n.$

试证明:(1) 对 $\forall x$,有 $\sum\limits_{i=0}^{n}l_i(x)=1$;

(2) $\sum\limits_{i=0}^{n}l_i(0)x_i^k=\begin{cases}1 & 当\ k=0\\ 0 & 当\ k=1,2,\cdots,n\\ (-1)^n x_0x_1\cdots x_n & 当\ k=n+1\end{cases}$,其中 $x_0,x_1,\cdots,x_n$ 为互异的插值节点.

2. 对函数 $f(x)$,取节点 x_0,x_1,且已知 $f(x_0)=y_0, f'(x_0)=y_0', f(x_1)=y_1$.试对 $f(x)$构造二次插值多项式 $P_2(x)=h_0(x)y_0+\overline{h}_0(x)y_0'+h_1(x)y_1$,请确定上式中基函数 $h_0(x)$, $\overline{h}_0(x)$, $h_1(x)$,并给出 $P_2(x)$的截断误差.

3. 已知 $f(0), f(2), f'(2)$,试用 Lagrange 型插值基函数法构造二次 Hermite 插值多项式

$H_2(x)$，使其满足插值条件 $H_2(0)=f(0)$，$H_2(2)=f(2)$，$H_2'(2)=f'(2)$，并写出 $H_2(x)$的截断误差.

4. 设 p_3 为 f 在等距节点 $x_j=x_0+jh, j=0,1,2,3$ 上的三次 Lagrange 插值多项式，假定 $f\in C^4[x_0,x_3]$，试估计 $\max\limits_{x_0\leqslant x\leqslant x_3}|p_3'(x)-f'(x)|$.

5. 设 $h_i(x)$，$\overline{h}_i(x)(i=0,1,2,\cdots,n)$为 Hermite 插值基函数，试证明：

(1) $\sum\limits_{i=0}^{n}h_i(x)=1$；

(2) $\sum\limits_{i=0}^{n}(h_i(x)x_i+\overline{h}_i(x))=x$.

6. 取节点 $x_0=0, x_1=1, x_2=\dfrac{1}{2}$，对 $y=\mathrm{e}^{-x}$建立 Lagrange 型二次插值函数，并估计误差.

7. 已知函数 $y=\sqrt{x}$在 $x=4, x=6.25, x=9$ 处的函数值，试通过一个二次插值函数求$\sqrt{7}$的近似值，并估计其误差.

8. 设 $f(x)\in C^2[a,b]$且 $f(a)=f(b)=0$，求证

$$\max_{a\leqslant x\leqslant b}|f(x)|\leqslant\frac{1}{8}(b-a)^2\max_{a\leqslant x\leqslant b}|f''(x)|.$$

9. 已知 $f(x)=x^7+3x^5+2x^3+1$，求差商 $f(2^0,2^1,\cdots,2^7)$和 $f(2^0,2^1,\cdots,2^8)$.

10. 给定数据表：

x	1	3/2	0	2
$f(x)$	3	13/4	3	5/3

构造出函数 $f(x)$的差商表，并写出它的三次 Newton 插值多项式.

11. 根据给定的数据表

x	1	2	3
$f(x)$	2	4	12
$f'(x)$	1		−1

建立一个三次样条插值函数 $S(x)$.

第3章　最小二乘原理及其应用

最小二乘原理在科学研究和工程计算中占有重要地位，是函数逼近、方程组的求解、参数反演乃至最优化方法、统计计算等领域进行近似计算所需的主要数学原理之一，为构造具体的计算算法提供了数学基础.

实例1　Logistic 增长曲线模型和 Gompertz 增长曲线模型是计量经济学等学科中的两个常用模型，可以用来拟合销售量的增长趋势. 记 Logistic 增长曲线模型为 $y_t=\frac{L}{1+ae^{-kt}}$，Gompertz 增长曲线模型为 $y_t=Le^{-be^{-kt}}$. 这两个模型中 L 的经济学意义都是销售量的上限，表3.1是某地区高压锅销售量数据.

表　3.1　　（单位：万台）

年份	t	y	年份	t	y
1981	0	43.65	1988	7	1238.75
1982	1	109.86	1989	8	1560.00
1983	2	187.21	1990	9	1834.29
1984	3	312.67	1991	10	2199.00
1985	4	496.58	1992	11	2438.89
1986	5	707.65	1993	12	2737.71
1987	6	960.25	1994	—	—

为给出此两模型的拟合结果，请考虑以下问题：

(1) 两曲线模型是一个可线性化的模型吗？如果给定 $L=3000$，是否是一个可线性化的模型，如果是，试用线性化模型给出参数 a，b 和 k 的估计值；

(2) 利用(1)中所得到的 a 和 k 的估计值和 $L=3000$ 作为 Logistic 模型的拟合初值，对 Logistic 模型做非线性回归；

(3) 取初值 $L^{(0)}=3\,000$，$b^{(0)}=30$，$k^{(0)}=0.4$，拟合 Gompertz 模型，并与 Logistic 模型的结果进行比较.

本实例虽然也涉及对函数曲线进行近似，但从给定的函数模型来看，不适合采用插值进行计算. 本章介绍的最小二乘原理是处理此类问题的最重要的数学方法.

3.1　最小二乘原理

在生产和科研中，若针对某一问题测得一组数据 (x_i,y_i)，$i=1,\cdots,N$，常常需要根据这组测量数据确定这一问题中变量 x,y 之间的函数关系，除非在某些特殊情况下，一般很难得到与实际问题完全相符的函数关系 $y=f(x)$. 与插值法类似，只能研究如何得到函数 $f(x)$ 的近似函数 $g(x)$，而又不想采用插值法，那么可以尝试考虑如下问题.

令误差平方和

$$\delta=\sum_{i=1}^{N}|f(x_i)-g(x_i)|^2, \tag{3.1}$$

一般地，我们很自然地会认为使得 δ 达到最小的那个函数 $g(x)$ 是对 $f(x)$ 的一种最好的近似，这就是所谓的**最小二乘原理**.

当然，与插值问题的提法一样，要想计算出最小二乘意义上的函数 $g(x)$，需要事先指定函数 $g(x)$ 所属的函数范围（函数模型）Φ，即 $g(x)\in\Phi$，使得

$$\bar{\delta}=\min_{g\in\Phi}\sum_{i=1}^{N}|f(x_i)-g(x_i)|^2, \tag{3.2}$$

显然，仅凭式(3.2)的约束是无法计算出 $g(x)$ 的，为了使问题得到较好的解决，需要对式(3.2)补充某些限制条件. 在补充限制条件之前，我们首先将式(3.1)进行改写.

令 $\boldsymbol{Y}=(f(x_1),\cdots,f(x_N))^{\mathrm{T}}$，$\widetilde{\boldsymbol{G}}=(g(x_1),\cdots,g(x_N))^{\mathrm{T}}$，则利用内积将式(3.1)改写为

$$\delta=\sum_{i=1}^{N}|f(x_i)-g(x_i)|^2=(\boldsymbol{Y}-\widetilde{\boldsymbol{G}},\boldsymbol{Y}-\widetilde{\boldsymbol{G}})=\|\boldsymbol{Y}-\widetilde{\boldsymbol{G}}\|_2^2, \tag{3.3}$$

根据式(3.3)，就可以考虑在内积空间中研究如何计算 $g(x)$ 了，即增加的约束条件为 Φ 上升为实数域上的有限维内积空间 V^n.

式(3.3)是离散情形的最小二乘问题，类似地，只需将求和转换成积分，就有连续情形的最小二乘问题：

$$\delta=\int_a^b\rho(x)\,[f(x)-g(x)]^2\mathrm{d}x=(\boldsymbol{f}-\boldsymbol{g},\boldsymbol{f}-\boldsymbol{g})=\|\boldsymbol{f}-\boldsymbol{g}\|_2^2, \tag{3.4}$$

求 $g(x)\in V^n$，使得

$$\bar{\delta}=\min_{g(x)\in V^n}(\boldsymbol{f}-\boldsymbol{g},\boldsymbol{f}-\boldsymbol{g}), \tag{3.5}$$

其中，$f(x)$ 是已知连续函数，$g(x)$ 是待求连续函数，V^n 是有限维内积空间，$\rho(x)$ 是区间 $[a,b]$ 上权函数.

通常把满足式(3.2)的 $g(x)$ 称为离散数据的最小二乘拟合曲线，把满足式(3.5)的 $g(x)$ 称为连续函数的最佳平方逼近函数.

以上是从函数逼近的角度看待的最小二乘问题，现在从矛盾线性代数方程组的角度研究线性代数方程组的最小二乘解问题.

所谓矛盾线性方程组，简单来说就是没有解的线性代数方程组. 设有如下的矛盾方程组

$$\boldsymbol{Ax}=\boldsymbol{b}, \tag{3.6}$$

其中，$\boldsymbol{A}\in\mathbf{R}^{m\times n}(m>n)$，$\boldsymbol{x}\in\mathbf{R}^n$，$\boldsymbol{b}\in\mathbf{R}^m$.

虽然式(3.6)没有解，但是可以寻求一个特殊的向量 $\tilde{\boldsymbol{x}}=(a_1,a_2,\cdots,a_n)^{\mathrm{T}}$，使得

$$
\begin{aligned}
\bar{\delta} &= \| A\tilde{x} - b \|_2^2 = \min_{x\in R^n} \delta \\
&= \min_{x\in \mathbf{R}^n} \sum_{i=1}^{m} \sum_{j=1}^{n} | a_{ij}x_j - b_i |^2 \\
&= \min_{x\in \mathbf{R}^n} (Ax - b, Ax - b) \\
&= \min_{x\in \mathbf{R}^n} \| Ax - b \|_2^2.
\end{aligned} \tag{3.7}
$$

称 $\tilde{x}$ 为矛盾线性代数方程组(3.6)的**最小二乘解**.

从式(3.3)、式(3.4)和式(3.7),可以发现在内积空间的框架下,三者是统一的,因为从内积以及内积范数的记号形式上看,三者没有任何区别,计算结果统称为最小二乘解,这个最小二乘解自然就是以内积范数作为误差度量标准的最小的解.

需要指出的是,之所以在内积空间中讨论最小二乘问题,除了误差可以用内积表示以外,还因为内积空间具有很好的几何结构——长度和角度都有定义.因此,很容易从几何的角度来理解最小二乘问题的几何含义.

3.2　最小二乘解的计算方法

3.2.1　内积空间中最小二乘解的计算方法

为了计算出内积空间 V^n 中的最小二乘解,对于最小二乘拟合函数 $g(x)\in V^n$,自然有

$$
g(x) = \sum_{i=1}^{n} c_i\varphi_i(x), \tag{3.8}
$$

其中,$V^n=\mathrm{span}\{\varphi_1(x),\cdots,\varphi_i(x),\cdots,\varphi_n(x)\}$.

对于离散情形的最小二乘问题,式(3.3)中的向量 $\tilde{\boldsymbol{G}}=(g(x_1),\cdots,g(x_N))^{\mathrm{T}}$,利用式(3.8),可以表示成

$$
\begin{aligned}
\tilde{\boldsymbol{G}} &= \left(\sum_{i=1}^{n} c_i\varphi_i(x_1),\cdots, \sum_{i=1}^{n} c_i\varphi_i(x_N) \right)^{\mathrm{T}} \\
&= \begin{bmatrix} \varphi_1(x_1) & \cdots & \varphi_i(x_1) & \cdots & \varphi_n(x_1) \\ \vdots & & \vdots & & \vdots \\ \varphi_1(x_j) & \cdots & \varphi_i(x_j) & \cdots & \varphi_n(x_j) \\ \vdots & & \vdots & & \vdots \\ \varphi_1(x_N) & \cdots & \varphi_i(x_N) & \cdots & \varphi_n(x_N) \end{bmatrix} \begin{bmatrix} c_1 \\ \vdots \\ c_j \\ \vdots \\ c_n \end{bmatrix}.
\end{aligned}
$$

再记

$$
\boldsymbol{A}=\begin{bmatrix} \varphi_1(x_1) & \cdots & \varphi_i(x_1) & \cdots & \varphi_n(x_1) \\ \vdots & & \vdots & & \vdots \\ \varphi_1(x_j) & \cdots & \varphi_i(x_j) & \cdots & \varphi_n(x_j) \\ \vdots & & \vdots & & \vdots \\ \varphi_1(x_N) & \cdots & \varphi_i(x_N) & \cdots & \varphi_n(x_N) \end{bmatrix}, \quad \boldsymbol{C}=\begin{bmatrix} c_1 \\ \vdots \\ c_j \\ \vdots \\ c_n \end{bmatrix},
$$

$$
\boldsymbol{\Phi}_k=(\varphi_k(x_1),\cdots,\varphi_k(x_N))^{\mathrm{T}}, \quad k=1,2,\cdots,n,
$$

则
$$\widetilde{G}=[\boldsymbol{\Phi}_1\quad\cdots\quad\boldsymbol{\Phi}_j\quad\cdots\quad\boldsymbol{\Phi}_n]\begin{bmatrix}c_1\\ \vdots\\ c_j\\ \vdots\\ c_n\end{bmatrix}=\sum_{j=1}^{n}c_j\boldsymbol{\Phi}_j=\boldsymbol{AC},\tag{3.9}$$

故式(3.3)可表示为

$$\delta=\left(\boldsymbol{Y}-\sum_{j=1}^{n}c_j\boldsymbol{\Phi}_j,\boldsymbol{Y}-\sum_{j=1}^{n}c_j\boldsymbol{\Phi}_j\right)=(\boldsymbol{Y}-\boldsymbol{AC},\boldsymbol{Y}-\boldsymbol{AC})=\left\|\boldsymbol{Y}-\sum_{j=1}^{n}c_j\boldsymbol{\Phi}_j\right\|_2^2.\tag{3.10}$$

对于连续情形的最小二乘问题:同样地,利用式(3.8),式(3.4)可以表示成

$$\delta=\left(\boldsymbol{f}-\sum_{j=1}^{n}c_j\varphi_j(x),\quad \boldsymbol{f}-\sum_{j=1}^{n}c_j\varphi_j(x)\right)=\left\|\boldsymbol{f}-\sum_{j=1}^{n}c_j\varphi_j(x)\right\|_2^2.\tag{3.11}$$

观察式(3.10)和式(3.11),可以发现就离散情形与连续情形而言,从内积范数的表示结果来看,二者是完全一致的.

对于矛盾方程组的最小二乘问题,通过观察不难发现式(3.7)中的矩阵 $\boldsymbol{A},\boldsymbol{x},\boldsymbol{b}$ 分别与式(3.10)中的矩阵 $\boldsymbol{A},\boldsymbol{C},\boldsymbol{Y}$ 地位等同,这就表明:矛盾方程组的最小二乘问题与离散数据的最小二乘拟合问题的实际上是等价的,即离散数据的最小二乘拟合问题可以转化成一个矛盾方程组的最小二乘解的问题.

因为式(3.10)和式(3.11)都是关于组合系数 c_j 的多元二次多项式,利用内积运算法则展开以后,二次多项式从形式上看完全一样,这样,就可以统一利用微积分(求极值)和线性代数的知识进行最小二乘解的计算了.

1. 连续情形

为使计算过程更加清晰,首先考虑连续情形的最小二乘问题,即从式(3.11)出发,讨论连续函数的最佳平方逼近函数的计算问题,然后直接过渡到离散情形以及矛盾方程组的最小二乘解的计算.连续函数的最佳平方逼近元具有如下定理所述的特征.

定理 3.1 设函数 $f(x)\in C[a,b]$,$\rho(x)$为区间$[a,b]$上的权函数,$\Phi=\mathrm{span}\{\varphi_1(x),\cdots,\varphi_n(x)\}\subset C[a,b]$,则 $g(x)\in\Phi$ 是对 $f(x)\in C[a,b]$的最佳平方逼近元的充分必要条件是

$$(f(x)-g(x),\varphi_j(x))=0,\quad j=1,\cdots,n.\tag{3.12}$$

证明:先证必要性.设式(3.8)的 $g(x)$是最小二乘解,由式(3.11),

$$\begin{aligned}\delta&=\int_a^b\rho(x)\left(f(x)-\sum_{j=1}^{n}c_j\varphi_j(x)\right)^2\mathrm{d}x=\left(\boldsymbol{f}-\sum_{j=1}^{n}c_j\varphi_j(x),\boldsymbol{f}-\sum_{j=1}^{n}c_j\varphi_j(x)\right)\\&=\left\|\boldsymbol{f}-\sum_{j=1}^{n}c_j\varphi_j(x)\right\|_2^2,\end{aligned}$$

则根据多元函数取极值的必要条件,δ 的极小值点$(c_1,c_2,\cdots,c_n)$满足

$$\begin{aligned}\frac{\partial\delta}{\partial c_k}&=-2\int_a^b\rho(x)\Big[f(x)-\sum_{j=1}^{n}c_j\varphi_j(x)\Big]\varphi_k(x)\mathrm{d}x\\&=-2(f(x)-g(x),\varphi_k(x))=0,\quad k=1,2,\cdots,n,\end{aligned}\tag{3.13}$$

从而必要性得证.上式变形后,可得$(c_1,c_2,\cdots,c_n)$满足如下的方程组

$$\sum_{j=1}^{n} c_j(\varphi_j,\varphi_k) = (f,\varphi_k), \quad k=1,\cdots,n, \tag{3.14}$$

称式(3.13)或式(3.14)为法方程组或正规方程组.

再证充分性.设 $g(x)=\sum_{i=1}^{n} c_i\varphi_i(x)$,其中$(c_1,c_2,\cdots,c_n)$是式(3.14)的解,即

$$(f(x)-g(x),\varphi_k(x))=0, k=1,\cdots,n.$$

任取 $\varphi(x)\in\Phi$,根据上式,则必有$(f(x)-g(x),\varphi(x))=0$.又因为

$$\begin{aligned}&\|f(x)-\varphi(x)\|^2=\|f(x)-g(x)+g(x)-\varphi(x)\|^2\\ =&\|f(x)-g(x)\|^2+2(f(x)-g(x),g(x)-\varphi(x))+\\ &\|g(x)-\varphi(x)\|^2\\ =&\|f(x)-g(x)\|^2+\|g(x)-\varphi(x)\|^2\geqslant\|f(x)-g(x)\|^2,\end{aligned}$$

则 $g(x)$是 Φ 中对 $f(x)$的最佳平方逼近元,充分性得证.

式(3.12)表明,若 $g(x)\in\Phi$ 是 $f(x)$的最佳平方逼近元,则误差函数(也称余量)$r(x)=f(x)-g(x)$与逼近空间 Φ 正交,这也表明:$g(x)$是 $f(x)$在逼近空间 Φ 中的正交投影.其几何意义如图 3.1所示.

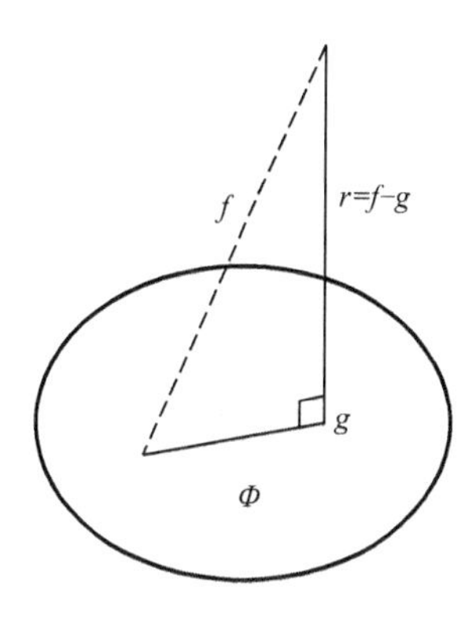

图 3.1　最佳平方逼近示意图

综上,只要求解正规方程组(3.14),计算出系数$(c_1,c_2,\cdots,c_n)$,代入式(3.8)就可以计算出最佳平方逼近元 $g(x)=\sum_{i=1}^{n} c_i\varphi_i(x)$.式(3.14)的矩阵形式为

$$\begin{bmatrix}(\varphi_1(x),\varphi_1(x)) & (\varphi_2(x),\varphi_1(x))\cdots & (\varphi_n(x),\varphi_1(x))\\ (\varphi_1(x),\varphi_2(x)) & (\varphi_2(x),\varphi_2(x))\cdots & (\varphi_n(x),\varphi_2(x))\\ \vdots & \vdots & \vdots\\ (\varphi_1(x),\varphi_n(x)) & (\varphi_2(x),\varphi_n(x))\cdots & (\varphi_n(x),\varphi_n(x))\end{bmatrix}\begin{bmatrix}c_1\\ c_2\\ \vdots\\ c_n\end{bmatrix}=\begin{bmatrix}(f(x),\varphi_1(x))\\ (f(x),\varphi_2(x))\\ \vdots\\ (f(x),\varphi_n(x))\end{bmatrix}. \tag{3.15}$$

也称以上方程组的系数矩阵为 Gram 矩阵,通常用符号 $\boldsymbol{G}$ 表示.再记 $\boldsymbol{C}=(c_1,c_2,\cdots,c_n)^{\mathrm{T}}$,$\boldsymbol{F}=((f(x),\varphi_1(x)),(f(x),\varphi_2(x)),\cdots,(f(x),\varphi_n(x)))^{\mathrm{T}}$,则法方程组表示为 $\boldsymbol{GC}=\boldsymbol{F}$.

虽然定理 3.1 给出了解的存在性和最小二乘解的计算方法,但是没有解决解的唯一性,为了使得最小二乘解唯一,需满足如下的定理.

定理 3.2　设 $\varphi_j(j=1,2,\cdots,n)$是内积空间 Φ 中的元素,则其 Gram 矩阵 $\boldsymbol{G}$ 非奇异的充分必要条件是 $\varphi_1(x),\varphi_2(x),\cdots,\varphi_n(x)$线性无关.

证明:充分性(反证法).

假设 $\boldsymbol{G}$ 是奇异矩阵,则齐次方程组 $\boldsymbol{GC}=\boldsymbol{0}$,

$$\sum_{j=1}^{n}(\varphi_j(x),\varphi_k(x))c_j=0, \quad k=1,\cdots,n$$

有非零解. 所以，$\sum_{j=1}^{n}(c_j\varphi_j(x),\varphi_k(x))=0,\quad k=1,\cdots,n$ 有非零解，从而

$$\left(\sum_{j=1}^{n}c_j\varphi_j(x),\sum_{k=1}^{n}c_k\varphi_k(x)\right)=0,$$

所以 $\varphi_1(x),\varphi_2(x),\cdots,\varphi_n(x)$线性相关，矛盾.

反之亦然，即可证明必要性.

又因为对任意 $\lambda=(\lambda_1,\cdots,\lambda_n)^{\mathrm{T}}\neq 0$，有

$$\sum_{i=1}^{n}\sum_{j=1}^{n}\lambda_i(\varphi_i(x),\varphi_j(x))\lambda_j=\left(\sum_{i=1}^{n}\lambda_i\varphi_i(x),\sum_{j=1}^{n}\lambda_j\varphi_j(x)\right)>0,$$

所以矩阵 $\boldsymbol{G}$ 是对称正定阵. 从而法方程(3.14)存在唯一解，说明 $f(x)$在内积空间 $\boldsymbol{\Phi}$ 中的最佳平方逼近函数 $g(x)$存在且唯一.

2. 离散情形

下面给出离散情形的最小二乘拟合曲线的计算方法(线性模型).

定理 3.1 中的关于连续函数最佳平方逼近元的计算过程，本质上是多元二次多项式的极值点计算问题. 如前所述，从内积运算的角度看，式(3.10)与式(3.11)蕴含的二次多项式的解析式在形式上完全一致. 所以，定理 3.1 求极值点的过程可以平行推广到式(3.10)的极值点计算，不同的是，式(3.12)变成$(\boldsymbol{F}-\widetilde{\boldsymbol{G}},\boldsymbol{\Phi}_k)=0$，把线性代数方程组(3.14)、(3.15)中的积分形式的内积转化为向量的内积即可. 从而，线性模型的离散数据的最小二乘拟合法方程组为

$$\begin{cases}(\boldsymbol{\Phi}_1,\boldsymbol{\Phi}_1)c_1+(\boldsymbol{\Phi}_2,\boldsymbol{\Phi}_1)c_2+\cdots+(\boldsymbol{\Phi}_n,\boldsymbol{\Phi}_1)c_n=(\boldsymbol{Y},\boldsymbol{\Phi}_1)\\(\boldsymbol{\Phi}_1,\boldsymbol{\Phi}_2)c_1+(\boldsymbol{\Phi}_2,\boldsymbol{\Phi}_2)c_2+\cdots+(\boldsymbol{\Phi}_n,\boldsymbol{\Phi}_2)c_n=(\boldsymbol{Y},\boldsymbol{\Phi}_2)\\\qquad\qquad\cdots\cdots\\(\boldsymbol{\Phi}_1,\boldsymbol{\Phi}_n)c_1+(\boldsymbol{\Phi}_2,\boldsymbol{\Phi}_n)c_2+\cdots+(\boldsymbol{\Phi}_n,\boldsymbol{\Phi}_n)c_n=(\boldsymbol{Y},\boldsymbol{\Phi}_n)\end{cases},\tag{3.16}$$

仍然采用记记号 $\boldsymbol{GC}=\boldsymbol{F}$ 表示. 其中，

$$\boldsymbol{G}=\begin{bmatrix}(\boldsymbol{\Phi}_1,\boldsymbol{\Phi}_1)&(\boldsymbol{\Phi}_2,\boldsymbol{\Phi}_1)&\cdots&(\boldsymbol{\Phi}_n,\boldsymbol{\Phi}_1)\\(\boldsymbol{\Phi}_1,\boldsymbol{\Phi}_2)&(\boldsymbol{\Phi}_2,\boldsymbol{\Phi}_2)&\cdots&(\boldsymbol{\Phi}_n,\boldsymbol{\Phi}_2)\\\vdots&\vdots&&\vdots\\(\boldsymbol{\Phi}_1,\boldsymbol{\Phi}_n)&(\boldsymbol{\Phi}_2,\boldsymbol{\Phi}_n)&\cdots&(\boldsymbol{\Phi}_n,\boldsymbol{\Phi}_n)\end{bmatrix},\quad\boldsymbol{C}=(c_1,c_2,\cdots,c_n)^{\mathrm{T}},$$

$$\boldsymbol{F}=[(\boldsymbol{Y},\boldsymbol{\Phi}_1)\quad(\boldsymbol{Y},\boldsymbol{\Phi}_2)\quad\cdots\quad(\boldsymbol{Y},\boldsymbol{\Phi}_n)]^{\mathrm{T}}.$$

求解出向量 $\boldsymbol{C}$ 以后，回代到式(3.8)完成计算. 至此，可以说从形式上完成了采用线性模型的离散数据最小二乘拟合曲线的计算方法. 同定理 3.1 遗留的问题一样，上面的计算过程同样没有解决法方程组(3.16)解的唯一性. 为了弥补这个问题，也就是要求矩阵 $\boldsymbol{G}$ 非奇异，需要加上 Haar 条件.

在引入 Haar 条件之前，先给出函数系关于点集线性无关的定义.

定义 3.1 设点集 $X=\{x_i\}_{i=0}^{m}$，若等式

$$\alpha_0\varphi_0(x_i)+\alpha_1\varphi_1(x_i)+\cdots+\alpha_n\varphi_n(x_i)=0,\quad i=0,1,\cdots,m\tag{3.17}$$

成立，隐含着 $\alpha_j=0$，则称函数系 $\{\varphi_j(x)\}_{j=0}^n$ 在点集 X 上**线性无关**. 相应地，若存在不全为 0 的 α_j 使得式(3.17)成立，则称 $\{\varphi_j(x)\}_{j=0}^n$ 在点集 X 上**线性相关**.

显然，当 $m<n$ 时，总可以找到 $n+1$ 个不全为零的 α_j 使得式(3.17)成立，因而，以后总假定 $m\geqslant n$.

若定义向量 $\boldsymbol{\phi}_j=[\varphi_j(x_0),\varphi_j(x_1),\cdots,\varphi_j(x_m)]\in\mathbf{R}^{m+1}(j=0,1,\cdots,n)$，则由定义 3.1 知函数系 $\{\varphi_j(x)\}_{j=0}^n$ 关于点集 $X=\{x_i\}_{i=0}^m$ 的无关性等价于 $\mathbf{R}^{m+1}$ 中向量系 $\{\boldsymbol{\phi}_j\}_{j=0}^n$ 的无关性，此亦等价于在点集 X 中必存在 $n+1(n<m)$ 个点 $x_{j0},x_{j1},\cdots,x_{jn}\in X$，使得行列式

$$\begin{vmatrix} \varphi_0(x_{j0}) & \varphi_1(x_{j0}) & \cdots & \varphi_n(x_{j0}) \\ \varphi_0(x_{j1}) & \varphi_1(x_{j1}) & \cdots & \varphi_n(x_{j1}) \\ \vdots & \vdots & & \vdots \\ \varphi_0(x_{jn}) & \varphi_1(x_{jn}) & \cdots & \varphi_n(x_{jn}) \end{vmatrix}\neq 0. \tag{3.18}$$

由此，引入如下定义：

定义 3.2　若函数系 $\{\varphi_j(x)\}_{j=0}^n$ 于点集 $X=\{x_i\}_{i=0}^m$ 中任意 $n+1(n<m)$ 个点 $x_{j_k}(k=0,1,\cdots,n)$，都有式(3.18)成立，则称函数系 $\{\varphi_j(x)\}_{j=0}^n$ 于点集 X 上**满足 Haar 条件**.

显然，定义 3.2 的 Haar 条件等价于 $\varphi_0(x),\varphi_1(x),\cdots,\varphi_n(x)$ 的任意线性组合在点集 $X=\{x_i\}_{i=0}^m(m\geqslant n)$ 上至多只有 n 个不同零点，则称 $\varphi_0(x),\varphi_1(x),\cdots,\varphi_n(x)$ 在 X 上满足 Haar 条件.

若 $\{\varphi_j(x)\}_{j=0}^n$ 于点集 $X=\{x_i\}_{i=0}^m$ 上满足 Haar 条件，则法方程组(3.16)的系数阵非奇异，因而其存在唯一解.

特别地，若 $\varphi_j(x)=x^j(j=0,1,\cdots,n)$，即所谓的多项式拟合，则显然 $\varphi_j(x)$ 于 X 上满足 Haar 条件. 因而，此时的法方程存在唯一解，或者说存在唯一的最小二乘解.

3. 矛盾方程组情形

同样地，对式(3.7)中的 $\delta=(\boldsymbol{Ax}-\boldsymbol{b},\boldsymbol{Ax}-\boldsymbol{b})=\|\boldsymbol{Ax}-\boldsymbol{b}\|_2^2$ 计算极值点，即计算梯度向量，得

$$\begin{bmatrix} \dfrac{\partial\delta}{\partial x_1} \\ \dfrac{\partial\delta}{\partial x_2} \\ \vdots \\ \dfrac{\partial\delta}{\partial x_n} \end{bmatrix}=2\boldsymbol{A}^{\mathrm{T}}(\boldsymbol{Ax}-\boldsymbol{b})=2(\boldsymbol{A}^{\mathrm{T}}\boldsymbol{Ax}-\boldsymbol{A}^{\mathrm{T}}\boldsymbol{b}).$$

令 $\dfrac{\partial\delta}{\partial x_k}=0(k=1,2,\cdots,n)$，则矛盾方程组的极值点 x 满足如下的方程组

$$\boldsymbol{A}^{\mathrm{T}}\boldsymbol{Ax}=\boldsymbol{A}^{\mathrm{T}}\boldsymbol{b}. \tag{3.19}$$

通常称方程组(3.19)为矛盾方程组的法方程组，而且可以验证只要矩阵 $\boldsymbol{A}$ 是列满秩的，有

$$\frac{\partial^2\delta}{\partial x_k\partial x_t}=2(a_{1k}a_{1t}+a_{2k}a_{2t}+\cdots+a_{mk}a_{mt})=2\sum_{i=1}^m a_{ik}a_{it},\quad k,t=1,2,\cdots,n,$$

则矩阵

$$M=\begin{bmatrix} \left.\frac{\partial^2\delta}{\partial x_1^2}\right|_x & \left.\frac{\partial^2\gamma}{\partial x_1\partial x_2}\right|_x & \cdots & \left.\frac{\partial^2\delta}{\partial x_1\partial x_n}\right|_x \\ \left.\frac{\partial^2\delta}{\partial x_1\partial x_2}\right|_x & \left.\frac{\partial^2\delta}{\partial x_2^2}\right|_x & \cdots & \left.\frac{\partial^2\delta}{\partial x_2\partial x_n}\right|_x \\ \vdots & \vdots & & \vdots \\ \left.\frac{\partial^2\delta}{\partial x_1\partial x_n}\right|_x & \left.\frac{\partial^2\delta}{\partial x_2\partial x_n}\right|_x & \cdots & \left.\frac{\partial^2\delta}{\partial x_n^2}\right|_x \end{bmatrix}=2\begin{bmatrix} \sum_{i=1}^m a_{i1}^2 & \sum_{i=1}^m a_{i1}a_{i2} & \cdots & \sum_{i=1}^m a_{i1}a_{in} \\ \sum_{i=1}^N a_{i1}a_{i2} & \sum_{i=1}^N a_{i2}^2 & \cdots & \sum_{i=1}^N a_{i2}a_{in} \\ \vdots & \vdots & & \vdots \\ \sum_{i=1}^m a_{i1}a_{in} & \sum_{i=1}^m a_{i2}a_{in} & \cdots & \sum_{i=1}^m a_{in}^2 \end{bmatrix}$$

$$=2\boldsymbol{A}^{\mathrm{T}}\boldsymbol{A}.$$

因为 $\boldsymbol{A}$ 是列满秩的，则 $\boldsymbol{A}^{\mathrm{T}}\boldsymbol{A}$ 是对称正定矩阵，所以 δ 在点 x 取极小值. 又因为 M 是对称正定矩阵，则矛盾方程组的法方程组(3.19)解存在唯一，因而这个极小值点就是最小值点，即为矛盾方程组的最小二乘解. 当然，如果不能保证 $\boldsymbol{A}^{\mathrm{T}}\boldsymbol{A}$ 的非奇异性，则矛盾方程组最小二乘解就可能是不唯一的.

下面，简单说明一下矛盾方程组最小二乘解的计算与离散数据的最小二乘拟合之间的关系. 无论是从以上的计算极值的过程，还是根据前述的矛盾方程组的最小二乘解与离散数据最小二乘拟合之间的等价性，不难发现：只需将式(3.9)中的矩阵 $\boldsymbol{A}$ 按列分块，则式(3.16)中的系数矩阵 $\boldsymbol{G}=\boldsymbol{A}^{\mathrm{T}}\boldsymbol{A}$，右端向量 $\boldsymbol{F}=\boldsymbol{A}^{\mathrm{T}}\boldsymbol{Y}$. 也就是说，对于离散数据的最小二乘拟合，完全可以先建立式(3.10)所对应的矛盾方程组

$$\sum_{i=1}^{n} c_i\varphi_i(x_j)=f(x_j),\quad j=1,2,\cdots,n,$$

矩阵形式为

$$\boldsymbol{AC}=\boldsymbol{Y},$$

即

$$\begin{bmatrix} \varphi_1(x_1) & \cdots & \varphi_i(x_1) & \cdots & \varphi_n(x_1) \\ \vdots & & \vdots & & \vdots \\ \varphi_1(x_j) & \cdots & \varphi_i(x_j) & \cdots & \varphi_n(x_j) \\ \vdots & & \vdots & & \vdots \\ \varphi_1(x_n) & \cdots & \varphi_i(x_n) & \cdots & \varphi_n(x_n) \end{bmatrix}\begin{bmatrix} c_1 \\ \vdots \\ c_j \\ \vdots \\ c_n \end{bmatrix}=\begin{bmatrix} f(x_1) \\ \vdots \\ f(x_j) \\ \vdots \\ f(x_n) \end{bmatrix},$$

变形为法方程组

$$\boldsymbol{GC}=\boldsymbol{A}^{\mathrm{T}}\boldsymbol{AC}=\boldsymbol{A}^{\mathrm{T}}\boldsymbol{Y}=\boldsymbol{F},$$

即可计算出 $\boldsymbol{C}$，回代到式(3.8)，也可以得到离散数据的最小二乘拟合曲线. 统计分析中称矩阵 $\boldsymbol{A}$ 为回归矩阵.

若在式(3.3)中引入权系数 $w_i(i=1,2,\cdots,n)$，记权向量 $\boldsymbol{W}=\mathrm{diag}(w_1,\cdots,w_m)$，

则式(3.3)变为

$$\delta=\sum_{i=1}^{N}w_i\,|f(x_i)-g(x_i)|^2=(\boldsymbol{Y}-\widetilde{\boldsymbol{G}})^{\mathrm{T}}\boldsymbol{W}(\boldsymbol{Y}-\widetilde{\boldsymbol{G}})=(\boldsymbol{Y}-\widetilde{\boldsymbol{G}},\boldsymbol{Y}-\widetilde{\boldsymbol{G}})_W$$

$$=\|\boldsymbol{Y}-\widetilde{\boldsymbol{G}}\|_2^2,$$

则此时的矛盾方程组为

$$\boldsymbol{WAC}=\boldsymbol{WY},$$

法方程组为

$$\boldsymbol{A}^{\mathrm{T}}\boldsymbol{WAC}=\boldsymbol{A}^{\mathrm{T}}\boldsymbol{WY}.$$

若 $\{\varphi_j(x)\}_{j=1}^n$ 于 $X=\{x_i\}_{i=1}^N$ 上满足 Haar 条件，则 $\boldsymbol{A}$ 是列满秩矩阵，$\boldsymbol{A}^{\mathrm{T}}\boldsymbol{A}$ 就是 $n\times n$ 的对称正定

阵，因此，法方程组常常表现出是病态特性，用通常的数值方法求解容易造成数值不稳定. 法方程的求解通常用 Cholesky 分解法、QR 分解法、奇异值分解法(SVD)，或者矩阵的广义逆方法.

重新考虑式(3.15)和式(3.16)，如果仅选择线性无关的基函数或满足 Haar 条件的基函数 $\{\varphi_j(x)\}_{j=1}^n$，得到的矩阵 $\boldsymbol{G}$ 也可能是病态的，这很可能会导致求解误差不可控. 为了避免得到病态正规方程组，处理方法之一是选择正交基函数 $\{\varphi_j(x)\}_{j=1}^n$，这样矩阵 $\boldsymbol{G}$ 变为对角阵，求解难度降低，计算稳定性得到了很大的提高. 而且在实际计算中，通常选择 $\varphi_j(x)=x^j$，这就是所谓的多项式拟合.

3.2.2　计算实例

例 3.1　已知观测数据见表 3.2.

表　3.2

x	0.2	0.5	0.7	0.85	1
y	1.221	1.649	2.014	2.340	2.718

请采用最小二乘法计算二次近似多项式.

解：设所求的二次多项式为 $p_2(x)=a_0+a_1x+a_2x^2$，先构造矛盾方程组，然后按式(3.19)构造正规方程组为

$$\begin{bmatrix} 5 & 3.250 & 2.503 \\ 3.250 & 2.503 & 2.090 \\ 2.503 & 2.090 & 1.826 \end{bmatrix}\begin{bmatrix} a_0 \\ a_1 \\ a_2 \end{bmatrix}=\begin{bmatrix} 9.942 \\ 7.185 \\ 5.875 \end{bmatrix},$$

解得 $a_0=1.036, a_1=0.751, a_2=0.928$，即二次最小二乘拟合多项式为

$$p_2(x)=1.036+0.175x+0.928x^2.$$

例 3.2　对本章实例 1 的计算，两个模型在 L 未知时，不可线性化，L 已可时可线性化为 $Y=c_0+c_1t$.

对于 Logistic 模型，$Y=\ln\left(\dfrac{L}{y_t}-1\right), c_0=\ln a, c_1=-k$；

对于 Gompertz 模型，$Y=\ln\ln\left(\dfrac{y_t}{L}\right), c_0=-\ln b, c_1=-k$.

计算结果如图 3.2 所示(利用 MATLAB 编程).

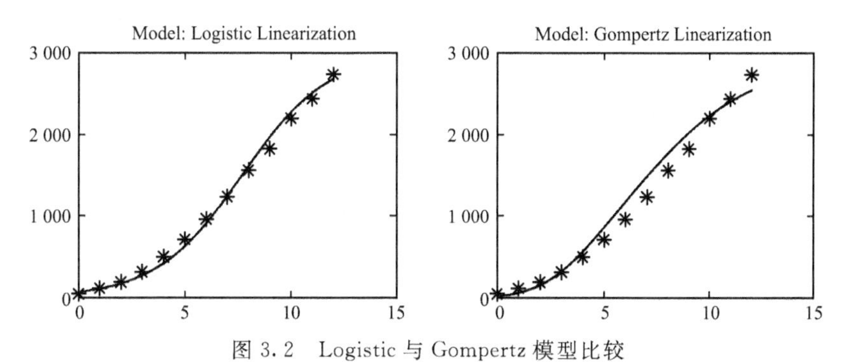

图 3.2　Logistic 与 Gompertz 模型比较

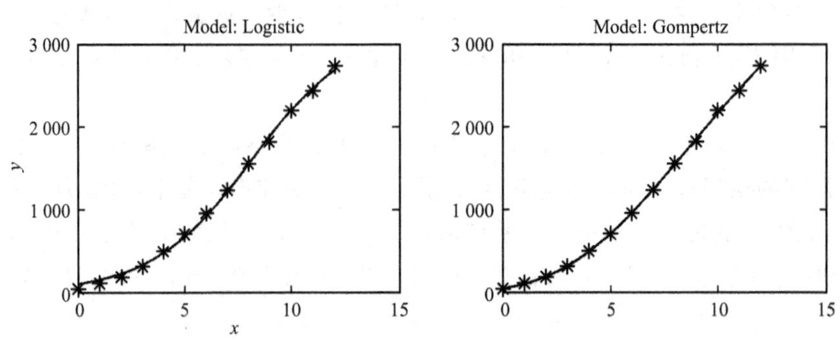

图 3.2 Logistic 与 Gompertz 模型比较(续)

习 题 3

1. 用最小二乘原理求矛盾方程组$\begin{cases} x_1-x_2=1 \\ -x_1+x_2=2 \\ 2x_1-2x_2=3 \\ -3x_1+x_2=4 \end{cases}$的最小二乘解.

2. 用最小二乘法求一个形如 $y=a+bx^2$ 的经验公式,使它与下列数据(见表 3.3)相拟合,并估计平方误差.

表 3.3

x_k	19	25	31	38	44
y_k	19.0	32.3	49.0	73.3	97.8

3. 求形如 $y=ae^{bx}$(a,b 为常数)的经验公式,使它能和表 3.4 给出的数据相拟合.

表 3.4

x	1	2	3	4	5	6	7	8
y	15.3	20.5	27.4	36.6	49.1	65.6	87.8	117.6

4. 求函数 $f(x)$在给定区间上对于 $\Phi=\text{span}\{1,x\}$的最佳平方逼近多项式:

(1) $f(x)=\arctan x, x\in[0,1]$;　　(2) $f(x)=\cos \pi x, x\in[0,1]$;

(3) $f(x)=\sqrt{x}, x\in[0,1]$;　　(4) $f(x)=e^x, x\in[0,1]$.

5. $f(x)=|x|, x\in[0,1]$上求关于 $\Phi=\text{span}\{1,x^2,x^4\}$的最佳平方逼近多项式.

6. 求 $f(x)=e^x$ 在$[-1,1]$上的三次最佳平方逼近多项式.

7. 已知勒让德多项式 $P_0=1, P_1=x, P_2=\frac{1}{2}(3x^2-1)$,试在二次多项式类 $\Phi=\text{span}\{1,x^2\}$中求一多项式 $\overline{P}_2(x)$,使其成为 $f(x)=e^x$ 在$[-1,1]$上的最佳平方逼近函数.

8. 求 $f(x)=\ln x$ 在$[1,2]$上的二次最佳平方逼近多项式,并估计平方误差.

第4章　数值积分法

计算定积分 $I(f)=\int_a^b f(x)\mathrm{d}x$ 是科学技术和工程计算中经常遇到的问题，这个问题似乎很简单，若能求得 $f(x)$ 的原函数 $F(x)$，则利用 Newton-Leibniz 公式，即可求得 $I(f)=F(b)-F(a)$. 但如下的定积分

$$I_1=\frac{2}{\sqrt{\pi}}\int_0^t \mathrm{e}^{-x^2}\mathrm{d}x,\quad t\in[0,+\infty),$$

$$I_2=\int_t^\infty \frac{\mathrm{e}^{-x}}{x}\mathrm{d}x,\quad t\in(-\infty,0],$$

却不能用初等函数表示，即找不到原函数 $F(x)$，所以不能通过解析法求解. 除此之外，虽然有些定积分可以通过解析法求解，但原函数比被积函数复杂得多，也难于得到最终的数值计算结果. 在大量的实际问题中，一般不能确定被积函数 $f(x)$ 的解析表达式及其类型，而只能通过有限个离散点上的函数值 $f(x_k)(k=0,1,\cdots,n)$ 给出，这样就无法进行解析求解. 因此，绝大多数求定积分的问题都不能通过解析法求解，而要用数值方法进行计算.

实例 1　地球卫星的轨道可以用平面上的椭圆来表示，设人造地球卫星椭圆轨道的长半轴长和短半轴长分别为 a,b，地球中心与轨道中心（椭圆中心）的距离（焦距为 c），记 h 为近地点距离，H 为远地点距离，$R=6371$ km 为地球半径，则有

$$a=(2R+H+h)/2,\quad b=\sqrt{a^2-c^2},\quad c=(H-h)/2.$$

我国第一颗人造地球卫星近地点距离 $h=439$ km，远地点距离 $H=2384$ km. 根据弧长的计算公式，很容易得到椭圆周长的计算公式为（称为椭圆积分）

$$S=4a\int_0^{\frac{\pi}{2}}\sqrt{1-\left(\frac{c}{a}\right)^2\sin^2\theta}\mathrm{d}\theta=4\int_0^{\frac{\pi}{2}}\sqrt{a^2\sin^2\theta+b^2\cos^2\theta}\mathrm{d}\theta.$$

请你计算出这颗人造地球卫星的轨道周长 S.

遗憾的是，无法用 Newton-Leibniz 公式来计算这个积分，因为被积函数的解析表达式不存在. 所以，必须对此类问题进行近似计算. 这就是本章要讨论的数值积分问题.

用被积函数在若干个点上的函数值的线性组合来近似计算定积分的方法称为数值积分法，目标是构造如下的求积公式 $I(f)\approx I_n(f)=\sum_{i=0}^n A_i f(x_i)$，其中，$x_i$ 称为求积节点；A_i 称为求积系数，且与被积函数（即 $f(x)$ 的具体形式）无关，仅与节点 x_i 有关.

本章主要讨论插值型求积公式及其误差，即将 $f(x)$ 用其插值多项式 $P_n(x)$ 近似代替，所得到的数值积分公式称为插值型求积公式.

求积公式 $I_n(f)$ 的值就是定积分 $I(f)$ 的数值解，选择不同的求积节点和求积系数可以构

造出不同的求积公式.如何选择求积节点和求积系数来构造求积公式,以及如何提高求积公式的精度,是本章要讨论的主要问题.

4.1 等距节点的牛顿-柯特斯公式

4.1.1 插值型求积公式

下面用插值原理构造定积分 $I(f)=\int_a^b f(x)\mathrm{d}x$ 的数值求积公式,对被积函数 $f(x)$在给定的 $n+1$ 个节点 $x_0,x_1,\cdots,x_n\in[a,b]$上作 Lagrange 插值多项式 $P_n(x)$,就可用 $I(P_n(x))$构造出求积公式,从而近似地计算定积分$I(f)$,得到的求积公式称为插值型求积公式.

在节点 $x_0,x_1,\cdots,x_n\in[a,b]$上对 $f(x)$的 Lagrange 插值多项式是

$$P_n(x)=\sum_{i=0}^{n}\underbrace{\left(\prod_{\substack{j=0\\j\neq i}}^{n}\frac{x-x_j}{x_i-x_j}\right)}_{l_i(x)}f(x_i),$$

且
$$f(x)=P_n(x)+\frac{f^{(n+1)}(\xi(x))}{(n+1)!}\omega_{n+1}(x),\tag{4.1}$$

其中,
$$\omega_{n+1}(x)=(x-x_0)(x-x_1)\cdots(x-x_n),\quad a<\xi(x)<b.$$

对式(4.1)在$[a,b]$上积分,得

$$\begin{aligned}\int_a^b f(x)\mathrm{d}x&=\int_a^b P_n(x)\mathrm{d}x+\int_a^b\frac{f^{(n+1)}(\xi(x))}{(n+1)!}\omega_{n+1}(x)\mathrm{d}x\\&=\int_a^b\sum_{i=0}^{n}f(x_i)l_i(x)\mathrm{d}x+\frac{1}{(n+1)!}\int_a^b f^{(n+1)}(\xi(x))\omega_{n+1}(x)\mathrm{d}x\\&=\sum_{i=0}^{n}f(x_i)\int_a^b l_i(x)\mathrm{d}x+\frac{1}{(n+1)!}\int_a^b f^{(n+1)}(\xi(x))\omega_{n+1}(x)\mathrm{d}x.\end{aligned}$$

令
$$A_i=\int_a^b l_i(x)\mathrm{d}x\tag{4.2}$$

显然,A_i 与被积函数 $f(x)$无关,仅与节点 x_i 有关.则有

$$\int_a^b f(x)\mathrm{d}x=\sum_{i=0}^{n}A_i f(x_i)+\frac{1}{(n+1)!}\int_a^b f^{(n+1)}(\xi(x))\omega_{n+1}(x)\mathrm{d}x,$$

由此得到插值型求积公式为

$$\int_a^b f(x)\mathrm{d}x\approx\int_a^b P_n(x)\mathrm{d}x=\sum_{i=0}^{n}A_i f(x_i),\tag{4.3}$$

其中,A_i 为插值型求积系数,x_i 为求积节点.

所以,插值型求积公式的截断误差或余项为

$$R(f)=\frac{1}{(n+1)!}\int_a^b f^{(n+1)}(\xi(x))\omega_{n+1}(x)\mathrm{d}x$$
$$=\frac{1}{(n+1)!}\int_a^b f^{(n+1)}(\xi(x))\prod_{i=0}^{n}(x-x_i)\mathrm{d}x. \tag{4.4}$$

4.1.2　牛顿-柯特斯(Newton-Cotes)求积公式

作为一种特例，当插值节点取为等距节点时(即求积节点等距分布时)，代入到上述的插值型求积公式中，就得到 Newton-Cotes 求积公式.

将区间$[a,b]$ n 等分，并令区间步长 $h=\frac{b-a}{n}$，$n+1$ 个节点为

$$x_i=a+ih,\quad i=0,1,\cdots,n,$$

作代换 $x=a+th$，代入式(4.2)，得 $A_i^{(n)}=\frac{b-a}{n}\int_0^n\prod_{\substack{j=0\\(j\neq i)}}^{n}\frac{t-j}{i-j}\mathrm{d}t\triangleq(b-a)C_i^{(n)}$，

其中，
$$C_i^{(n)}=\frac{1}{n}\int_0^n\prod_{\substack{j=0\\(j\neq i)}}^{n}\frac{t-j}{i-j}\mathrm{d}t=\frac{(-1)^{n-i}}{i!(n-i)!n}\int_0^n\prod_{\substack{j=0\\j\neq i}}^{n}(t-j)\mathrm{d}t, \tag{4.5}$$

$C_i^{(n)}$ 称为 Newton-Cotes 系数. 这个积分是有理系数多项式的积分，它与被积函数和区间$[a,b]$无关，只要确定 n 就可计算出系数 $C_i^{(n)}$. 因此，得到 Newton-Cotes 求积公式

$$I(f)=\int_a^b f(x)\mathrm{d}x\approx\sum_{i=0}^{n}A_i f(x_i)=(b-a)\sum_{i=0}^{n}C_i^{(n)}f(x_i)=I_n(f). \tag{4.6}$$

$C_i^{(n)}$ 已经计算出来列成表格，见表 4.1.

表　4.1

	$C_i^{(n)}$								
1	$\frac{1}{2}$	$\frac{1}{2}$							
2	$\frac{1}{6}$	$\frac{4}{6}$	$\frac{1}{6}$						
3	$\frac{1}{8}$	$\frac{3}{8}$	$\frac{3}{8}$	$\frac{1}{8}$					
4	$\frac{7}{90}$	$\frac{32}{90}$	$\frac{12}{90}$	$\frac{32}{90}$	$\frac{7}{90}$				
5	$\frac{19}{288}$	$\frac{25}{96}$	$\frac{25}{144}$	$\frac{25}{144}$	$\frac{25}{96}$	$\frac{19}{288}$			
6	$\frac{41}{840}$	$\frac{9}{35}$	$\frac{9}{280}$	$\frac{34}{105}$	$\frac{9}{280}$	$\frac{9}{35}$	$\frac{41}{840}$		
7	$\frac{751}{17\,280}$	$\frac{3\,577}{17\,280}$	$\frac{1\,323}{17\,280}$	$\frac{2\,989}{17\,280}$	$\frac{2\,989}{17\,280}$	$\frac{1\,323}{17\,280}$	$\frac{3\,577}{17\,280}$	$\frac{751}{17\,280}$	
8	$\frac{989}{28\,350}$	$\frac{5\,888}{28\,350}$	$-\frac{928}{28\,350}$	$\frac{10\,496}{28\,350}$	$-\frac{4540}{28\,350}$	$\frac{10\,496}{28\,350}$	$-\frac{928}{28\,350}$	$\frac{5\,888}{28\,350}$	$\frac{989}{28\,350}$

取 $n=1,2,3,4$,分别可得到以下常用的低阶牛顿-柯特斯公式.

(1) 当 $n=1$ 时,得到两点梯形公式.查表 4.1 得 $C_0^{(1)}=C_1^{(1)}=\frac{1}{2}$,

$$\int_a^b f(x)\mathrm{d}x \approx \frac{b-a}{2}[f(a)+f(b)] = T. \tag{4.7}$$

(2) 当 $n=2$ 时,得到 Simpson 公式,也称三点抛物公式.查表 4.1,$C_0^{(2)}=C_2^{(2)}=\frac{1}{6}$,$C_1^{(2)}=\frac{4}{6}$,

$$\int_a^b f(x)\mathrm{d}x \approx \frac{b-a}{6}\left[f(a)+4f\left(\frac{a+b}{2}\right)+f(b)\right]= S. \tag{4.8}$$

(3) 当 $n=3$ 时,得到的 4 点公式,称为 3/8 Simpson 公式,

$$\int_a^b f(x)\mathrm{d}x \approx \frac{b-a}{8}[f(x_0)+3f(x_1)+3f(x_2)+f(x_3)] \tag{4.9}$$

其中,$x_0=a,x_1=a+h,x_2=a+2h,x_3=b,h=(b-a)/3$.

(4) 当 $n=4$ 时,得到的五点公式,称为 Cotes 公式,

$$\int_a^b f(x)\mathrm{d}x \approx \frac{b-a}{90}[7f(x_0)+32f(x_1)+12f(x_2)+32f(x_4)+7f(x_5) = C, \tag{4.10}$$

其中,$x_0=a,x_1=a+h,x_2=a+2h,x_3=a+3h,x_4=b,h=(b-a)/4$.

例 4.1 用梯形公式和 Simpson 公式分别求 $I=\int_1^3 \mathrm{e}^{-\frac{x}{2}}\mathrm{d}x$ 的近似值.

解:取七位有效数字,准确值 $I=0.766\,801\,0$.

用梯形公式计算,得 $I=\int_1^3 \mathrm{e}^{-\frac{x}{2}}\mathrm{d}x \approx \frac{2}{2}(\mathrm{e}^{-\frac{1}{2}}+\mathrm{e}^{-\frac{3}{2}}) \approx 0.829\,660\,819$.

用 Simpson 公式计算,得

$$I=\int_1^3 \mathrm{e}^{-\frac{x}{2}}\mathrm{d}x \approx \frac{2}{6}(\mathrm{e}^{-\frac{1}{2}}+4\mathrm{e}^{-\frac{2}{2}}+\mathrm{e}^{-\frac{3}{2}}) \approx 0.766\,575\,505.$$

例 4.2 用 Newton-Cotes 公式计算 $I=\int_0^1 \frac{x}{\sin x}\mathrm{d}x$ 的近似值.

解:准确值 $I=0.946\,083\,1$.当 n 取不同值时,计算结果如下

$$n=1, T=0.927\,035\,4; n=2, S=0.946\,135\,9; n=3, I_3=0.946\,110\,9;$$
$$n=4, C=0.946\,083\,0; n=5, I_5=0.946\,083\,0.$$

由计算结果可以看出,n 越大,计算结果越准确.

4.1.3 插值型求积公式的代数精度

如果某个求积公式,对于比较多的函数能够准确成立,那么这个公式就有比较大的应用价值.下面给出的代数精度的概念,可以在一定程度上表明求积公式在这方面的优劣程度.

定义 4.1 若求积公式 $\int_a^b f(x)\mathrm{d}x \approx \sum_{i=0}^{n} A_i f(x_i)$ 对一切不高于 m 次的多项式 $P(x)$ 都等号成立,即 $R(P(x))=0$;而对于某个 $m+1$ 次多项式等号不成立,则称此求积公式的代数精度

为 m.

定义 4.2　若求积公式 $\int_a^b f(x)\mathrm{d}x \approx \sum_{i=0}^{n} A_i f(x_i)$ 对 $f(x)$ 取 $1,x,x^2,\cdots,x^m$ 都等号成立，即 $R(x^i)=0,(i=0,1,\cdots,m)$，而对于 x^{m+1} 等号不成立，则称此求积公式的**代数精度**为 m.

事实上，定义 4.1 与定义 4.2 是等价的. 一般用定义 4.2 确定求积公式的代数精度，即分别取 $f(x)=1,x,x^2,\cdots$，依次验证求积公式是否等号成立，若使求积公式两端不相等的第一个函数为 x^m，则其代数精度是 $m-1$. 数值求积公式的代数精度越高，数值求积公式的精度越高.

例 4.3　证明下面数值求积公式具有 1 次代数精度.

$$\int_0^1 f(x)\mathrm{d}x \approx \frac{1}{2}(f(0)+f(1)).$$

证明：取 $f(x)=1$，代入求积公式，

$$左端 = 1 = \int_0^1 f(x)\mathrm{d}x = \frac{1}{2}(f(0)+f(1)) = 1 = 右端.$$

取 $f(x)=x$，$左端 = \frac{1}{2} = \int_0^1 f(x)\mathrm{d}x = \frac{1}{2}[f(0)+f(1)] = \frac{1}{2} = 右端.$

取 $f(x)=x^2$，$左端 = \frac{1}{3} = \int_0^1 f(x)\mathrm{d}x \neq \frac{1}{2}[f(0)+f(1)] = \frac{1}{2} = 右端.$

所以该求积公式具有 1 次代数精度. 此求积公式是梯形求积公式，所以梯形求积公式的代数精度为 1.

例 4.4　设有 $\int_{-1}^1 f(x)\mathrm{d}x \approx A_0 f(-1)+A_1 f(0)+A_2 f(1)$ 成立，试确定 A_0,A_1,A_2，使上述数值求积公式的代数精度尽可能高，并求代数精度.

解：分别取 $f(x)=1,x,x^2$，代入到求积公式中，得

$$\begin{cases} A_0+A_1+A_2=2 \\ -A_0+A_2=0 \\ A_0+A_2=2/3 \end{cases},$$

解此方程组，得　　$A_0=1/3,\quad A_1=4/3,\quad A_2=1/3.$

所求数值积分公式为 $\int_{-1}^1 f(x)\mathrm{d}x \approx \frac{1}{3}[f(-1)+4f(0)+f(1)].$

再取 $f(x)=x^3$，代入上式得　　左端=右端；

取 $f(x)=x^4$，　　$左端 = \int_{-1}^1 x^4\mathrm{d}x = 2/5 \neq 2/3 = 右端.$

所以该求积公式具有 3 次代数精度. 此求积公式是 Simpson 求积公式，所以 Simpson 求积公式的代数精度为 3.

定理 4.1　由 $n+1$ 个互异节点 $x_0,x_1,\cdots,x_n$ 构造的插值型求积公式的代数精度至少为 n.

证明：因为

$$\int_a^b f(x)\mathrm{d}x = \sum_{i=0}^{n} A_i f(x_i) + R(f),$$

其中，$R(f) = \frac{1}{(n+1)!}\int_a^b f^{(n+1)}(\xi)\omega_{n+1}(x)\mathrm{d}x$，这里系数 A_i 只依赖于求积节点与积分区间，与

$f(x)$无关，$\omega_{n+1}(x)=(x-x_0)(x-x_1)\cdots(x-x_n)$.

显然当 $f(x)$取任何一个不超过 n 次的多项式时，$f^{(n+1)}(\xi)=0$，所以余项

$$R(f)=\frac{1}{(n+1)!}\int_a^b f^{(n+1)}(\xi)\omega_{n+1}(x)\mathrm{d}x=0,$$

即插值型求积公式 $\int_a^b f(x)\mathrm{d}x\approx\sum_{i=0}^{n}A_i f(x_i)$ 的代数精度至少为 n.

由于 Newton-Cotes 公式是特殊的插值型求积公式，因此它的代数精度也同样至少为 n. 而且还可以进一步证明，当 n 为偶数时，Newton-Cotes 公式的代数精度至少为 $n+1$. 在实际应用时，出于对计算复杂性和计算速度的考虑，常常使用低阶 n 为偶数时的求积公式.

例 4.5 对于插值型求积公式(4.6)，证明 $\sum_{i=0}^{n}A_i=b-a,\sum_{i=0}^{n}C_i^{(n)}=1$.

证明：$n\geqslant 1$，取 $f(x)=1$，由

$$\int_a^b f(x)\mathrm{d}x\approx\sum_{i=0}^{n}A_i f(x_i)=(b-a)\sum_{i=0}^{n}C_i^{(n)}f(x_i),$$

$$R(f)=\frac{1}{(n+1)!}\int_a^b f^{(n+1)}(\xi(x))w_{n+1}(x)\mathrm{d}x,$$

得 $R(f)=0$. 所以

$$b-a=\int_a^b\mathrm{d}x=\sum_{i=0}^{n}A_i=(b-a)\sum_{i=0}^{n}C_i^{(n)}=(b-a)\sum_{i=0}^{n}C_i^{(n)},$$

即 $\sum_{j=0}^{n}A_j=b-a,\sum_{j=0}^{n}C_j^{(n)}=1$.

例 4.6 证明 Newton-Cotes 系数 $C_k^{(n)}$ 由方程组

$$\begin{bmatrix}1 & 2 & \cdots & n\\1 & 2^2 & \cdots & n^2\\\vdots & \vdots & & \vdots\\1 & 2^n & \cdots & n^n\end{bmatrix}\begin{bmatrix}C_1^{(n)}\\C_2^{(n)}\\\vdots\\C_n^{(n)}\end{bmatrix}=\begin{bmatrix}n/2\\n^2/3\\\vdots\\n^n/n+1\end{bmatrix}$$

所确定，而 $C_0^{(n)}$ 由 $\sum_{k=0}^{n}C_k^{(n)}=1$ 求解.

证明：因 $C_k^{(n)}$ 与被积函数及积分区间无关，故取$[a,b]=[0,n]$. 将区间分成 n 等分，取节点 $x_k=k\ (k=0,1,\cdots,n)$，取 $f(x)=x^k(k=0,1,\cdots,n)$. 由定理 4.1 知，Newton-Cotes 公式对 $f(x)=x^k(k=0,1,\cdots,n)$精确成立.

$$\begin{cases}\int_0^n\mathrm{d}x=n\sum_{k=0}^{n}C_k^{(n)}=n\\\int_0^n x\mathrm{d}x=n\sum_{k=0}^{n}kC_k^{(n)}=\dfrac{n^2}{2}\\\cdots\\\int_0^n x^n\mathrm{d}x=n\sum_{k=0}^{n}k^nC_k^{(n)}=\dfrac{n^{n+1}}{n+1}\end{cases}.$$

进一步整理成线性代数方程组，即得所要证之结论.

4.1.4 Newton-Cotes 公式的截断误差

引理(第二积分中值定理)　如果函数 $f(x)$在$[a,b]$上连续，函数 $g(x)$在$[a,b]$上可积且不变号，则存在 $\eta\in(a,b)$，使得

$$\int_a^b f(x)g(x)\mathrm{d}x = f(\eta)\int_a^b g(x)\mathrm{d}x.$$

定理 4.2　设函数 $f(x)$在$[a,b]$上有二阶连续导数，则梯形求积公式的截断误差为

$$R_T(f) = \int_a^b f(x)\mathrm{d}x - \frac{b-a}{2}[f(a)+f(b)] = -\frac{(b-a)^3}{12}f''(\eta). \tag{4.11}$$

证明:因为 $n=1$，由截断误差公式(4.4)有

$$R_T(f) = \int_a^b \frac{f''(\xi)}{2}(x-a)(x-b)\mathrm{d}x,\quad \xi\in[a,b],$$

由于 $f''(\xi)$是依赖于 x 且在$[a,b]$上连续，又$(x-a)(x-b)\leqslant 0, x\in[a,b]$，由引理知，在区间$[a,b]$上存在一点 η，使得

$$R_T(f) = \frac{f''(\eta)}{2}\int_a^b (x-a)(x-b)\mathrm{d}x = -\frac{(b-a)^3}{12}f''(\eta).$$

由此，得到带误差余项的梯形公式为

$$\int_a^b f(x)\mathrm{d}x = \frac{b-a}{2}[f(a)+f(b)] - \frac{(b-a)^3}{12}f''(\xi).$$

定理 4.3　设函数 $f(x)$在$[a,b]$上有 4 阶连续导数，则 **Simpson** 求积公式的截断误差为

$$R_S(f) = \int_a^b f(x)\mathrm{d}x - \frac{b-a}{6}\left[f(a)+4f\left(\frac{a+b}{2}\right)+f(b)\right] = -\frac{(b-a)^5}{2880}f^{(4)}(\eta). \tag{4.12}$$

证明:根据插值理论，有

$$f(x) = P_2(x) + \frac{f'''(\xi)}{3!}(x-a)\left(x-\frac{a+b}{2}\right)(x-b),$$

于是 Simpson 公式有误差

$$R_S(f) = \int_a^b f(x)\mathrm{d}x - \int_a^b P_2(x)\mathrm{d}x = \frac{1}{3!}\int_a^b f'''(\xi)(x-a)\left(x-\frac{a+b}{2}\right)(x-b)\mathrm{d}x,$$

而$(x-a)\left(x-\frac{a+b}{2}\right)(x-b)$在区间$[a,b]$不保持常号，因此，即使 $f'''(x)$连续，也不能像推导梯形公式的误差那样应用第二积分中值定理直接进行 Simpson 公式的误差推导. 但是，由于 Simpson 公式的精度为 3，故可考虑构造一个三次插值多项式 $P_3(x)$满足下列插值条件

$$P_3(a)=f(a),\quad P_3(b)=f(b),\quad P_3\left(\frac{a+b}{2}\right)=f\left(\frac{a+b}{2}\right),\quad P_3'\left(\frac{a+b}{2}\right)=f'\left(\frac{a+b}{2}\right),$$

根据 Hermite 插值方法，有

$$f(x)-P_3(x)=\frac{1}{4!}f^{(4)}(\xi)(x-a)\left(x-\frac{a+b}{2}\right)^2(x-b), \quad \xi=\xi(x).$$

对上式两端积分，有

$$\int_a^b f(x)\mathrm{d}x-\int_a^b P_3(x)\mathrm{d}x=\frac{1}{4!}\int_a^b f^{(4)}(\xi)(x-a)\left(x-\frac{a+b}{2}\right)^2(x-b)\mathrm{d}x,$$

由于 $P_3(x)$是 3 次多项式，所以

$$\begin{aligned}\int_a^b P_3(x)\mathrm{d}x &= \frac{b-a}{6}\left[P_3(a)+4P_3\left(\frac{a+b}{2}\right)+P_3(b)\right]\\ &= \frac{b-a}{6}\left[f(a)+4f\left(\frac{a+b}{2}\right)+f(b)\right],\end{aligned}$$

Simpson 公式的截断误差为

$$\begin{aligned}R_S(f) &= \int_a^b f(x)\mathrm{d}x-\int_a^b P_3(x)\mathrm{d}x\\ &= \frac{1}{4!}\int_a^b f^{(4)}(\xi)(x-a)\left(x-\frac{a+b}{2}\right)^2(x-b)\mathrm{d}x.\end{aligned}$$

显然，当 $x\in[a,b]$时，$(x-a)\left(x-\frac{a+b}{2}\right)^2(x-b)\leqslant 0$，于是当 $f^{(4)}(x)\in C[a,b]$时，由引理，就得到 Simpson 公式的误差估计为

$$\begin{aligned}R_S(f) &= \frac{1}{4!}\int_a^b f^{(4)}(\xi)(x-a)\left(x-\frac{a+b}{2}\right)^2(x-b)\mathrm{d}x\\ &= \frac{1}{4!}f^4(\eta)\int_a^b(x-a)\left(x-\frac{a+b}{2}\right)^2(x-b)\mathrm{d}x\\ &= -\frac{(b-a)^5}{2880}f^{(4)}(\eta), \quad a\leqslant\eta\leqslant b,\end{aligned}$$

带误差项的 Simpson 公式是

$$\int_a^b f(x)\mathrm{d}x=\frac{b-a}{6}\left[f(a)+4f\left(\frac{a+b}{2}\right)+f(b)\right]-\frac{(b-a)^5}{2880}f^{(4)}(\eta), \quad a<\eta<b.$$

对于一般的 Newton-Cotes 公式有下面误差定理，定理的证明在此从略.

定理 4.4 设 $P_n(x)$为 $f(x)$的 n 次 Lagrange 插值多项式，$I_n(f)$为式(4.6)求积公式，$h=(b-a)/n, t=(x-a)/h$.

(1) 当 n 为偶数时，$f\in C^{n+2}[a,b]$，则存在 $\eta\in[a,b]$，使

$$\int_a^b f(x)\mathrm{d}x=I_n(f)+\frac{h^{n+3}f^{(n+2)}(\eta)}{(n+2)!}\int_0^n t^2(t-1)\cdots(t-n)\mathrm{d}t; \tag{4.13}$$

(2) 当 n 为奇数时，$f(x)\in C^{n+1}[a,b]$，则存在 $\eta\in[a,b]$，使

$$\int_a^b f(x)\mathrm{d}x=I_n(f)+\frac{h^{n+2}f^{(n+1)}(\eta)}{(n+1)!}\int_0^n t^2(t-1)\cdots(t-n)\mathrm{d}t. \tag{4.14}$$

4.1.5　Newton-Cotes 公式的数值稳定性分析

下面讨论舍入误差对计算结果产生的影响. 设用式(4.6)近似计算 $\int_a^b f(x)\mathrm{d}x$. 假定计算函数值 $f(x_i)$有误差 $\varepsilon_i(i=0,1,\cdots,n)$,计算 $C_i^{(n)}$ 没有误差,中间计算过程的舍入误差也不考虑,我们来分析误差 $\varepsilon_i(i=0,1,\cdots,n)$在后面计算时的影响.

用式(4.6)计算时,由 ε_i 引起的误差为

$$\begin{aligned} e_n &= (b-a)\sum_{k=0}^{n} C_k^{(n)} f(x_k) - (b-a)\sum_{k=0}^{n} C_k^{(n)}(f(x_k)+\varepsilon_k) \\ &= -(b-a)(C_0^{(n)}\varepsilon_0 + \cdots + C_n^{(n)}\varepsilon_n), \end{aligned}$$

如果 $C_i^{(n)}$ 皆为正,并设 $\varepsilon=\max\limits_{0\leqslant i\leqslant n}|\varepsilon_i|$,则有 $|e_n|\leqslant \varepsilon(b-a)\sum\limits_{i=0}^{n}|C_i^{(n)}|=\varepsilon(b-a)$,故 e_n 有界,即由 ε_i 引起的误差受到控制,不超过 ε 的$(b-a)$倍,保证了数值计算的稳定性. 但当 $n\geqslant 8$ 时,$C_i^{(n)}$ 将出现负数,这时,数值计算稳定性不能保证. 所以,节点数超过 8 以上的 Newton-Cotes 公式不能应用,一般只取 $n=1,2,4$.

4.2　复化求积法

前面讨论的 Newton-Cotes 公式,当 n 增大时,求积公式的代数精度提高. 但是当 $n\to\infty$,不能够保证 $I_n[f]\to\int_a^b f(x)\mathrm{d}x$. 一般情况下,不采用 $n\geqslant 8$ 时的公式. 而在比较大的积分区间上采用低阶的 Newton-Cotes 公式进行计算,精度又比较低. 为了提高求积公式的精度,通常将$[a,b]$区间分为若干个小子区间,在每个小的子区间上使用低阶 Newton-Cotes 公式,然后把结果相加,作为函数 $f(x)$在整个区间上的数值积分公式,利用这种思想得到的公式叫做复化 Newton-Cotes 公式. 复化求积的方法是提高求积公式精度很有效的方法,这种分而治之的策略也是数值计算中很重要的思想方法.

4.2.1　复化求积公式

将区间$[a,b]$$n$ 等分,$h=\dfrac{b-a}{n}$,$x_k=a+kh\quad(k=0,1,\cdots,n)$在每个小区间$[x_k,x_{k+1}]$$(k=0,1,\cdots,n-1)$上使用梯形公式

$$I_k=\int_{x_k}^{x_{k+1}} f(x)\mathrm{d}x \approx \frac{h}{2}[f(x_k)+f(x_{k+1})]=T_k,\quad k=0,1,\cdots,n-1,$$

将上式两端分别相加得到

$$I=\int_a^b f(x)\mathrm{d}x=\sum_{k=0}^{n-1} I_k \approx \sum_{k=0}^{n-1} T_k=\frac{h}{2}[f(a)+f(b)]+h\sum_{k=1}^{n-1} f(x_k)=T_n,\quad (4.15)$$

T_n 称作**复化梯形公式**,下标 n 表示将区间 n 等分. 若 $f''(x)$在$[a,b]$上连续,在区间$[x_k,x_{k+1}]$上,梯形公式的截断误差为 $R_k=I_k-T_k=-\dfrac{h^3}{12}f''(\eta_k)$,$\eta_k\in(x_k,x_{k+1})$,

则复化梯形公式 T_n 在区间$[a,b]$上的整体误差为 $R_n = R(T_n) = \sum_{k=0}^{n-1} R_k = -\frac{h^3}{12}\sum_{k=0}^{n-1} f''(\eta_k)$.

利用 $h=\frac{b-a}{n}$和平均值公式 $\frac{1}{n}\sum_{k=0}^{n-1} f''(\eta_k) = f''(\eta)$，$\eta\in[a,b]$，得到复化梯形公式 T_n 的截断误差是

$$R(T_n)=-\frac{b-a}{12}h^2 f''(\eta)=O(h^2). \tag{4.16}$$

仍将区间$[a,b]$$n$ 等分，$h=\frac{b-a}{n}$，$x_k=a+kh(k=0,1,\cdots,n)$，在$[x_k,x_{k+1}]$上取中点 $x_{k+1/2}$ $(k=0,1,\cdots,n-1)$，这实际上相当于将区间$[a,b]$$2n$ 等分. 在每个小区间$[x_k,x_{k+1}]$$(k=0,1,\cdots,n-1)$上用 Simpson 公式

$$S_k=\frac{h}{6}[f(x_k)+4f(x_{k+1/2})+f(x_{k+1})],$$

$$\begin{aligned}S_n &= \sum_{k=0}^{n-1} S_k = \frac{h}{6}[f(a)+f(b)]+\frac{2}{3}h\sum_{k=0}^{n-1} f(x_{k+1/2})+\frac{1}{3}h\sum_{k=0}^{n-1} f(x_k)\\ &= \frac{1}{3}T_n+\frac{2}{3}H_n,\end{aligned} \tag{4.17}$$

其中，$H_n = h\sum_{k=0}^{n-1} f(x_{k+1/2})$.

与复化梯形公式的误差分析一样，可得到复化 Simpson 公式的截断误差是

$$R(S_n)=-\frac{(b-a)}{2880}h^4 f^{(4)}(\eta)=O(h^4),\quad \eta\in[a,b]. \tag{4.18}$$

定义 4.3 如果一种复化求积公式 I_n 当 $h\to 0$ 时成立渐近关系式

$$\lim_{h\to 0}\frac{I-I_n}{h^p}=C,$$

其中，$C\neq 0$ 为常数，则称此求积公式是 p 阶收敛.

收敛阶数反映复化求积公式收敛到准确值的快慢程度. 下面推导复化梯形公式的收敛速度. 由余项公式 $R_n = R(T_n) = -\frac{h^3}{12}\sum_{k=0}^{n-1} f''(\eta_k)$，

其中，$\eta_k\in(x_k,x_{k+1})$，有

$$\lim_{h\to 0}\frac{R_n}{h^2} = -\frac{1}{12}\lim_{h\to 0}\sum_{k=0}^{n-1} hf''(\eta_k) = -\frac{1}{12}\int_a^b f''(x)\mathrm{d}x = \frac{f'(a)-f'(b)}{12}.$$

故复化梯形公式是 2 阶收敛的，类似可求得复化 Simpson 公式是 4 阶收敛的，复化 Cotes 公式是 6 阶收敛的.

例 4.7 (1) 利用复化梯形公式计算 $\int_0^1 \mathrm{e}^x\mathrm{d}x$ 的近似值时，要求误差不超过$\frac{1}{2}\times 10^{-4}$，问至少取多少个节点？

(2) 利用复化 Simpson 公式计算 $\int_0^1 e^x dx$ 的近似值,要求误差不超过 $\frac{1}{2}\times 10^{-4}$.

解:(1) 由 $f(x)=e^x$, $f''(x)=e^x$, 得 $\max\limits_{0\leqslant x\leqslant 1}|f''(x)|=e$,

$$|R(T_n)|=\left|-\frac{(b-a)}{12}h^2 f''(\eta)\right|=\left|-\frac{1}{12n^2}f''(\eta)\right|\leqslant\frac{1}{12n^2}e\leqslant\frac{1}{2}\times 10^{-4},$$

解得 $n>67.3$,即用复化梯形公式计算时,至少 68 等分,所以至少需节点数为 69 个.

(2) 由 $f(x)=e^x$, $f^{(4)}(x)=e^x$, 得 $\max\limits_{0\leqslant x\leqslant 1}|f^{(4)}(x)|=e$,

$$|R(S_n)|=\left|-\frac{(b-a)}{2\,880}h^4 f^{(4)}(\eta)\right|=\left|-\frac{1}{2\,880n^4}f^{(4)}(\eta)\right|\leqslant\frac{1}{2\,880n^4}e\leqslant\frac{1}{2}\times 10^{-4},$$

解得 $n>2.1$,即用复化 Simpson 公式计算时,至少将区间 $[0,1]$ 3 等分,所以至少需 7 个节点,则有

$$\int_0^1 e^x dx \approx \frac{1}{18}[1+4(e^{\frac{1}{6}}+e^{\frac{3}{6}}+e^{\frac{5}{6}})+2(e^{\frac{1}{3}}+e^{\frac{2}{3}})+e]\approx 1.718\,289\,169,$$

实际值 $e-1\approx 1.718\,281\,828\,459\,05$

4.2.2　变步长复化求积公式

利用复化梯形公式和复化 Simpson 公式进行定积分的近似计算时比较简便,能够达到满意的计算精度.但是,当确定积分区间 $[a,b]$ 的等分数时,则需要根据误差公式作事先估计,需要分析被积函数的高阶导数,这在实际工作中是很困难的.

变步长复化求积公式(也称区间逐次分半算法)就是为解决这个问题而提出的.应用复化求积公式时,对区间逐次分半,步长 h 越小,截断误差会越小.但是步长越小,逐次分半越多会引起计算量增加,累积误差也会增加.因此,给出误差控制量 ε,检查在逐次分半中前后两次结果之差来决定是否继续分半,以控制步长 h 的大小,这在本质上是一种事后误差估计的方法.

1. 变步长复化梯形公式

给出误差限 ε,初定 n 等分,步长 $h_n=\frac{b-a}{n}$. 用复化梯形公式

$$T_{1k}=\frac{h_n}{2}[f(x_k)+f(x_{k+1})],$$

$$T(h_n)=T_n=\sum_{k=0}^{n-1}T_{1k}=\frac{h_n}{2}[f(a)+f(b)]+h_n\sum_{k=1}^{n-1}f(x_k),$$

将原 n 等分区间再次分半,每个小区间 $[x_k,x_{k+1}]$ 上取中点 $x_{k+1/2}$,分成两个区间 $[x_k,x_{k+1/2}]$ 和 $[x_{k+1/2},x_{k+1}]$. 于是,$n\to 2n$, $h_n\to h_{2n}=\frac{h_n}{2}$.

在原区间 $[x_k,x_{k+1}]$ 上,两次用梯形公式

$$\begin{aligned}T_{2k}&=\frac{h_{2n}}{2}[f(x_k)+f(x_{k+1/2})]+\frac{h_{2n}}{2}[f(x_{k+1/2})+f(x_{k+1})]\\&=\frac{1}{2}T_{1k}+\frac{h_n}{2}f(x_{k+1/2}),\end{aligned}$$

$$T\left(\frac{h_n}{2}\right)=T_{2n}=\sum_{k=0}^{n-1}T_{2k}=\frac{1}{2}T_n+\frac{h_n}{2}\sum_{k=0}^{n-1}f(x_{k+1/2})=\frac{1}{2}T_n+\frac{H_n}{2},$$

从而，得到 T_n 和再次分半的 T_{2n} 之间的递推关系为

$$T_{2n}=\frac{1}{2}T_n+\frac{H_n}{2}, \tag{4.19}$$

其中，$H_n=h_n\sum_{k=0}^{n-1}f(x_{k+1/2})$.

进行事后误差分析，检验是否 $|T_{2n}-T_n|<\varepsilon$ 或 $\frac{|T_{2n}-T_n|}{|T_{2n}|}<\varepsilon$，若成立则取 $I_n=T_{2n}$ 作为所求积分之数值解，若不满足则再次分半重复使用递推公式(4.19). 下面将变步长复化梯形求积公式的算法描述如下：

(1) $h=b-a,T=\frac{b-a}{2}[f(a)+f(b)]$；　(2) $H=0,x=a+\frac{h}{2}$；

(3) $H=H+f(x),x=x+h$；　(4) 若 $x<b$，则转(3)；

(5) $T_1=\frac{1}{2}(T+h\times H)$；　(6) 若 $|T_1-T|<\varepsilon$，则 $I=T_1$，输出 I，结束程序；

(7) $h=\frac{h}{2},T=T_1$，转(2).

2. 变步长复化 Simpson 公式

从以上所得的结果，还可以推出逐次分半的复化 Simpson 公式 S_n 和 T_{2n} 之间的递推关系. 由 $S_n=\frac{1}{3}T_n+\frac{2}{3}H_n$ 和 $T_{2n}=\frac{1}{2}T_n+\frac{1}{2}H_n$，两式联立解出

$$S_n=\frac{1}{3}T_n+\frac{2}{3}(2T_{2n}-T_n)=\frac{1}{3}(4T_{2n}-T_n)=T_{2n}+\frac{1}{3}(T_{2n}-T_n), \tag{4.20}$$

式(4.20)说明由逐次分半的梯形公式可以推出逐次分半的 Simpson 公式. 于是从 $n=1,h=b-a$ 开始逐次分半递推，可以提高数值积分结果的精确度.

实际上，还可以通过如下的分析方法得到式(4.20). 根据复化梯形公式的误差估计

$$R_n=I-T_n=-\frac{h^3}{12}\sum_{k=0}^{n-1}f''(\eta_k)=-\frac{1}{12}\left(\frac{b-a}{n}\right)^3\sum_{k=0}^{n-1}f''(\eta_k),$$

$$R_{2n}=I-T_{2n}=-\frac{1}{12}\left(\frac{b-a}{2n}\right)^3\sum_{k=0}^{2n-1}f''(\xi_k),$$

将两式相除，当 n 充分大时，利用平均值公式和第一积分中值定理，得

$$\left(\frac{b-a}{n}\right)\sum_{k=0}^{n-1}f''(\eta_k)\approx\int_a^b f''(x)\mathrm{d}x,$$

$$\left(\frac{b-a}{2n}\right)\sum_{k=0}^{2n-1}f''(\xi_k)\approx\int_a^b f''(x)\mathrm{d}x,$$

所以

$$\frac{I-T_n}{I-T_{2n}}\approx 4,$$

从而
$$I\approx T_{2n}+\frac{1}{3}(T_{2n}-T_n)=S_n.$$

即
$$I-T_{2n}\approx\frac{1}{3}(T_{2n}-T_n).$$

上式表明，此时 T_{2n} 与积分精确值 I 之差大约是允许误差的 1/3. 因此，根据给定的精度，计算可以到此为止.

由复化 Simpson 公式的误差，有

$$I-S_n=-\frac{b-a}{2\,880}\left(\frac{b-a}{n}\right)^4 f^{(4)}(\eta),\quad \eta\in(a,b),$$
$$I-S_{2n}=-\frac{b-a}{2\,880}\left(\frac{b-a}{2n}\right)^4 f^{(4)}(\eta^*),\quad \eta^*\in(a,b).$$

当 n 很大时，$f^{(4)}(\eta)\approx f^{(4)}(\eta^*)$，将上面两式相除，则有$\dfrac{I-S_n}{I-S_{2n}}\approx 4^2$，

于是可以得到
$$I\approx\frac{4^2}{4^2-1}S_{2n}-\frac{1}{4^2-1}S_n,\tag{4.21}$$

不难验证，式(4.21)右端实际上是复化 Cotes 公式，即把积分区间 n 等分后，在每个小区间上使用 Cotes 公式的结果. 记

$$C_n=\frac{4^2}{4^2-1}S_{2n}-\frac{1}{4^2-1}S_n.\tag{4.22}$$

可以看出，将 S_n 与 S_{2n} 作线性组合可得到 Cotes 值序列 $\{C_n\}_0^\infty$，它比 Simpson 值序列更快地收敛于积分值 I.

类似地，依据复化 Cotes 公式的误差可进一步导出下列 **Romberg(龙贝格)公式**：

$$I\approx\frac{4^3}{4^3-1}C_{2n}-\frac{1}{4^3-1}C_n.\tag{4.23}$$

记
$$R_n=\frac{4^3}{4^3-1}C_{2n}-\frac{1}{4^3-1}C_n,\tag{4.24}$$

则容易验证，Romberg 值序列 $\{R_n\}_0^\infty$ 的收敛速度比 Cotes 值序列还快.

更一般地，若对 $[a,b]$ 作 n 等分，分半一次变为 $2n$ 等分. 引入记号 $T_m^{(k)}$ 表示龙贝格序列，其中，k 表示对区间进行了 2^k 次等分，$T_1^{(k)}$ 表示没有外推的复化梯形公式（$k=0,1,2,\cdots$），显然有

$$T_1^{(0)}=\frac{b-a}{2}[f(a)+f(b)].$$

从开始逐次分半应用外推算法得到龙贝格序列应该是

$$T_{m+1}^{(k-1)}=\frac{4^m T_m^{(k)}-T_m^{(k-1)}}{4^m-1}\quad (m=1,2,\cdots,t;k=0,1,\cdots,t-m),\tag{4.25}$$

其截断误差是 $O(h^{2m+2})$.

此递推公式表示当给定 t 值后，最多只能进行 $m=t$ 次的外推，而作 t 次外推要求做到 2^t 次等分，才能依次做到第 t 次外推. 计算流程见表 4.2.

表 4.2

t	$m=0, T_1^{(t)}$	$m=1, T_2^{(t)}$	$m=2, T_3^{(t)}$	$m=3, T_4^{(t)}$	$m=4, T_5^{(t)}$
0	(1) $T_1^{(0)}$	(3) $T_2^{(0)}$	(6) $T_3^{(0)}$	(10) $T_4^{(0)}$	(15) $T_5^{(0)}$
1	(2) $T_1^{(1)}$	(5) $T_2^{(1)}$	(9) $T_3^{(1)}$	(14) $T_4^{(1)}$	
2	(4) $T_1^{(2)}$	(8) $T_2^{(2)}$	(13) $T_3^{(2)}$		
3	(7) $T_1^{(3)}$	(12) $T_2^{(3)}$			
4	(11) $T_1^{(4)}$				
截断误差	$O(h^2)$	$O(h^4)$	$O(h^6)$	$O(h^8)$	$O(h^{10})$

注：表中(1)，(2)，…，(15)为计算顺序.

表 4.2 中第一列表示没有做外推的逐次分半复化梯形公式的值，以后各列是在第一列的基础上逐次外推得到的结果. 如表 4.2 中取 $t=4$，则需要作 2^4 次等分计算出第一列中的复化梯形公式的值 $T_1^{(0)}, T_1^{(1)}, \cdots, T_1^{(4)}$，才能做 4 次外推计算出 $T_5^{(0)}$. 比较最后两次外推值的误差是否满足 $|T_5^{(0)}-T_4^{(1)}|<\varepsilon$，来决定是否要增加分半次数，再多做一次外推.

根据式(4.25)计算龙贝格序列在计算机上实施时，先确定 t 值，把表 4.2 中第一列逐次分半的复化梯形公式的值计算出来，然后再按式(4.25)逐次外推. 将龙贝格算法的计算步骤整理如下：

(1) $h=b-a, T_1^{(0)}=\dfrac{b-a}{2}[f(a)+f(b)]$；

(2) $l=2,3,\cdots,n$，

① $H=0, x=a+\dfrac{h}{2}$；　　② $H=H+f(x), x=x+h$；

③ 若 $x<b$，则转②；　　④ $T_1^{(l-1)}=\dfrac{1}{2}(T_1^{(l-2)}+h*H)$；

⑤ $m=1,\cdots,l-1, T_{m+1}^{(l-m-1)}=\dfrac{4^m T_m^{(l-m)}-T_m^{(l-m-1)}}{4^m-1}$；

⑥ 若 $|T_{m+1}^{(0)}-T_m^{(0)}|<\varepsilon$，则 $I=T_{m+1}^{(0)}$，输出 I，结束程序；

⑦ $h=\dfrac{h}{2}$.

3. 自适应求积法

复化求积公式不管 $f(x)$ 在区间上如何变化都采用相同的步长计算. 但实际上若将大区间分为若干个小区间，在函数变化较小的小区间上采用较大的步长就可以达到相同的精度，这样可以减少计算量，减少累计误差. 下面以自适应 Simpson 求积法为例介绍自适应求积法的基本思想.

设预先给定误差 ε，对区间 $[a,b]$ 计算.

$$S_1(a,b)=\frac{b-a}{6}\left[f(a)+4f\left(\frac{a+b}{2}\right)+f(b)\right],$$

$$S_2(a,b)=\frac{b-a}{12}\left[f(a)+4f\left(\frac{3a+b}{4}\right)+2f\left(\frac{a+b}{2}\right)+4f\left(\frac{a+3b}{4}\right)+f(b)\right].$$

由式(4.18)知

$$I(a,b)-S_1(a,b)=-\frac{(b-a)}{2\,880}(b-a)^4 f^{(4)}(\eta_1),$$

$$I(a,b)-S_2(a,b)=-\frac{(b-a)}{2\,880}\left(\frac{b-a}{2}\right)^4 f^{(4)}(\eta_2).$$

从而
$$I(a,b)-S_1(a,b)\approx 16(I-S_2),$$

所以
$$|I(a,b)-S_2(a,b)|\approx\frac{1}{15}|S_2(a,b)-S_1(a,b)|.$$

由此可以认为当 $|S_2(a,b)-S_1(a,b)|<15\varepsilon$ 时，有 $|I(a,b)-S_2(a,b)|<\varepsilon$.

计算过程中若出现 $|S_2(a,b)-S_1(a,b)|<15\varepsilon$，则取 $S_2(a,b)$ 为积分 $I(a,b)$ 的近似值，此时称区间 $[a,b]$ 计算通过，若此区间不通过，则将区间等分为两个区间 $\left[a,\frac{a+b}{2}\right]$ 和 $\left[\frac{a+b}{2},b\right]$. 先处理区间 $\left[a,\frac{a+b}{2}\right]$，要求误差小于 $\frac{\varepsilon}{2}$，即测试 $\left|S_2\left(a,\frac{a+b}{2}\right)-S_1\left(a,\frac{a+b}{2}\right)\right|<15\,\frac{\varepsilon}{2}$，若满足则区间 $\left[a,\frac{a+b}{2}\right]$ 计算通过，若此区间还不通过，则将此区间再等分为 $\left[a,\frac{3a+b}{4}\right]$ 和 $\left[\frac{3a+b}{4},\frac{a+b}{2}\right]$，要求误差小于 $\frac{\varepsilon}{4}$，如此递归下去，直到所分的小区间全部通过计算. 然后再处理右半区间 $\left[\frac{a+b}{2},b\right]$，和处理左半区间类似.

4.3　Gauss 型求积公式

Newton-Cotes 公式是通过在等距节点上的 Lagrange 插值构造的求积公式，由于对积分点的自由度的限制，使得提高求积公式的精度受到限制. 如果在积分区间 $[a,b]$ 内对积分节点不作限制，将积分节点和求积系数都作为待定的未知量，需要研究通过适当选择节点和求积系数构造更有效的高精度求积公式的理论和方法.

我们知道 $n+1$ 个节点的插值型求积公式的代数精确度不低于 n. 设想：能不能在区间 $[a,b]$ 上适当选择 $n+1$ 个节点 $x_0,x_1,\cdots,x_n$，使插值求积公式的代数精度高于 n? 最高能达到多少代数精度呢? 这就是本节所要讨论的 Gauss 型求积公式.

4.3.1　构造 Gauss 型求积公式的基本原理

现在讨论更一般形式的数值积分问题，求定积分

$$I(f)=\int_a^b \rho(x)f(x)\mathrm{d}x, \tag{4.26}$$

其中，$\rho(x)$ 是权函数，$\rho(x)>0$ 是 $[a,b]$ 上可积函数.

对积分式(4.26)构造求积公式

$$I(f)=\int_a^b \rho(x)f(x)\mathrm{d}x\approx\sum_{k=0}^{n}A_k f(x_k), \tag{4.27}$$

对求积公式(4.27)，前述有关代数精度的概念和结论仍然成立.

现在开始讨论使求积公式(4.27)代数精度尽可能高的问题.

定理 4.5 设节点 $x_0,x_1,\cdots,x_n\in[a,b]$,则求积公式

$$I(f)=\int_a^b\rho(x)f(x)\mathrm{d}x\approx\sum_{k=0}^{n}A_kf(x_k)$$

的代数精度最高为 $2n+1$.

证明:先固定 n 的值,并假设式(4.27)的代数精度为 r(待定),即设式(4.27)对所有的 r 次多项式 $P_r(x)=a_rx^r+a_{r-1}x^{r-1}+\cdots+a_1x+a_0$ 精确成立,则

$$\int_a^b\rho(x)P_r(x)\mathrm{d}x=\sum_{k=0}^{n}A_kP_r(x_k),$$

即

$$a_r\int_a^bx^r\rho(x)\mathrm{d}x+a_{r-1}\int_a^bx^{r-1}\rho(x)\mathrm{d}x+\cdots+a_1\int_a^bx\rho(x)\mathrm{d}x+a_0\int_a^b\rho(x)\mathrm{d}x$$
$$=\sum_{k=0}^{n}A_k(a_rx_k^r+a_{r-1}x_k^{r-1}+\cdots+a_1x_k+a_0).\tag{4.28}$$

令

$$\int_a^bx^i\rho(x)\mathrm{d}x=\mu_i,$$

则

$$a_r\mu_r+a_{r-1}\mu_{r-1}+\cdots+a_1\mu_1+a_0\mu_0$$
$$=a_r\sum_{k=0}^{n}A_kx_k^r+a_{r-1}\sum_{k=0}^{n}A_kx_k^{r-1}+\cdots+a_1\sum_{k=0}^{n}A_kx_k+a_0\sum_{k=0}^{n}A_k.\tag{4.29}$$

由于系数 $a_r,a_{r-1},\cdots,a_1,a_0$ 是任意的,故使式(4.27)成立的充要条件是

$$\begin{cases}A_0+A_1+\cdots+A_n=\mu_0\\A_0x_0+A_1x_1+\cdots+A_nx_n=\mu_1\\A_0x_0^2+A_1x_1^2+\cdots+A_nx_n^2=\mu_2\\\cdots\cdots\\A_0x_0^r+A_1x_1^r+\cdots+A_nx_n^r=\mu_r\end{cases}.\tag{4.30}$$

这是一个具有 $2n+2$ 个未知数、$r+1$ 个方程的非线性方程组.可以证明,当 $r=2n+1$ 时方程组(4.30)有唯一解.因此,可以求得一组 $x_k,A_k(k=0,1,\cdots,n)$,使得求积公式的代数精度达到 $2n+1$.下面证明求积公式的代数精度只能是 $2n+1$.

取 $2n+2$ 次多项式 $g(x)=(x-x_0)^2(x-x_1)^2\cdots(x-x_n)^2$,代入求积公式(4.27),其中,$x_0,x_1,\cdots,x_n$ 是求积节点,

$$左端=\int_a^b\rho(x)g(x)\mathrm{d}x>0,右端=\sum_{k=0}^{n}A_kg(x_k)=0.$$

左端不等于右端,所以求积公式(4.27)的代数精度最高为 $2n+1$.证毕.

定义 4.4 在区间 $[a,b]$ 上,达到最高代数精度为 $2n+1$ 的求积公式

$$\int_a^b\rho(x)f(x)\mathrm{d}x\approx\sum_{k=0}^{n}A_kf(x_k)\tag{4.31}$$

称为 **Gauss 型求积公式**.此时,$x_0,x_1,\cdots,x_n$ 称为 **Gauss 节点**;$A_0,A_1,\cdots,A_n$ 为 **Gauss 求积**

系数.

Gauss 型求积公式也是插值型求积公式. 以 Gauss 节点 $x_0, x_1, \cdots, x_n$ 为插值节点，构造 Lagrange 插值多项式 $P_n(x) = \sum_{k=0}^{n} l_k(x) f(x_k)$

代入求积公式，得到

$$\int_a^b \rho(x) f(x) \mathrm{d}x \approx \int_a^b \rho(x) \left(\sum_{k=0}^{n} l_k(x) f(x_k)\right) \mathrm{d}x = \sum_{k=0}^{n} \left(\int_a^b \rho(x) l_k(x) \mathrm{d}x\right) f(x_k),$$

所以，Gauss 求积系数 $A_k = \int_a^b \rho(x) l_k(x) \mathrm{d}x$.

其中，

$$l_k(x) = \frac{(x-x_0)\cdots(x-x_{k-1})(x-x_{k+1})\cdots(x-x_n)}{(x_k-x_0)\cdots(x_k-x_{k-1})(x_k-x_{k+1})\cdots(x_k-x_n)} = \frac{\omega_{n+1}(x)}{(x-x_k)\omega'_{n+1}(x_k)},$$

因此，插值型求积公式的代数精度 d 满足 $n \leqslant d \leqslant 2n+1$.

显然，由方程组(4.30)就可以把 $x_k, A_k (k=0,1,\cdots,n)$ 求出来. 但在一般情况下，要求解这个方程组是很困难的. 下面介绍一种行之有效的方法.

定理 4.6　如下的插值型求积公式

$$\int_a^b \rho(x) f(x) \mathrm{d}x \approx \sum_{k=0}^{n} A_k f(x_k)$$

成为 Gauss 型求积公式的充要条件是：这 $n+1$ 个求积节点 $x_0, x_1, \cdots, x_n$ 是 $[a,b]$ 上以 $\rho(x)$ 为权函数的 $n+1$ 次正交多项式 $\omega_{n+1}(x)$ 的 $n+1$ 个根.

证明：先构造一个以求积节点 $x_0, x_1, \cdots, x_n$ 为根的 $n+1$ 次多项式

$$\omega_{n+1}(x) = (x-x_0)(x-x_1)\cdots(x-x_n).$$

必要性. 由于求积公式为 Gauss 型求积公式，对于任意一个次数 $\leqslant 2n+1$ 的多项式 $P(x)$，则有

$$P(x) = q(x)\omega_{n+1}(x) + r(x), \text{且 } P(x_k) = q(x_k)\omega_{n+1}(x_k) + r(x_k) = r(x_k),$$

其中，$q(x)$，$r(x)$ 均为次数 $\leqslant n$ 的多项式. 由于求积公式为 Gauss 公式，所以

$$\int_a^b \rho(x) P(x) \mathrm{d}x = \int_a^b \rho(x) q(x) \omega_{n+1}(x) \mathrm{d}x + \int_a^b \rho(x) r(x) \mathrm{d}x = \sum_{k=0}^{n} A_k P(x_k),$$

因 $r(x)$ 的次数 $\leqslant n$，所以

$$\int_a^b \rho(x) r(x) \mathrm{d}x = \sum_{k=0}^{n} A_k r(x_k) = \sum_{k=0}^{n} A_k P(x_k),$$

所以必须有

$$\int_a^b \rho(x) q(x) \omega_{n+1}(x) \mathrm{d}x = 0,$$

即任意 n 次多项式 $q(x)$ 与 $n+1$ 次多项式 $\omega_{n+1}(x)$ 在 $[a,b]$ 上关于权函数 $\rho(x)$ 正交，即 Gauss

节点为正交多项式 $\omega_{n+1}(x)$的根.

充分性. 设有任意的次数$\leqslant 2n+1$ 次多项式 $P(x)$,则有

$$P(x)=q(x)\omega_{n+1}(x)+r(x),\quad 且\ P(x_k)=q(x_k)\omega_{n+1}(x_k)+r(x_k)=r(x_k),$$

其中,$q(x)$,$r(x)$均为次数$\leqslant n$ 的多项式.由于 $n+1$ 个节点的插值型求积公式的代数精度不低于 n,故有

$$\int_a^b \rho(x)r(x)\mathrm{d}x=\sum_{k=0}^n A_k r(x_k)=\sum_{k=0}^n A_k P(x_k).$$

又因为 $\omega_{n+1}(x)$为正交多项式,所以

$$\begin{aligned}\int_a^b \rho(x)P(x)\mathrm{d}x&=\int_a^b \rho(x)q(x)\omega_{n+1}(x)\mathrm{d}x+\int_a^b \rho(x)r(x)\mathrm{d}x=0+\sum_{k=0}^n A_k r(x_k)\\&=\sum_{k=0}^n A_k P(x_k),\end{aligned}$$

即对任意一个次数$\leqslant 2n+1$ 的多项式求积公式都精确成立,所以求积公式为 Gauss 型求积公式.证毕.

于是定理 4.6 可简述为:$x_0,x_1,\cdots,x_n$ 是 Gauss 节点$\Leftrightarrow \int_a^b \rho(x)\omega_{n+1}(x)\ P_n(x)=0$.

求积分 $\int_a^b \rho(x)f(x)\mathrm{d}x$ 的高斯求积公式 $\sum_{i=0}^n A_i f(x_i)$ 的截断误差有如下定理.

定理 4.7 设 $f(x)\in C^{2n+2}[a,b]$,则 Gauss 型求积公式

$$\int_a^b \rho(x)f(x)\mathrm{d}x\approx\sum_{i=0}^n A_i f(x_i) \tag{4.32}$$

的截断误差是

$$R(f)=\frac{f^{(2n+2)}(\xi)}{(2n+2)!}\int_a^b \rho(x)\prod_{i=0}^n (x-x_i)^2\mathrm{d}x, \tag{4.33}$$

其中,$x_i(i=0,1,\cdots,n)$是求积公式中的 Gauss 节点,$\xi\in[a,b]$.

证明:因为 Gauss 求积公式(4.31)有 $2n+1$ 次代数精度.因此,用点 $x_0,x_1,\cdots,x_n$ 对$f(x)$作 Hermite 插值,得到 $2n+1$ 次插值多项式 $H_{2n+1}(x)$,且满足

$$\begin{aligned}H_{2n+1}(x_i)&=f(x_i),\quad i=0,1,\cdots,n;\\H'_{2n+1}(x_i)&=f'(x_i),\quad i=0,1,\cdots,n.\end{aligned}$$

已知 Hermite 插值误差是 $f(x)-H_{2n+1}(x)=\frac{f^{(2n+2)}(\xi)}{(2n+2)!}\prod_{i=0}^n (x-x_i)^2$,

于是 $\int_a^b \rho(x)f(x)\mathrm{d}x=\int_a^b \rho(x)H_{2n+1}(x)\mathrm{d}x+\int_a^b \rho(x)\frac{f^{(2n+2)}(\xi)}{(2n+2)!}\prod_{i=0}^n (x-x_i)^2\mathrm{d}x.$

因为求积公式对 $2n+1$ 次多项式准确成立,即

$$\int_a^b \rho(x)H_{2n+1}(x)\mathrm{d}x=\sum_{i=0}^n A_i H_{2n+1}(x_i)=\sum_{i=0}^n A_i f(x_i),$$

代入上式 $\int_a^b \rho(x) f(x) \mathrm{d}x = \sum_{i=0}^{n} A_i f(x_i) + \frac{f^{(2n+2)}(\xi)}{(2n+2)!} \int_a^b \rho(x) \prod_{i=0}^{n} (x - x_i)^2 \mathrm{d}x$,

即有

$$R(f) = \int_a^b \rho(x) f(x) \mathrm{d}x - \sum_{i=0}^{n} A_i f(x_i) = \frac{f^{(2n+2)}(\xi)}{(2n+2)!} \int_a^b \rho(x) \prod_{i=0}^{n} (x - x_i)^2 \mathrm{d}x.$$

4.3.2 构造 Gauss 型求积公式的具体方法

有三种方法具体地构造出 Gauss 型求积公式.

1. 待定系数法

直接由代数精度的定义,通过求解非线性方程组求出积分点和求积系数.

例 4.8 求积分 $\int_0^1 \sqrt{x} f(x) \mathrm{d}x$, 构造 $n=1$ 的两点高斯公式.

解:两点求积公式的形式为

$$\int_0^1 \sqrt{x} f(x) \mathrm{d}x \approx A_0 f(x_0) + A_1 f(x_1),$$

$n=1$,应达到 $2n+1=3$ 次代数精度. $f(x)$依次取 $1, x, x^2, x^3$,代入上式应准确成立,得到

$$f(x) = x^0 = 1, \quad \int_0^1 \sqrt{x} \mathrm{d}x = \frac{2}{3} = A_0 + A_1;$$

$$f(x) = x, \quad \int_0^1 \sqrt{x} x \mathrm{d}x = \frac{2}{5} = A_0 x_0 + A_1 x_1;$$

$$f(x) = x^2, \quad \int_0^1 \sqrt{x} x^2 \mathrm{d}x = \frac{2}{7} = A_0 x_0^2 + A_1 x_1^2;$$

$$f(x) = x^3, \quad \int_0^1 \sqrt{x} x^3 \mathrm{d}x = \frac{2}{9} = A_0 x_0^3 + A_1 x_1^3.$$

解此非线性方程组得

$$x_0 = 0.821\,162, \quad x_1 = 0.289\,949;$$
$$A_0 = 0.389\,111, \quad A_1 = 0.277\,556.$$

于是 $\int_0^1 \sqrt{x} f(x) \mathrm{d}x \approx 0.389\,111 f(0.821\,162) + 0.277\,556 f(0.289\,949)$

由于求解非线性方程组很困难,因此待定系数不是一个实用的方法.

2. 利用正交多项式构造高斯型求积公式

对于带有非标准权函数的积分问题,就要构造非标准权函数的正交多项式.先求出正交多项式的零点作为积分点,再用高斯点通过待定系数法求积分系数.

例 4.9 对于积分 $\int_{-1}^1 (1 + x^2) f(x) \mathrm{d}x$, 试构造两点高斯公式求此积分.

解:构造在[−1,1]上带权 $\rho(x)=1+x^2$ 的正交多项式 $\varphi_0(x), \varphi_1(x), \varphi_2(x)$.

$$\varphi_0(x) = 1,$$
$$\varphi_1(x) = (x - \alpha_1) \varphi_0(x),$$

$$\alpha_1=\frac{(x\varphi_0(x),\varphi_0(x))}{(\varphi_0(x),\varphi_0(x))}=\frac{\int_{-1}^{1}(1+x^2)x\mathrm{d}x}{\int_{-1}^{1}(1+x^2)\mathrm{d}x}=0,$$

得到 $$\varphi_1(x)=x,$$

同理求出 $$\varphi_2(x)=x^2-\frac{2}{5}.$$

求 $\varphi_2(x)$的零点作为高斯点，即 $\varphi_2(x)=x^2-\frac{2}{5}=0$，

求出 $$x_0=-\frac{\sqrt{2}}{\sqrt{5}},x_1=\frac{\sqrt{2}}{\sqrt{5}}.$$

两点高斯公式 $n=1$，应有 3 次代数精度，求积公式形如

$$\int_{-1}^{1}(1+x^2)f(x)\mathrm{d}x\approx A_0f(x_0)+A_1f(x_1),$$

将 $f(x)=1,x$ 依次代入上式两端，令其成为等式

$$\frac{8}{3}=\int_{-1}^{1}(1+x^2)\mathrm{d}x=A_0+A_1,$$

$$0=\int_{-1}^{1}(1+x^2)x\mathrm{d}x=A_0\left(-\frac{\sqrt{2}}{\sqrt{5}}\right)+A_1\left(\frac{\sqrt{2}}{\sqrt{5}}\right),$$

联立解出 $$A_0=A_1=\frac{4}{3}.$$

因此得到两点高斯求积公式为

$$\int_{-1}^{1}(1+x^2)f(x)\mathrm{d}x\approx\frac{4}{3}\left[f\left(-\frac{\sqrt{2}}{\sqrt{5}}\right)+f\left(\frac{\sqrt{2}}{\sqrt{5}}\right)\right].$$

3. 利用标准的正交多项式构造高斯求积公式

已知的几种重要的正交多项式是 Legendre 多项式、Chebyshev 多项式、Laguerre 多项式和 Hermite 多项式. 用这几种正交多项式的零点作为高斯点的高斯求积公式，其积分点和求积系数都已经计算出来，并列成表格可以查用.

(1) Gauss-Legendre 公式

求积分 $\int_{-1}^{1}f(x)\mathrm{d}x$，权 $\rho(x)=1,x\in[-1,1]$，

$$\int_{-1}^{1}f(x)\mathrm{d}x\approx\sum_{i=0}^{n}A_if(x_i),$$

其中，$x_i(i=0,1,\cdots,n)$是 $n+1$ 阶 Legendre 多项式 $P_{n+1}(x)$的零点，求积系数为

$$A_i=\int_{-1}^{1}\frac{P_{n+1}(x)}{(x-x_i)(P'_{n+1}(x_i))}\mathrm{d}x,\quad i=0,1,\cdots,n.$$

实际上 x_i 和 A_i 可由表 4.3 查出.

表　4.3

n	x_i	A_i	n	x_i	A_i
0	0	2	5	±0.661 209 386 5	0.360 761 537 0
1	±0.577 350 269 2	1		±0.238 619 186 1	0.467 913 934 6
2	±0.774 596 669 2	0.555 555 556	6	±0.949 107 912 3	0.129 484 966 2
	0	0.888 888 888 9		±0.741 531 185 6	0.279 705 391 5
3	±0.861 136 311 6	0.347 854 845 1		±0.405 845 151 4	0.381 830 050 5
	0.339 981 043 6	0.652 145 154 9		0	0.417 959 183 7
4	±0.906 179 845 9	0.236 926 885 1	7	±0.960 289 856 5	0.101 228 536 3
	±0.538 469 310 1	0.478 628 670 5		±0.796 666 477 4	0.222 381 034 5
	0	0.568 888 888 9		±0.525 535 409 9	0.313 706 645 9
5	±0.932 469 514 2	0.171 324 492 4		±0.183 434 642 5	0.362 683 783 4

n 分别取 0,1,2 就得到下面三个常用的 Gauss-Legendre 公式：

一点 Gauss-Legendre 公式：$\int_{-1}^{1} f(x) \approx 2f(0)$.

两点 Gauss-Legendre 公式：$\int_{-1}^{1} f(x) \approx f\left(\frac{-1}{\sqrt{3}}\right)+f\left(\frac{1}{\sqrt{3}}\right)$.

三点 Gauss-Legendre 公式：$\int_{-1}^{1} f(x) \approx \frac{5}{9}f\left(\frac{-\sqrt{15}}{5}\right)+\frac{8}{9}f(0)+\frac{5}{9}f\left(\frac{\sqrt{15}}{5}\right)$.

求积余项为

$$R=\frac{2^{2n+3}[(n+1)!]^4}{(2n+3)[(2n+2)!]^3}f^{(2n+2)}(\eta),\quad -1\leqslant\eta\leqslant 1. \tag{4.34}$$

对一般区间$[a,b]$上的积分 $\int_a^b f(x)\mathrm{d}x$ 通过变量代换

$$x=\frac{1}{2}(a+b)+\frac{1}{2}(b-a)t,\quad \mathrm{d}x=\frac{b-a}{2}\mathrm{d}t,$$

将 $x\in[a,b]$变换为 $t\in[-1,1]$，再用 Gauss-Legendre 求积公式计算积分.

$$\int_a^b f(x)\mathrm{d}x = \frac{b-a}{2}\int_{-1}^{1} f\left(\frac{a+b}{2}+\frac{b-a}{2}t\right)\mathrm{d}t.$$

例 4.10　用两点 Gauss-Legendre 公式计算积分 $\int_0^1 \sqrt{x}\mathrm{d}x$.

解：$\int_0^1 \sqrt{x}\mathrm{d}x = \int_{-1}^{1}\sqrt{\frac{1+t}{2}}\,\frac{1}{2}\mathrm{d}t \approx \frac{1}{2}\left(\sqrt{\frac{1-0.57735}{2}}+\sqrt{\frac{1+0.57735}{2}}\right)$

≈ 0.67389.

(2) Gauss-Chebyshev 公式

求积分 $\int_{-1}^{1}\frac{f(x)}{\sqrt{1-x^2}}\mathrm{d}x$，权 $\rho(x)=\frac{1}{\sqrt{1=x^2}}$，$x\in[-1,1]$，$\int_{-1}^{1}\frac{f(x)}{\sqrt{1-x^2}}\mathrm{d}x \approx \sum_{i=0}^{n}A_i f(x_i)$，

其中，$x_i(i=0,1,\cdots,n)$是 $n+1$ 阶 Chebychev 多项式的零点

$$x_i^{(0)}=\cos\frac{2i+1}{2(n+1)}\pi,\quad i=0,1,\cdots,n,$$

求积系数是 $A_i=\frac{\pi}{n+1},(i=0,1,\cdots,n)$.

求积余项为

$$R=\frac{2\pi}{2^{2n+2}(2n+2)!}f^{(2n+2)}(\eta),\quad -1\leqslant\eta\leqslant 1. \tag{4.35}$$

例 4.11 计算 $\int_{-1}^{1}\frac{\mathrm{e}^x}{\sqrt{1-x^2}}\mathrm{d}x$，要求精确到 0.5×10^{-5}.

解： $f(x)=\mathrm{e}^x,\quad f^{(2n+2)}(x)=\mathrm{e}^x,\quad |R|\leqslant\frac{2\pi\mathrm{e}}{2^{2n+2}(2n+2)!}$.

当 $n=3$ 时，$\frac{2\pi\mathrm{e}}{2^{2n+2}(2n+2)!}\approx 0.165\,468\times10^{-5}<0.5\times10^{-5}$，

$$\int_{-1}^{1}\frac{\mathrm{e}^x}{\sqrt{1-x^2}}\mathrm{d}x\approx\frac{\pi}{4}\left[\mathrm{e}^{\cos\frac{\pi}{8}}+\mathrm{e}^{\cos\frac{3\pi}{8}}+\mathrm{e}^{\cos\frac{5\pi}{8}}+\mathrm{e}^{\cos\frac{7\pi}{8}}\right]\approx 3.977\,462\,635\,.$$

准确值 $\int_{-1}^{1}\frac{\mathrm{e}^x}{\sqrt{1-x^2}}\mathrm{d}x\approx 3.977\,463\,261.$

(3) Gauss-Laguerre 公式

求积分 $\int_0^{+\infty}\mathrm{e}^{-x}f(x)\mathrm{d}x$，权 $\rho(x)=\mathrm{e}^{-x}$，$x\in[0,+\infty)$，$\int_0^{+\infty}\mathrm{e}^{-x}f(x)\mathrm{d}x\approx\sum_{i=0}^{n}A_if(x_i)$.

求积节点和求积系数查表 4.4.

表 4.4

n	x_i	A_i	n	x_i	A_i
0	0	1	3	4.536 202 969	0.388 879 085
1	0.585 786 437 6	0.853 553 390 6		9.395 070 912 3	0.000 539 294 7
	3.414 213 562 4	0.146 446 609 4	4	0.263 560 319 7	0.521 755 610 6
2	0.415 774 556 8	0.711 093 009 9		1.413 403 405 91	0.398 666 811 0
	2.294 280 306 3	0.278 517 733 6		3.596 425 771 0	0.075 942 449 7
	6.289 915 082 9	0.010 389 256 5		7.085 810 005 9	0.003 611 758 7
3	0.322 547 689 6	0.603 154 103		12.640 800 844 3	0.000 023 370 0
	1.745 762 201 2	0.357 418 924			

求积余项为

$$R=\frac{[(n+1)!]^2}{(2n+2)!}f^{(2n+2)}(\eta),\quad \eta\in[0,+\infty). \tag{4.36}$$

如果求某一个无穷区间$[0,+\infty)$上的积分$\int_0^{+\infty} f(x)\mathrm{d}x$，可以转化为求积分$\int_0^{+\infty} \mathrm{e}^{-x}\mathrm{e}^{x}f(x)\mathrm{d}x$. 令$F(x)=\mathrm{e}^{x}f(x)$,则可以利用 Gauss-Laguerre 公式求此积分.

$$\int_0^{+\infty} f(x)\mathrm{d}x=\int_0^{+\infty} \mathrm{e}^{-x}\mathrm{e}^{x}f(x)\mathrm{d}x=\sum_{i=0}^{n}A_iF(x_i),$$

其中,求积节点x_i和求积系数$A_i(i=0,1,\cdots,n)$查表 4.4.

(4) Gauss-Hermite 公式

同前求积分
$$\int_{-\infty}^{+\infty} \mathrm{e}^{-x^2}f(x)\mathrm{d}x\approx\sum_{i=0}^{n}A_if(x_i),$$

其中,求积节点x_i和求积系数$A_i(i=0,1,\cdots,n)$查表 4.5.

表　4.5

n	x_i	A_i	n	x_i	A_i
0	0	1.772 453 850 9	5	±1.335 849 074 0	0.157 067 320 3
1	±0.707 106 781 2	0.886 226 925 5		±0.238 619 186 1	0.724 629 595 2
2	±1.224 744 871 4	0.295 408 975 2	6	±2.651 961 356 8	0.000 971 781 245 1
	0	1.181 635 900 6		±1.673 551 628 80	0.054 515 582 82
3	±1.650 680 123 9	0.081 312 835 45		±0.816 287 882 9	0.425 607 252 6
	±0.524 647 623 3	0.804 914 090 0		0	0.810 264 617 6
4	±2.020 182 870 5	0.019 953 242 06	7	±2.930 637 420 3	0.000 199 604 072 2
	±0.958 572 464 6	0.393 619 323 2		±1.981 656 756 7	0.017 077 983 01
	0	0.945 398 720 5		±1.157 193 712 4	0.208 023 258
5	±2.350 604 973 7	0.004 530 009 906		±0.381 186 990 2	0.661 147 012 6

求积余项为

$$R=\frac{(n+1)!\ \sqrt{\pi}}{2^{n+1}(2n+2)!}f^{(2n+2)}(\eta),\quad \eta\in(-\infty,+\infty). \tag{4.37}$$

4.3.3　Gauss 型求积公式的稳定性分析

例 4.12　当x_i是 Gauss 节点时,Gauss 求积系数恒正,即

$$A_i=\int_a^b\rho(x)l_i(x)\mathrm{d}x=\int_a^b\rho(x)l_i^2(x)\mathrm{d}x>0,$$

其中,$l_i(x)\frac{\omega_{n+1}(x)}{(x-x_i)\omega_{n+1}'(x_i)}$是 Lagrange 插值基函数.

证明:

$$\int_a^b\rho(x)l_i(x)\mathrm{d}x-\int_a^b\rho(x)l_i^2(x)\mathrm{d}x=\int_a^b\rho(x)(l_i(x)-1)l_i(x)\mathrm{d}x$$

$$=\int_a^b \rho(x)(l_i(x)-1)\frac{\omega_{n+1}(x)}{(x-x_i)\omega_{n+1}'(x_i)}\mathrm{d}x=\int_a^b \rho(x)\left(\frac{l_i(x)-1}{(x-x_i)}\right)\left(\frac{\omega_{n+1}(x)}{\omega_{n+1}'(x_i)}\right)\mathrm{d}x,$$

积分式中$\frac{l_i(x)-1}{(x-x_i)}$是 $n-1$ 次多项式，$\frac{\omega_{n+1}(x)}{\omega_{n+1}'(x_i)}$是 $n+1$ 次首项系数为 1 的多项式. 由定理 4.6 必有

$$\int_a^b \rho(x)\left(\frac{l_i(x)-1}{(x-x_i)}\right)\left(\frac{\omega_{n+1}(x)}{\omega_{n+1}'(x_i)}\right)\mathrm{d}x=0,$$

因此

$$A_i=\int_a^b \rho(x)l_i(x)\mathrm{d}x=\int_a^b \rho(x)l_i^2(x)\mathrm{d}x>0.$$

在求积公式 $I_n=\sum_{i=0}^{n}A_i f(x_i)$ 中，若计算 $f(x_i)$有误差，变为 $f(x_i)+\delta_i$，则求积公式也有误差，变为

$$\overline{I_n}=\sum_{i=0}^{n}A_i(f(x_i)+\delta_i).$$

根据 Gauss 求积系数恒正的性质，误差为

$$|I_n-\overline{I_n}|\leqslant\sum_{i=0}^{n}A_i|\delta_i|\leqslant\max_{0\leqslant i\leqslant n}|\delta_i|\sum_{i=0}^{n}A_i,$$

误差 A_i 与被积函数无关，若设 $f(x)=1$，可得到

$$\sum_{i=0}^{n}A_i=\int_a^b \rho(x)\mathrm{d}x.$$

记 $\varepsilon=\max_{0\leqslant i\leqslant n}|\delta_i|$，特别取 $\rho(x)=1$，则有 $|I_n-\overline{I_n}|\leqslant\varepsilon(b-a)$. 由此说明高斯求积公式的计算误差可以控制，Gauss 型求积公式是数值稳定的方法.

根据以上讨论，Gauss 型求积公式可以很方便地用于积分区间为$[a,b)$，$[a,+\infty)$，$(-\infty,+\infty)$的数值积分问题.

4.3.4 实例应用

例 4.13 求解实例 1.

解：对于实例 1 中的参数进行计算，可得 $a=7\ 782.5$，$b=7\ 721.5$. 利用 3 点 Gauss-Legendre 求积公式和 10 等分复化梯形公式，可以计算出该卫星的轨道周长为 48 707.438 4 km.

例 4.14 在简单蒸馏釜内蒸馏 1 000 kg 含 C_2H_5OH(乙醇)质量分数为 60%和 H_2O 质量分数为 40%组成的混合液. 蒸馏结束时，残液中含 C_2H_5OH 的质量分数为 5%，利用简单蒸馏的雷利公式

$$\ln\frac{F}{W}=\int_{x_W}^{x_F}\frac{\mathrm{d}x}{y-x}$$

求残液的质量. 其中，F 为原料液量，W 为残液量，x_F 为原料液组成，x_W 为残液组成. 该体系的汽液平衡数据见表 4.6，其中 x 为液相中 C_2H_5OH 的质量分数，y 为气相中 C_2H_5OH 的质量分数.

表 4.6

x	$1/(y-x)$	x	$1/(y-x)$
0.025	5.00	0.35	2.64
0.05	3.22	0.40	2.90
0.10	2.40	0.45	3.29
0.15	2.22	0.50	3.74
0.20	2.20	0.55	4.38
0.25	2.27	0.60	5.29
0.3	2.44	0.65	6.66

解:由于被积函数的解析式没有给出,只给出该体系中的被积函数离散采样值,故对 $\int_{x_W}^{x_F}\frac{\mathrm{d}x}{y-x}$ 的计算只能采用数值积分进行处理. 而且 $x=0.025$ 与 $x=0.65$ 这两个数据不在计算范围内,故删除,所以最终有 12 个数据参与计算. 分别采用复化梯形公式和复化 Simpson 公式计算,$x_W=0.05$,$x_F=0.60$,$F=1\,000$.

如果从 $x=0.05$ 开始计算,由于要采取复化 Simpson 公式,所以只能计算到 $x=0.55$,对于剩余的点 $x=0.60$,采用梯形公式计算区间$[0.55,0.60]$上的积分,然后与复化求积公式的结果相加,在此,仍然把这个结果称作复化 Simpson 公式的计算结果.

计算结果见表 4.7.

表 4.7

复化梯形公式积分值	残液质量 W_T/kg	复化 Simpson 公式积分值	残液质量 W_S/kg
1.636 7	194.621 2	1.654 5	191.187 6

梯形公式与 Simpson 公式计算结果之间的绝对误差为 $\delta=3.433\,6$ kg. 保守起见,可以取两个计算结果的均值 $W=192.904\,4$ kg 作为蒸馏残液量.

习　题　4

1. 利用梯形公式和 Simpson 公式求积分 $\int_1^2 \ln x\mathrm{d}x$ 的近似值,并估计两种方法计算值的最大误差限.

2. 用复化 Simpson 公式求积分 $\int_0^1 \mathrm{e}^{-\frac{x}{4}}\mathrm{d}x$,要求绝对误差限小于 $\frac{1}{2}\times10^{-7}$,问步长 h 要取多大?

3. 推导中点求积公式

$$\int_a^b f(x)\mathrm{d}x=(b-a)f\left(\frac{a+b}{2}\right)+\frac{(b-a)^3}{24}f''(\xi),\quad a<\xi<b.$$

4. 对变步长 Simpson 方法,用事后误差分析方法说明为什么 $|S_{2n}-S_n|\leqslant\varepsilon$ 可以作为迭代终止条件.

5. 计算积分 $\int_0^1 e^x dx$，若分别用复化梯形公式和复化 Simpson 公式，问应将积分区间至少剖分多少等分才能保证有六位有效数字.

6. 以 0,1,2 为求积节点，建立求积分 $I=\int_0^3 f(x)dx$ 的一个插值型求积公式，并推导此求积公式的截断误差.

7. 试确定下列求积公式中的待定系数，指出其所具有的代数精度.

(1) $\int_0^h f(x)dx \approx \frac{h}{2}[f(0)+f(h)]+\alpha h^2[f'(0)-f'(h)]$；

(2) $\int_{-h}^h f(x)dx \approx A_{-1}f(-h)+A_0 f(0)+A_1 f(h)$.

8. 对积分 $\int_0^1 f(x)(1-x^2)dx$，求构造两点 Gauss 求积公式，要求：

(1) 在[0,1]上构造带权 $\rho(x)=1-x^2$ 的二次正交多项式；

(2) 用所构造的正交多项式导出求积公式.

9. 对 $\forall f(x)\in C[a,b]$，试利用两点 Gauss-Legendre 求积公式构造如下 Gauss 求积公式

$$\int_a^b f(x)dx \approx A_1 f(x_1)+A_2 f(x_2).$$

并用此求积公式计算积分 $\int_0^2 \sqrt{1+x^2}dx$.

10. 对积分 $\int_0^1 f(x)\ln\frac{1}{x}dx$ 导出两点 Gauss 求积公式.

11. 利用三点 Gauss-Hermite 求积公式计算积分.

(1) $\int_{-\infty}^{\infty} e^{-x^2}\cos x dx$；　(2) $\int_{-\infty}^{\infty}\frac{e^{-x^2}}{x^2+4}dx$.

12. 利用三点 Gauss-Laguerre 求积公式计算积分.

(1) $\int_0^{+\infty} e^{-x^2}dx$；　(2) $\int_0^{+\infty}\frac{1}{1+x^2}dx$.

第 5 章　线性代数方程组的数值解法

在科学研究和工程技术实践中，涉及的许多计算问题要归结为解线性代数方程组 $\boldsymbol{AX}=\boldsymbol{b}$，其中，$\boldsymbol{A}\in\mathbf{R}^{n\times n}$，$\boldsymbol{b}\in\mathbf{R}^{n}$，$\boldsymbol{A}$ 是可逆的. 本章讨论求解线性代数方程组的主要方法，分别为直接解法、迭代解法和变分方法.

5.1　解线性代数方程组的直接解法

直接解法是通过有限次的精确运算能得到真解的一类数值方法. 这类方法从矩阵变换的角度看，就是找到一个可逆矩阵 $\boldsymbol{M}$，使得 $\boldsymbol{MA}$ 成为一个上三角矩阵，这个变换称为"消元"过程. 消元之后再进行"回代"，即求解三角形方程组 $\boldsymbol{MAX}=\boldsymbol{Mb}$. 直接解法中最基本和最简单的方法为 Gauss 消元法，也是在学习其他新方法之前通常采用的方法，虽然我们对 Gauss 消元法的计算流程比较熟悉，但是消元法不止这一种，而且本章主要从矩阵变换的角度看待消元法.

考虑 n 阶线性代数方程组

$$\begin{cases} a_{11}x_1+a_{12}x_2+\cdots a_{1n}x_n=b_1 \\ a_{21}x_1+a_{22}x_2+\cdots a_{2n}x_n=b_2^{(2)} \\ \cdots\cdots \\ a_{n1}x_1+a_{n2}x_2+\cdots a_{nn}x_n=b_n \end{cases}, \tag{5.1}$$

其矩阵形式为

$$\boldsymbol{Ax}=\boldsymbol{b}, \tag{5.2}$$

其中，$\boldsymbol{A}=(a_{ij})_{n\times n}\in\mathbf{R}^{n\times n}$ 为非奇异矩阵，$\boldsymbol{x}=(x_1,x_2,\cdots,x_n)^{\mathrm{T}}\in\mathbf{R}^{n}$，$\boldsymbol{b}=(b_1,b_2,\cdots,b_n)^{\mathrm{T}}\in\mathbf{R}^{n}$.

消元法分"消元"和"回代"两个过程：消元过程是将式(5.1)等价变形为如下形式的上三角方程组：

$$\begin{cases} a_{11}^{(1)}x_1+a_{12}^{(1)}x_2+\cdots a_{1n}^{(1)}x_n=b_1^{(1)} \\ \qquad a_{22}^{(2)}x_2+\cdots a_{2n}^{(2)}x_n=b_2^{(1)} \\ \qquad\qquad\cdots\cdots \\ \qquad\qquad a_{nn}^{(n)}x_n=b_n^{(n)} \end{cases} \tag{5.3}$$

回代过程是从式(5.3)的最后一个方程直接解出 x_n，$x_n=b_n^{(n)}/a_{nn}^{(n)}$，然后依公式

$$x_k=\Big(b_k^{(k)}-\sum_{j=k+1}^{n}a_{kj}^{(k)}x_j\Big)/a_{kk}^{(k)},\quad k=n-1,\cdots,3,2,1 \tag{5.4}$$

依次求出 $x_{n-1},x_{n-2},\cdots,x_2,x_1$，称为"回代"求解. 消元过程的实质是对增广矩阵$(\boldsymbol{A},\boldsymbol{b})$作一系列初等变换，最后把 $\boldsymbol{A}$ 化为上三角矩阵 $\boldsymbol{A}^{(n)}$，得$(\boldsymbol{A}^{(n)},\boldsymbol{b}^{(n)})$，因为对$(\boldsymbol{A},\boldsymbol{b})$每做一次初等变换，相当于对方程组(5.1)进行一次同解变换，所以与$(\boldsymbol{A}^{(n)},\boldsymbol{b}^{(n)})$相对应的上三角方程组(5.3)是(5.1)的同解方程组. 得到方程组(5.3)的消元法有很多种，本节介绍 Gauss 消元法、正交分解法.

5.1.1 Gauss 消元法及其矩阵表示

设方程组(5.1)的增广矩阵$(\boldsymbol{A},\boldsymbol{b})=(\boldsymbol{A}^{(1)},\boldsymbol{b}^{(1)})$，不妨设 $a_{11}^{(1)}\neq 0$，并令 $m_{i1}=-a_{i1}^{(1)}/a_{11}^{(1)}(i=2,3,\cdots,n)$.

(1) 消元是用 m_{i1} 乘第一行然后加到第 $i(i=2,3,\cdots,n)$行上去，从而把第一列对角元以下的元素全化为 0，得

$$(\boldsymbol{A}^{(2)},\boldsymbol{b}^{(2)})=\begin{bmatrix} a_{11}^{(1)} & a_{12}^{(1)} & \cdots & a_{1n}^{(1)} & b_1^{(1)} \\ & a_{22}^{(2)} & \cdots & a_{2n}^{(2)} & b_2^{(2)} \\ & \vdots & & \vdots & \vdots \\ & a_{2n}^{(2)} & \cdots & a_{nn}^{(2)} & b_n^{(2)} \end{bmatrix}. \tag{5.5}$$

(2) 假设 $a_{22}^{(2)}\neq 0$，令 $m_{i2}=-a_{i2}^{(2)}/a_{22}^{(2)}(i=3,4,\cdots,n)$，于是用上述方法又可把式(5.5)化为

$$(\boldsymbol{A}^{(3)},\boldsymbol{b}^{(3)})=\begin{bmatrix} a_{11}^{(1)} & a_{12}^{(1)} & a_{13}^{(1)} & \cdots & a_{1n}^{(1)} & b_1^{(1)} \\ & a_{22}^{(2)} & a_{23}^{(2)} & \cdots & a_{2n}^{(2)} & b_2^{(2)} \\ & & a_{33}^{(3)} & \cdots & a_{3n}^{(3)} & b_3^{(3)} \\ & & \vdots & & \vdots & \vdots \\ & & a_{n3}^{(3)} & \cdots & a_{nn}^{(3)} & b_n^{(3)} \end{bmatrix}. \tag{5.6}$$

(3) 假设 $a_{33}^{(3)}\neq 0$，再用 $a_{33}^{(3)}$ 消去 $a_{43}^{(3)}\cdots a_{n3}^{(3)}$，如此继续，共作 $n-1$ 步即可把方程组(5.1)化为形如(5.3)的上三角方程组：

$$\boldsymbol{A}^{(n)}\boldsymbol{x}=\boldsymbol{b}^{(n)}, \tag{5.7}$$

其中，$\boldsymbol{A}^{(n)}$和 $\boldsymbol{b}^{(n)}$ 分别为方程组(5.3)的系数矩阵和右端向量.

这样就完成了 Gauss 消元过程，最后利用公式(5.4)"回代"求解. 注意：在这里假设 $a_{ii}^{(i)}\neq 0$（主元）$(i=1,2,\cdots,n)$，并没有交换某两行的运算，所以称这种最基本的 Gauss 消元法为顺序 Gauss 消元法，在不做特殊说明的情况下，通常简称为 Gauss 消元法.

由以上分析可以看出，消元过程的第 k 步共含除法运算 $n-k$ 次，乘法运算$(n-k)(n-k+1)$次，所以消元过程共含乘除法次数为

$$\sum_{k=1}^{n}(n-k)+\sum_{k=1}^{n-1}(n-k)(n-k+1)=\frac{n^3}{3}+\frac{n^2}{2}-\frac{5n}{6},$$

而回代过程的乘除法运算次数为

$$\sum_{k=1}^{n}(n-k+1)=\frac{n^2}{2}-\frac{n}{2},$$

所以，Gauss 消元法总的乘除法次数为

$$\frac{n^3}{3}+n^2-\frac{n}{3}\approx\frac{n^3}{3}.$$

如果用 Gramer(克莱姆)法则计算方程组(5.1)的解，要计算 $n+1$ 个 n 阶行列式并作 n 次除法. 而计算每个行列式，若用子式展开的方法，则有 $n!$ 次乘法，所以用 Gramer 法则大约需要$(n+1)!$ 次乘除法运算. 例如，当 $n=10$ 时约需 4×10^7 次运算，而用 Gauss 消元法只需 430 次乘除法.

以上就是我们非常熟悉的分量形式 Gauss 消元法的计算过程. 下面，从矩阵变换的角度重新看待 Gauss 消元法. 本书第 1 章已经介绍过 Gauss 变换阵与矩阵的三角分解，通过本节将会发现 Gauss 消元法的计算过程，从矩阵变换的角度看，其实就是利用 Gauss 变换阵将系数矩阵 $\boldsymbol{A}$ 变换成上三角矩阵的过程，也就是对矩阵 $\boldsymbol{A}$ 进行了 LU 分解.

因为定理 1.5 的计算过程就是对矩阵 $\boldsymbol{A}$ 进行顺序 Gauss 消元的过程，所以由该定理可得

$$\boldsymbol{Ax}=\boldsymbol{LUx}=\boldsymbol{b}, \tag{5.8}$$

作如下的变形，得

$$\begin{cases}\boldsymbol{LY}=\boldsymbol{b}\\ \boldsymbol{Ux}=\boldsymbol{Y}\end{cases}, \tag{5.9}$$

也就是说 Gauss 消元法的计算过程，可以转换成求解两个三角形方程组的过程.

(1)(追的过程)：求解下三角方程组 $\boldsymbol{LY}=\boldsymbol{b}$，向前回代求出 $\boldsymbol{Y}=(y_1,y_2,\cdots,y_n)^{\mathrm{T}}$.

$$\begin{aligned}&y_1=b_1,\\&y_k=b_k-\sum_{j=1}^{k-1}l_{kj}y_j\quad(k=2,3,\cdots,n).\end{aligned} \tag{5.10}$$

(2)(赶的过程)：求解上三角方程组 $\boldsymbol{Ux}=\boldsymbol{Y}$，向后回代求出 x.

$$\begin{aligned}&x_n=y_n/u_{nn},\\&x_k=\left(y_k-\sum_{j=k+1}^{n}u_{kj}x_j\right)\Big/u_{kk}\quad(k=n-1,n-2,\cdots,1).\end{aligned} \tag{5.11}$$

因为顺序 Gauss 消元法假定主元 $a_{ii}^{(i)}\neq0$，没有进行交换某两行的初等行变换，而在实际问题中很可能会出现某个主元 $a_{ii}^{(i)}=0$(不能充当分母)或 $a_{ii}^{(i)}$ 过小的情况(分母过小，引起大的舍入误差)，对于这两种情况在实际计算过程中都应避免，能够同时避免这两种问题的计算策略之一是如下的选择列主元的计算方法：

在第 $i\ (i=1,2,\cdots,n-1)$ 步消元之前，检验当前的主元 $a_{ii}^{(i)}$ 是否是向量 $(a_{ii}^{(i)},a_{(i+1)i}^{(i)},\cdots,a_{ni}^{(i)})^{\mathrm{T}}$ 中绝对值最大的元素，是就不需要换行，不是就把当前的第 i 行与绝对值最大的元素 $|a_{ki}^{(i)}|=\max\limits_{i\leqslant j\leqslant n}|a_{ji}^{(i)}|$ 所在的第 k 行交换位置，然后再进行 Gauss 消元运算，称这种消元法称为**列主元 Gauss 消元法**，相应的 $a_{ki}^{(i)}$ 称为列主元. 列主元 Gauss 消元法是数值稳定的，普通的顺序 Gauss 消元法不是数值稳定的. 所以，在实际计算过程中首先应该考虑使用列主元 Gauss 消元法，尽量不使用顺序 Gauss 消元法.

还有另外一种选主元的方法，与选择列主元的不同之处在于，全主元是从如下的子矩阵中选择一个绝对值最大的元素 $|a_{kj}^{(i)}|=\max\limits_{i\leqslant m,l\leqslant n}|a_{ml}^{(i)}|$，

$$\begin{bmatrix} a_{ii}^{(i)} & a_{i(i+1)}^{(i)} & \cdots & a_{in}^{(i)} \\ a_{(i+1)i}^{(i)} & a_{(i+1)(i+1)}^{(i)} & \cdots & a_{(i+1)n}^{(i)} \\ \vdots & \vdots & & \vdots \\ a_{ni}^{(i)} & a_{n(i+1)}^{(i)} & \cdots & a_{nn}^{(i)} \end{bmatrix},$$

记录下其所在的行号 k 和列号 j，然后通过交换两行($k \to i$)、交换两列($j \to i$)，将其交换到当前的主元位置，再进行 Gauss 消元计算，称为**全主元 Gauss 消元方法**. 因为全主元方法有可能涉及交换两列的列初等变换，那么未知元 x_i 与 x_j 也要相应地交换位置，在全部消元过程完成后再交换回来得到解 x，增加了计算复杂性.

另外，当系数矩阵 $\boldsymbol{A}$ 是对称正定矩阵时，可以采用式(1.46)的 Cholesky 分解进行计算，即

$$\boldsymbol{Ax}=\boldsymbol{b} \Leftrightarrow \boldsymbol{LL}^{\mathrm{T}}\boldsymbol{x}=\boldsymbol{b},$$

$$\begin{cases} \boldsymbol{LY}=\boldsymbol{b} \\ \boldsymbol{L}^{\mathrm{T}}\boldsymbol{x}=\boldsymbol{Y} \end{cases}, \tag{5.12}$$

这时不需要选主元，因为若令 $\boldsymbol{L}=(l_{jk})_{n\times n}$，根据 $\boldsymbol{A}=\boldsymbol{LL}^{\mathrm{T}}$，可知

$$a_{jj} = \sum_{k=1}^{j} l_{jk}^2,$$

$$|l_{jk}| \leqslant \sqrt{a_{jj}} \leqslant \max_{1\leqslant j\leqslant n} \sqrt{a_{jj}}.$$

这说明在分解过程中 $|l_{jk}|^2$ 的值不会超过 $\boldsymbol{A}$ 的最大对角元素，所以舍入误差受到控制，不会产生向上溢出的问题. 因而，针对对称正定线性代数方程组，采用 Cholesky 分解法进行计算时数值稳定的，不必选主元.

在三次样条插值及微分方程数值解中经常会遇到求解三对角方程组或块三对角方程组.

三对角方程组的系数矩阵 $\boldsymbol{A}$ 是 n 阶非奇异三对角矩阵，其一般形式为

$$\begin{bmatrix} b_1 & c_1 & & & \\ a_2 & b_2 & \cdots & & \\ & \cdots & \cdots & \cdots & \\ & & \cdots & \cdots & c_{n-1} \\ & & & a_n & b_n \end{bmatrix} \begin{bmatrix} x_1 \\ x_2 \\ \cdots \\ \cdots \\ x_n \end{bmatrix} = \begin{bmatrix} d_1 \\ d_2 \\ \cdots \\ \cdots \\ d_n \end{bmatrix} \tag{5.13}$$

或表示为 $\boldsymbol{Ax}=\boldsymbol{d}$，$\boldsymbol{d}=(d_1,d_2,\cdots,d_n)^{\mathrm{T}}$. 当系数矩阵 $\boldsymbol{A}$ 是严格对角占优时，即满足条件

$$|b_1|>|c_1|,\ |b_i|>|c_i|+|a_i| \quad (i=2,\cdots,n-1),\ |b_n|>|a_n|.$$

$\boldsymbol{A}$ 存在唯一的 LU 分解. 因为 $\boldsymbol{A}$ 的结构简单，则三对角矩阵 $\boldsymbol{A}$ 的 LU 分解有以下很规则的形式

$$\begin{bmatrix} b_1 & c_1 & & & \\ a_2 & b_2 & \cdots & & \\ & \cdots & \cdots & \cdots & \\ & & \cdots & \cdots & c_{n-1} \\ & & & a_n & b_n \end{bmatrix} = \begin{bmatrix} 1 & & & & \\ l_2 & 1 & & & \\ & l_3 & 1 & & \\ & & \cdots & \cdots & \\ & & & \cdots & \cdots \\ & & & & l_n & 1 \end{bmatrix} \begin{bmatrix} u_1 & r_1 & & & \\ & u_2 & r_2 & & \\ & & \cdots & \cdots & \\ & & & \cdots & r_{n-1} \\ & & & & u_n \end{bmatrix}. \tag{5.14}$$

由等式两边的矩阵乘积展开式可得到分解式的递推计算公式为

$$u_1=b_1,\quad r_k=c_k,\quad k=1,2,\cdots,n-1,$$
$$l_k=a_k/u_{k-1},\quad u_k=b_k-l_kc_{k-1},\quad k=2,3,\cdots,n,$$

计算次序是 $u_1,l_2,u_2,l_3,u_3,\cdots,l_n,u_n$. 得到了 $\boldsymbol{A}$ 的 LU 分解式以后,可将求解 $\boldsymbol{Ax}=\boldsymbol{b}$ 化为等价的求解以下两个更简单的方程组

$$\begin{cases}\boldsymbol{LY}=\boldsymbol{d}\\ \boldsymbol{Ux}=\boldsymbol{Y}\end{cases},$$

以上求解三对角方程组的方法称为**追赶法**,这种方法只需要如下三套递推公式.

(1) 计算分解因子阵.

$$u_1=b_1,\quad r_k=c_k,\quad k=1,2,\cdots,n-1.$$
$$l_k=a_k/u_{k-1},\quad u_k=b_k-l_kc_{k-1},\quad k=2,3,\cdots,n. \tag{5.15}$$

(2) 求解 $\boldsymbol{LY}=\boldsymbol{d}$.

$$y_1=d_1,\quad y_k=d_k-l_ky_{k-1},\quad k=2,3,\cdots,n. \tag{5.16}$$

(3) 求解 $\boldsymbol{Ux}=\boldsymbol{Y}$.

$$x_n=y_n/u_n,\quad x_k=(y_k-c_kx_{k+1})/u_k,\quad k=n-1,\cdots,2,1. \tag{5.17}$$

5.1.2 正交分解法及其矩阵表示

上述利用 Gauss 消元法完成第 $i(i=1,2,\cdots,n-1)$ 步消元,就是利用 Gauss 变换阵 $\boldsymbol{L}_i$ 把矩阵 $\boldsymbol{A}^{(i)}$ 的第 i 列 $\boldsymbol{\alpha}_i=(a_{1i}^{(1)},a_{2i}^{(2)},\cdots a_{(i-1)i}^{(i-1)},a_{ii}^{(i)},a_{(i+1)i}^{(i)},\cdots,a_{ni}^{(i)})^{\mathrm{T}}$ 进行如下形式的变换,即

$$\boldsymbol{L}_i\boldsymbol{\alpha}_i=(a_{1i}^{(1)},a_{2i}^{(2)},\cdots a_{(i-1)i}^{(i-1)},a_{ii}^{(i)},0,\cdots,0)^{\mathrm{T}}. \tag{5.18}$$

分析 Gauss 消元法的计算过程还可以发现这样一个事实:$\|\boldsymbol{\alpha}_i\|_2$ 未必等于 $\|\boldsymbol{L}_i\boldsymbol{\alpha}_i\|_2$,这是因为 Gauss 变换阵只有在退化为单位阵时才是正交矩阵,其他情况下不是正交矩阵,因而利用式(5.18)的 Gauss 变换也就不是一个保长变换(向量的内积范数刻画的长度不变). 如果在计算过程中引入舍入误差,那么误差向量也是不保长的,可能增加也可能减少,要做到让误差减少很难,但是可以做到让误差不变,也就是保证消元前后的列向量的内积范数相等. 实现这一目的的数学工具很简单,只要使用正交矩阵进行正交变换意义下的消元法就可以了. 根据第 1 章中的定理 1.7、1.8 和 1.9,只需要将式(5.18)中的 Gauss 变换阵 $\boldsymbol{L}_i$ 替换成一个 Householder 变换阵 $\boldsymbol{H}_i$ 或至多 $n-i$ 个 Givens 变换阵的连乘积 $G(i,n)\cdots G(i,i+1)$,就可以将系数矩阵 $\boldsymbol{A}$ 变成上三角矩阵,同样可以得到新的三角形方程组(5.3),然后回代求解即可得到原方程组的解.

回顾第 1 章中的性质 9 和式(1.52)的计算过程即可发现 Householder 变换阵与 Givens 变换阵进行保长消元的区别. 简单来说,Householder 变换阵是一次性把第 i 列 $a_{ii}^{(i)}$ 以下的元素消元为 0,而 Givens 变换阵是以 $a_{ii}^{(i)}$ 为基准位置,每次利用一个 Givens 变换阵,把 $a_{ii}^{(i)}$ 以下的元素逐次消元为 0,从表面上看似乎利用 Givens 变换阵进行消元略显烦琐,如果仔细观察 Givens 变换阵的特点,会发现其实计算量并没有显著增加.

简而言之，就是进行如下的变形

$$\boldsymbol{Ax}=\boldsymbol{b}\Leftrightarrow\boldsymbol{QRx}=\boldsymbol{b}\Rightarrow\boldsymbol{Rx}=\boldsymbol{Q}^{\mathrm{T}}\boldsymbol{b},\tag{5.19}$$

其中，$\boldsymbol{R}$ 是上三角矩阵，$\boldsymbol{Q}$ 是利用 Householder 变换或 Givens 变换得到的正交阵.

根据 QR 分解的计算过程可以发现，利用正交变换进行消元计算，不需要选主元，而且使得计算误差不增加，这样就保证了算法的稳定性.

5.2 解线性代数方程组的误差分析

设方程组

$$\begin{bmatrix}2 & 6\\ 2 & 6.000\,01\end{bmatrix}\begin{bmatrix}x_1\\ x_1\end{bmatrix}=\begin{bmatrix}8\\ 8.000\,01\end{bmatrix}$$

有精确解$(1,1)^{\mathrm{T}}$，对矩阵和方程的右端项作微小变化(引入初始误差)，

$$\begin{bmatrix}2 & 6\\ 2 & 5.999\,99\end{bmatrix}\begin{bmatrix}x_1\\ x_1\end{bmatrix}=\begin{bmatrix}8\\ 8.000\,02\end{bmatrix}$$

其解变为$(10,-2)^{\mathrm{T}}$. 这说明了在求解线性代数方程组的过程中，原始数据的小扰动导致解差异很大. 由此引入如下的定义：

定义 5.1 对数学问题而言，如果输入数据有微小扰动，引起输出数据(即数学问题的解)有很大扰动，则称数学问题是**病态问题**(即数学问题是不稳定的)，否则称为**良态问题**(即数学问题是稳定的).

要判断线性代数方程组良态与否，需要在数学上给出明确的判断依据. 判断的标准当然要看引入误差以后，计算结果之间的差异程度，即需要从误差分析的角度入手.

下面，分别从先验误差分析和后验误差分析的角度进行分析.

引理 5.1 $\forall \boldsymbol{A}\in\boldsymbol{R}^{n\times n}$，若矩阵算子范数 $\|\boldsymbol{A}\|<1$，则 $\boldsymbol{I}\pm\boldsymbol{A}$ 是非奇异阵，且有

$$\frac{1}{1+\|\boldsymbol{A}\|}\leqslant\|(\boldsymbol{I}\pm\boldsymbol{A})^{-1}\|\leqslant\frac{1}{1-\|\boldsymbol{A}\|}.\tag{5.20}$$

证明(反证法)：因为 $\boldsymbol{A}$ 总可以用 $-\boldsymbol{A}$ 代替，所以只需对 $\boldsymbol{I}+\boldsymbol{A}$ 的情况进行证明.

假设 $\boldsymbol{I}+\boldsymbol{A}$ 是奇异阵，则$(\boldsymbol{I}+\boldsymbol{A})\boldsymbol{x}=\boldsymbol{0}$ 有非零解，即存在 $\boldsymbol{x}_0\neq\boldsymbol{0}$，使 $\boldsymbol{Ax}_0=-\boldsymbol{x}_0$，于是$\dfrac{\|\boldsymbol{Ax}_0\|}{\|\boldsymbol{x}_0\|}=1$.
再由矩阵 $\boldsymbol{A}$ 的范数定义 $\|\boldsymbol{A}\|=\max\limits_{x\neq0}\dfrac{\|\boldsymbol{Ax}\|}{\|\boldsymbol{x}\|}$，则 $\|\boldsymbol{A}\|\geqslant1$，与所设矛盾. 因此，当 $\|\boldsymbol{A}\|<1$ 时，$\boldsymbol{I}\pm\boldsymbol{A}$是非奇异的. 又由 $\boldsymbol{I}=(\boldsymbol{I}+\boldsymbol{A})^{-1}(\boldsymbol{I}+\boldsymbol{A})$两边取范数，有

$$\boldsymbol{I}=\|\boldsymbol{I}\|=\|(\boldsymbol{I}+\boldsymbol{A})^{-1}\|\,\|(\boldsymbol{I}+\boldsymbol{A})\|\leqslant\|(\boldsymbol{I}+\boldsymbol{A})^{-1}\|(\|\boldsymbol{I}\|+\|\boldsymbol{A}\|),$$

得到

$$\|(\boldsymbol{I}+\boldsymbol{A})^{-1}\|\geqslant\frac{1}{1+\|\boldsymbol{A}\|}.$$

再利用 $$(\boldsymbol{I}+\boldsymbol{A})^{-1}=(\boldsymbol{I}+\boldsymbol{A})^{-1}(\boldsymbol{I}+\boldsymbol{A})-(\boldsymbol{I}+\boldsymbol{A})^{-1}\boldsymbol{A}=\boldsymbol{I}-(\boldsymbol{I}+\boldsymbol{A})^{-1}\boldsymbol{A},$$

则

$$\|(\boldsymbol{I}+\boldsymbol{A})^{-1}\|\leqslant\|\boldsymbol{I}\|+\|(\boldsymbol{I}+\boldsymbol{A})^{-1}\|\,\|\boldsymbol{A}\|,$$

从而

$$\|(\boldsymbol{I}+\boldsymbol{A})^{-1}\|\leqslant\frac{1}{1-\|\boldsymbol{A}\|}.$$

设方程组 $\boldsymbol{Ax}=\boldsymbol{b}$ 的精确解是 $\boldsymbol{x}^*$，原始数据有扰动 $\boldsymbol{\delta A}\in\mathbf{R}^{n\times n}$，$\boldsymbol{\delta b}\in\mathbf{R}^n$，方程组变为

$$(\boldsymbol{A}+\boldsymbol{\delta A})(\boldsymbol{x}^*+\boldsymbol{\delta x})=\boldsymbol{b}+\boldsymbol{\delta b} \tag{5.21}$$

其解为 $\boldsymbol{x}=\boldsymbol{x}^*+\boldsymbol{\delta x}$，将式(5.21)展开可得到 $(\boldsymbol{A}+\boldsymbol{\delta A})\boldsymbol{\delta x}=\boldsymbol{\delta b}-\boldsymbol{\delta A x}^*$，设 $\|\boldsymbol{A}^{-1}\|\ \|\boldsymbol{\delta A}\|<1$，由引理 5.1 知 $(\boldsymbol{I}+\boldsymbol{A}^{-1}\boldsymbol{\delta A})$ 非奇异. 于是 $\boldsymbol{A}+\boldsymbol{\delta A}=\boldsymbol{A}(\boldsymbol{I}+\boldsymbol{A}^{-1}\boldsymbol{\delta A})$ 也非奇异，且 $(\boldsymbol{A}+\boldsymbol{\delta A})^{-1}=(\boldsymbol{I}+\boldsymbol{A}^{-1}\boldsymbol{\delta A})^{-1}\boldsymbol{A}^{-1}$. 故 $\boldsymbol{\delta x}=(\boldsymbol{I}+\boldsymbol{A}^{-1}\boldsymbol{\delta A})^{-1}\boldsymbol{A}^{-1}(\boldsymbol{\delta b}-\boldsymbol{\delta A x}^*)$，由引理 5.1 的估计式得到

$$\|\boldsymbol{\delta x}\|\leqslant\frac{\|\boldsymbol{A}^{-1}\|(\|\boldsymbol{\delta b}\|+\|\boldsymbol{x}^*\|\ \|\boldsymbol{\delta A}\|)}{1-\|\boldsymbol{A}^{-1}\|\ \|\boldsymbol{\delta A}\|}, \tag{5.22}$$

又 $\boldsymbol{Ax}^*=\boldsymbol{b}\neq\boldsymbol{0}$，有 $\dfrac{1}{\|\boldsymbol{x}^*\|}\leqslant\dfrac{\|\boldsymbol{A}\|}{\|\boldsymbol{b}\|}$，则式(5.22)变为

$$\frac{\|\boldsymbol{\delta x}\|}{\|\boldsymbol{x}^*\|}=\frac{\|\boldsymbol{A}^{-1}\|\ \|\boldsymbol{A}\|\left(\dfrac{\|\boldsymbol{\delta A}\|}{\|\boldsymbol{A}\|}+\dfrac{\|\boldsymbol{\delta b}\|}{\|\boldsymbol{b}\|}\right)}{1-\|\boldsymbol{A}^{-1}\|\ \|\boldsymbol{\delta A}\|}.$$

这就是由 $\boldsymbol{A}$ 和 $\boldsymbol{b}$ 的原始数据小扰动引起解的相对误差界，是方程组解的**先验误差估计**.

接下来讨论解的事后误差估计. 由方程(5.21)计算出解 $\boldsymbol{x}=\boldsymbol{x}^*+\boldsymbol{\delta x}$ 后，应计算相对误差量 $\|\boldsymbol{x}^*-\boldsymbol{x}\|/\|\boldsymbol{x}^*\|$ 来估计解的误差大小，而精确解 $\boldsymbol{x}^*$ 未知，则无法得到解的相对误差量. 一个替代的方案是：用解 $\boldsymbol{x}$ 的相对剩余量 $\|\boldsymbol{b}-\boldsymbol{Ax}\|/\|\boldsymbol{b}\|$ 作近似的误差估计，下面推出这二者误差量之间的关系. 记 $\boldsymbol{e}=\boldsymbol{x}^*-\boldsymbol{x}$，$\boldsymbol{r}=\boldsymbol{b}-\boldsymbol{Ax}$. 由 $\boldsymbol{r}=\boldsymbol{b}-\boldsymbol{Ax}=\boldsymbol{Ax}^*-\boldsymbol{Ax}=\boldsymbol{A}(\boldsymbol{x}^*-\boldsymbol{x})=\boldsymbol{Ae}$ 和 $\boldsymbol{e}=\boldsymbol{A}^{-1}\boldsymbol{r}$ 可得到 $\|\boldsymbol{e}\|\geqslant\|\boldsymbol{r}\|/\|\boldsymbol{A}\|$ 及 $\|\boldsymbol{e}\|\leqslant\|\boldsymbol{r}\|\ \|\boldsymbol{A}^{-1}\|$，故

$$\frac{\|\boldsymbol{r}\|}{\|\boldsymbol{A}\|}\leqslant\|\boldsymbol{e}\|\leqslant\|\boldsymbol{A}^{-1}\|\ \|\boldsymbol{r}\|, \tag{5.23}$$

再用 $\boldsymbol{Ax}^*=\boldsymbol{b}$ 和 $\boldsymbol{x}^*=\boldsymbol{A}^{-1}\boldsymbol{b}$，同样可得到

$$\frac{\|\boldsymbol{b}\|}{\|\boldsymbol{A}\|}\leqslant\|\boldsymbol{x}^*\|\leqslant\|\boldsymbol{A}^{-1}\|\ \|\boldsymbol{b}\|, \tag{5.24}$$

则

$$\frac{\dfrac{\|\boldsymbol{r}\|}{\|\boldsymbol{A}\|}}{\|\boldsymbol{A}^{-1}\|\ \|\boldsymbol{b}\|}\leqslant\frac{\|\boldsymbol{e}\|}{\|\boldsymbol{x}^*\|}\leqslant\frac{\|\boldsymbol{A}^{-1}\|\ \|\boldsymbol{r}\|}{\dfrac{\|\boldsymbol{b}\|}{\|\boldsymbol{A}\|}},$$

进而得到**事后误差估计**式

$$\frac{\|\boldsymbol{e}\|}{\|\boldsymbol{x}^*\|}\leqslant\|\boldsymbol{A}\|\ \|\boldsymbol{A}^{-1}\|\frac{\|\boldsymbol{r}\|}{\|\boldsymbol{b}\|}. \tag{5.25}$$

式(5.25)给出了解的相对误差量和相对剩余量之间的关系.

当量 $\|\boldsymbol{A}\|\ \|\boldsymbol{A}^{-1}\|$ 不太大时，可用相对剩余量 $\|\boldsymbol{r}\|/\|\boldsymbol{b}\|$ 代替相对误差量 $\|\boldsymbol{e}\|/\|\boldsymbol{x}^*\|$ 对解的误差进行估计. 但当 $\|\boldsymbol{A}\|\ \|\boldsymbol{A}^{-1}\|$ 很大时，相对剩余量和相对误差量相差很大，不能对解的误差做出正确的估计.

由先验估计式(5.25)可以看出，原始数据的相对误差 $\dfrac{\|\boldsymbol{\delta b}\|}{\|\boldsymbol{b}\|}$ 和 $\dfrac{\|\boldsymbol{\delta A}\|}{\|\boldsymbol{A}\|}$ 大致被扩大了

$\|\boldsymbol{A}\| \|\boldsymbol{A}^{-1}\|$倍，显然这个量$\|\boldsymbol{A}\| \|\boldsymbol{A}^{-1}\|$越大，则由$\boldsymbol{A}$和$\boldsymbol{b}$相对误差引起的解的误差就可能越大，所以它定量地刻画了方程组$\boldsymbol{Ax}=\boldsymbol{b}$的解对数据初始误差的敏感程度，即方程组的"病态"程度. 另外，从事后误差估计式(5.25)可看出能否用相对剩余量代替相对误差量估计解的误差也取决于量$\|\boldsymbol{A}\| \|\boldsymbol{A}^{-1}\|$的大小. 由此，定义矩阵$\boldsymbol{A}$的条件数.

定义 5.2 对非奇异n阶方阵，称量$\|\boldsymbol{A}\| \|\boldsymbol{A}^{-1}\|$为矩阵的**条件数**，记为$\text{cond}(\boldsymbol{A})=\|\boldsymbol{A}\| \|\boldsymbol{A}^{-1}\|$.

条件数与所取的范数有关，但它反映矩阵"病态"程度的性质不随范数的不同而改变，一般可记为

$$\text{cond}\,(\boldsymbol{A})_p=\|\boldsymbol{A}\|_p \|\boldsymbol{A}^{-1}\|_p,\quad p=1,2,\infty. \tag{5.26}$$

由上面的讨论可知，对方程组的系数矩阵$\boldsymbol{A}$的任一种P-范数，当$\text{cond}\,(\boldsymbol{A})_p$不太大时，则原始数据的误差对解的影响不大. 反之，若$\text{cond}\,(\boldsymbol{A})_p \gg 1$，则原始数据误差对解的影响可能很大，此时称方程组是"病态"的，称系数矩阵$\boldsymbol{A}$为病态矩阵. 因此，条件数的大小定量地反映了线性方程组的病态程度.

定义 5.3 若线性方程组的系数矩阵$\boldsymbol{A}$的条件数$\text{cond}(\boldsymbol{A})$相对很大，称$\boldsymbol{A}$对求解线性代数方程组$\boldsymbol{Ax}=\boldsymbol{b}$是**病态的矩阵**，方程组为**病态方程组**，反之则称其为良态的.

通常使用的矩阵条件数有

(1) $\text{cond}\,(\boldsymbol{A})_\infty=\|\boldsymbol{A}\|_\infty \|\boldsymbol{A}^{-1}\|_\infty$；

(2) 谱条件数 $\text{cond}\,(\boldsymbol{A})_2=\|\boldsymbol{A}\|_2 \|\boldsymbol{A}^{-1}\|_2=\sqrt{\dfrac{\lambda_{\max}(\boldsymbol{A}^{\mathrm{T}}\boldsymbol{A})}{\lambda_{\min}(\boldsymbol{A}^{\mathrm{T}}\boldsymbol{A})}}$.

当$\boldsymbol{A}$为非奇异的实对称矩阵时，因$\boldsymbol{A}^{\mathrm{T}}\boldsymbol{A}=\boldsymbol{A}^2$，若记$\lambda_1(\boldsymbol{A})$和$\lambda_n(\boldsymbol{A})$为矩阵$\boldsymbol{A}$按模最大和最小的特征值，则有$\text{cond}\,(\boldsymbol{A})_2=\lambda_1(\boldsymbol{A})/\lambda_n(\boldsymbol{A})$.

条件数的性质：

(1) 对任何非奇异阵$\boldsymbol{A}$都有$\text{cond}(\boldsymbol{A})\geqslant 1$，单位阵$\boldsymbol{I}$的条件数为1，即$\text{cond}(\boldsymbol{I})=1$；

(2) 矩阵乘非零的常数后条件数不变，即$\forall k\neq 0$有$\text{cond}(k\boldsymbol{A})=\text{cond}(\boldsymbol{A})$；

(3) 对非奇异阵$\boldsymbol{A}$作正交变换后，谱条件数不变，即若$\boldsymbol{Q}$为正交阵，则

$$\text{cond}\,(\boldsymbol{AQ})_2=\text{cond}\,(\boldsymbol{AQ})_2=\text{cond}\,(\boldsymbol{A})_2;$$

(4) 正交阵的谱条件数等于1，即若$\boldsymbol{Q}$是正交阵，则$\text{cond}\,(\boldsymbol{Q})_2=1$.

例 5.1 讨论线性方程组$\begin{cases}7x_1+10x_2=1\\5x_1+7x_2=0.7\end{cases}$的性态.

解：

$$\boldsymbol{A}=\begin{bmatrix}7 & 10\\5 & 7\end{bmatrix},\quad \boldsymbol{A}^{-1}=\begin{bmatrix}-7 & 10\\5 & -7\end{bmatrix},$$

则$\text{cond}\,(\boldsymbol{A})_1=\text{cond}\,(\boldsymbol{A})_\infty=289$，$\text{cond}\,(\boldsymbol{A})_2=223$.

由条件数表明，此问题对原始数据是敏感的. 一般系数矩阵$\boldsymbol{A}$的条件数比方程组的阶数大两个数量级，就认为此方程组是病态方程组.

一个线性方程组的"病态"性质是方程组本身固有的特征，由于求$\boldsymbol{A}^{-1}$比较困难，所以计算一个矩阵$\boldsymbol{A}$的条件数并不容易. 在实际问题中要判断方程组是否病态，可凭一些原始数据粗略做出判断. 有如下四种经验方法(未必可靠)：

(1) 矩阵$\boldsymbol{A}$行列式的值相对很小或$\boldsymbol{A}$某些行近似线性相关，则$\boldsymbol{A}$可能病态；

(2) 矩阵$\boldsymbol{A}$的元素间数量级相差很大，而且无一定规律，则$\boldsymbol{A}$可能病态；

(3) 如果矩阵 $\boldsymbol{A}$ 的最大特征值与最小特征值的模之比很大，则矩阵 $\boldsymbol{A}$ 属于病态；

(4) 对矩阵 $\boldsymbol{A}$ 用选主元约化分解时出现小主元，则多数情况下 $\boldsymbol{A}$ 是病态的.

在实际计算过程中，还可以通过引入不同的扰动进行试算，如果不同扰动计算结果之间的差异显著，则方程组很可能是病态的，否则是良态的.

5.3　解线性代数方程组的迭代解法

迭代法是解线性代数方程组的另一类方法，从方法论的角度看，迭代法也是数值计算领域的重要计算方法. 它以极限理论为基础，基本思想方法为：从任一初始向量 $\boldsymbol{x}^{(0)}\in\mathbf{R}^n$ 出发，按某一迭代规则(算法或格式)，构造向量序列 $\{\boldsymbol{x}^{(k)}\}$，当 $\boldsymbol{x}^{(k)}$ 收敛于 $\boldsymbol{x}^*$ 时，使 $\boldsymbol{x}^*$ 是所给方程组 $\boldsymbol{Ax}=\boldsymbol{b}$ 的解. 由于实际计算过程中一般不需要计算出极限向量 $\boldsymbol{x}^*$，只需按照事先指定的精度范围，迭代计算有限次得到 $\boldsymbol{x}^{(k)}$ 满足精度要求即可停止计算，把 $\boldsymbol{x}^{(k)}\approx\boldsymbol{x}$ 做方程组的近似解. 如果条件允许，可以进一步分析近似解的误差.

要构造出迭代算法，必须解决迭代格式的构造方法和收敛性以及误差分析等问题. 本节将介绍几种经典的迭代法，并讨论其收敛条件. 下一节要介绍的求解线性代数方程组的变分方法本质上也是一种迭代法，但是与本节的思想方法基础不同，故单独讨论.

5.3.1　构造迭代格式的基本思想和收敛性

在求解线性代数方程组的直接解法中，是通过把矩阵 $\boldsymbol{A}$ 分解成 $\boldsymbol{A}=\boldsymbol{M}_{n\times n}\boldsymbol{N}_{n\times n}$ 实现的，其中，$\boldsymbol{N}$ 是上三角阵. 为了构造出迭代格式，对矩阵 $\boldsymbol{A}$ 做如下的加法分解.

令
$$\boldsymbol{A}=\boldsymbol{M}-\boldsymbol{N},\tag{5.27}$$

其中，矩阵 $\boldsymbol{M}$ 应结构简单，而且容易求逆矩阵. 实现式(5.27)的分解是非常容易的，而且不唯一. 式(5.27)回代到式(5.2)，原方程组等价变形为

$$\boldsymbol{Ax}=\boldsymbol{b}\Leftrightarrow\boldsymbol{Mx}=\boldsymbol{Nx}+\boldsymbol{b}\Leftrightarrow\boldsymbol{x}=\boldsymbol{M}^{-1}\boldsymbol{Nx}+\boldsymbol{M}^{-1}\boldsymbol{b}.\tag{5.28}$$

因为已假设 $\boldsymbol{M}^{-1}$ 容易计算，所以式(5.28)的计算也容易. 再记 $\boldsymbol{B}=\boldsymbol{M}^{-1}\boldsymbol{N},\boldsymbol{g}=\boldsymbol{M}^{-1}\boldsymbol{b}$，则有原方程组等价变形为

$$\boldsymbol{x}=\boldsymbol{Bx}+\boldsymbol{g}.\tag{5.29}$$

任取 $\boldsymbol{x}^{(0)}\in\mathbf{R}^n$，代入式(5.29)的右端，算得的结果记为 $\boldsymbol{x}^{(1)}$，再以 $\boldsymbol{x}^{(1)}$ 代入式(5.29)的右端，算得的结果记为 $\boldsymbol{x}^{(2)}$，如此进行下去，就构造出迭代格式

$$\boldsymbol{x}^{(k+1)}=\boldsymbol{Bx}^{(k)}+\boldsymbol{g},\quad k=0,1,\cdots.\tag{5.30}$$

若迭代格式(5.30)得到的向量序列 $\{\boldsymbol{x}^{(k)}\}_{k=0}^{\infty}$ 满足 $\lim\limits_{k\to\infty}\boldsymbol{x}^{(k)}=\boldsymbol{x}$，则称迭代格式(5.30)收敛，否则称其发散.

如果迭代格式(5.30)收敛，其极限向量 $\boldsymbol{x}$ 一定满足 $\boldsymbol{Ax}=\boldsymbol{b}$，因为只要对迭代格式(5.30)两端关于 k 取极限，有

$$\lim_{k\to\infty}\boldsymbol{x}^{(k+1)}=\lim_{k\to\infty}\boldsymbol{Bx}^{(k)}+\boldsymbol{g},\tag{5.31}$$

则
$$\boldsymbol{x}=\boldsymbol{Bx}+\boldsymbol{g}\Leftrightarrow\boldsymbol{Ax}=\boldsymbol{b}.$$

因此,不收敛的迭代格式是没有意义的.由此,在实际计算过程中,判断向量序列$\{\boldsymbol{x}^{(k)}\}_{k=0}^{\infty}$或式(5.31)两端是否有极限就成为最重要的研究目标.

设方程组$\boldsymbol{Ax}=\boldsymbol{b}$的真解是$\boldsymbol{x}$,对第$k$步迭代引进误差向量$\boldsymbol{\varepsilon}^{(k)}=\boldsymbol{x}^{(k)}-\boldsymbol{x}$,则由式(5.29)与式(5.30)得到

$$\boldsymbol{\varepsilon}^{(k)}=\boldsymbol{B}\boldsymbol{\varepsilon}^{(k-1)},\quad k=1,2,\cdots,$$

递推后有

$$\boldsymbol{\varepsilon}^{(k)}=\boldsymbol{B}\boldsymbol{\varepsilon}^{(k-1)}=\boldsymbol{B}^2\boldsymbol{\varepsilon}^{(k-2)}=\cdots=\boldsymbol{B}^k\boldsymbol{\varepsilon}^{(0)},\quad k=1,2,\cdots,$$

其中,$\boldsymbol{\varepsilon}^{(0)}=\boldsymbol{x}^{(0)}-\boldsymbol{x}$.因此,$\{\boldsymbol{x}^{(k)}\}_{k=0}^{\infty}$的收敛性取决于迭代矩阵$\boldsymbol{B}$满足什么条件时有$\boldsymbol{B}^k\to\boldsymbol{0}(k\to\infty)$,而这较难判断.我们使用如下的充分必要条件进行等价判断.

定理 5.1 迭代格式$\boldsymbol{x}^{(k+1)}=\boldsymbol{Bx}^{(k)}+\boldsymbol{g}$对任意初始向量$\boldsymbol{x}^{(0)}$都收敛的充分必要条件是

$$\rho(\boldsymbol{B})<1,\tag{5.32}$$

其中,$\rho(\boldsymbol{B})=\max\limits_{1\leqslant i\leqslant n}|\lambda_i|$,$\lambda_i$是迭代矩阵$\boldsymbol{B}$的特征值,称$\rho(\boldsymbol{B})$为矩阵$\boldsymbol{B}$的**谱半径**.

(证明略)

定理5.1需要计算迭代矩阵$\boldsymbol{B}$的特征值,如果迭代矩阵的阶数比较高,尽管可以采用某些计算特征值的数值方法,也还是有一定的难度.因此,希望根据迭代矩阵$\boldsymbol{B}$的某些特点乃至方程组的系数矩阵$\boldsymbol{A}$的某些特点进行判断,可能更加方便.

定理 5.2 设$\boldsymbol{A}\in\mathbf{R}^{n\times n}$,对于$\|\cdot\|_p(p=1,2,\infty)$有

$$\rho(\boldsymbol{A})\leqslant\|\boldsymbol{A}\|_p.\tag{5.33}$$

证明:设λ是$\boldsymbol{A}$的任一特征值,$\boldsymbol{U}$为相应的特征向量,则有$\boldsymbol{AU}=\lambda\boldsymbol{U}$,两边取范数$\|\lambda\boldsymbol{U}\|_p=|\lambda|\,\|\boldsymbol{U}\|_p=\|\boldsymbol{AU}\|_p\leqslant\|\boldsymbol{A}\|_p\|\boldsymbol{U}\|_p$,即$|\lambda|\leqslant\|\boldsymbol{A}\|_p$.因$\lambda$是$\boldsymbol{A}$的任一特征值,故定理得证.

若$\boldsymbol{A}$是实对称阵,因$\|\boldsymbol{A}\|_2^2=\rho(\boldsymbol{A}^{\mathrm{T}}\boldsymbol{A})=\rho(\boldsymbol{A}^2)=(\rho(\boldsymbol{A}))^2$,因此式(5.33)变为等式,即$\|\boldsymbol{A}\|_2=\rho(\boldsymbol{A})$.

根据定理5.2,可以采用如下的定理来判断迭代格式的收敛性.

定理 5.3 如果迭代格式$\boldsymbol{x}^{(k+1)}=\boldsymbol{Bx}^{(k)}+\boldsymbol{g}(k=0,1,2,\cdots)$的迭代矩阵$\boldsymbol{B}$的某一种范数$\|\boldsymbol{B}\|<1$,则此迭代格式收敛.

注意:这个定理是一个充分条件,所以不满足定理5.3,不能判定不收敛.

定理 5.4 如果迭代格式$\boldsymbol{x}^{(k+1)}=\boldsymbol{Bx}^{(k)}+\boldsymbol{g}(k=0,1,2,\cdots)$的迭代矩阵满足$\|\boldsymbol{B}\|<1$,则有如下误差估计式

$$\|\boldsymbol{x}^{(k)}-\boldsymbol{x}\|\leqslant\frac{\|\boldsymbol{B}\|}{1-\|\boldsymbol{B}\|}\|\boldsymbol{x}^{(k)}-\boldsymbol{x}^{(k-1)}\|,\tag{5.34}$$

$$\|\boldsymbol{x}^{(k)}-\boldsymbol{x}\|\leqslant\frac{\|\boldsymbol{B}\|^k}{1-\|\boldsymbol{B}\|}\|\boldsymbol{x}^{(1)}-\boldsymbol{x}^{(0)}\|.\tag{5.35}$$

证明:由$\boldsymbol{x}=\boldsymbol{Bx}+\boldsymbol{g}$和$\boldsymbol{x}^{(k)}=\boldsymbol{Bx}^{(k-1)}+\boldsymbol{g}$有

$$\boldsymbol{x}^{(k)}-\boldsymbol{x}=\boldsymbol{B}(\boldsymbol{x}^{(k-1)}-\boldsymbol{x})=\boldsymbol{B}(\boldsymbol{x}^{(k-1)}-\boldsymbol{x}^{(k)})+\boldsymbol{B}(\boldsymbol{x}^{(k)}-\boldsymbol{x}),$$

从而

$$\|\boldsymbol{x}^{(k)}-\boldsymbol{x}\|\leqslant\|\boldsymbol{B}\|\,\|\boldsymbol{x}^{(k-1)}-\boldsymbol{x}^{(k)}\|+\|\boldsymbol{B}\|\,\|\boldsymbol{x}^{(k)}-\boldsymbol{x}\|,$$

即
$$\|x^{(k)}-x\|\leqslant\frac{\|B\|}{1-\|B\|}\|x^{(k)}-x^{(k-1)}\|.$$

又因为 $\|x^{(k)}-x^{(k-1)}\|=\|B(x^{(k-1)}-x^{(k-2)})\|$
$$\leqslant\|B\|\,\|x^{(k-1)}-x^{(k-2)}\|\leqslant\cdots\leqslant\|B\|^{k-1}\|x^{(1)}-x^{(0)}\|,$$
将此结果代入式(5.34)即得到式(5.35).

由误差估计式(5.35)知道,一般的 $\|B\|$ 越小,则收敛的速度越快,而且初始近似值 $x^{(0)}$ 的好坏对收敛的快慢也有影响.另由估计式(5.34),只要 $\|B\|$ 不是很接近 1,则用相邻的两次迭代向量的误差 $\|x^{(k)}-x^{(k-1)}\|$ 适当小来控制迭代终止是可行的.若 $\|B\|$ 很接近 1,则 $\rho(B)\approx1$,此时迭代格式收敛将十分缓慢,甚至已不能应用.

如果要考虑舍入误差,则简单迭代法的迭代格式将变为
$$x^{(k)}=(B+E)x^{(k-1)}+g+h,$$

其中,E 和 h 分别表示矩阵 B 和右端向量 g 考虑舍入误差后的等效扰动误差.当迭代法收敛时,迭代解应满足方程组
$$(I-B-E)x=g+h,$$
此时 x 就应是矩阵$(I-B)$有扰动 E 和右端向量 g 有扰动后 h 的上述方程组的真解.一般来说扰动 E 和 h 都很小,所以用简单迭代法可以得到原方程组较好的近似值.但是,当方程组系数矩阵$(I-B)$病态严重时,迭代解与原方程组的真解会有很大差别.

下面讨论迭代法的收敛速度.由误差向量 $\varepsilon^{(k)}=x^{(k)}-x=B^{(k)}\varepsilon^{(0)}$ 可知,$\rho(B)$越小,$\varepsilon^{(k)}\to0$ 越快,于是可用 $\rho(B)$的大小来衡量迭代法收敛的快慢.

定义 5.4　令 $R=-\ln(\rho(B))$称为迭代法的**渐近收敛速度**.

当 $\rho(B)<1$ 时,$\rho(B)$越小,则 R 值越大,迭代格式的收敛速度越快.

5.3.2　三种经典的迭代格式

3.1 节中给出根据系数矩阵进行加法分解得到的迭代格式、收敛性及误差估计的一般理论,现在给出三种经典迭代格式,分别为 Jacobi 迭代、Gauss-Seidel 迭代和松弛迭代(SOR 方法).

为了更好地讨论这三种迭代之间的层次关系,首先给出矩阵 A 的自然分解(分裂):
$$A=D-L-U=D-(L+U),\tag{5.36}$$
其中,$D=\mathrm{diag}(a_{11},a_{22},\cdots,a_{nn})$,且假设 $a_{ii}\neq0,i=1,2,\cdots,n$.
$$L=-\begin{bmatrix}0&0&\cdots&0\\a_{21}&0&\cdots&0\\\vdots&\vdots&&\vdots\\a_{n1}&a_{n(n-1)}&\cdots&0\end{bmatrix},\quad U=-\begin{bmatrix}0&a_{12}&\cdots&a_{1n}\\0&0&\cdots&a_{2n}\\\vdots&\vdots&&\vdots\\0&0&\cdots&0\end{bmatrix}.$$

(1) Jacobi 迭代格式

若令式(5.27)中的 $M=D$,则 $N=L+U$,代入式(5.29)和式(5.30),得

$$\boldsymbol{x}=\boldsymbol{D}^{-1}(\boldsymbol{L}+\boldsymbol{U})\boldsymbol{x}+\boldsymbol{D}^{-1}\boldsymbol{b} \tag{5.37}$$

和

$$\boldsymbol{x}^{(k+1)}=\boldsymbol{D}^{-1}(\boldsymbol{L}+\boldsymbol{U})\boldsymbol{x}^{(k)}+\boldsymbol{D}^{-1}\boldsymbol{b}. \tag{5.38}$$

称式(5.38)为**简单迭代格式**或 **Jacobi 迭代格式**. 通常记 $\boldsymbol{B}_J=\boldsymbol{D}^{-1}(\boldsymbol{L}+\boldsymbol{U})=\boldsymbol{I}-\boldsymbol{D}^{-1}\boldsymbol{A}$,称为Jacobi迭代矩阵,而且仅通过观察,就可非常容易地写出 $\boldsymbol{B}_J$.

从对原方程组的等价变形得到式(5.37)的过程可知,这个过程实际上是把每个方程组的对角线处的未知元放在方程的左端,其他未知元平移到方程右端,然后两端同时除以对角线元素,即可得到式(5.37),因为其构造简单,所以称式(5.38)为简单迭代格式,其分量形式为

$$\begin{aligned} x_i^{(k+1)} &= \left(\boldsymbol{b}_i-\sum_{j=1}^{i-1}a_{ij}x_j^{(k)}-\sum_{j=i+1}^{n}a_{ij}x_j^{(k)}\right)\Big/a_{ii} \\ &= \left(b_i-\sum_{\substack{j=1\\(j\neq 1)}}^{n}a_{ij}x_j^{(k)}\right)\Big/a_{ii} \end{aligned},\quad (i=1,2,\cdots,n) \tag{5.39}$$

(2) Gauss-Seidel 迭代格式

式(5.38)和式(5.39)是从第 k 步的计算结果 $\boldsymbol{x}^{(k)}$ 同步迭代到第 $k+1$ 步,得到 $\boldsymbol{x}^{(k+1)}$. 那么,能否修改这个迭代,让收敛的速度加快呢? 一种直观的做法是:在每一次迭代计算新的分量 $x_i^{(k+1)}$ 时(即第 i 个方程的第 i 个未知元),可以利用前面已经计算出来的分量 $x_j^{(k+1)}$ $(j=1,2,\cdots,i-1)$(即通过前 $i-1$ 个迭代方程已经计算的未知元),将式(5.39)修改为

$$x_i^{(k+1)}=\left(b_i-\sum_{j=1}^{i-1}a_{ij}x_j^{(k+1)}-\sum_{j=i+1}^{n}a_{ij}x_j^{(k)}\right)/a_{ii},\quad i=1,2,\cdots,n. \tag{5.40}$$

称式(5.40)为 **Gauss-Seidel 迭代格式**的分量形式,与式(5.39)的不同之处在于式(5.40)右端出现了第 $k+1$ 步的值,从直观感觉上好像能够加快收敛速度.

问题是:它是否是对原方程组进行等价变形,然后进行迭代计算得到 $\boldsymbol{x}^{(k)}$,如果 $\{\boldsymbol{x}^{(k)}\}_0^\infty$ 收敛,它的极限向量还是原方程组的解么? 答案是肯定的.

要想得到肯定的答案,需要从 Gauss-Seidel 迭代格式的矩阵形式进行判断. 为了导出 Gauss-Seidel 迭代格式的矩阵形式,将式(5.40)等价变形为

$$a_{ii}x_i^{(k+1)}=b_i-\sum_{j=1}^{i-1}a_{ij}x_j^{(k+1)}-\sum_{j=i+1}^{n}a_{ij}x_j^{(k)},\quad i=1,2,\cdots,n. \tag{5.41}$$

这样做的目的是把式(5.40)中除法变成乘法,使得观察迭代矩阵更加方便.

利用 $\boldsymbol{A}=\boldsymbol{D}-\boldsymbol{L}-\boldsymbol{U}$ 的自然分解,将式(5.41)写成矩阵形式

$$\boldsymbol{D}\boldsymbol{x}^{(k+1)}=\boldsymbol{U}\boldsymbol{x}^{(k)}+\boldsymbol{L}\boldsymbol{x}^{(k+1)}+\boldsymbol{b}, \tag{5.42}$$

移项得到 Gauss-Seidel 迭代格式的矩阵形式

$$\boldsymbol{x}^{(k+1)}=(\boldsymbol{D}-\boldsymbol{L})^{-1}\boldsymbol{U}\boldsymbol{x}^{(k)}+(\boldsymbol{D}-\boldsymbol{L})^{-1}\boldsymbol{b}. \tag{5.43}$$

通常称 $\boldsymbol{B}_G=(\boldsymbol{D}-\boldsymbol{L})^{-1}\boldsymbol{U}$ 为 **Gauss-Seidel 迭代矩阵**.

从矩阵分裂的角度看,式(5.42)是在式(5.27)中选取 $\boldsymbol{M}=\boldsymbol{D}-\boldsymbol{L}$ 而已,所以把式(5.42)两端的迭代步数 k 和 $k+1$ 去掉以后,确实是原方程组的等价变形,进而进行迭代计算. 所以,如

果$\{x^{(k)}\}_0^{\infty}$收敛，那么它的极限向量是原方程组的解.

除此之外，还要考虑一个问题：式(5.43)是对式(5.38)的改进，初衷是想加速收敛，确实能达到这个效果么？答案是：不一定.

Jacobi 迭代格式、Gauss-Seidel 迭代的收敛性除了用定理 5.1 和定理 5.3 进行判别以外，还可以用如下的定理进行判别.

定理 5.5　如果 $\boldsymbol{A}\in\mathbf{R}^{n\times n}$ 是严格对角占优阵，则对任意的初值 $\boldsymbol{x}^{(0)}$，Jacobi 迭代法和 Gauss-Seidel 迭代法都是收敛的.

证明：Jacobi 迭代法.

Jacobi 迭代矩阵为 $\boldsymbol{B}_J=\boldsymbol{I}-\boldsymbol{D}^{-1}\boldsymbol{A}$，因 $\boldsymbol{A}$ 的对角元非零，故 $\boldsymbol{D}^{-1}$ 存在，且 $\boldsymbol{B}_J$ 的元素为

$$b_{ij}=\begin{cases}0 & \text{当 } i=j\\ -a_{ij}/a_{ii} & \text{当 } i\neq j\end{cases},$$

由 $\rho(\boldsymbol{B}_J)<\|\boldsymbol{B}_J\|_\infty=\max\limits_{1\leqslant j\leqslant n}\sum\limits_{\substack{i=1\\ j\neq i}}^{n}\left|\dfrac{a_{ij}}{a_{ii}}\right|<1$，Jacobi 迭代法收敛.

Gauss-Seidel 迭代法.

反证法. 设 $\boldsymbol{B}_G=(\boldsymbol{D}-\boldsymbol{L})^{-1}\boldsymbol{U}$ 有特征值 $|\lambda|\geqslant 1$，则由 $\boldsymbol{B}_G\boldsymbol{x}=\lambda\boldsymbol{x}$，方程组 $(\lambda\boldsymbol{I}-\boldsymbol{B}_G)\boldsymbol{x}=\boldsymbol{0}$ 有非零解，于是有

$$\det(\lambda\boldsymbol{I}-\boldsymbol{B}_G)=\det[\lambda\boldsymbol{I}-(\boldsymbol{D}-\boldsymbol{L})^{-1}\boldsymbol{U}]=0,$$

上式可改写为

$$\det(\boldsymbol{D}-\boldsymbol{L})^{-1}\det\left((\boldsymbol{D}-\boldsymbol{L})-\frac{1}{\boldsymbol{\lambda}}\boldsymbol{U}\right)\neq 0.$$

已知 $\boldsymbol{A}$ 严格对角占优，$\boldsymbol{A}$ 的对角元非零，故 $\det((\boldsymbol{D}-\boldsymbol{L})^{-1})\neq 0$. 所以，必须 $\det\left((\boldsymbol{D}-\boldsymbol{L})-\dfrac{1}{\lambda}\boldsymbol{U}\right)=0$，但 $\boldsymbol{A}$ 由严格对角占优可推出 $(\boldsymbol{D}-\boldsymbol{L})-\dfrac{1}{\lambda}\boldsymbol{U}$ 也严格对角占优，它是非奇异阵，应有 $\det\left((\boldsymbol{D}-\boldsymbol{L})-\dfrac{1}{\lambda}\boldsymbol{U}\right)\neq 0$. 推出矛盾，故 $\boldsymbol{B}_G$ 的特征值 $|\lambda|<1$，即 $\rho(\boldsymbol{B}_G)<1$，Gauss-Seidel 迭代法收敛.

定理 5.6　如果 Jacobi 迭代法的迭代矩阵 $\boldsymbol{B}_J=\boldsymbol{I}-\boldsymbol{D}^{-1}\boldsymbol{A}$ 有 $\|\boldsymbol{B}_J\|_\infty<1$，则 Jacobi 迭代和 Gauss-Seidel 迭代均收敛.

(证明略)

定理 5.7　如果 $\boldsymbol{A}$ 是对称正定矩阵，则对任意的初值 $\boldsymbol{x}^{(0)}$，**Gauss-Seidel** 迭代是收敛的.

证明：已知 $\boldsymbol{A}$ 对称则 $\boldsymbol{A}=\boldsymbol{D}-\boldsymbol{L}-\boldsymbol{L}^{\mathrm{T}}$，则 Gauss-Seidel 迭代矩阵为 $\boldsymbol{B}_G=(\boldsymbol{D}-\boldsymbol{L})^{-1}\boldsymbol{L}^{\mathrm{T}}$，设 λ 为其特征值，$\boldsymbol{x}$ 为对应的特征向量，即有 $\boldsymbol{B}_G\boldsymbol{x}=\lambda\boldsymbol{x}$，则

$$(\boldsymbol{D}-\boldsymbol{L})^{-1}\boldsymbol{L}^{\mathrm{T}}\boldsymbol{x}=\lambda\boldsymbol{x},\quad \boldsymbol{L}^{\mathrm{T}}\boldsymbol{x}=\lambda(\boldsymbol{D}-\boldsymbol{L})\boldsymbol{x},$$

两边与 $\boldsymbol{x}$ 作内积，得 $\lambda((\boldsymbol{D}-\boldsymbol{L})\boldsymbol{x},\boldsymbol{x})=(\boldsymbol{L}^{\mathrm{T}}\boldsymbol{x},\boldsymbol{x})$，可得到

$$\lambda=\frac{(\boldsymbol{L}^{\mathrm{T}}\boldsymbol{x},\boldsymbol{x})}{(\boldsymbol{D}\boldsymbol{x},\boldsymbol{x})-(\boldsymbol{L}\boldsymbol{x},\boldsymbol{x})}.$$

$\boldsymbol{A}$ 对称正定必有 $a_{ii}>0$，$i=1,2,\cdots,n$，所以

$$(\boldsymbol{Dx},\boldsymbol{x}) = \sum_{i=1}^{n} a_{ii} \; |x_i|^2 = p > 0.$$

令$(\boldsymbol{Lx},\boldsymbol{x})=a+bi$，则有$(\boldsymbol{L}^{\mathrm{T}}\boldsymbol{x},\boldsymbol{x})=a-bi$，从而得到

$$\lambda=\frac{a-bi}{p-a-bi}, \quad |\lambda|^2=\frac{a^2+b^2}{p(p-2a)+a^2+b^2}.$$

又由$\boldsymbol{A}$正定，则$(\boldsymbol{Ax},\boldsymbol{x})=(\boldsymbol{Dx},\boldsymbol{x})-(\boldsymbol{Lx},\boldsymbol{x})-(\boldsymbol{L}^{\mathrm{T}}\boldsymbol{x},\boldsymbol{x})=p-2a>0$，说明$|\lambda|<1$，即$\rho(\boldsymbol{B}_G)<1$，所以 Gauss-Seidel 迭代格式收敛.

定理 5.8 如果$\boldsymbol{A}$是对称正定矩阵，则 **Jacobi** 迭代收敛的充分必要条件是$2\boldsymbol{D}-\boldsymbol{A}$也对称正定(即将矩阵的全部非对角元改变符号后的矩阵正定).

(证明略)

从以上的定理不难发现 Jacobi 迭代格式与 Gauss-Seidel 迭代格式的收敛性之间不存在必然性，实际计算过程中即便两个格式都收敛，Gauss-Seidel 迭代格式的收敛速度也未必比 Jacobi 迭代格式快. 这虽然与我们的初衷背离，但是并不妨碍我们构造新的计算方法.

(3)超松弛迭代格式-SOR 方法

Gauss-Seidel 迭代法计算简单，但是在实际计算中，其迭代矩阵的谱半径$\rho(\boldsymbol{B}_G)$常接近 1，因此收敛很慢. 为了克服这个缺点，引进一个加速因子ω(又称松弛因子)对 Gauss-Seidel 方法进行修正加速. 这种方法最早是 1950 年由 Young 和 Frankel 针对偏微分方程数值解中离散的线性方程组提出来的，称为逐次超松弛迭代法(Successive Over Relaxation Method)，简称 SOR 方法.

假设已计算出第k步迭代的解$x_i^{(k)}(i=1,2,\cdots,n)$，要求下一次迭代的解$x_i^{(k+1)}(i=1,2,\cdots,n)$.

首先(**预估过程**)，用 Gauss-Seidel 迭代格式的思想计算$\overline{x}_i^{(k+1)}$，把$\overline{x}_i^{(k+1)}$看成对$x_i^{(k+1)}$的预先估计，即

$$\overline{x}_i^{(k+1)} = \left(b_i - \sum_{j=1}^{i-1} a_{ij}x_j^{(k+1)} - \sum_{j=i+1}^{n} a_{ij}x_j^{(k)}\right)/a_{ii}, \quad i=1,2,\cdots,n. \tag{5.44}$$

需要指出的是：式(5.44)不是 Gauss-Seidel 迭代格式，而且无法迭代计算出所有的$\overline{x}_i^{(k+1)}$，这是因为右端的$x^{(k+1)}$未知.

为了使迭代过程可以进行下去，引入一个松弛因子ω，执行如下的校正过程：用松弛因子ω对$\overline{x}_i^{(k+1)}$和$x_i^{(k)}$作一个线性组合(即加权平均的思想)

$$x_i^{(k+1)}=\omega\,\overline{x}_i^{(k+1)}+(1-\omega)x_i^{(k)}, \quad i=1,2,\cdots,n, \tag{5.45}$$

将式(5.44)和式(5.45)合并成为一个统一的计算公式(即消去$\overline{x}_i^{(k+1)}$)，得

$$x_i^{(k+1)} = \frac{\omega}{a_{ii}}\left(b_i - \sum_{j=1}^{i-1} a_{ij}x_j^{(k+1)} - \sum_{j=i+1}^{n} a_{ij}x_j^{(k)}\right)+(1-\omega)x_i^{(k)}. \tag{5.46}$$

显然，当$\omega=1$时，式(5.46)为 Gauss-Seidel 迭代法；当$\omega>1$时，称为超松弛迭代法；当$\omega<1$时，称为低松弛迭代法. 不区别ω的取值情况，对$\omega\neq 1$的情形统称为超松弛法-SOR 方法.

为了用矩阵形式表示 SOR 方法，将式(5.46)改写为

$$a_{ii}x_i^{(k+1)} = \omega\left(b_i - \sum_{j=1}^{i-1} a_{ij}x_j^{(k+1)} - \sum_{j=i+1}^{n} a_{ij}x_j^{(k)}\right) + (1-\omega)a_{ii}x_i^{(k)}, \quad i = 1,2,\cdots,n. \tag{5.47}$$

利用 $\boldsymbol{A}=\boldsymbol{D}-\boldsymbol{L}-\boldsymbol{U}$ 的自然分解式，将式(5.47)写成矩阵形式

$$\boldsymbol{D}\boldsymbol{x}^{(k+1)} = \omega(\boldsymbol{b}+\boldsymbol{L}\boldsymbol{x}^{(k+1)}+\boldsymbol{U}\boldsymbol{x}^{(k)}) + (1-\omega)\boldsymbol{D}\boldsymbol{x}^{(k)}, \tag{5.48}$$

移项得到 SOR 迭代法的矩阵形式

$$\boldsymbol{x}^{(k+1)} = (\boldsymbol{D}-\omega\boldsymbol{L})^{-1}(\omega\boldsymbol{U}+(1-\omega)\boldsymbol{D})\boldsymbol{x}^{(k)} + \omega(\boldsymbol{D}-\omega\boldsymbol{L})^{-1}\boldsymbol{b}, \tag{5.49}$$

通常称记 SOR 法的迭代矩阵 $\boldsymbol{B}_\omega=(\boldsymbol{D}-\omega\boldsymbol{L})^{-1}(\omega\boldsymbol{U}+(1-\omega)\boldsymbol{D})$.

式(5.49)虽然执行了预估一校正过程，但它仍然是原方程组等价变形后进行迭代计算的过程，只不过是在式(5.27)中选取 $\boldsymbol{M}=\frac{1}{\omega}(\boldsymbol{D}-\omega\boldsymbol{L})$. SOR 迭代法的分量形式为

$$x_i^{(k+1)} = x_i^{(k)} + \frac{\omega}{a_{ii}}\left(b_i - \sum_{j=1}^{i-1} a_{ij}x_j^{(k+1)} - \sum_{j=i}^{n} a_{ij}x_j^{(k)}\right), \quad i = 1,2,\cdots,n. \tag{5.50}$$

显然，对任意给定的系数矩阵 $\boldsymbol{A}$，SOR 方法的迭代矩阵的谱半径与松弛因子 ω 的选择是有关系的，因此有必要讨论 ω 的取值与收敛的关系.

定理 5.9　(SOR 方法收敛的必要条件)用 SOR 迭代法求解方程组 $\boldsymbol{A}\boldsymbol{x}=\boldsymbol{b}$，若系数矩阵 $\boldsymbol{A}$ 的对角元 $a_{ii}\neq 0(i=1,2,\cdots,n)$，则 SOR 方法收敛的必要条件是 $0<\omega<2$.

证明：因为 $\boldsymbol{B}_\omega=(\boldsymbol{D}-\omega\boldsymbol{L})^{-1}[\omega\boldsymbol{U}+(1-\omega)\boldsymbol{D}]$，其行列式

$$\det(\boldsymbol{B}_\omega)=\det[(\boldsymbol{D}-\omega\boldsymbol{L})^{-1}]\cdot\det[\omega\boldsymbol{U}+(1-\omega)\boldsymbol{D}]=(1-\omega)^n.$$

设 $\boldsymbol{B}_\omega$ 的特征值为 $\lambda_1,\lambda_2,\cdots,\lambda_n$，则有

$$|\det(\boldsymbol{B}_\omega)| = \left|\prod_{i=1}^{n}\lambda_i\right| = |1-\omega|^n.$$

又因为 $|1-\omega|^n\leqslant(\rho(\boldsymbol{B}_\omega))^n$，则 $\rho(\boldsymbol{B}_\omega)\geqslant|1-\omega|$. 其中，等号当 $\boldsymbol{B}_\omega$ 的所有特征值均按模等于 $|1-\omega|$ 时成立. 再由 SOR 迭代收敛的充要条件 $\rho(\boldsymbol{B}_\omega)<1$，即可得知，若 SOR 方法收敛，则有 $|1-\omega|<1$，即 $0<\omega<2$.

此定理给出了一个 ω 的取值范围，即松弛因子 ω 取在(0, 2)之外是没有意义的. 但是对一般非奇异阵 $\omega\in(0,2)$ 并不是 SOR 方法收敛的充要条件，只是一个必要条件. 实际应用中，针对系数矩阵的特殊性质，还可导出相应的判断迭代法收敛的定理.

定理 5.10　若系数矩阵 $\boldsymbol{A}$ 是对称正定矩阵，则求解方程组 $\boldsymbol{A}\boldsymbol{x}=\boldsymbol{b}$ 的 SOR 迭代法收敛的充分必要条件是 $0<\omega<2$.

(证明略)

定理 5.11　若系数矩阵 $\boldsymbol{A}$ 是严格对角占优矩阵，当 $0<\omega\leqslant 1$ 时，求解方程组 $\boldsymbol{A}\boldsymbol{x}=\boldsymbol{b}$ 的 SOR 迭代法是收敛的.

(证明略)

5.4　解线性代数方程组的变分方法

5.3 节是从方程组的系数矩阵进行分裂的思路导出的迭代法. 本节从另外一种思路初步

介绍目前求解大型稀疏线性代数方程组一大类方法——变分法，进而可以构造出多种迭代方法，该类方法仍然是数值代数领域的研究热点.

我们知道，根据函数极值的必要条件，求多元函数的极值点通常要计算梯度等于零向量的方程组(线性或非线性)的解. 反之，能否把计算线性代数方程组解的问题转化为求一个函数极值点的问题？这个思路是可行的，按照这个思路构造的算法称之为变分法.

5.4.1 对称正定线性代数方程组解的变分原理

设 $\boldsymbol{A}$ 是对称正定矩阵，对应的方程为

$$\boldsymbol{Ax}=\boldsymbol{b}. \tag{5.51}$$

为了从变分的角度研究问题，需要从方程(5.51)出发构造一个函数 $\varphi(\boldsymbol{x}), \boldsymbol{x}\in\mathbf{R}^n$，然后证明其极小值点就是方程(5.51)的解. 为了构造出 $\varphi(x)$，需要找到一个数学工具，这个工具就是内积. 将方程(5.51)改写为 $\Upsilon(\boldsymbol{x})=\boldsymbol{Ax}-\boldsymbol{b}$，并与 $\boldsymbol{x}$ 作内积，即

$$F(x_1,x_2,\cdots,x_n)=(\boldsymbol{Ax}-\boldsymbol{b},\boldsymbol{x})=(\boldsymbol{Ax},\boldsymbol{x})-(\boldsymbol{b},\boldsymbol{x})=\sum_{i,j=1}^{n}a_{ij}x_ix_j-\sum_{i=1}^{n}b_ix_i,$$

它在点 $\boldsymbol{x}_0=(x_1^{(0)},x_2^{(0)},\cdots,x_n^{(0)})^{\mathrm{T}}$ 取极值的必要条件是

$$\frac{\partial F(x_1^{(0)},x_2^{(0)},\cdots,x_n^{(0)})}{\partial x_k}=\sum_{i=1}^{n}(a_{ik}+a_{ki})x_i^{(0)}-b_k=0,\quad k=1,2,\cdots,n.$$

因为 $\boldsymbol{A}$ 是对称矩阵，所以

$$2\sum_{i=1}^{n}a_{ki}x_i^{(0)}=b_k,\quad k=1,2,\cdots,n.$$

由上式可以看出要构造的 $\varphi(\boldsymbol{x})$ 为

$$\varphi(\boldsymbol{x})=\frac{1}{2}(\boldsymbol{Ax},x)-(\boldsymbol{b},\boldsymbol{x})=\frac{1}{2}\boldsymbol{x}^{\mathrm{T}}\boldsymbol{Ax}-\boldsymbol{b}^{\mathrm{T}}\boldsymbol{x}=\frac{1}{2}\sum_{i=1}^{n}\sum_{j=1}^{n}a_{ij}x_ix_j-\sum_{i=1}^{n}b_ix_i. \tag{5.52}$$

因而，$\varphi(x)$的极值点是方程(5.51)的解. 下面简要讨论 $\varphi(\boldsymbol{x})$的基本性质.

(1) 对一切 $\boldsymbol{x}\in\mathbf{R}^n$，有 $\varphi(\boldsymbol{x})$一阶导数，即梯度 $\varphi'(\boldsymbol{x})=\nabla\varphi(\boldsymbol{x})=\mathrm{grad}\ \varphi(\boldsymbol{x})=\boldsymbol{Ax}-\boldsymbol{b}=-\boldsymbol{r}$，也称 $\boldsymbol{r}$ 为方程(5.51)的**余量**(残量、剩余量).

证明：
$$\frac{\partial\varphi}{\partial x_i}=\sum_{j=1}^{n}a_{ij}x_j-b_i=-r_i,\quad i=1,2,\cdots,n,$$

$$\nabla\varphi(\boldsymbol{x})=\mathrm{grad}\ \varphi(\boldsymbol{x})=\begin{bmatrix}\dfrac{\partial\varphi}{\partial x_1} & \cdots & \dfrac{\partial\varphi}{\partial x_n}\end{bmatrix}^{\mathrm{T}}=\boldsymbol{Ax}-\boldsymbol{b}=-\boldsymbol{r}.$$

(2) 对一切 $\boldsymbol{x},\boldsymbol{y}\in\mathbf{R}^n, \boldsymbol{\alpha}\in\mathbf{R}$，有

$$\begin{aligned}\varphi(\boldsymbol{x}+\alpha\boldsymbol{y})&=\frac{1}{2}[\boldsymbol{A}(\boldsymbol{x}+\alpha\boldsymbol{y}),\boldsymbol{x}+\alpha\boldsymbol{y}]-(\boldsymbol{b},\boldsymbol{x}+\alpha\boldsymbol{y})\\&=\frac{1}{2}(\boldsymbol{Ax},\boldsymbol{x})-(\boldsymbol{b},\boldsymbol{x})+\alpha(\boldsymbol{Ax},\boldsymbol{y})-\alpha(\boldsymbol{b},\boldsymbol{y})+\frac{\alpha^2}{2}(\boldsymbol{Ay},\boldsymbol{y})\end{aligned}$$

$$=\varphi(\boldsymbol{x})+\alpha(\boldsymbol{A}\boldsymbol{x}-\boldsymbol{b},\boldsymbol{y})+\frac{\alpha^2}{2}(\boldsymbol{A}\boldsymbol{y},\boldsymbol{y}).$$

(3) 设 $\boldsymbol{x}^*=\boldsymbol{A}^{-1}\boldsymbol{b}$ 为方程(5.51)的解,则

$$\varphi(\boldsymbol{x}^*)=\frac{1}{2}(\boldsymbol{A}\boldsymbol{x}^*,\boldsymbol{x}^*)-(\boldsymbol{b},\boldsymbol{x}^*)=-\frac{1}{2}(\boldsymbol{b},\boldsymbol{A}^{-1}\boldsymbol{b})=-\frac{1}{2}(\boldsymbol{A}\boldsymbol{x}^*,\boldsymbol{x}^*).$$

(4) 对一切 $\boldsymbol{x}\in\mathbf{R}^n$,有

$$\begin{aligned}\varphi(\boldsymbol{x})-\varphi(\boldsymbol{x}^*)&=\frac{1}{2}(\boldsymbol{A}\boldsymbol{x},\boldsymbol{x})-(\boldsymbol{b},\boldsymbol{x})+\frac{1}{2}(\boldsymbol{A}\boldsymbol{x}^*,\boldsymbol{x}^*)\\&=\frac{1}{2}(\boldsymbol{A}\boldsymbol{x},\boldsymbol{x})-(\boldsymbol{A}\boldsymbol{x}^*,\boldsymbol{x})+\frac{1}{2}(\boldsymbol{A}\boldsymbol{x}^*,\boldsymbol{x}^*)\\&=\frac{1}{2}[\boldsymbol{A}(\boldsymbol{x}-\boldsymbol{x}^*),\boldsymbol{x}-\boldsymbol{x}^*].\end{aligned}$$

(5) 对 $\varphi(\boldsymbol{x})$求二阶导数,即 $\varphi(\boldsymbol{x})$的 Hessian 阵为 $\mathbf{A}$.

$$\varphi''(\boldsymbol{x})=\boldsymbol{D}\,\nabla\varphi(\boldsymbol{x})=\begin{bmatrix}\frac{\partial^2\varphi(x)}{\partial x_1^2} & \frac{\partial^2\varphi(x)}{\partial x_2\partial x_1} & \cdots & \frac{\partial^2\varphi(x)}{\partial x_n\partial x_1}\\ \frac{\partial^2\varphi(x)}{\partial x_1\partial x_2} & \frac{\partial^2\varphi(x)}{\partial x_2^2} & \cdots & \frac{\partial^2\varphi(x)}{\partial x_n\partial x_2}\\ \vdots & \vdots & & \vdots\\ \frac{\partial^2\varphi(x)}{\partial x_1\partial x_n} & \frac{\partial^2\varphi(x)}{\partial x_2\partial x_n} & \cdots & \frac{\partial^2\varphi(x)}{\partial x_n^2}\end{bmatrix}=\mathbf{A}.$$

引理 5.2　设 n 元实函数 $f(\boldsymbol{x})=f(x_1,x_2,\cdots,x_n)$在点 $p_0=(a_1,a_2,\cdots,a_n)$的某个邻域内连续,且有一阶及二阶连续的偏导数,如果

(Ⅰ) $\left.\frac{\partial f}{\partial x_k}\right|_{p_0}=0$;

(Ⅱ) $\boldsymbol{H}=\begin{bmatrix}\left.\frac{\partial^2 f}{\partial x_1^2}\right|_{P_0} & \left.\frac{\partial^2 f}{\partial x_1\partial x_2}\right|_{P_0} & \cdots & \left.\frac{\partial^2 f}{\partial x_1\partial x_n}\right|_{P_0}\\ \left.\frac{\partial^2 f}{\partial x_1\partial x_2}\right|_{P_0} & \left.\frac{\partial^2 f}{\partial x_2^2}\right|_{P_0} & \cdots & \left.\frac{\partial^2 f}{\partial x_2\partial x_n}\right|_{P_0}\\ \vdots & \vdots & & \vdots\\ \left.\frac{\partial^2 f}{\partial x_1\partial x_n}\right|_{P_0} & \left.\frac{\partial^2 f}{\partial x_2\partial x_n}\right|_{P_0} & \cdots & \left.\frac{\partial^2 f}{\partial x_n^2}\right|_{P_0}\end{bmatrix}$ 是正(负)定矩阵,则 $f(a_1,a_2,\cdots,a_n)$是 $f(x)$的极小(大)值.

定理 5.12　若 $\mathbf{A}$ 对称正定,则 $\boldsymbol{x}^*=\boldsymbol{A}^{-1}\boldsymbol{b}$ 为方程(5.51)的解的充要条件是:$\boldsymbol{x}^*$ 是 $\varphi(\boldsymbol{x})$的极小值点,即

$$\boldsymbol{x}^*=\boldsymbol{A}^{-1}\boldsymbol{b}\Leftrightarrow\varphi(\boldsymbol{x}^*)=\min_{x\in\mathbf{R}^n}\varphi(\boldsymbol{x}).\tag{5.53}$$

证明:必要性.设 $\boldsymbol{x}^*=\boldsymbol{A}^{-1}\boldsymbol{b}$,由 $\mathbf{A}$ 的正定性及性质(4)得 $\varphi(\boldsymbol{x})-\varphi(\boldsymbol{x}^*)\geqslant 0$.所以 $\varphi(\boldsymbol{x}^*)\leqslant\varphi(\boldsymbol{x})$,$\forall\,\boldsymbol{x}\in\mathbf{R}^n$,即 $\boldsymbol{x}^*$ 使 $\varphi(\boldsymbol{x})$达到最小.

充分性.若 $\boldsymbol{x}^*$ 是 $\varphi(\boldsymbol{x})$的极小值点,因为 $\varphi(\boldsymbol{x})$的 Hessian 阵为 $\mathbf{A}$(即存在唯一极小值点),

所以 $\boldsymbol{x}^*$ 是 $\varphi(\boldsymbol{x})$的最小值点,则有

$$\operatorname{grad}\varphi(\boldsymbol{x})\big|_{x=x^*}=\boldsymbol{A}\boldsymbol{x}^*-\boldsymbol{b}=\boldsymbol{0},$$

所以 $\boldsymbol{x}^*$ 是方程(5.51)的解.

定理 5.12 从理论上解决了对称正定线性代数方程组的解与构造的二次函数 $\varphi(\boldsymbol{x})$的极小值点的等价性,称为求解对称正定线性代数方程组解的**变分原理**.但是,不难发现,如果继续按照微积分的思路计算 $\varphi(\boldsymbol{x})$的极小值点(充分性),就又绕回到方程(5.51)了.因而,需要研究这个极小值点的新方法.

5.4.2 求解极小值点的一般方法

求二次泛函 $\varphi(\boldsymbol{x})$的一般方法是:构造一个向量序列$\{\boldsymbol{x}^{(k)}\}$,使 $\varphi(\boldsymbol{x}^{(k)})\to\min\varphi(\boldsymbol{x})$.

通常采用如下的迭代方法进行求解.

(1) 任取一个初始向量 $\boldsymbol{x}^{(0)}\in\mathbf{R}^n$;

(2) 构造迭代格式:$\boldsymbol{x}^{(k+1)}=\boldsymbol{x}^{(k)}+\boldsymbol{\alpha}_k\boldsymbol{p}^{(k)}(k=0,1,\cdots)$,称 $\boldsymbol{p}^{(k)}$ 为**搜索方向**,α_k 为**搜索步长**.

(3) 逐步选择 $p^{(k)}$ 和 α_k,使得 $\varphi(x^{(k)})$逐步下降,即

$$\varphi(\boldsymbol{x}^{(k+1)})=\varphi(\boldsymbol{x}^{(k)}+\alpha_k\boldsymbol{p}^{(k)})\leqslant\varphi(\boldsymbol{x}^{(k)}).$$

当 $k\to\infty$时,有 $\varphi(\boldsymbol{x}^{(k)})\to\varphi(\boldsymbol{x}^*)=\min\limits_{x\in R^n}\varphi(\boldsymbol{x})$.

(4) 给出误差限 ε,直到

$$\|\boldsymbol{x}^{(k)}-\boldsymbol{x}^{(k-1)}\|<\varepsilon\quad\text{或}\quad\|\boldsymbol{r}^{(k)}\|=\|\boldsymbol{b}-\boldsymbol{A}\boldsymbol{x}^{(k)}\|<\varepsilon,$$

终止迭代,取 $\boldsymbol{x}^{(k)}$ 为满足精度的数值解.

(5) 对迭代格式

$$\varphi(\boldsymbol{x}^{(k+1)})=\varphi(\boldsymbol{x}^{(k)}+\alpha_k\boldsymbol{p}^{(k)}),$$

关键的问题是如何确定搜索方向 $\boldsymbol{p}^{(k)}$ 和搜索步长 α_k.

假定搜索方向 $\boldsymbol{p}^{(k)}$ 已经确定,需要确定搜索步长 α_k,使得从第 k 步到第$k+1$ 步是最优的,即

$$\varphi(\boldsymbol{x}^{(k+1)})=\varphi(\boldsymbol{x}^{(k)}+\alpha_k\boldsymbol{p}^{(k)})=\min_{\alpha\in R}\varphi(x^{(k)}+\alpha\boldsymbol{p}^{(k)}),\tag{5.54}$$

这称为沿 $\boldsymbol{p}^{(k)}$ 方向的一维极小搜索,此时 $\varphi(\boldsymbol{x}^{(k+1)})$在 $\boldsymbol{p}^{(k)}$ 方向上达到局部极小.

对确定的搜索方向 $\boldsymbol{p}^{(k)}$,构造一个关于 α 的函数,即

$$\begin{aligned}F(\alpha)&=\varphi(\boldsymbol{x}^{(k+1)})=\varphi(\boldsymbol{x}^{(k)}+\alpha\boldsymbol{p}^{(k)})\\&=\frac{1}{2}(\boldsymbol{A}(\boldsymbol{x}^{(k)}+\alpha\boldsymbol{p}^{(k)}),\boldsymbol{x}^{(k)}+\alpha\boldsymbol{p}^{(k)})-(b,\boldsymbol{x}^{(k)}+\alpha\boldsymbol{p}^{(k)})\\&=\frac{1}{2}(\boldsymbol{A}\boldsymbol{x}^{(k)},\boldsymbol{x}^{(k)})-(\boldsymbol{b},\boldsymbol{x}^{(k)})+\alpha(\boldsymbol{A}\boldsymbol{x}^{(k)},\boldsymbol{p}^{(k)})-\alpha(\boldsymbol{b},\boldsymbol{p}^{(k)})+\frac{\alpha^2}{2}(\boldsymbol{A}\boldsymbol{p}^{(k)},\boldsymbol{p}^{(k)})\\&=\varphi(\boldsymbol{x}^{(k)})+\alpha(\boldsymbol{A}\boldsymbol{x}^{(k)}-\boldsymbol{b},\boldsymbol{p}^{(k)})+\frac{\alpha^2}{2}(\boldsymbol{A}\boldsymbol{p}^{(k)},\boldsymbol{p}^{(k)})\\&=\varphi(\boldsymbol{x}^{(k)})-\alpha(\boldsymbol{r}^{(k)},\boldsymbol{p}^{(k)})+\frac{\alpha^2}{2}(\boldsymbol{A}\boldsymbol{p}^{(k)},\boldsymbol{p}^{(k)}).\end{aligned}$$

令 $F'(\alpha)=0$(或根据抛物线的性质),由

$$F'(\alpha)=-(\boldsymbol{r}^{(k)},\boldsymbol{p}^{(k)})+\alpha(\boldsymbol{A}\boldsymbol{p}^{(k)},\boldsymbol{p}^{(k)}).$$

注:这个导数也可以根据复合函数求导来进行,即

$$
\begin{aligned}
F'(\alpha) &= \boldsymbol{p}_k^{\mathrm{T}}[\boldsymbol{A}(\boldsymbol{x}^{(k)}+\alpha\boldsymbol{p}^{(k)})-\boldsymbol{b}] \\
&= \boldsymbol{p}_k^{\mathrm{T}}(-\boldsymbol{r}^{(k)}+\alpha\boldsymbol{A}\boldsymbol{p}^{(k)}) \\
&= -(\boldsymbol{r}^{(k)},\boldsymbol{p}^{(k)})+\alpha(\boldsymbol{A}\boldsymbol{p}^{(k)},\boldsymbol{p}^{(k)}).
\end{aligned} \tag{5.55}
$$

因为 $F''(\alpha)=(\boldsymbol{A}\boldsymbol{p}^{(k)},\boldsymbol{p}^{(k)})>0$,且 $\boldsymbol{A}$ 是对称正定矩阵,所以

$$-(\boldsymbol{r}^{(k)},\boldsymbol{p}^{(k)})+\alpha(\boldsymbol{A}\boldsymbol{p}^{(k)},\boldsymbol{p}^{(k)})=0,$$

得最优步长

$$\alpha=\frac{(\boldsymbol{r}^{(k)},\boldsymbol{p}^{(k)})}{(\boldsymbol{A}\boldsymbol{p}^{(k)},\boldsymbol{p}^{(k)})}. \tag{5.56}$$

取 $\alpha_k=\dfrac{(\boldsymbol{r}^{(k)},\boldsymbol{p}^{(k)})}{(\boldsymbol{A}\boldsymbol{p}^{(k)},\boldsymbol{p}^{(k)})}$,即 α_k 是在 $\boldsymbol{p}^{(k)}$ 方向上,使 $\varphi(\boldsymbol{x}^{(k)}+\alpha\boldsymbol{p}^{(k)})$ 达到局部极小的点,或者说是从第 k 步到第 $k+1$ 步是最优步长.

5.4.3 最速下降法

求 φ 的极小值点最简单的方法就是最速下降法,即从初值点 $\boldsymbol{x}^{(0)}$ 出发,选择“最快的速度”下降到 φ 的极小值. 假设已计算出 $\boldsymbol{x}^{(k)}$,由于在点 $\boldsymbol{x}^{(k)}$ 的梯度方向是函数值增加最快的方向,所以选择负梯度方向为搜索方向,$\boldsymbol{p}^{(k)}=-\mathrm{grad}(\varphi(\boldsymbol{x}^{(k)}))=\boldsymbol{r}^{(k)}$ 就是使 φ 局部下降最快的方向. 因此,称为**最速下降法**.

其迭代公式为:

(1) 选取 $\boldsymbol{x}^{(0)}\in\mathbf{R}^n$;

(2) 对 $k=0,1,2,\cdots$,

$$
\begin{aligned}
r^{(k)} &= \boldsymbol{b}-\boldsymbol{A}\boldsymbol{x}^{(k)}, \\
\alpha_k &= \frac{(\boldsymbol{r}^{(k)},\boldsymbol{r}^{(k)})}{(\boldsymbol{A}\boldsymbol{r}^{(k)},\boldsymbol{r}^{(k)})}, \\
\boldsymbol{x}^{(k+1)} &= \boldsymbol{x}^{(k)}+\alpha_k\boldsymbol{r}^{(k)}.
\end{aligned} \tag{5.57}
$$

当 $\|\boldsymbol{x}^{(k+1)}-\boldsymbol{x}^{(k)}\|<\varepsilon$ 时,终止迭代.

定理 5.13 设对称正定矩阵 $\boldsymbol{A}$ 的特征值 λ_i 满足 $0<\lambda_1\leqslant\cdots\leqslant\lambda_n$. 则由迭代法(5.57)产生的点列 $\{\boldsymbol{x}^{(k)}\}_{k=0}^{\infty}$ 满足

$$\|\boldsymbol{x}^{(k)}-\boldsymbol{x}^*\|_A\leqslant\left(\frac{\lambda_n-\lambda_1}{\lambda_1+\lambda_n}\right)^k\|\boldsymbol{x}^{(0)}-\boldsymbol{x}^*\|_A, \tag{5.58}$$

其中,$\boldsymbol{x}^*=\boldsymbol{A}^{-1}\boldsymbol{b}$, $\|\boldsymbol{x}\|_A=\sqrt{\boldsymbol{x}^{\mathrm{T}}\boldsymbol{A}\boldsymbol{x}}=\sqrt{\sum\limits_{i,j=1}^{n}x_i a_{ij}x_j}$.

(证明略)

定理 5.13 表明,$\lim\limits_{k\to\infty}\boldsymbol{x}^{(k)}=\boldsymbol{x}^*=\boldsymbol{A}^{-1}\boldsymbol{b}$,即最速下降法理论上是收敛的. 但当 $\lambda_n\gg\lambda_1$ 时,$\dfrac{\lambda_n-\lambda_1}{\lambda_n+\lambda_1}\approx1$,最速下降法将会收敛很慢. 另外,不难验证最速下降法中相邻两次搜索方向是正交

的，即$(\boldsymbol{r}^{(k+1)},\boldsymbol{r}^{(k)})=0$.

5.4.4 共轭梯度法

共轭梯度法也称共轭余量(斜量)法，该方法的理论性比较强，需要读者具有较强的矩阵计算基础. 为了将问题简单化，这里仅给出具体的思路以及基本结论，关于该方法的理论基础，请读者参考相关资料.

与最速下降法不同的是，共轭梯度法选取修正方向$\boldsymbol{p}^{(k)}$和最优修正步长α_k不同. 首先引入$\boldsymbol{A}$-共轭的(亦称$\boldsymbol{A}$-正交的)概念.

定义 5.5 设$\boldsymbol{A}\in\mathbf{R}^{n\times n}$，向量$\boldsymbol{p}^{(k)}\in\mathbf{R}^n(k=0,1,2,\cdots)$，如果

$$(\boldsymbol{A}\boldsymbol{p}^{(i)},\boldsymbol{p}^{(j)})=(\boldsymbol{p}^{(i)},\boldsymbol{A}\boldsymbol{p}^{(j)})=0 \quad (i\neq j), \tag{5.59}$$

则称向量$\boldsymbol{p}^{(i)}$和$\boldsymbol{p}^{(j)}$是关于$\boldsymbol{A}$-**共轭**的. 特别地，当$\boldsymbol{A}=\boldsymbol{I}$时，就是通常的正交概念.

假设在$\mathbf{R}^n$中找到一组$\boldsymbol{A}$-共轭向量组$\{\boldsymbol{p}^{(k)}\}$，我们还是用计算式$\boldsymbol{x}^{(k+1)}=\boldsymbol{x}^{(k)}+\alpha_k\boldsymbol{p}^{(k)}$来构造解向量序列$\{\boldsymbol{x}^{(k)}\}$，使得

$$\varphi(\boldsymbol{x}^{(k)})\to\varphi(\boldsymbol{x}^*)=\min_{x\in R^n}\varphi(\boldsymbol{x}) \quad (k\to\infty),$$

关于最优修正步长α_k，也仍然可以通过使

$$F(\alpha)=\varphi(\boldsymbol{x}^{(k)}+\alpha\boldsymbol{p}^{(k)})$$

达到极小时的极小点来求得，类似于式(5.57)的求解过程可得到

$$\alpha_k=(\boldsymbol{r}^{(k)},\boldsymbol{p}^{(k)})/(\boldsymbol{p}^{(k)},\boldsymbol{A}\boldsymbol{p}^{(k)}), \tag{5.60}$$

其中，$\boldsymbol{r}^{(k)}=\boldsymbol{b}-\boldsymbol{A}\boldsymbol{x}^{(k)}$是残向量，$\boldsymbol{p}^{(k)}$是假设已知的关于$\boldsymbol{A}$-共轭的修正方向.

对任意的初始向量$\boldsymbol{x}^{(0)}$，残量$\boldsymbol{r}^{(0)}=\boldsymbol{b}-\boldsymbol{A}\boldsymbol{x}^{(0)}$.

(1) 从$\boldsymbol{x}^{(0)}$出发，沿$\boldsymbol{p}^{(0)}=\boldsymbol{r}^{(0)}$寻找新的近似向量$\boldsymbol{x}^{(1)}$.

$$\begin{aligned}&\boldsymbol{x}^{(1)}=\boldsymbol{x}^{(0)}+\alpha_0\boldsymbol{p}^{(0)}=\boldsymbol{x}^{(0)}+\alpha_0\boldsymbol{r}^{(0)},\\&\alpha_0=(\boldsymbol{r}^{(0)},\boldsymbol{p}^{(0)})/(\boldsymbol{p}^{(0)},\boldsymbol{A}\boldsymbol{p}^{(0)}),\\&\boldsymbol{r}^{(1)}=\boldsymbol{b}-\boldsymbol{A}\boldsymbol{x}^{(1)}.\end{aligned}$$

(2) 从$\boldsymbol{x}^{(1)}$出发，沿$\boldsymbol{p}^{(1)}=\boldsymbol{r}^{(1)}+\boldsymbol{\beta}_0\boldsymbol{p}^{(0)}$(这是因为$\boldsymbol{r}^{(1)}$是下降方向，$\boldsymbol{p}^{(0)}=\boldsymbol{r}^{(0)}$也是下降方向，那么它们的组合方向可能下降速度会更快)寻找新的近似解$\boldsymbol{x}^{(2)}$，$\boldsymbol{x}^{(2)}=\boldsymbol{x}^{(1)}+\alpha_1\boldsymbol{p}^{(1)}$，$\alpha_1=(\boldsymbol{r}^{(1)},\boldsymbol{p}^{(1)})/(\boldsymbol{p}^{(1)},\boldsymbol{A}\boldsymbol{p}^{(1)})$. 其中，$\beta_0$是一个待定的参数，它可通过要求$\boldsymbol{p}^{(0)}$与$\boldsymbol{p}^{(1)}$满足$\boldsymbol{A}$-共轭的条件而求出，即要求

$$(\boldsymbol{A}\boldsymbol{p}^{(0)},\boldsymbol{p}^{(1)})=(\boldsymbol{A}\boldsymbol{p}^{(0)},\boldsymbol{r}^{(1)}+\beta_0\boldsymbol{p}^{(0)})=0,$$

从而得到

$$\beta_0=-(\boldsymbol{r}^{(1)},\boldsymbol{A}\boldsymbol{p}^{(0)})/(\boldsymbol{p}^{(0)},\boldsymbol{A}\boldsymbol{p}^{(0)}).$$

假设$\boldsymbol{x}^{(k)}$已求得，从$\boldsymbol{x}^{(k)}$出发沿修正方向$\boldsymbol{p}^{(k)}=\boldsymbol{r}^{(k)}+\boldsymbol{\beta}_{k-1}\boldsymbol{p}^{(k-1)}$寻找新的近似解$\boldsymbol{x}^{(k+1)}$. 类似的，从要求$\boldsymbol{p}^{(k-1)}$与$\boldsymbol{p}^{(k)}$满足$\boldsymbol{A}$-共轭条件$(\boldsymbol{A}\boldsymbol{p}^{(k-1)},\boldsymbol{p}^{(k)})=0$得到

$$\beta_{k-1}=-(\boldsymbol{r}^{(k)},\boldsymbol{A}\boldsymbol{p}^{(k-1)})/(\boldsymbol{p}^{(k-1)},\boldsymbol{A}\boldsymbol{p}^{(k-1)}),$$

于是求新的近似解 $\boldsymbol{x}^{(k+1)}$ 的计算公式为

$$\boldsymbol{x}^{(k+1)}=\boldsymbol{x}^{(k)}+\alpha_k\boldsymbol{p}^{(k)}.$$

一般情况下,可以归纳出共轭斜量法求解系数矩阵是对称正定的线性方程组 $\boldsymbol{Ax}=\boldsymbol{b}$ 的算法流程:

任取 $\boldsymbol{x}^{(0)}\in\mathbf{R}^n$, $\boldsymbol{r}^{(0)}=\boldsymbol{b}-\boldsymbol{Ax}^{(0)}$, $\boldsymbol{p}^{(0)}=\boldsymbol{r}^{(0)}$,对 $k=0,1,2,\cdots$,

$$\begin{aligned}&\alpha_k=(\boldsymbol{r}^{(k)},\boldsymbol{p}^{(k)})/(\boldsymbol{p}^{(k)},\boldsymbol{Ap}^{(k)}),\\&\boldsymbol{x}^{(k+1)}=\boldsymbol{x}^{(k)}+\boldsymbol{\alpha}_k\boldsymbol{p}^{(k)},\\&\boldsymbol{p}^{(k+1)}=\boldsymbol{r}^{(k+1)}+\beta_k\boldsymbol{p}^{(k)},\\&\beta_k=-(\boldsymbol{r}^{(k+1)},\boldsymbol{Ap}^{(k)})/(\boldsymbol{p}^{(k)},\boldsymbol{Ap}^{(k)}),\\&\boldsymbol{r}^{(k+1)}=\boldsymbol{b}-\boldsymbol{Ax}^{(k+1)}.\end{aligned}\tag{5.61}$$

在实际计算中,还可以利用向量组 $\{\boldsymbol{r}^{(k)}\}$ 与 $\{\boldsymbol{p}^{(k)}\}$ 之间的关系,逐次用残向量 $\{\boldsymbol{r}^{(k)}\}$ 来构造 $\boldsymbol{A}$-共轭向量组 $\{\boldsymbol{p}^{(k)}\}$,将计算公式进一步简化,变得更为实用.

根据上述计算过程有

$$\begin{cases}\boldsymbol{r}^{(k+1)}=\boldsymbol{b}-\boldsymbol{Ax}^{(k+1)}=\boldsymbol{b}-\boldsymbol{Ax}^{(k)}-\alpha_k\boldsymbol{Ap}^{(k)}=\boldsymbol{r}^{(k)}-\alpha_k\boldsymbol{Ap}^{(k)}\\\boldsymbol{p}^{(k+1)}=\boldsymbol{r}^{(k+1)}+\beta_k\boldsymbol{p}^{(k)}\end{cases},\tag{5.62}$$

将 $k=0,1,2,\cdots$ 逐个代入后可得到

$$\begin{cases}\boldsymbol{r}^{(k+1)}=\boldsymbol{r}^{(0)}-\alpha_0\boldsymbol{Ap}^{(0)}-\alpha_1\boldsymbol{Ap}^{(1)}-\cdots-\alpha_k\boldsymbol{Ap}^{(k)}\\\boldsymbol{p}^{(k+1)}=\boldsymbol{r}^{(k+1)}+\beta_k\boldsymbol{r}^{(k)}+\beta_k\boldsymbol{\beta}_{k-1}\boldsymbol{r}^{(k-1)}+\cdots+\beta_k\beta_{k-1}\cdots\beta_0\boldsymbol{r}^{(0)}\\\boldsymbol{r}^{(k+1)}=\boldsymbol{p}^{(k+1)}-\beta_k\boldsymbol{p}^{(k)}\end{cases}.$$

由这些关系式可以推出按以上过程求出解向量 $\boldsymbol{x}^{(k)}$ 的残向量组 $\{\boldsymbol{r}^{(k)}\}$ 是一个正交向量组.

共轭梯度法(5.61)的最基本性质可归纳为如下定理:

定理 5.14　设对任给的初值 $\boldsymbol{x}_0\in\mathbf{R}^n$,已用迭代公式(5.61)迭代了 m 次($m<n$),则对任意的 k, $1\leqslant k\leqslant m$,有

(1) $(\boldsymbol{p}_i,\boldsymbol{r}_k)=0$, $i=0,1,\cdots,k-1$;　　(2) $(\boldsymbol{r}_i,\boldsymbol{r}_k)=0$, $i=0,1,\cdots,k-1$;

(3) $(\boldsymbol{p}_i,\boldsymbol{p}_k)_A=0$, $i=0,1,\cdots,k-1$;

(4) $\mathrm{span}\{\boldsymbol{r}_0,\boldsymbol{r}_1,\cdots,\boldsymbol{r}_k\}=\mathrm{span}\{\boldsymbol{p}_0,\boldsymbol{p}_1,\cdots,\boldsymbol{p}_k\}=\mathrm{span}\{\boldsymbol{r}_0,\boldsymbol{Ar}_0,\cdots,\boldsymbol{A}^k\boldsymbol{r}_0\}$.

采用数学归纳法进行证明,具体证明过程略.

定理 5.14 表明,如果采用算法(5.61),得到余量 $\boldsymbol{r}_0,\boldsymbol{r}_1,\cdots,\boldsymbol{r}_m$ 互相正交,方向向量 $\boldsymbol{p}_0,\cdots,\boldsymbol{p}_m$ 互相共轭,所以它们构成线性空间 $\mathrm{span}\{\boldsymbol{r}_0,\boldsymbol{r}_1,\cdots,\boldsymbol{r}_k\}$ 的一个基,并且它是 $\mathbf{R}^n$ 的子空间,这个子空间的维数是 $m+1$,而它的维数至多是 n 维的,所以 $m+1\leqslant n$,即 $m\leqslant n-1$,从而若存在余量 $\boldsymbol{r}_n$,由定理 5.14 知, $\boldsymbol{r}_n$ 与 $\boldsymbol{r}_0,\boldsymbol{r}_1,\cdots,\boldsymbol{r}_{n-1}$ 都正交,则 $\boldsymbol{r}_n=0$,否则 $\mathrm{span}\{\boldsymbol{r}_0,\boldsymbol{r}_1,\cdots,\boldsymbol{r}_k\}$ 的维数超过 n 维,产生矛盾.因而,在算法(5.61)中假定没有舍入误差的条件下,最多经过 n 次迭代即可得到方程组(5.51)的精确解 $\boldsymbol{x}^*$.所以,这种计算方法实际上是一种直接解法,所谓直接解法是指经过有限次计算就可以得到方程组的解的算法.但是,由于在计算的过程中存在舍入误差,使用算法(5.61)并不能在 n 次迭代后给出 $\boldsymbol{x}^*$,所以把它当作迭代法使用.

通常记　　$K(\boldsymbol{A},\boldsymbol{r}_0,\boldsymbol{j})=\mathrm{span}\{\boldsymbol{r}_0,\boldsymbol{Ar}_0,\cdots,\boldsymbol{A}^{j-1}\boldsymbol{r}_0\}$,

并称之为 **Krylov 子空间**.

此外,从定理 5.14 的(1)和(2),也就是余量的正交性,可知,

$$(\boldsymbol{r}_k,\boldsymbol{r}_k)=(\boldsymbol{r}_k,\boldsymbol{r}_{k-1}-\alpha_k\boldsymbol{A}\boldsymbol{p}_{k-1})=-\alpha_k(\boldsymbol{r}_k,\boldsymbol{p}_{k-1})_A,$$
$$(\boldsymbol{r}_{k-1},\boldsymbol{r}_{k-1})=(\boldsymbol{r}_{k-1},\boldsymbol{p}_{k-1}-\beta_{k-1}\boldsymbol{p}_{k-2})=(\boldsymbol{r}_{k-1},\boldsymbol{p}_{k-1})=\alpha_k(\boldsymbol{p}_{k-1},\boldsymbol{p}_{k-1})_A,$$

代入到搜索步长公式

$$\alpha_k=(\boldsymbol{r}_{k-1},\boldsymbol{p}_{k-1})/(\boldsymbol{p}_{k-1},\boldsymbol{p}_{k-1})_A,$$

即得

$$\alpha_k=(\boldsymbol{r}_{k-1},\boldsymbol{r}_{k-1})/(\boldsymbol{p}_{k-1},\boldsymbol{p}_{k-1})_A,$$

进而,利用公式

$$\beta_k=-(\boldsymbol{p}_{k-1},\boldsymbol{r}_k)_A/(\boldsymbol{p}_{k-1},\boldsymbol{p}_{k-1})_A$$

可得

$$\beta_k=(\boldsymbol{r}_k,\boldsymbol{r}_k)/(\boldsymbol{r}_{k-1},\boldsymbol{r}_{k-1}),$$

于是得到如下的算法

$$\begin{aligned}&\alpha_k=(\boldsymbol{r}_{k-1},\boldsymbol{r}_{k-1})/(\boldsymbol{p}_{k-1},\boldsymbol{p}_{k-1})_A,\\&\boldsymbol{x}_k=\boldsymbol{x}_{k-1}+\boldsymbol{\alpha}_k\boldsymbol{p}_{k-1},\\&\boldsymbol{r}_k=\boldsymbol{r}_{k-1}-\alpha_k\boldsymbol{A}\boldsymbol{p}_{k-1},\\&\beta_k=(\boldsymbol{r}_k,\boldsymbol{r}_k)/(\boldsymbol{r}_{k-1},\boldsymbol{r}_{k-1}),\\&\boldsymbol{p}_k=\boldsymbol{r}_k+\beta_k\boldsymbol{p}_{k-1},\\&k=1,2,\cdots.\end{aligned}\tag{5.63}$$

若令 $\rho_k=(\boldsymbol{r}_k,\boldsymbol{r}_k)$,即 $\rho_k=\|\boldsymbol{r}_k\|_2^2$,则上述算法简化为

$$\begin{aligned}&\alpha_k=\rho_{k-1}/(\boldsymbol{p}_{k-1},\boldsymbol{p}_{k-1})_A,\\&\boldsymbol{x}_k=\boldsymbol{x}_{k-1}+\alpha_k\boldsymbol{p}_{k-1},\\&\boldsymbol{r}_k=\boldsymbol{r}_{k-1}-\alpha_k\boldsymbol{A}\boldsymbol{p}_{k-1},\\&\beta_k=\boldsymbol{\rho}_k/\boldsymbol{\rho}_{k-1},\\&\boldsymbol{p}_k=\boldsymbol{r}_k+\beta_k\boldsymbol{p}_{k-1},\\&k=1,2,\cdots.\end{aligned}\tag{5.64}$$

这一算法称作**共轭梯度法**,简称 CG(Conjugate Gradient)法.

至此,我们简单介绍了共轭梯度法的构造过程,对于这个方法中"共轭"的命名缘由,有兴趣的读者请参考相关资料.

定理 5.15 设 $\boldsymbol{A}\boldsymbol{x}=\boldsymbol{b}$,$\boldsymbol{A}\in\mathbf{R}^{n\times n}$是对称正定阵,$\boldsymbol{x}^*$ 是方程组的精确解,$\boldsymbol{x}^{(k)}$是由共轭斜量法求得第 k 步计算解,第 k 步的误差向量为 $\boldsymbol{\varepsilon}_k=\boldsymbol{x}^{(k)}-\boldsymbol{x}^*$,原始误差向量为 $\boldsymbol{\varepsilon}_0=\boldsymbol{x}^{(0)}-\boldsymbol{x}^*$,则有

$$\|\boldsymbol{\varepsilon}_k\|_A\leqslant 2\left[\frac{\sqrt{\operatorname{cond}(\boldsymbol{A})_2}-1}{\sqrt{\operatorname{cond}(\boldsymbol{A})_2}+1}\right]^k\|\boldsymbol{\varepsilon}_0\|_A,\tag{5.65}$$

其中,$\|\boldsymbol{x}\|_A=\sqrt{\boldsymbol{x}^{\mathrm{T}}\boldsymbol{A}\boldsymbol{x}}$,$\operatorname{cond}(\boldsymbol{A})_2=\lambda_{\max}(\boldsymbol{A})/\lambda_{\min}(\boldsymbol{A})$.

定理 5.15 表明,共轭梯度法收敛的快慢依赖于系数矩阵的谱分布情况.当系数矩阵的条件数很小,或其谱大部分集中在一点附近仅有少数几个远离此点时,可以期望算法迭代很少几步就会得到高精度的近似解.大量的数值试验表明,在这些情况下,往往需要比理论上估计的迭代次数更少的迭代次数就可以得到所需精度的近似解.这一现象就是共轭梯度法的"超线性收敛性".由此定理可以知道,共轭斜量法作为迭代法使用时,是收敛的,但其收敛速度与方程组系数矩阵 $\boldsymbol{A}$ 的条件数有关.当 $\boldsymbol{A}$ 的条件数很小时,收敛很快;但当 $\boldsymbol{A}$ 是病态严重的矩阵,$\boldsymbol{A}$

的特征值分布很分散时,共轭斜量法的收敛速度很慢,需要用改进的措施改善其收敛速度.关于这方面的知识,请读者自行查阅预条件(预优)共轭梯度法(PCG 方法).

5.4.5 计算实例

例 5.2 用 Jacobi 迭代格式求解下列方程组(精确到10^{-3}):

$$\begin{bmatrix} 4 & 0.24 & -0.08 \\ 0.09 & 3 & -0.15 \\ 0.04 & -0.08 & 4 \end{bmatrix} \begin{bmatrix} x_1 \\ x_2 \\ x_3 \end{bmatrix} = \begin{bmatrix} 8 \\ 9 \\ 20 \end{bmatrix}.$$

解:Jacobi 迭代格式

$$\begin{bmatrix} \boldsymbol{x}_1^{(k+1)} \\ \boldsymbol{x}_2^{(k+1)} \\ \boldsymbol{x}_3^{(k+1)} \end{bmatrix} = \begin{bmatrix} 0 & -0.06 & 0.02 \\ -0.03 & 0 & 0.05 \\ -0.01 & 0.02 & 0 \end{bmatrix} \begin{bmatrix} \boldsymbol{x}_1^{(k)} \\ \boldsymbol{x}_2^{(k)} \\ \boldsymbol{x}_3^{(k)} \end{bmatrix} + \begin{bmatrix} 2 \\ 3 \\ 5 \end{bmatrix}.$$

由于$\|\boldsymbol{B}\|_\infty = 0.08 < 1$,故对任意初始向量$\boldsymbol{x}^{(0)}$,Jacobi 迭代格式收敛 . 取$\boldsymbol{x}^{(0)} = (2,3,5)^{\mathrm{T}}$,反复使用上述迭代格式,便有

$$\boldsymbol{x}^{(1)} = (1.92, 3.19, 5.04)^{\mathrm{T}},$$
$$\boldsymbol{x}^{(2)} = (1.909, 3.194, 5.045)^{\mathrm{T}},$$
$$\boldsymbol{x}^{(3)} = (1.909, 3.194, 5.045)^{\mathrm{T}}.$$

因为在所要求的精度内$\boldsymbol{x}^{(3)} = \boldsymbol{x}^{(2)}$,故停止计算,$\boldsymbol{x}^{(3)}$即为所求近似解.

例 5.3 分别用 Jacobi 迭代法和 Gauss-Seidel 迭代法解方程组

$$\begin{bmatrix} \boldsymbol{x}_1 \\ \boldsymbol{x}_2 \\ \boldsymbol{x}_3 \end{bmatrix} = \begin{bmatrix} 0 & 0.1 & 0.2 \\ 0.1 & 0 & 0.2 \\ 0.2 & 0.2 & 0 \end{bmatrix} \begin{bmatrix} \boldsymbol{x}_1 \\ \boldsymbol{x}_2 \\ \boldsymbol{x}_3 \end{bmatrix} + \begin{bmatrix} 0.72 \\ 0.83 \\ 0.84 \end{bmatrix}$$

解 由于$\|\boldsymbol{B}\|_\infty = 0.4 < 1$,故 Jacobi 迭代法和 Gauss-Seidel 迭代法都收敛. 取$\boldsymbol{x}^{(0)} = (0,0,0)^{\mathrm{T}}$,首先采用 Jacobi 迭代法,计算求得

$$\boldsymbol{x}^{(1)} = (0.72, 0.83, 0.84)^{\mathrm{T}},$$
$$\cdots\cdots$$
$$\boldsymbol{x}^{(8)} = (1.099\,8, 1.199\,8, 1.299\,7)^{\mathrm{T}},$$
$$\boldsymbol{x}^{(9)} = (1.099\,9, 1.199\,9, 1.299\,9)^{\mathrm{T}}.$$

与其精确解$\boldsymbol{x}^* = (1.1, 1.2, 1.3)^{\mathrm{T}}$相比,其误差为

$$\|\boldsymbol{\varepsilon}^{(9)}\|_\infty = \|\boldsymbol{x}^{(9)} - \boldsymbol{x}^*\|_\infty = 0.000\,1.$$

再利用 Gauss-Seidel 迭代格式,计算求得

$$\boldsymbol{x}^{(1)} = (0.720\,0, 0.902\,0, 1.164\,4)^{\mathrm{T}},$$
$$\cdots\cdots$$
$$\boldsymbol{x}^{(4)} = (1.099\,2, 1.199\,5, 1.299\,7)^{\mathrm{T}},$$
$$\boldsymbol{x}^{(5)} = (1.099\,9, 1.199\,9, 1.299\,9)^{\mathrm{T}}.$$

其误差为
$$\|\boldsymbol{\varepsilon}^{(5)}\|_\infty=\|\boldsymbol{x}^{(5)}-\boldsymbol{x}^*\|_\infty=0.000\,1.$$

从此例可以看出，本例采用 Gauss-Seidel 迭代法确实比 Jacobi 迭代法收敛得快些.

例 5.4 设方程组 $\boldsymbol{Ax}=\boldsymbol{b}$ 的系数矩阵为 $\boldsymbol{A}=\begin{bmatrix}1&2&-2\\1&1&1\\2&2&1\end{bmatrix}$，试证明 Jacobi 迭代法收敛，而 Gauss-Seidel 迭代法不收敛.

证明：显然，Jacobi 迭代法的迭代矩阵为 $\boldsymbol{B}=\begin{bmatrix}0&-2&2\\-1&0&-1\\-2&-2&0\end{bmatrix}$. 因为 $|\lambda\boldsymbol{I}-\boldsymbol{B}|=\lambda^3$，令 $|\lambda\boldsymbol{I}-\boldsymbol{B}|=0$，则有 $\max|\lambda_i|=0<1$. 则 Jacobi 迭代法收敛.

又
$$\boldsymbol{L}=\begin{bmatrix}0&0&0\\-1&0&0\\-2&-2&0\end{bmatrix},\quad \boldsymbol{U}=\begin{bmatrix}0&-2&2\\0&0&-1\\0&0&0\end{bmatrix}.$$

令
$$|\boldsymbol{U}-\lambda(\boldsymbol{I}-\boldsymbol{L})|=-\lambda^3+4\lambda^2-4\lambda=0,$$

则有 $\max|\lambda_i|=2>1$，故 Gauss-Seidel 迭代法不收敛.

例 5.5 设给定方程组

$$\begin{bmatrix}0.780\,00&-0.020\,00&-0.120\,00&-0.140\,00\\-0.020\,00&0.860\,00&-0.040\,00&0.060\,00\\-0.120\,00&-0.040\,00&0.720\,00&-0.080\,00\\-0.140\,00&0.060\,00&-0.080\,00&0.740\,00\end{bmatrix}\begin{bmatrix}\boldsymbol{x}_1\\\boldsymbol{x}_2\\\boldsymbol{x}_3\\\boldsymbol{x}_4\end{bmatrix}=\begin{bmatrix}0.856\,53\\0.420\,76\\-0.239\,48\\-0.606\,32\end{bmatrix},$$

试用 SOR 迭代法进行求解.

解：取不同的松弛因子 ω 进行计算，并将其结果列于表 5.1.

表 5.1

ω	0.6	0.8	1	1.1	1.15	1.25	1.3	1.5	1.8
迭代次数	16	10	8	7	8	11	15	15	15
近似解与准确解重合位数	5	5	5	5	5	5	5	4	1

使 SOR 迭代法收敛最快的松弛因子通常称为最优松弛因子. 目前，只有少数特殊类型的矩阵才有确定其最优松弛因子的理论公式，但实际使用时也有一定困难. 通常的方法是选不同的 ω 进行试算，以确定 ω 的近似值，或者先取一个 $\omega(0<\omega<2)$，然后根据迭代过程的收敛快慢，不断修正 ω，逐步寻找最佳 ω，直到满意后再固定下来，继续迭代，以达到加速的目的.

例 5.6 用共轭斜量法解线性方程组 $\begin{cases}3x_1+x_2=5\\x_1+2x_2=5\end{cases}$.

解：$\boldsymbol{A}=\begin{bmatrix}3&1\\1&2\end{bmatrix}$，$\boldsymbol{b}=\begin{bmatrix}5\\5\end{bmatrix}$，取 $\boldsymbol{x}_0=\begin{bmatrix}0\\0\end{bmatrix}$，$\boldsymbol{p}^{(0)}=\boldsymbol{r}^{(0)}$，则

$$\boldsymbol{p}^{(0)}=\boldsymbol{b}-\boldsymbol{Ax}^{(0)}=\begin{bmatrix}5\\5\end{bmatrix},\quad \boldsymbol{AP}^{(0)}=\begin{bmatrix}20\\15\end{bmatrix},$$

$$(\boldsymbol{p}^{(0)},\boldsymbol{A}\boldsymbol{p}^{(0)})=175,\quad (\boldsymbol{r}^{(0)},\boldsymbol{r}^{(0)})=50,$$

$$\lambda_0=50/175=2/7,$$

$$\boldsymbol{x}^{(1)}=\boldsymbol{x}^{(0)}+\lambda_0\boldsymbol{r}^{(0)}=\frac{2}{7}(5,5)^{\mathrm{T}},$$

于是,有
$$\boldsymbol{r}^{(1)}=\boldsymbol{b}-\boldsymbol{A}\boldsymbol{x}^{(1)}=\left(-\frac{5}{7},\frac{5}{7}\right)^{\mathrm{T}}$$

$$\beta_0=(\boldsymbol{r}^{(1)},\boldsymbol{r}^{(1)})/(\boldsymbol{r}^{(0)},\boldsymbol{r}^{(0)})=\frac{1}{49},$$

故
$$\boldsymbol{p}^{(1)}=\boldsymbol{r}^{(1)}+\beta_0\boldsymbol{p}^{(0)}=\frac{1}{49}(-30,40)^{\mathrm{T}},$$

$$\boldsymbol{A}\boldsymbol{p}^{(1)}=\frac{1}{49}(-50,50)^{\mathrm{T}},\quad (\boldsymbol{r}^{(1)},\boldsymbol{r}^{(1)})=\frac{50}{490},$$

$$\lambda_1=(\boldsymbol{r}^{(1)},\boldsymbol{r}^{(1)})/(\boldsymbol{p}^{(1)},\boldsymbol{A}\boldsymbol{p}^{(1)})=\frac{7}{10},$$

最后,得
$$\boldsymbol{x}^{(2)}=\boldsymbol{x}^{(1)}+\lambda_1\boldsymbol{p}^{(1)}=(1,2)^{\mathrm{T}}=\boldsymbol{x}^*.$$

习　题　5

1. 证明上(下)三角方阵的逆矩阵任是上(下)三角方阵.

2. 已知矩阵 $\boldsymbol{A}=\begin{bmatrix}1 & 2 & 6\\ 2 & 5 & 15\\ 6 & 15 & 46\end{bmatrix}$,求 $\boldsymbol{A}$ 的 Cholesky 分解.

3. 已知 $\boldsymbol{A}=\begin{bmatrix}1 & 2\\ 3 & 4\end{bmatrix}$,计算 $\mathrm{cond}\,(\boldsymbol{A})_1$,$\mathrm{cond}\,(\boldsymbol{A})_2$,$\mathrm{cond}\,(\boldsymbol{A})_\infty$

4. 用追赶法求解三对角方程组(要求写出 LU 分解的具体计算过程)

$$\begin{bmatrix}2 & -1 & 0 & 0\\ -1 & 2 & -1 & 0\\ 0 & -1 & 2 & -1\\ 0 & 0 & -1 & 2\end{bmatrix}\begin{bmatrix}\boldsymbol{x}_1\\ \boldsymbol{x}_2\\ \boldsymbol{x}_3\\ \boldsymbol{x}_4\end{bmatrix}=\begin{bmatrix}1\\ 0\\ 0\\ 0\end{bmatrix}.$$

5. 设方程组 $\boldsymbol{A}\boldsymbol{x}=\boldsymbol{b}$,其中 $\boldsymbol{A}=\begin{bmatrix}1 & 10^5\\ 1 & 1\end{bmatrix}$,$\boldsymbol{b}=\begin{bmatrix}10^5\\ 1\end{bmatrix}$.

(1) 计算 $\mathrm{cond}\,(\boldsymbol{A})_\infty$,判断方程组是否病态;

(2) 用 10^5 除第一个方程所得方程组是否病态?

6. 已知 $\overline{\boldsymbol{x}}=(2.0,0.1)^{\mathrm{T}}$ 是方程组 $\begin{cases}3x_1+3x_2=6\\ 4x_1+5x_2=9\end{cases}$ 的计算解,$\boldsymbol{x}^*=(1.0,1.0)^{\mathrm{T}}$ 是精确解,求剩余 $\boldsymbol{r}$,$\mathrm{cond}(\boldsymbol{A})$,$\dfrac{\|\boldsymbol{r}\|_1}{\|\boldsymbol{b}\|_1}$,$\dfrac{\|\overline{\boldsymbol{x}}-\boldsymbol{x}^*\|_1}{\|\boldsymbol{x}^*\|_1}$,并分析此结果.

7. 设 $\boldsymbol{A}\in\mathbf{R}^{n\times n}$ 非奇异,有扰动 $\boldsymbol{\delta A}$ 使 $\overline{\boldsymbol{A}}=\boldsymbol{A}+\boldsymbol{\delta A}$,若 $\overline{\boldsymbol{x}}$ 是方程组 $\overline{\boldsymbol{A}}\,\overline{\boldsymbol{x}}=\boldsymbol{b}$ 的解,$\boldsymbol{x}$ 是方程组 $\boldsymbol{A}\boldsymbol{x}$

$=\boldsymbol{b}$ 的解，试证明：$\dfrac{\|\boldsymbol{x}-\overline{\boldsymbol{x}}\|}{\|\boldsymbol{x}\|}\leqslant \mathrm{cond}(\boldsymbol{A})\dfrac{\|\boldsymbol{\delta A}\|}{\|\boldsymbol{A}\|}$.

8. 设方程组的系数矩阵分别为 $\boldsymbol{A}_1=\begin{bmatrix}1 & -0.5 & -0.5\\ -0.5 & 1 & -0.5\\ -0.5 & -0.5 & 1\end{bmatrix}$，$\boldsymbol{A}_2=\begin{bmatrix}2 & -1 & 0\\ -3 & 3 & -1\\ 0 & -1 & 2\end{bmatrix}$，考察求解此方程组的 Jacobi 迭代法和 Gauss-Seidel 迭代法的收敛性.

9. 已知方程组 $\begin{cases}20x_1+2x_2+3x_3=24\\ x_1+8x_2+x_3=12\\ 2x_1-3x_2+15x_3=30\end{cases}$，若用 Jacobi 迭代法和 Gauss-Seidel 迭代法求解，取初值 $\boldsymbol{x}^{(0)}=(0,0,0)^{\mathrm{T}}$，需要迭代多少次上述两种方法的误差小于$10^{-6}$.

10. 设线性方程组为 $\begin{cases}4x_1+x_2-2x_3=1\\ x_1+3x_2+x_3=2\\ -2x_1+x_2+4x_3=3\end{cases}$.

(1) 写出用 SOR 迭代法求解此方程组的分量计算格式；

(2) 当取 $\omega=2$ 时，SOR 迭代法是否收敛，为什么？

(3) 当取 $\omega=1$ 时，SOR 迭代法是否收敛，为什么？

11. 已知求解线性方程组 $\boldsymbol{Ax}=\boldsymbol{b}$ 的分量迭代格式

$$x_i^{(k+1)}=x_i^{(k)}+\frac{\omega}{a_{ii}}\left(b_i-\sum_{j=1}^{n}a_{ij}x_j^{(k)}\right),\quad i=1,2,\cdots,n.$$

(1) 试导出其矩阵迭代格式及迭代矩阵；

(2) 证明当 $\boldsymbol{A}$ 是严格对角占优阵，$\omega=\dfrac{1}{2}$时此迭代格式收敛.

12. 已知 $\boldsymbol{A}=\begin{bmatrix}1 & a\\ 2a & 1\end{bmatrix}$试分别导出求解 $\boldsymbol{Ax}=\boldsymbol{b}$ 的 Jacobi 迭代法和 Gauss-Seidel 迭代法收敛的充要条件.

13. 分别用最速下降法、共轭斜量法求解 $\boldsymbol{Ax}=\boldsymbol{b}$，其中，$\boldsymbol{A}=\begin{bmatrix}2 & 1\\ 1 & 5\end{bmatrix}$，$\boldsymbol{b}=\begin{bmatrix}3\\ 1\end{bmatrix}$.

14. 已知函数 $\psi(\boldsymbol{y})=\varphi(\boldsymbol{x}_k+\boldsymbol{Vy})$，$\boldsymbol{V}=[v_1,\cdots,v_{n-k}]\in\mathbf{R}^{n\times(n-k)}$，$\boldsymbol{y}\in\mathbf{R}^{n-k}$时，求证：

$$\nabla\psi(\boldsymbol{y})=\boldsymbol{V}^{\mathrm{T}}\ \nabla\varphi(\boldsymbol{x}_k+\boldsymbol{Vy}).$$

15. 已知函数 $\psi(\boldsymbol{y})=\varphi(\boldsymbol{x}_k+\boldsymbol{Vy})$，其中，$\boldsymbol{x}_k\in\mathbf{R}^n$，$\boldsymbol{y}\in\mathbf{R}^{n-k}$，$\boldsymbol{V}=[v_1,\cdots,v_{n-k}]\in\mathbf{R}^{n\times(n-k)}$，且 $\boldsymbol{V}^{\mathrm{T}}\boldsymbol{V}=\boldsymbol{I}$，$\boldsymbol{p}=\boldsymbol{Vr}$. 求证：$\dfrac{\partial\varphi(\boldsymbol{x}_k+\boldsymbol{Vy})}{\partial\boldsymbol{p}}=\dfrac{\partial\psi(\boldsymbol{y})}{\partial\boldsymbol{r}}$.

第 6 章　非线性方程的数值解法

非线性方程(组)的求解是理论研究和实践应用中普遍存在的问题.线性代数方程组的解的存在性有一套完整的理论框架,在系数矩阵可逆的情况下,第 5 章中已经给出直接解法和间接解法.而非线性方程的求解是比较复杂的,它的解的存在性没有一套完整的数学理论框架,即使解存在,也很难用解析式表示出来,即便是对相对比较简单的不低于 5 次的多项式方程,它的根也不存在解析公式.因此,无统一的直接解法求解非线性方程,在理论和实践研究中,往往采用迭代解法.

实例 1　对套管-地层系统(见图 6.1)在均匀地应力条件下的套管载荷进行弹塑性理论分析时,采用 Mohr-Coulomb 准则,给出了受内外压厚壁筒弹、塑性区的位移和应力分布的解析解,由该解析解可直接退化得到 Tresca 准则条件下厚壁筒的位移和应力分布.将套管-地层系统看作岩石和钢材两种不同材料厚壁筒的组合,在解析解的基础上,可以推导出套管-地层系统仅地层进入塑性和仅套管进入塑性两种情况下的套管载荷和极限地应力表达式.

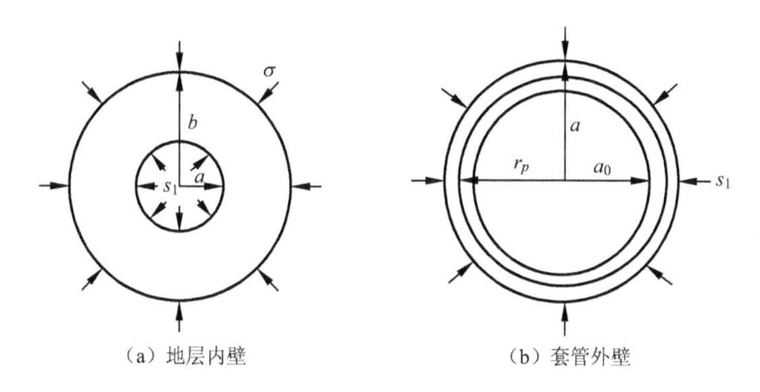

图 6.1　套管-地层系统

将地层简化为弹性区域,套管视为弹塑性区域(Tresca 准则),考虑套管进入塑性状态下的套管载荷和地应力关系,由地层内壁位移公式:

$$u^s(a)=-\frac{(1+v_s)a}{E_s}[2(1-v_s)\sigma+s_1],$$

套管弹塑性区域应力表达式:

$$s_1=-\left[\sigma_s\ln\frac{r_p}{a_0}+\frac{\sigma_s}{2}\left(1-\frac{r_p^2}{a^2}\right)\right],$$

套管外壁位移公式:

$$u^c(a)=-\frac{(1+v_c)\sigma_s a}{E_c}\left[(1-2v_c)\ln\frac{r_p}{a_0}+\frac{1-2v_c}{2}+\frac{r_p^2}{2a^2}\right].$$

因为 $u^c(a)=u^s(a)$，则

$$\frac{(1+v_c)\sigma_s a}{E_c}\left[(1-2v_c)\ln\frac{r_p}{a_0}+\frac{1-2v_c}{2}+\frac{r_p^2}{2a^2}\right]-\frac{(1+v_s)a}{E_s}[2(1-v_s)\sigma+s_1]=0,$$

代入 s_1，整理出地应力 σ 为

$$\sigma=\frac{\sigma_s}{2(1-v_s)}\left\{\ln\frac{r_p}{a_0}+\frac{1}{2}\left(1-\frac{r_p^2}{a^2}\right)+\frac{(1+v_c)E_s}{(1+v_s)E_c}\left[(1-2v_c)\ln\frac{r_p}{a_0}+\frac{1-2v_c}{2}+\frac{r_p^2}{2a^2}\right]\right\},$$

其中，r_p 为塑性半径(m)；s_1 为套管载荷(MPa)；a_0，a 分别为套管内、外径(m)；E_s，E_c 分别为地层和套管的弹性模量(MPa)；v_s，v_c 分别为地层和套管的泊松比(无量纲)；σ_s 为套管外壁应力(MPa).

问题：若已知系统的参数 $a_0=62.13$ mm，$a=69.85$ mm，$E_s=40$ GPa，$E_c=210$ GPa，$v_s=0.18$，$v_c=0.3$，$\sigma_s=770$ MPa，为了保持系统状态，取 $\sigma\in[107.7,128.57]$，当 $\sigma=120$ MPa 时，计算套管的塑性半径 r_p.

这是一个非线性方程根的求解问题，由于方程比较复杂，不能从解析的角度计算出 r_p，需要研究此类问题的其他计算方法. 本章的非线性方程的数值解法为解决此类问题提供了方法框架.

6.1 二 分 法

二分法是求解非线性方程的一种古老的方法，虽然已很少使用，但是其蕴含的数学思想还是有借鉴意义的. 因此，本书仍旧介绍该方法.

6.1.1 方程根的概念

考虑一元非线性方程

$$f(x)=0,\quad x\in\boldsymbol{R},\quad f(x)\in C[a,b] \tag{6.1}$$

的求根问题. 方程(6.1)的根 x^* 又称函数 $f(x)$ 的零点，它满足 $f(x^*)=0$. 若 $f(x)$ 可分解为

$$f(x)=(x-x^*)^m g(x),$$

其中，m 为正整数，且 $g(x^*)\neq 0$，则当 $m=1$ 时，称 x^* 为方程(6.1)的单根；当 $m>1$ 时，称 x^* 为方程(6.1)的 m **重根**，或称 x^* 为 $f(x)$ 的 m **重零点**.

若 x^* 为 $f(x)$ 的 m 重零点，且 $g(x)$ 充分光滑，则利用 Taylor 展开式，可以得到

$$f(x^*)=f'(x^*)=\cdots=f^{(m-1)}(x^*)=0,\quad f^{(m)}(x^*)\neq 0.$$

对于代数方程：　$a_n x^n+a_{n-1}x^{n-1}+\cdots+a_1 x+a_0=0,\quad a_n\neq 0,$

其根的数目和多项式的次数相同. 当 $n<5$ 时，代数方程有求根公式，但 $n=3,4$ 时的求根公式比较复杂，已不适合于数值计算. 因此，当 $n\geqslant 3$ 时，代数方程求根问题与一般的连续函数方程一样都采用迭代法求解. 迭代法要求先给出根 x^* 的一个近似，若 $f(x)\in C[a,b]$ 且 $f(a)f(b)$

<0，则据闭区间上连续函数的性质可知方程(6.1)在$[a,b]$内至少有一个实根，这时称$[a,b]$为方程(6.1)的一个有根区间；如果只有一个实根$[a,b]$，则称为隔根区间. 通常这个有根区间可通过逐次搜索法来求得.

例 6.1　求方程 $f(x)=x^3-3x^2+4x-3=0$ 的有根区间.

解：由于

$$f'(x)=3x^2-6x+4=3(x-1)^2+1>0,$$

可知 $f(x)$在$(-\infty,\infty)$上是一单调递增函数，于是 $f(x)=0$ 在$(-\infty,\infty)$内至多有一个实根. 因为 $f(0)=-3<0$，$f(2)=1>0$，所以 $f(x)=0$ 在区间$[0,2]$内有唯一实根. 如果要把有根区间再缩小，可以在 $x=0.5$，$x=1$，$x=1.5$ 等点上确定出函数值的符号，最后得区间$[1.5,2]$内有一个根.

6.1.2　二分法

设 $f(x)\in C[a,b]$，$f(a)f(b)<0$，且 $f(x)=0$ 在(a,b)内只有一个实根 x^*. 取中点 $x_0=(a+b)/2$将(a,b)分成两半，假设中点 x_0 不是 $f(x)$的零点，然后进行根的搜索，即检查 $f(x_0)$与 $f(a)$是否同号，如果确系同号，说明所求的根 x^* 在 x_0 的右侧，这时令 $a_1=x_0$，$b_1=b$，否则 x^* 必在 x_0 的左侧，这时令 $a_1=a$，$b_1=x_0$，不管出现哪一种情况，新的有根区间$[a_1,b_1]$的长度仅为$[a,b]$的一半. 对缩小了的有根区间$[a_1,b_1]$再施以同样的方法，即用中点 $x_1=(a_1+b_1)/2$ 将区间$[a_1,b_1]$再分为两半，然后通过根的搜索判断所求的根在 x_1 的哪一侧，从而又确定一个新的有根区间$[a_2,b_2]$，其长度是$[a_1,b_1]$的一半.

上述过程继续下去，即可得出一系列有根区间

$$[a,b]\supset[a_1,b_1]\supset[a_2,b_2]\supset\cdots\supset[a_k,b_k]\supset\cdots,$$

其中每个区间长度都是前一个区间长度的一半，因此$[a_k,b_k]$的长度为

$$b_k-a_k=(b-a)/2^k.$$

如果二分过程无限地继续下去，即当 $k\to\infty$时，这些区间最终必收缩于一点 x^*，显然，这一点就是所求的根.

每次二分后，取有根区间$[a_k,b_k]$的中点 $x_k=(a_k+b_k)/2$ 作为方程(6.1)的近似解，则有误差估计式

$$|x_k-x^*|\leqslant\frac{1}{2}(b_k-a_k)=\frac{1}{2^{k+1}}(b-a).$$

若实际问题要求误差不大于 ε，则可取 k 使满足$\frac{1}{2^{k+1}}(b-a)\leqslant\varepsilon$.

例 6.2　用二分法求 $f(x)=x^3-x^2-2x+1=0$ 在区间$[0,1]$内的一个实根，要求有 3 位有效数字.

解：由于 $f(0)=1>0$，$f(1)=-1<0$，且当 $x\in[0,1]$时

$$f'(x)=3x^2-2x-2=3\left(x-\frac{1}{3}\right)^2-\frac{7}{3}<0,$$

所以方程在区间$[0,1]$内仅有一个实根. 由$\frac{1}{2^{k+1}}(1-0)\leqslant\frac{1}{2}\times10^{-3}$，解得

$$k \geqslant \frac{3\ln 10}{\ln 2} \geqslant 9.965,$$

所以利用二分法求此方程的根需要二分 10 次，才能得到满足精度要求的解. 最终取 $x_{10} = (a_{10}+b_{10})/2 = 0.444\ 824\ 218 \approx 0.445$，即满足精度要求.

二分法的优点是算法简便，方法可靠，只要求 $f(x)$ 连续，因此，对函数性质要求较低. 其缺点是不能求偶数重根，也不能求复根，且收敛较慢，故一般不单独将其用于求根，只用来为其他方法求方程近似解时提供一个良好的初值. 非线性方程求根最常用的方法是迭代法.

6.2 迭代法及其收敛性

与线性代数方程组求解的迭代法思路类似，可以通过构造一个迭代格式，产生迭代序列 $\{x_k\}$，保证其收敛到方程 $f(x)=0$ 的根.

6.2.1 迭代格式的构造及收敛条件

将方程(6.1)通过适当变形，写成如下的等价形式：

$$x = \varphi(x), \tag{6.2}$$

其中，$\varphi(x)$ 为连续函数，若 x^* 满足 $f(x^*)=0$，则 $x^*=\varphi(x^*)$；反之亦然. 称 x^* 为 $\phi(x)$ 的**不动点**. 求 $f(x)$ 的零点问题实际上等价于求 $\varphi(x)$ 的不动点. 利用式(6.2)便可构造迭代公式

$$x_{k+1} = \varphi(x_k), \quad k=0,1,\cdots. \tag{6.3}$$

$\varphi(x)$ 称为迭代函数. 如果有 $\lim\limits_{k\to\infty} x_k = x^*$，则有 $x^*=\varphi(x^*)$，即 x^* 满足方程(6.2)，此时称迭代格式(6.3)收敛，且 x^* 为 $\varphi(x)$ 的不动点，也就是方程(6.1)的一个根. 通常称式(6.3)为**不动点迭代格式**，这种求根的方法称为**不动点迭代法**. 下面讨论不动点的存在性及其不动点迭代格式的一些性质.

定理 6.1 设 $\varphi(x) \in C[a,b]$.

(1) 如果对 $\forall x \in [a,b]$，有

$$a \leqslant \varphi(x) \leqslant b, \tag{6.4}$$

则 $\varphi(x)$ 在 $[a,b]$ 上一定存在不动点.

(2) 如果 $\varphi(x)$ 满足式(6.4)，且存在常数 $L \in (0,1)$，使对 $\forall x, y \in [a,b]$ 都有

$$|\varphi(x)-\varphi(y)| \leqslant L|x-y|, \tag{6.5}$$

则 $\varphi(x)$ 在 $[a,b]$ 上的不动点是唯一的.

证明：先证存在性. 由式(6.4)有 $a-\varphi(a) \leqslant 0$，$b-\varphi(b) \geqslant 0$，如果两式中有一个等号成立，则 $\varphi(x)$ 在 $[a,b]$ 上就存在不动点. 如果两式中严格不等号成立，则由 $\varphi(x)$ 的连续性可知，必有 $x^* \in (a,b)$，使 $x^*-\varphi(x^*)=0$ 成立，x^* 就是 $\varphi(x)$ 的不动点.

再证唯一性. 设 $\varphi(x)$ 有两个不同的不动点 $x_1^*, x_2^* \in [a,b]$，且 $x_1^* \neq x_2^*$，则由式(6.5)得

$$|x_2^*-x_1^*| = |\varphi(x_2^*)-\varphi(x_1^*)| \leqslant L|x_2^*-x_1^*| < |x_2^*-x_1^*|,$$

引出矛盾,故 $\varphi(x)$的不动点是唯一的.

通常称条件(6.5)为 **Lipschitz 条件**,称 L 为 **Lipschitz 常数**.

推论　如果 $\varphi(x)\in C^1[a,b]$满足式(6.4),且对 $\forall x\in[a,b]$存在常数 $L\in(0,1)$,使

$$|\varphi'(x)|\leqslant L<1, \tag{6.6}$$

则 $\varphi(x)$在$[a,b]$上存在唯一的不动点.

事实上,由微分中值定理可知对 $\forall x,y\in[a,b]$,有

$$|\varphi(x)-\varphi(y)|=|\varphi'(\xi)(x-y)|\leqslant L|x-y|,\quad \xi\in(a,b),$$

故推论成立.

它表明当 $\varphi(x)\in C^1[a,b]$时定理 6.1 中的条件式(6.5)可用式(6.6)代替. 在 $\varphi(x)$的不动点存在唯一的情况下,可得到迭代格式(6.3)收敛的一个充分条件.

定理 6.2　设 $\varphi(x)\in C[a,b]$满足定理 6.1 中的两个条件,则对 $\forall x_0\in[a,b]$,由迭代格式(6.3)产生的序列$\{x_k\}$收敛到 $\varphi(x)$的不动点 x^*,并有误差估计

$$|x^*-x_k|\leqslant\frac{L}{1-L}|x_k-x_{k-1}|,\quad k=1,2,\cdots, \tag{6.7}$$

$$|x^*-x_k|\leqslant\frac{L^k}{1-L}|x_1-x_0|,\quad k=1,2,\cdots. \tag{6.8}$$

证明:设 $x^*\in[a,b]$是 $\varphi(x)$在$[a,b]$的唯一不动点,由条件(6.4)可知$\{x_k\}\in[a,b]$,再由式(6.5)得

$$|x_k-x^*|=|\varphi(x_{k-1})-\varphi(x^*)|\leqslant L|x_{k-1}-x^*|\leqslant\cdots\leqslant L^k|x_0-x^*|.$$

因 $0<L<1$,所以有$\lim\limits_{k\to\infty}x_k=x^*$.

再由式(6.5)及递推关系可知,对任意正整数 p 有

$$\begin{aligned}|x_{k+p}-x_k|&=|(x_{k+p}-x_{k+p-1})+(x_{k+p-1}-x_{k+p-2})+\cdots+(x_{k+1}-x_k)|\\&\leqslant|x_{k+p}-x_{k+p-1}|+|x_{k+p-1}-x_{k+p-2}|+\cdots+|x_{k+1}-x_k|\\&\leqslant(L^{p-1}+L^{p-2}+\cdots+L+1)|x_{k+1}-x_k|\leqslant\frac{|x_{k+1}-x_k|}{1-L},\end{aligned}$$

又由
$$|x_{k+1}-x_k|=|\varphi(x_k)-\varphi(x_{k-1})|\leqslant L|x_k-x_{k-1}|,$$

可得
$$|x_{k+p}-x_k|\leqslant\frac{L}{1-L}|x_k-x_{k-1}|, \tag{6.9}$$

据此反复递推得

$$|x_{k+p}-x_k|\leqslant\frac{L^k}{1-L}|x_1-x_0|. \tag{6.10}$$

在式(6.9)和式(6.10)中令 $p\to\infty$,注意到$\lim\limits_{p\to\infty}x_{k+p}=x^*$即得式(6.7)和式(6.8).

由定理 6.1 的推论可知,当$|\varphi'(x)|\leqslant L<1$时,定理 6.2 的结论仍然成立.

在实际计算时,对于给定的允许误差 ε,当 L 较小时,常以前后两次迭代近似值 x_k 与 x_{k-1} 满足$|x_k-x_{k-1}|\leqslant\varepsilon$ 来终止迭代. 若 L 很接近于 1 时,则收敛可能很慢. 式(6.7)是直接用计算

结果 x_k 与 x_{k-1} 来估计误差的，因而称为误差**事后估计**式；而式(6.8)是在尚未计算时即能估计出第 k 次迭代近似值 x_k 的误差 $|x^*-x_k|$，因此称为误差**事前估计**式.

定理 6.3 设方程(6.2)在区间 $[a,b]$ 内有根 x^*，且当 $x\in[a,b]$ 时，$|\varphi'(x)|\geqslant 1$，则对任意初始值 $x_0\in[a,b](x_0\neq x^*)$，迭代格式(6.3)发散.

证明：由 $x\in[a,b]$ 有

$$|x^*-x_1|=|\varphi(x^*)-\varphi(x_0)|=|\varphi'(\xi_0)(x^*-x_0)|\geqslant|x^*-x_0|>0.$$

如果 $x_1\in[a,b]$，则有

$$|x^*-x_2|=|\varphi'(\xi_1)(x^*-x_1)|\geqslant|x^*-x_1|\geqslant|x^*-x_0|.$$

如此继续下去，或者 x_k 不属于 $[a,b]$，或者 $|x^*-x_k|\geqslant|x^*-x_0|$. 故迭代序列 $\{x_k\}$ 不可能收敛于 x^*.

6.2.2 迭代格式的局部收敛性

上面讨论了迭代法在区间 $[a,b]$ 上的收敛性，通常称为全局收敛性. 全局收敛性也包括在无穷区间上收敛的情形. 但在很多情况下全局收敛的问题不易检验，实际应用时只在不动点的邻近考察其收敛性，即局部收敛性.

定义 6.1 设 $\varphi(x)$ 有不动点 x^*，如果存在 x^* 的某个邻域 S：$|x-x^*|\leqslant\delta$，对 $\forall x_0\in S$，迭代格式(6.3)所产生的序列 $\{x_k\}\in S$，且收敛到 x^*，则称迭代格式(6.3)**局部收敛**.

定理 6.4 设 x^* 为 $\varphi(x)$ 的不动点，$\varphi'(x)$ 在 x^* 的某个邻域连续，且 $|\varphi'(x^*)|<1$，则迭代格式 $x_{k+1}=\varphi(x_k)$ 局部收敛.

证明：因 $\varphi'(x)$ 在 x^* 连续，且 $|\varphi'(x^*)|<1$，故存在 x^* 的某个邻域 S：$|x-x^*|\leqslant\delta$，使对 $\forall x\in S$，有 $|\varphi'(x)|\leqslant L<1$，且有

$$|\varphi(x)-x^*|=|\varphi(x)-\varphi(x^*)|\leqslant L|x-x^*|<|x-x^*|\leqslant\delta,$$

即对 $\forall x\in S$ 有 $x^*-\delta<\varphi(x)<x^*+\delta$，即 $\varphi(x)\in S$. 故据定理 6.1 可知，迭代格式 $x_{k+1}=\varphi(x_k)$ 对任意初值 $x_0\in S$ 均收敛.

为了讨论迭代格式的收敛速度问题，下面引入收敛阶的概念.

定义 6.2 设序列 $\{x_k\}$ 收敛到 x^*，并记迭代误差 $e_k=x_k-x^*(k=0,1,2,\cdots)$. 如果存在实数 $p\geqslant 1$ 及非零常数 c，使

$$\lim_{k\to\infty}\frac{|e_{k+1}|}{|e_k|^p}=c, \tag{6.11}$$

则称序列 $\{x_k\}$ 是 p **阶收敛**的. 称 c 为**渐近误差常数**.

显然 p 的大小能够反映序列 $\{x_k\}$ 的收敛速度. p 越大，序列 $\{x_k\}$ 的收敛速度越快. 当 $p=1$ 且 $0<c<1$ 时，称序列 $\{x_k\}$ 为线性收敛；当 $p>1$ 时，称序列 $\{x_k\}$ 为超线性收敛；当 $p=2$ 时称序列 $\{x_k\}$ 为平方收敛.

如果由一个迭代格式产生的序列 $\{x_k\}$ 是 p 阶收敛的，则称该迭代格式是 p 阶收敛的. 可以证明，如果 $\varphi(x)$ 满足定理 6.1 推论的条件，且在 x^* 的邻域内有 $\varphi'(x)\neq 0$，则迭代格式 $x_{k+1}=\varphi(x_k)$ 是线性收敛的.

迭代格式的收敛速度依赖于迭代函数的选取. 如果 $\varphi'(x)$存在并连续,要想得到超线性收敛的迭代格式,就必然要求 $\varphi'(x^*)=0$. 特别对整数阶收敛的情形,有如下定理:

定理 6.5 若 $\varphi(x)$在 x^* 附近的某个邻域 S 内有 $p(p\geqslant 1)$阶连续导数,且

$$\varphi(x^*)=x^*,\quad \varphi^{(k)}(x^*)=0(k=1,2,\cdots,p-1),\quad \varphi^{(p)}(x^*)\neq 0, \tag{6.12}$$

则对 $\forall x_0\in S$,迭代格式

$$x_{k+1}=\varphi(x_k),\quad k=0,1,2,\cdots$$

是 p 阶收敛的,且有

$$\lim_{k\to\infty}\frac{x_{k+1}-x^*}{(x_k-x^*)^p}=\frac{\varphi^{(p)}(x^*)}{p!}. \tag{6.13}$$

证明:因为 $\varphi'(x^*)=0$,所以由定理 6.4 可知,迭代格式 $x_{k+1}=\varphi(x_k)$具有局部收敛性. 现在取充分接近 x^* 的初始值 x_0,设 $x_0\neq x^*$,则 $x_k\neq x^*(k=1,2,\cdots)$.

将 $\varphi(x_k)$在 x^* 处作 Taylor 展开,注意到式(6.12),有

$$\varphi(x_k)=\varphi(x^*)+\frac{\varphi^{(p)}(\xi)}{p!}(x_k-x^*)^p\quad(\xi\text{ 在 }x_k\text{ 与 }x^*\text{ 之间})$$

$$\Rightarrow x_{k+1}-x^*=\frac{\varphi^{(p)}(\xi)}{p!}(x_k-x^*)^p.$$

因此,$\lim\limits_{k\to\infty}\dfrac{x_{k+1}-x^*}{(x_k-x^*)^p}=\lim\limits_{\xi\to x^*}\dfrac{\varphi^{(p)}(\xi)}{p!}=\dfrac{\varphi^{(p)}(x^*)}{p!}$.

6.3 Newton 迭代与割线法

通过以上的推论可知,迭代格式 $x_{k+1}=\varphi(x_k)$收敛的快慢与所选取的迭代函数 $\varphi(x)$有关,而构造迭代函数的一条重要途径是用一个简单的方程来代替原方程去求根. 因此,如果能将非线性方程 $f(x)=0$ 用线性方程来近似代替,则它的求根是容易的. Newton 迭代法就是把非线性方程线性化的一种方法.

6.3.1 Newton 迭代格式

设 x_k 是方程 $f(x)=0$ 的一个近似根,则函数 $f(x)$在点 x_k 附近可用一阶 Taylor 多项式来近似,即

$$f(x)\approx f(x_k)+f'(x_k)(x-x_k),$$

于是方程 $f(x)=0$ 可近似地表为

$$f(x_k)+f'(x_k)(x-x_k)=0. \tag{6.14}$$

这是一个线性方程,记其根为 x_{k+1},于是 x_{k+1}的计算公式为

$$x_{k+1}=x_k-\frac{f(x_k)}{f'(x_k)},\quad k=0,1,\cdots. \tag{6.15}$$

称式(6.15)为 Newton 迭代格式.

Newton 迭代法有明显的几何意义:方程 $y=f(x_k)+f'(x_k)(x-x_k)$ 是曲线 $y=f(x)$ 在点 $(x_k,f(x_k))$ 处的切线方程. 迭代格式(6.15)就是切线与 x 轴交点的横坐标,所以 Newton 迭代法就是用切线与 x 轴交点的横坐标近似代替曲线与 x 轴交点的横坐标. 因此,Newton 法也称切线法(见图 6.2).

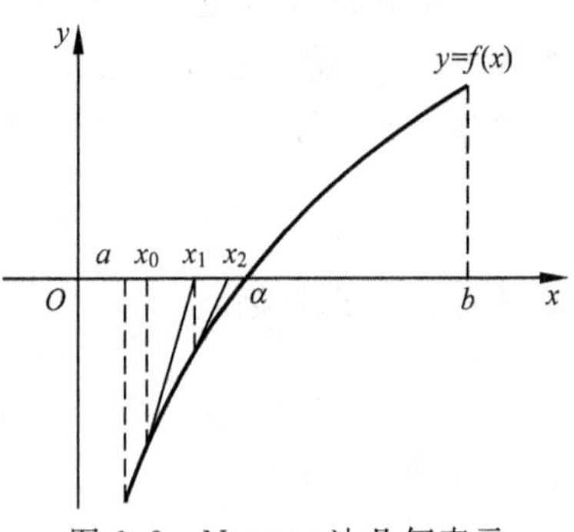

图 6.2 Newton 法几何表示

6.3.2 Newton 迭代法的局部收敛性

关于 Newton 迭代法的收敛性可直接由定理 6.5 得到. 由于 Newton 迭代法的迭代函数为

$$\varphi(x)=x-\frac{f(x)}{f'(x)},$$

所以

$$\varphi'(x)=1-\frac{(f'(x))^2-f(x)f''(x)}{(f'(x))^2}=\frac{f(x)f''(x)}{(f'(x))^2}, \tag{6.16}$$

$$\varphi''(x)=f'(x)\frac{f''(x)}{(f'(x))^2}+f(x)\left[\frac{f''(x)}{(f'(x))^2}\right]'. \tag{6.17}$$

当 x^* 是 $f(x)=0$ 的单根时,$f(x)=(x-x^*)g(x)$,$g(x^*)\neq 0$. 从而由式(6.16)和式(6.17)有

$$\varphi'(x^*)==\frac{f(x^*)f''(x^*)}{(f'(x^*))^2}=0,\quad \varphi''(x^*)=\frac{f''(x^*)}{f'(x^*)}\quad (f'(x^*)\neq 0).$$

一般有 $\varphi''(x^*)\neq 0$. 因此 Newton 法对单根是二阶局部收敛的,且由定理 6.5 可知

$$\lim_{k\to\infty}\frac{x_{k+1}-x^*}{(x_k-x^*)^2}=\frac{1}{2}\varphi''(x^*)=\frac{1}{2}\frac{f''(x^*)}{f'(x^*)}. \tag{6.18}$$

当 x^* 是 $f(x)=0$ 的 $m(m\geqslant 2)$ 重根时,$f(x)=(x-x^*)^m(x)$,$g(x^*)\neq 0$,从而有

$$f'(x)=m\,(x-x^*)^{m-1}g(x)+(x-x^*)^m g'(x),$$

$$\varphi(x)=x-\frac{(x-x^*)g(x)}{mg(x)+(x-x^*)g'(x)},$$

所以

$$\varphi(x^*)=\lim_{x\to x^*}\varphi(x)=x^*,$$

$$\varphi'(x^*)=\lim_{x\to x^*}\frac{\varphi(x)-\varphi(x^*)}{x-x^*}=\lim_{x\to x^*}\left[1-\frac{g(x)}{mg(x)+(x-x^*)g'(x)}\right]=1-\frac{1}{m}.$$

由此可见,Newton 迭代法对重根 $m(m\geqslant 2)$ 是一阶局部收敛的,且由定理 6.5 可知

$$\lim_{k\to\infty}\frac{x_{k+1}-x^*}{x_k-x^*}=\varphi'(x^*)=1-\frac{1}{m}. \tag{6.19}$$

从以上分析可以看出,Newton 法不论对单根还是重根均是局部收敛的. 只要选取的初值 x_0 足够靠近 x^*,Newton 迭代法均收敛于 x^*.

6.3.3 弦截法

Newton 迭代法的突出优点是收敛速度快,但它还有个明显的缺点,即每一步迭代需要提

供导数值 $f'(x_k)$. 如果 $f(x)$ 比较复杂，计算 $f'(x_k)$ 的工作量就可能很大. 为了避免计算导数值，我们用差商来代替导数. 于是得到 Newton 迭代格式(6.15)的离散化形式：

$$x_{k+1}=x_k-\frac{f(x_k)}{f(x_k)-f(x_{k-1})}(x_k-x_{k-1}),\quad k=1,2,\cdots. \tag{6.20}$$

显然，式(6.20)是根据方程 $f(x)=0$ 的等价形式

$$x=x-\frac{f(x)}{f(x)-f(x_{k-1})}(x-x_{k-1}),\quad k=1,2,\cdots \tag{6.21}$$

建立的迭代格式.

迭代格式(6.20)的几何意义如图 6.3 所示. 经过 $A(x_k,f(x_k))$ 及 $B(x_{k-1},f(x_{k-1}))$ 两点作割线 AB，其点斜式方程为

$$y=f(x_k)+\frac{f(x_k)-f(x_{k-1})}{x_k-x_{k-1}}(x-x_k). \tag{6.22}$$

此割线与 x 轴交点的横坐标 x_{k+1} 就是由式(6.20)定义的，也就是说，该割线与 x 轴交点的横坐标 x_{k+1} 是曲线 $y=f(x)$ 与 x 轴交点横坐标 α 的近似值. 因此这种方法称为弦截法，也称割线法.

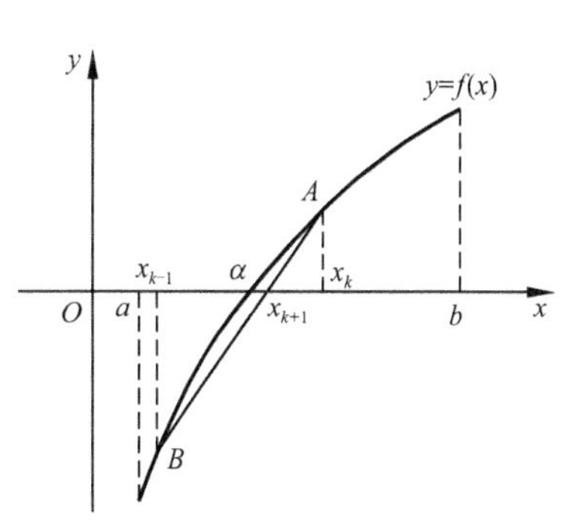

图 6.3　弦截法几何意义

下面考察弦截法的收敛性. 不妨设弦截法的迭代函数为

$$\varphi(x)=x-\frac{f(x)}{f(x)-f(x_0)}(x-x_0),$$

于是有

$$\varphi'(x^*)=1+\frac{f'(x^*)}{f(x_0)}(x^*-x_0)=1-\frac{f'(x^*)}{\dfrac{f(x^*)-f(x_0)}{x^*-x_0}}.$$

可见，当 x_0 充分靠近 x^* 时，$0<|\varphi'(x^*)|<1$. 故由定理 6.5 可知弦截法仅为线性收敛.

弦截法与 Newton 法虽然都是线性化方法，但两者有着本质上的差异. Newton 法在计算 x_{k+1} 时只用到前一步的值 x_k，而弦截法在求 x_{k+1} 时要用到前面两步的结果 x_k,x_{k-1}，因此使用这种方法必须先给出两个初始值 x_0,x_1.

6.3.4　计算实例

例 6.3　在区间[1,2]上考虑如下两个迭代格式的敛散性：

(1) $x_{k+1}=\sqrt[3]{1+x_k},k=0,1,2,\cdots$；　(2) $x_{k+1}=x_k^3-1,k=0,1,2,\cdots$.

解：(1) $\varphi(x)=\sqrt[3]{1+x},\varphi'(x)=\frac{1}{3}(1+x)^{-2/3}$，当 $x\in[1,2]$ 时，有

$$1\leqslant\sqrt[3]{2}\leqslant\varphi(x)\leqslant\sqrt[3]{3}\leqslant 2,\quad |\varphi'(x)|\leqslant\frac{1}{3}\left(\frac{1}{4}\right)^{1/3}<1,$$

故迭代格式(1)收敛.

(2) $\varphi(x)=x^3-1,\varphi'(x)=3x^2$，当 $x\in[1,2]$ 时，$|\varphi'(x)|>1$，故迭代格式(2)发散.

在例 6.3 中给出了方程 $f(x)=x^3-x-1=0$ 的两种不同迭代格式. 从这个例子可以看出，对同一个方程选取不同的迭代函数，其迭代结果不同.

例 6.4 用迭代法求方程 $f(x)=x(x+1)^2-1=0$ 在区间[0,1]上的一个实根，精确到 4 位有效数字.

解: 将方程改写成等价形式 $x=1/(x+1)^2$，于是有 $\varphi'(x)=-2/(x+1)^3$. 当 $x\in[0,1]$时，$\varphi(x)\in[\varphi(1),\varphi(0)]=\left(\frac{1}{4},1\right)\subset[0,1]$，但是 $|\varphi'(0)|=2>1$. 因此需要缩小有根区间. 从 $x_0=0$ 开始，以 $h=0.2$ 为步长，逐步验证，得

$$f(0.2)<0,\quad f(0.4)<0,\quad f(0.6)>0,$$

由此可知方程在区间[0.4,0.6]内有一个实根. 当 $x\in[0.4,0.6]$时，有

$$|\varphi'(x)|\leqslant|\varphi'(0.4)|=\frac{2}{(0.4+1)^3}=0.728\,9<1,$$

但是

$$\varphi(x)\in[\varphi(0.6),\varphi(0.4)]=\left[\frac{1}{(0.6+1)^2},\frac{1}{(0.4+1)^2}\right]=[0.390\,6,0.510\,2]\not\subset[0.4,0.6].$$

继续缩小有根区间为[0.4,0.55]，则当 $x\in[0.4,0.55]$时，

$$\varphi(x)\in[\varphi(0.55),\varphi(0.4)]=\left[\frac{1}{(0.55+1)^2},\frac{1}{(0.4+1)^2}\right]=[0.461\,2,0.510\,2]\subset[0.4,0.55].$$

于是，对任意 $x\in[0.4,0.55]$，迭代格式

$$x_{k+1}=\frac{1}{(x_k+1)^2},\quad k=0,1,2,\cdots$$

收敛. 取 $x_0=0.4$，计算结果列于表 6.1.

表 6.1

k	x_k	k	x_k	k	x_k
0	0.4	7	0.468 431	14	0.465 452
1	0.510 204	8	0.463 760	15	0.465 647
2	0.438 459	9	0.466 724	16	0.465 523
3	0.483 287	10	0.464 839	17	0.465 602
4	0.454 516	11	0.466 037	18	0.465 552
5	0.472 675	12	0.465 276	19	0.465 584
6	0.461 090	13	0.465 759	20	0.465 563

由以上计算可知，当迭代 18 次时，才有 4 位有效数字. 取 $x^*\approx0.465\,6$，其误差不超过$\frac{1}{2}\times10^{-4}$.

例 6.5 设 $a>0$，用 Newton 迭代法解二次方程 $f(x)=x^2-a=0$，对收敛的迭代格式给出收敛阶，并求$\sqrt{115}$的近似值.

解: 由于 $f'(x)=2x$，从而有 Newton 迭代格式

$$x_{k+1}=\frac{1}{2}\left(x_k+\frac{a}{x_k}\right),\quad k=0,1,\cdots.$$

可以证明,迭代格式对于任意初值 $x_0>0$ 都是平方收敛的.

事实上,由迭代格式可得

$$x_{k+1}-\sqrt{a}=\frac{1}{2x_k}(x_k-\sqrt{a})^2,$$

$$x_{k+1}+\sqrt{a}=\frac{1}{2x_k}(x_k+\sqrt{a})^2,$$

以上两式相除得
$$\frac{x_{k+1}-\sqrt{a}}{x_{k+1}+\sqrt{a}}=\left(\frac{x_k-\sqrt{a}}{x_k+\sqrt{a}}\right)^2,$$

据此反复递推有
$$\frac{x_k-\sqrt{a}}{x_k+\sqrt{a}}=\left(\frac{x_0-\sqrt{a}}{x_0+\sqrt{a}}\right)^{2^k}.$$

令 $r_0=(x_0-\sqrt{a})/(x_0+\sqrt{a})$,则由上式得

$$x_k-\sqrt{a}=2\sqrt{a}\frac{r_0^{2^k}}{1-r_0^{2^k}},$$

对 $\forall x_0>0$ 总有 $|r_0|<1$,所以当 $k\to\infty$ 时,$x_k\to\sqrt{a}$,并有

$$\lim_{k\to\infty}\frac{x_{k+1}-\sqrt{a}}{(x_k-\sqrt{a})^2}=\frac{1}{2\sqrt{a}}.$$

故迭代格式对任意初值 $x_0>0$ 是平方收敛的.

取 $x_0=10$,对 $a=115$ 按迭代格式迭代 3 次,便得到 $\sqrt{115}$ 的近似值(精度为10^{-6}),计算结果列于表 6.2.

表　6.2

k	0	1	2	3
x_k	10	10.750 000	10.723 837	10.723 805

例 6.6　对实例 1 的求解.

解:(方法一)构造简单迭代格式,对 $\ln\frac{r_p}{a_0}$ 合并同类项,转化指数函数形式

$$r_p=a_0\cdot\exp\left\{\left[\frac{2(1-v_s)\sigma}{\sigma_s}-\frac{1}{2}+\left(\frac{1}{2}-\frac{1+v_c}{2(1+v_s)}\frac{E_s}{E_c}\right)\frac{r_p^2}{a^2}-\frac{1+v_c}{1+v_s}\frac{E_s}{E_c}\frac{1-2v_c}{2}\right]\Big/\left[1+\frac{1+v_c}{1+v_s}\frac{E_s}{E_c}(1-2v_c)\right]\right\}.$$

令
$$A_1=\frac{2(1-v_s)}{\sigma_s},\quad A_2=\frac{1}{a^2}\left[\frac{1}{2}-\frac{1+v_c}{2(1+v_s)}\frac{E_s}{E_c}\right],$$

$$A_3=-\frac{1+v_c}{1+v_s}\frac{E_s}{E_c}\frac{1-2v_c}{2},\quad A_4=1+\frac{1+v_c}{1+v_s}\frac{E_s}{E_c}(1-2v_c),$$

则迭代格式为

$$r_p^{(k+1)}=a_0\cdot\exp\left\{\left[A_1\sigma-\frac{1}{2}+A_2\ (r_p^{(k)})^2+A_3\right]\Big/A_4\right\},$$

通过验证(见图 6.4)

$$\varphi(r_p)\in[0.063\,6,0.068\,7]\subset[a_0,a],$$
$$|\varphi'(r_p)|\leqslant L<1,$$

满足收敛性条件,由此可得此迭代格式必收敛于$[a_0,a]$上唯一不动点.

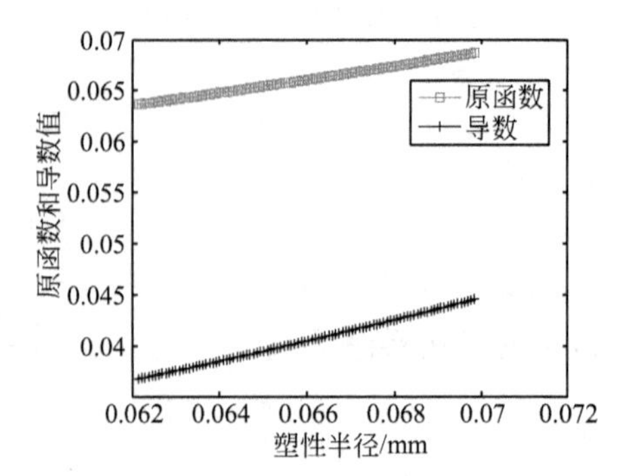

图 6.4 迭代函数检验

(方法二)Newton 迭代格式.

令 $$A=1+\frac{1+v_c}{1+v_s}\frac{E_s}{E_c}(1-2v_c),$$

$$B=\frac{1+v_c}{1+v_s}\frac{E_s}{E_c}-1,$$

$$C=\frac{1}{2}+\frac{1+v_c}{1+v_s}\frac{E_s}{E_c}\frac{1-2v_c}{2},$$

$$D=-\frac{2(1-v_s)}{\sigma_s},$$

则 $$f(r_p)=A\ln\left(\frac{r_p}{a_0}\right)+B\,\frac{r_p^2}{2a^2}+C+D\sigma=0,$$

$$f'(r_p)=\left[1+\frac{1+v_c}{1+v_s}\frac{E_s}{E_c}(1-2v_c)\right]\Big/r_p+\left(\frac{1+v_c}{1+v_s}\frac{E_s}{E_c}-1\right)\frac{r_p}{a^2}=A/r_p+B\,\frac{r_p}{a^2},$$

$f(r_p)$在$[a_0,a]$二次连续可微,且 $f'(r_p)\neq 0$. Newton 迭代格式为

$$r_p^{(k+1)}=r_p^{(k)}-\frac{A\ln\left(\frac{r_p^{(k)}}{a_0}\right)+B\,\frac{(r_p^{(k)})^2}{2a^2}+C+D\sigma}{\frac{A}{r_p^{(k)}}+B\,\frac{r_p^{(k)}}{a^2}}.$$

对以上两种迭代格式,取初值为 $r_p^{(0)}=a_0$,计算结果如图 6.5 所示.

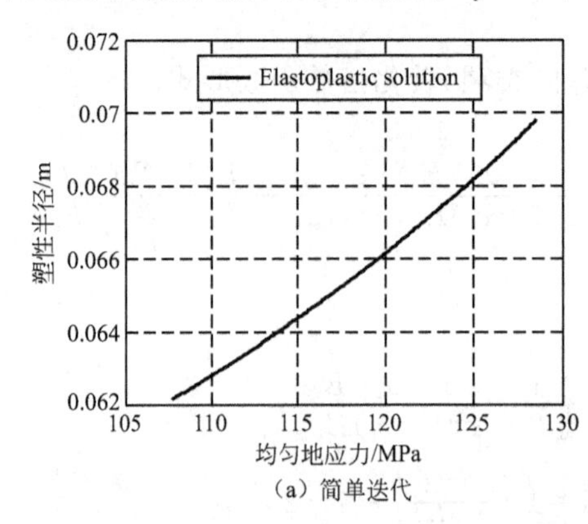

(a) 简单迭代

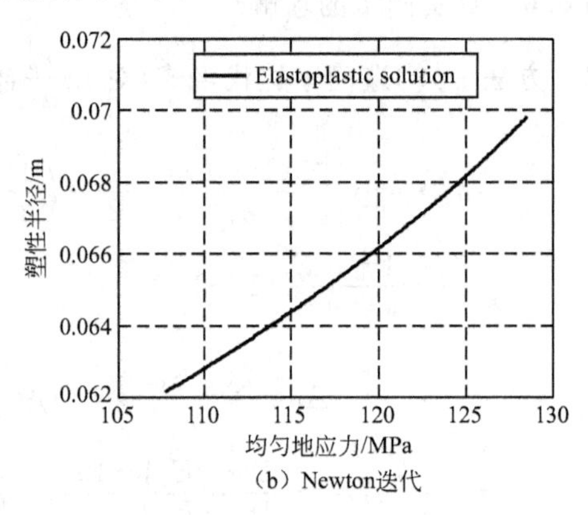

(b) Newton迭代

图 6.5 计算结果

结果表明:塑性半径 r_p 与地应力 σ 之间存在近似的线性关系.可以根据计算结果进行曲线拟合,得到简单易用的经验曲线(略).

6.4　解非线性方程组的迭代法

考虑方程组

$$\begin{cases} f_1(x_1,x_2,x_3,\cdots,x_n)=0 \\ f_2(x_1,x_2,x_3,\cdots,x_n)=0 \\ \cdots\cdots \\ f_n(x_1,x_2,x_3,\cdots,x_n)=0 \end{cases}, \tag{6.23}$$

其中,$f_1,f_2,\cdots,f_n$ 均为 $x_1,x_2,\cdots,x_n$ 的 n 元函数,记

$$\boldsymbol{x}=(x_1,x_2,\cdots,x_n)^{\mathrm{T}}\in\boldsymbol{R}^n,\quad \boldsymbol{F}(\boldsymbol{x})=[f_1,f_2,\cdots,f_n]^{\mathrm{T}}$$

则式(6.23)可写成

$$\boldsymbol{F}(\boldsymbol{x})=\boldsymbol{0} \tag{6.24}$$

当 $n\geqslant 2$,且 $f_i(i=1,2,\cdots,n)$ 中至少有一个是自变量 $x_i(i=1,2,\cdots,n)$ 的非线性函数时,就称方程组(6.23)为**非线性方程组**.非线性方程组的求根问题是前面介绍的单个方程求根问题的直接推广.

6.4.1　不动点迭代法

仿照方程求根的迭代法,将方程组(6.23)改写为如下等价方程组:

$$x_i=\varphi_i(x_1,x_2,\cdots,x_n),\quad i=1,2,\cdots,n, \tag{6.25}$$

构造迭代格式

$$x_i^{(k+1)}=\varphi_i(x_1^{(k)},x_2^{(k)},\cdots,x_n^{(k)}),\quad i=1,2,\cdots,n, \tag{6.26}$$

选取初始向量 $\boldsymbol{x}^{(0)}=(x_1^{(0)},x_2^{(0)},\cdots,x_n^{(0)})^{\mathrm{T}}$,则由迭代格式(6.26)可得到一个向量序列

$$\boldsymbol{x}^{(1)},\boldsymbol{x}^{(2)},\boldsymbol{x}^{(3)},\cdots.$$

如果方程组(6.25)有唯一解向量 $\boldsymbol{x}^*$,且 $\lim\limits_{k\to\infty}\|\boldsymbol{x}^{(k)}-\boldsymbol{x}^*\|=0$,则 $\boldsymbol{x}^{(k)}$ 可作为逐次逼近 $\boldsymbol{x}^*$ 的近似解.这种方法称为不动点迭代法.

如果把迭代格式(6.26)写成向量形式

$$\boldsymbol{x}^{(k+1)}=\boldsymbol{\varphi}(\boldsymbol{x}^{(k)}), \tag{6.27}$$

并记矩阵 $\boldsymbol{\varphi}'(\boldsymbol{x})$ 为

$$\boldsymbol{\varphi}'(\boldsymbol{x})=\begin{bmatrix} \frac{\partial\varphi_1}{\partial x_1} & \frac{\partial\varphi_1}{\partial x_2} & \cdots & \frac{\partial\varphi_1}{\partial x_n} \\ \frac{\partial\varphi_2}{\partial x_1} & \frac{\partial\varphi_2}{\partial x_2} & \cdots & \frac{\partial\varphi_2}{\partial x_n} \\ \vdots & \vdots & & \vdots \\ \frac{\partial\varphi_n}{\partial x_1} & \frac{\partial\varphi_n}{\partial x_2} & \cdots & \frac{\partial\varphi_n}{\partial x_n} \end{bmatrix},$$

则可以证明,当 $\|\boldsymbol{\varphi}'(\boldsymbol{x})\| \leqslant L<1$ 时,迭代格式(6.26)收敛.

例 6.7 用不动点迭代法解方程组 $\begin{cases}4x_1-x_2+0.1\mathrm{e}^{x_1}=1\\ -x_1+4x_2+\dfrac{1}{8}x_1^2=0\end{cases}$.

解:构造迭代格式

$$\begin{cases}x_1^{(k+1)}=\dfrac{1}{4}[1+x_2^{(k)}-0.1\mathrm{e}^{x_1^{(k)}}]\\ x_2^{(k+1)}=\dfrac{1}{4}\left[x_1^{(k)}-\dfrac{1}{8}(x_1^{(k)})^2\right]\end{cases}, \tag{6.28}$$

其中,$\boldsymbol{\varphi}(\boldsymbol{x})=(\varphi_1(x),\varphi_2(x))^{\mathrm{T}}$,$\varphi_1(\boldsymbol{x})=\dfrac{1}{4}(1+x_2-0.1\mathrm{e}^{x_1})$,$\varphi_2(\boldsymbol{x})=\dfrac{1}{4}\left(x_1-\dfrac{1}{8}x_1^2\right)$,于是

$$\boldsymbol{\varphi}'(\boldsymbol{x})=\begin{bmatrix}\dfrac{\partial\varphi_1}{\partial x_1} & \dfrac{\partial\varphi_1}{\partial x_2}\\ \dfrac{\partial\varphi_2}{\partial x_1} & \dfrac{\partial\varphi_2}{\partial x_2}\end{bmatrix}=\begin{bmatrix}-\dfrac{1}{40}\mathrm{e}^{x_1} & \dfrac{1}{4}\\ \dfrac{1}{4}-\dfrac{1}{16}x_1 & 0\end{bmatrix}.$$

显然,在 $\boldsymbol{x}^{(0)}=(0,0)^{\mathrm{T}}$ 附近,$\|\boldsymbol{\varphi}'(\boldsymbol{x})\|_\infty<1$. 故迭代格式(6.28)收敛. 迭代到第 18 次,有 $\boldsymbol{x}^*\approx \boldsymbol{x}^{(18)}=(0.232\ 567\ 005\ 1,0.056\ 451\ 519\ 65)^{\mathrm{T}}$.

实际上,上述迭代格式与求解线性代数方程组的 Jacobi 迭代格式的形式是完全相同的,故也可像构造线性代数方程组的 Gauss-Seidel 迭代格式那样来构造求解非线性方程组的 Gauss-Seidel 迭代格式. 即

$$x_i^{(k+1)}=\varphi_i(x_1^{(k+1)},\cdots,x_{i-1}^{(k+1)},x_i^{(k)}\cdots,x_n^{(k)}),\quad i=1,2,\cdots,n. \tag{6.29}$$

可以验证,如果对上例采用 Gauss-Seidel 迭代格式

$$\begin{cases}x_1^{(k+1)}=\dfrac{1}{4}[1+x_2^{(k)}-0.1\mathrm{e}^{x_1^{(k)}}]\\ x_2^{(k+1)}=\dfrac{1}{4}\left[x_1^{(k+1)}-\dfrac{1}{8}(x_1^{(k+1)})^2\right]\end{cases},$$

则只需迭代 7 次就可以得到同样的结果.

6.4.2 Newton-Raphson 迭代法

为了得到收敛更快的迭代格式,可以仿照单个方程求根的 Newton 迭代法. 若已给出方程组 $\boldsymbol{F}(\boldsymbol{x})=\boldsymbol{0}$ 的一个近似根 $\boldsymbol{x}^{(k)}=(x_1^{(k)},x_2^{(k)},\cdots,x_n^{(k)})^{\mathrm{T}}$,则可将函数 $\boldsymbol{F}(\boldsymbol{x})$ 的分量 $f_i(x)(i=1,2,\cdots,n)$ 在 $\boldsymbol{x}^{(k)}=(x_1^{(k)},x_2^{(k)},\cdots,x_n^{(k)})^{\mathrm{T}}$ 处按多元函数 Taylor 公式展开,并取其线性部分,得

$$\boldsymbol{F}(\boldsymbol{x})\approx\boldsymbol{F}(\boldsymbol{x}^{(k)})+\boldsymbol{F}'(\boldsymbol{x}^{(k)})(\boldsymbol{x}-\boldsymbol{x}^{(k)}),$$

令上式右端为零,得到线性方程组

$$\boldsymbol{F}(\boldsymbol{x}^{(k)})+\boldsymbol{F}'(\boldsymbol{x}^{(k)})(\boldsymbol{x}-\boldsymbol{x}^{(k)})=\boldsymbol{0}, \tag{6.30}$$

将此方程组的解记为 $\boldsymbol{x}^{(k+1)}$,得到

$$\boldsymbol{F}(\boldsymbol{x}^{(k)})+\boldsymbol{F}'(\boldsymbol{x}^{(k)})(\boldsymbol{x}^{(k+1)}-\boldsymbol{x}^{(k)})=\boldsymbol{0},$$

即
$$\boldsymbol{x}^{(k+1)}=\boldsymbol{x}^{(k)}-[\boldsymbol{F}'(\boldsymbol{x}^{(k)})]^{-1}\boldsymbol{F}(\boldsymbol{x}^{(k)}). \tag{6.31}$$

它与式(6.15)的形式完全一样.这就是求解非线性方程组(6.23)的 Newton 迭代格式.其中

$$\boldsymbol{F}'(\boldsymbol{x})=\begin{bmatrix}\dfrac{\partial f_1(x)}{\partial x_1} & \cdots & \dfrac{\partial f_1(x)}{\partial x_n}\\ \vdots & & \vdots\\ \dfrac{\partial f_n(x)}{\partial x_1} & \cdots & \dfrac{\partial f_n(x)}{\partial x_n}\end{bmatrix} \tag{6.32}$$

称为 $\boldsymbol{F}(\boldsymbol{x})$的 Jacobi 矩阵.

例 6.8　用 Newton 迭代法解方程组

$$\begin{cases}f_1(x_1,x_2)=x_1+2x_2-3=0\\ f_2(x_1,x_2)=2x_1^2+x_2^2-5=0\end{cases}.$$

取初始值 $\boldsymbol{x}^{(0)}=(1.5,1.0)^{\mathrm{T}}$.

解:先求 Jacobi 矩阵

$$\boldsymbol{F}'(\boldsymbol{x})=\begin{bmatrix}1 & 2\\ 4x_1 & 2x_2\end{bmatrix},\quad [\boldsymbol{F}'(\boldsymbol{x})]^{-1}=-\frac{1}{2x_2-8x_1}\begin{bmatrix}2x_2 & -2\\ -4x_1 & 1\end{bmatrix},$$

由 Newton 迭代格式(6.31)可得

$$\boldsymbol{x}^{(k+1)}=\boldsymbol{x}^{(k)}-\frac{1}{2x_2^{(k)}-8x_1^{(k)}}\begin{bmatrix}2x_2^{(k)} & -2\\ -4x_1^{(k)} & 1\end{bmatrix}\begin{bmatrix}x_1^{(k)}+2x_2^{(k)}-3\\ 2(x_1^{(k)})^2+(x_2^{(k)})^2-5\end{bmatrix},$$

即
$$\begin{cases}x_1^{(k+1)}=x_1^{(k)}-\dfrac{(x_2^{(k)})^2-2(x_1^{(k)})^2+x_1^{(k)}x_2^{(k)}-3x_2^{(k)}+5}{x_2^{(k)}-4x_1^{(k)}}\\ x_2^{(k+1)}=x_2^{(k)}-\dfrac{(x_2^{(k)})^2-2(x_1^{(k)})^2-8x_1^{(k)}x_2^{(k)}+12x_2^{(k)}-5}{2(x_2^{(k)}-4x_1^{(k)})}\end{cases},\quad k=0,1,2,\cdots.$$

由 $\boldsymbol{x}^{(0)}=(1.5,1.0)^{\mathrm{T}}$ 逐次迭代得到

$$\boldsymbol{x}^{(1)}=(1.5,0.75)^{\mathrm{T}},$$
$$\boldsymbol{x}^{(2)}=(1.488\,095,0.755\,952)^{\mathrm{T}},$$
$$\boldsymbol{x}^{(3)}=(1.488\,034,0.755\,983)^{\mathrm{T}}.$$

$\boldsymbol{x}^{(3)}$的每一位都是有效数字.

需要指出的是,本节只给出了利用 Newton 法对非线性方程组求解进行线性化的基本过程.以 Newton 法为基础的线性化方法已经出现了大量新的方法,如割线法、拟 Newton 方法等,关于这些新方法的理论基础、思想方法请读者参考相关资料.

习　题　6

1. 已知方程 $x^3-x^2-1=0$ 在 $x=1.5$ 附近有根,将方程写成以下三种不同的等价形式:

(1) $x=1+\frac{1}{x^2}$； (2) $x=\sqrt[3]{1+x^2}$； (3) $x=\sqrt{\frac{1}{x-1}}$.

试判断由以上三种等价形式导出的迭代格式的收敛性，并选出一种较好的迭代格式.

2. 设方程 $f(x)=0$ 有根，且 $0<m\leqslant f'(x)\leqslant M$. 试证明由迭代格式 $x_{k+1}=x_k-\lambda f(x_k)$ $(k=0,1,2,\cdots)$ 产生的迭代序列 $\{x_k\}_{k=0}^{\infty}$ 对任意的初值 $x_0\in(-\infty,+\infty)$，当 $0<\lambda<\frac{2}{M}$ 时，均收敛于方程的根.

3. 证明对任何初值 $x_0\in\mathbf{R}$，由迭代公式 $x_{k+1}=4+\frac{2}{3}\cos x_k$，$k=0,1,2,\cdots$ 所产生的序列 $\{x_k\}_{k=0}^{\infty}$ 都收敛于方程 $12-3x+2\cos x=0$ 的根，并且具有线性收敛性.

4. 给出计算 $x=\sqrt{2+\sqrt{2+\sqrt{2+\cdots}}}$ 的迭代格式，讨论迭代格式的收敛性，并证明 $x=2$.

5. 利用 Newton 迭代法计算 $x=\sqrt{2}$ 的近似值.

6. 证明迭代法 $x_{k+1}=x_k-\frac{f(x_k)f'(x_k)}{[f'(x_k)]^2-f(x_k)f''(x_k)}$ 是二阶收敛的.

7. 非线性方程组

$$\begin{cases}x_1^2-10x_1+x_2^2+8=0\\ x_1x_2^2+x_1-10x_2+8=0\end{cases}$$

可化为如下迭代函数求不动点问题

$$\begin{cases}x_1=\varphi_1(x_1,x_2)=\dfrac{x_1^2+x_2^2+8}{10}\\ x_2=\varphi_2(x_1,x_2)=\dfrac{x_1x_2^2+x_1+8}{10}\end{cases},$$

用大范围收敛定理证明在闭域 $D=\{(x_1,x_2)\mid 0\leqslant x_1,x_2\leqslant 1.5\}$ 上迭代函数有唯一不动点.

第7章 常微分方程数值解法初步

常微分方程初值问题在科学计算中占有重要的地位.在实际问题中的常微分方程通常很复杂,除极特殊情形外,一般无法求出精确解.即使求出解,也常常因为计算量太大而不实用.然而实际问题本身有往往只要求出其解在一系列点上的近似值,这就需要依靠数值解法.

实例1 如图7.1所示,在半径为$R=2$ m的圆筒形水槽中,开始时加水至$M=5$ m,然后用半径$r_1=2\times10^{-2}$ m的给水管以稳定的流速$v_1=0.7$ m/s的速度向槽内加水,同时,由位于槽底部半径为$r_2=7.6\times10^{-2}$ m的排水管排水.如果不考虑排水管的压头损失,试求开始排水后前4 min内每分钟水槽内水位的高度y(m).

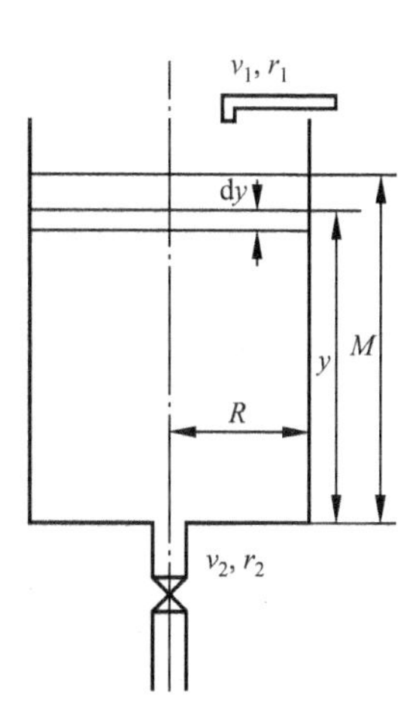

图7.1 水槽示意图

分析:由于不同时刻贮槽内水位高度不同,排水量也不同,所以注排水过程不稳定.假定在任一时刻t时的水位高度为y,在微小$\mathrm{d}t$时间间隔内,水位高度变化量为$\mathrm{d}y$,根据质量守恒定律,

$$累积量=给水量-排水量,$$

可得到物料平衡表达

$$\pi R^2\,\mathrm{d}y=\pi r_1^2 v_1\,\mathrm{d}t-\pi r_2^2 v_2\,\mathrm{d}t,$$

若不考虑排水管的压力损失,则

$$v_2=\sqrt{2gy},$$

其中,$g=9.81\mathrm{m/s^2}$为重力加速度.所以,

$$R^2\,\mathrm{d}y=r_1^2 v_1\,\mathrm{d}t-r_2^2\sqrt{2gy}\,\mathrm{d}t,$$

$$\begin{cases}\dfrac{\mathrm{d}y}{\mathrm{d}t}=(r_1^2 v_1-r_2^2\sqrt{2gy})/R^2\\ y(0)=M\end{cases}.$$

上式为一阶常微分方程的初值问题,而且模型是一个非线性的常微分方程.很难求得其解析解,需要使用数值方法进行计算.

本章主要讨论常微分方程初值问题的数值方法,构造高精度的单步法以及多步法,还要讨论边值问题的打靶法和差分法.

7.1 求解初值问题数值方法的基本原理

7.1.1 初值问题的数值解

最基本的常微分方程初值问题如下：

$$\begin{cases} y'=f(x,y), & a\leqslant x\leqslant b \\ y(a)=y_0 \end{cases}. \tag{7.1}$$

根据常微分方程理论，为保证初值问题(7.1)解的存在唯一性，总是假设 $f(x,y)$ 在 $x\in[a,b]$ 和 $y\in(-\infty,+\infty)$ 上连续，且函数 $f(x,y)$ 关于 y 满足李普希茨(Lipschitz)条件. 即存在常数 $L>0$，对 $\forall y_1,y_2$ 有

$$|f(x,y_1)-f(x,y_2)|<L|y_1-y_2|. \tag{7.2}$$

初值问题(7.1)的数值解是指，在$[a,b]$区间内若干离散点 $a=x_0<x_1<\cdots<x_n=b$ 上求出函数 $y=f(x)$ 的近似值 $y_0,y_1,\cdots,y_n$.

工程计算中常将区间$[a,b]n$ 等分，等分点 $x_i=a+ih(i=0,1,\cdots,n)$称为节点，小区间的长度 $h=\dfrac{b-a}{n}$称为步长. 更一般地，每一步的步长可以不同，在计算中原定的步长也可以改变.

求解初值问题(7.1)最基本、最常用的数值方法是单步法，即从已知初值$y(a)=y_0$ 开始，依次求出 $y_1,y_2,\cdots$，后一步的值 y_{n+1}只依靠前一步的值 y_n. 这是一种逐点求解的离散化方法. 后面还将讨论后一步的值 y_{n+1}依靠前面若干步值的多步法.

最简单的单步法是欧拉(Euler)方法，同时也是最简单的数值解法. 由于它的精确度不高，实际计算中已不被采用，但它反映了常微分方程数值解法的基本思想.

假设初值问题(7.1)的解曲线为 $y=y(x)$，它通过点(x_0,y_0)，并在该点以$f(x_0,y_0)$为切线的斜率，于是在 $x=x_0$ 附近，曲线可以用该点处的切线近似代替，切线方程为

$$y=y_0+f(x_0,y_0)(x-x_0).$$

当 $x=x_1$ 处，函数值 $y(x_1)$可以用 $y_1=y_0+f(x_0,y_0)(x_1-x_0)=y_0+hf(x_0,y_0)$近似代替. 重复上面的过程，在 $x=x_2$ 处，就可以得到 $y(x_2)$的近似值

$$y_2=y_1+f(x_1,y_1)(x_2-x_1)=y_1+hf(x_1,y_1).$$

依此下去，当 y_n 已经得到，则得到 Euler 计算公式

$$y_{n+1}=y_n+hf(x_n,y_n), \quad n=0,1,2,\cdots. \tag{7.3}$$

Euler 方法是显式单步法，即从初值开始直接地依次逐点求解. 它有明显的几何意义，实际上是用一条顺序连接点(x_n,y_n)的折线近似代替积分曲线 $y=f(x)$. 以上过程如图 7.2 所示(虚线表示 Euler 折线，实线表示精确解，点画线表示积分曲线上某点的切线).

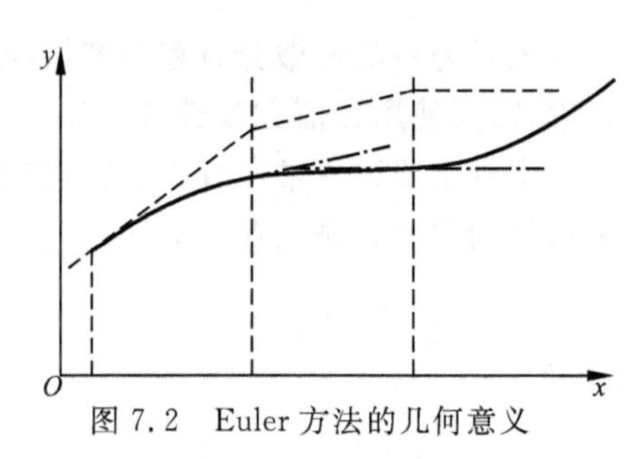

图 7.2 Euler 方法的几何意义

从几何上看，h 越小，此折线逼近积分曲线的效果越好.

例 7.1　求解常微分方程初值问题

$$\begin{cases} y' = -y + x + 1, & x \geqslant 0 \\ y(0) = 1 \end{cases},$$

取步长 $h=0.1$,计算到 $x=0.5$.

解:$f(x)=-y+x+1$,由 Euler 公式 $y_{n+1}=y_n+h(-y_n+x_n+1)$,

代入 $h=0.1$,有 $y_{n+1}=0.9y_n+0.1(x_n+1)$.依次计算结果见表 7.1.

表　7.1

n	0	1	2	3	4	5
x_n	0	0.1	0.2	0.3	0.4	0.5
y_n	1.0	1.0	1.01	1.029	1.0561	1.090 49

精确解可求出为 $y=f(x)=x+e^{-x}$,故各点上的精确值为 $y(x_n)=x_n+e^{-x_n}$,当 $n=5$,$x_5=0.5$ 时,$y(0.5)=1.106\,531$.由此可见,Euler 公式的近似值接近方程的精确值.

7.1.2　构造初值问题数值方法的基本途径

以 Euler 方法为例说明构造求解初值问题数值方法的三种途径.

1. 数值微分法,用差商代替微商

在方程 $y'=f(x,y)$中,在点 x_n 用向前差商代替导数

$$f(x_n,y(x_n))=y'(x_n)=\frac{y(x_{n+1})-y(x_n)}{h}+O(h),$$

忽略误差项,用近似值 y_n 代替精确值 $y(x_n)$,得到近似公式

$$y_{n+1}=y_n+hf(x_n,y_n),\quad n=0,1,\cdots.$$

就是 Euler 公式.

2. Taylor 展开法

将 $y(x_n+h)$在点 x_n 作 Taylor 展开

$$y(x_n+h)=y(x_n)+hy'(x_n)+\frac{h^2}{2}y''(\xi),$$

忽略高阶项,取近似值得到 Euler 公式

$$y_{n+1}=y_n+hf(x_n,y_n),\quad n=0,1,\cdots.$$

3. 数值积分法

将方程 $y'=f(x,y)$在区间$[x_n,x_{n+1}]$上积分

$$\int_{x_n}^{x_{n+1}} y'\mathrm{d}x=\int_{x_n}^{x_{n+1}} f(x,y)\mathrm{d}x,$$

左端

$$\int_{x_n}^{x_{n+1}} y'\mathrm{d}x=y(x_{n+1})-y(x_n),$$

右端可用各种数值积分方法,现用左矩形公式

$$\int_{x_n}^{x_{n+1}} f(x,y)\mathrm{d}x \approx hf(x_n, y(x_n)),$$

忽略误差取近似,得到 Euler 公式

$$y_{n+1}=y_n+hf(x_n,y_n), \quad n=0,1,\cdots.$$

以上三种途径都可得到同一个 Euler 公式. Euler 方法是最简单的单步数值方法,精度不高. 但是,用以上给出的三种途径还可以构造其他高精度的数值方法. 这三种途径也是构造求解常微分方程初值问题数值公式的主要方法.

7.1.3 梯形公式与预估校正思想

Euler 方法是单步显式法,利用前述数值积分法还可构造另一种单步隐式法,即梯形公式和改进的 Euler 方法.

由
$$y(x_{n+1})-y(x_n)=\int_{x_n}^{x_{n+1}} f(x,y)\mathrm{d}x,$$

对上式右端的积分用两点梯形公式

$$\int_{x_n}^{x_{n+1}} f(x,y)\mathrm{d}x \approx \frac{h}{2}[f(x_n,y(x_n))+f(x_{n+1},y(x_{n+1}))],$$

忽略误差后代入上式取近似,得到如下的梯形公式

$$y_{n+1}=y_n+\frac{h}{2}[f(x_n,y_n)+f(x_{n+1},y_{n+1})], \quad n=0,1,2,\cdots. \tag{7.4}$$

梯形公式是单步隐式法,它不能直接逐点求解,每一步须提供初值用迭代法计算. 一般用 Euler 方法提供初值,因为 Euler 公式是显式的.

从计算公式的最终表达式的角度来看,显式方法与隐式方法的区别在于,显式方法在计算第 $n+1$ 次的近似值时,只依赖于某些 $\leqslant n$ 步的值,一般通过简单的迭代就可以求出;隐式方法在计算第 $n+1$ 次的近似值时,不仅依赖于某些 $\leqslant n$ 步的值,还依赖于某些 $\geqslant n+1$ 步的值,一般不能通过迭代得出,应通过求解方程组才能求解.

如第一步从 $y_n \to y_{n+1}$,

$$\begin{cases} y_{n+1}^{(0)}=y_n+hf(x_n,y_n) \\ y_{n+1}^{(k+1)}=y_n+\dfrac{h}{2}[f(x_n,y_n)+f(x_{n+1},y_{n+1}^{(k)})] \quad (k=0,1,\cdots) \end{cases}, \tag{7.5}$$

直到 $|y_{n+1}^{(k+1)}-y_{n+1}^{(k)}|<\varepsilon$,取 $y_{n+1}=y_{n+1}^{(k+1)}$.

再从 $y_{n+1} \to y_{n+2}$,

$$\begin{cases} y_{n+2}^{(0)}=y_{n+1}+hf(x_{n+1},y_{n+1}) \\ y_{n+2}^{(k+1)}=y_{n+1}+\dfrac{h}{2}[f(x_{n+1},y_{n+1})+f(x_{n+2},y_{n+2}^{(k)})] \quad (k=0,1,\cdots) \end{cases}.$$

从梯形公式的推导过程可知,它比 Euler 公式精确,但对 y_{n+1} 的求解迭代次数较多,计算量很大. 在实际计算中,取 $y_{n+1}^{(1)}$ 作为 y_{n+1} 的求解只需迭代一次. 这种方法叫改进的 Euler 方法,

其迭代式如下：

$$\begin{cases}\overline{y}_{n+1}=y_n+hf(x_n,y_n)\\ y_{n+1}=y_n+\dfrac{h}{2}(f(x_n,y_n)+f(x_{n+1},\overline{y}_{n+1})\end{cases}. \tag{7.6}$$

式(7.6)可以解释为:先用 Euler 公式求得一个 y_{n+1} 得预测值 $\overline{y}_{n+1}$，然后用梯形公式将它校正得到 y_{n+1}，因此 y_{n+1} 又叫校正值. 式(7.6)称为**预测-校正公式**或**改进的 Euler 公式**.

例 7.2　用改进的 Euler 方法解初值问题

$$\begin{cases}y'=-y+x+1\\ y(0)=1\end{cases},$$

取 $h=0.1$，计算到 $x=0.5$.

解:利用式(7.6)可得

$$y_{n+1}=y_n+h\left[\left(1-\frac{h}{2}\right)(x_n-y_n)+1\right],$$

以 $h=0.1$ 代入得　　$y_{n+1}=0.905y_n+0.095x_n+0.1.$

其计算结果见表 7.2.

表　7.2

x_n	y_n	$y(x_n)$	$\lvert y(x_n)-y_n\rvert$
0	1.000 000	1.000 000	
0.1	1.004 762	1.004 837	1.6×10^{-4}
0.2	1.018 594	1.018 731	2.9×10^{-4}
0.3	1.040 633	1.040 818	4.0×10^{-4}
0.4	1.070 096	1.070 320	4.8×10^{-4}
0.5	1.106 278	1.106 531	5.5×10^{-4}

7.1.4　单步法的误差分析和稳定性

1. 整体截断误差和局部截断误差

前述的几种单步法，其近似解 y_n 和精确解 $y(x_n)$ 之差

$$e_n=y(x_n)-y_n,$$

称为该方法在 x_n 点的整体截断误差. 所谓整体，是因为它除了与 $x=x_n$ 这步的计算有关外，还与 $x_{n-1},x_{n-2},\cdots,x_1$ 的计算有关. 为了使对误差的分析简单化，我们主要分析计算中的某一步. 显式单步法的一般形式可写为

$$y_{n+1}=y_n+hQ(x_n,y_n,h), \tag{7.7}$$

其中，$Q(x_n,y_n,h_n)$ 称为增量函数，不同的数值方法 $Q(x_n,y_n,h_n)$ 的形式不同，如 Euler 公式，

$Q(x_n, y_n, h)=f(x_n, y_n)=y'(x_n)$.

定义 7.1 设 $y(x)$ 是初值问题(7.1)的解,用单步法计算到第 n 步没有误差,即 $y_n=y(x_n)$,则

$$E_{n+1}=y(x_{n+1})-y_{n+1}=y(x_{n+1})-[y(x_n)+hQ(x_n, y(x_n), h)] \tag{7.8}$$

为单步法在点 x_{n+1} 处的局部截断误差.

称 E_{n+1} 为局部截断误差是因为这种估计是在局部化假设下做出的误差估计. 即先假设在第 n 步的解是没有误差的精确值 $y(x_n)$,再由 $y(x_n)$ 计算第 $n+1$ 步的近似值 y_{n+1},然后估计误差 E_{n+1}. 局部截断误差 E_{n+1} 和整体截断误差 e_n 有很大差别. 由于很难估计每一步都有误差的整体截断误差,而估计局部截断误差相对容易得多,因此常用一个数值公式的局部截断误差来衡量这个公式的阶. 若数值公式的局部截断误差 $E_{n+1}=O(h^{p+1})$,则称此数值公式是 p 阶的,p 是正整数.

对于 Euler 方法,此时,$Q(x_n, y(x_n), h)=f(x_n, y(x_n))=y'(x_n)$. 由 Taylor 展开式得

$$\begin{aligned}E_{n+1}&=y(x_{n+1})-[y(x_n)+hQ(x_n, y(x_n), h)]\\&=hy'(x_n)+O(h^2)-hy'(x_n)=O(h^2),\end{aligned}$$

因此,Euler 方法是一阶方法.

对于改进的 Euler 方法,$Q(x, y, h)=\frac{1}{2}[f(x, y)+f(x+h, y+hf(x, y))]$. 利用 $y'=f(x, y)$ 得

$$y''(x)=\frac{\mathrm{d}f(x, y)}{\mathrm{d}x},$$

将 $f(x+h, y+hy')$ 在 (x, y) 处 Taylor 展开,并利用

$$\frac{\mathrm{d}f(x, y)}{\mathrm{d}x}=\frac{\partial f(x, y)}{\partial x}+\frac{\partial f(x, y)}{\partial y}y'(x),$$

得

$$\begin{aligned}2Q(x, y, h)&=y'(x)+f(x+h, y+hy'(x))\\&=y'(x)+f(x, y)+h\frac{\partial f}{\partial x}+hy'(x)\frac{\partial f}{\partial x}+O(h^2)\\&=2y'(x)+hy''(x)+O(h^2),\end{aligned}$$

因此,再次使用 Taylor 展开式得

$$\begin{aligned}E_{n+1}&=y(x_{n+1})-y_{n+1}=y(x_n+h)-y(x_n)-hQ(x_n, y, h)\\&=hy'(x_n)+\frac{1}{2}h^2y''(x_n)+O(h^3)-\frac{1}{2}h[2y'(x_n)+hy''(x_n)+O(h^2)]\\&=O(h^3).\end{aligned}$$

改进的 Euler 方法是二阶精度.

2. 收敛性和整体截断误差

对任何一种数值方法,人们总是希望数值解收敛到精确解,并且收敛速度尽可能地快. 常微分方程也不例外,我们看一个例子.

例 7.3　考察以下初值问题用 Euler 方法求解的收敛性：

$$\begin{cases} \dfrac{\mathrm{d}y}{\mathrm{d}x}=y \\ y(0)=1 \end{cases}.$$

解:已知精确解为 $y=\mathrm{e}^x$. 采用 Euler 方法得近似解为

$$y_{n+1}=y_n+hy_n=(1+h)y_n,$$

由此不难得到

$$y_n=(1+h)y_{n-1}=(1+h)^2y_{n-2}=\cdots=(1+h)^n.$$

设 $\bar{x}$ 为一分点，且 $\bar{x}=nh$，则 $h=\dfrac{\bar{x}}{n}$，所以

$$y_n=\left(1+\frac{\bar{x}}{n}\right)^n=\left[\left(1+\frac{\bar{x}}{n}\right)^{\frac{n}{\bar{x}}}\right]^{\bar{x}},$$

于是

$$\lim_{h\to 0}y_n=\lim_{n\to\infty}y_n=\mathrm{e}^{\bar{x}}.$$

对于本例，Euler 方法求得的近似解收敛到精确解. 下面给出收敛的一般定义.

定义 7.2　对某个单步法

$$y_{n+1}=y_n+hQ(x_n,y_n,h) \tag{7.9}$$

产生的近似解，若对于任一固定的 $x=x_0+nh$，有 $\lim\limits_{h\to o}y_n=y(x)$，则称式(7.9)是**收敛**的.

显然，式(7.9)收敛意味着对某固定的 $x_n=x_0+nh$ 整体截断误差 $e_n=y(x_n)-y_n$ 趋于零. 关于收敛性和整体截断误差，还有如下的整体误差和局部误差关系的定理(证明从略).

定理　对初值问题(7.1)一种单步法(7.9)，若局部截断误差为$O(h^{p+1})$ $(p\geqslant 1)$，且函数 $Q(x,y,h)$对 y 满足 Lipschitz 条件，即存在 $L>0$，使得

$$|Q(x,y,h)-Q(x,\bar{y},h)|\leqslant L|y-\bar{y}|$$

对一切 y 和 $\bar{y}$ 成立，则式(7.9)收敛，且

$$e_n=y(x_n)-y_n=O(h^p)$$

由此定理可知，若数值方法的局部截断误差为 $O(h^{p+1})$，则其整体截断误差为 $O(h^p)$，称此数值方法为 p 阶的.

对于 Euler 方法，$Q(x,y,h)=f(x,y)$，当 $f(x,y)$关于 y 满足 Lipschitz 条件时是收敛的.

对于改进的 Euler 方法，$Q(x,y,h)=\dfrac{1}{2}[f(x,y)+f(x+h,y+hf(x,y))]$，于是

$$|Q(x,y,h)-Q(x,\bar{y},h)|\leqslant\frac{1}{2}|f(x,y)-f(x,\bar{y})|+$$

$$\frac{1}{2}|f(x+h,y+hf(x,y))-f(x+h,\bar{y}+hf(x,\bar{y}))|.$$

设 L 为 f 关于 y 的 Lipschitz 常数，则由上式可得

$$|Q(x,y,h)-Q(x,\bar{y},h)| \leqslant L\left(1+\frac{h}{2}L\right)|y-\bar{y}|.$$

不妨设 $h \leqslant h_0$（h_0 为定数），则上式 Q 满足 Lipschitz 条件，所以改进的 Euler 方法收敛. 类似地可得到其他单步法的收敛性.

3. 稳定性

若初值问题(7.1)的准确解是 $y(x)$，单步法(7.9)计算出的近似值为 $y_n(n=1,2,\cdots)$，对满足定理 7.1 的 $p(p \geqslant 1)$ 阶方法而言，$h \to 0$ 时，$|y(x_n)-y_n| \to 0$，然而，实际计算时，每步还有舍入误差. 若 y_n 是单步法(7.9)的计算结果，而实际计算结果为 $\bar{y}_n$，则产生误差值 $|y_n-\bar{y}_n|$，这种误差不断地向后传播. 希望每步产生的误差在以后的计算中能得到控制，甚至是逐步衰减.

设在计算 y_n 时有误差 ρ_n，即实际计算得第 n 步的解为 $\bar{y}_n=y_n+\rho_n$，$\rho_n=\bar{y}_n-y_n$. 则第 $n+1$ 步的解为

$$\bar{y}_{n+1}=y_{n+1}+\rho_{n+1}, \rho_{n+1}=\bar{y}_{n+1}-y_{n+1}.$$

如果有 $|\rho_{n+1}|/|\rho_n|<1$，说明计算中的舍入误差可以得到控制，数值方法是稳定的，否则是不稳定的. 但是，对一般的数值方法讨论稳定性很困难，实用的方法是通过一个简单的模型方程

$$y'=\lambda y \tag{7.10}$$

来检验一个数值方法的稳定性. 这是因为模型方程简单，如果一个数值方法对模型方程都不是数值稳定，那它用于计算其他问题就不能保证是数值稳定的. 因此，用模型方程来定义数值方法的稳定性.

模型方程中的 λ 是一个复数，若一个数值方法用步长 $h>0$ 计算模型方程时，满足

$$|\rho_{n+1}|/|\rho_n|<1, \tag{7.11}$$

则称此数值方法关于这个 λ 和 h 是绝对稳定的.

现在考察 Euler 方法的稳定性. 将 Euler 公式用于模型方程，有

$$y_{n+1}=y_n+\lambda h y_n=(1+\lambda h)y_n,$$

若第 n 步和第 $n+1$ 步分别有误差，则上式变为

$$\bar{y}_{n+1}=(1+\lambda h)\bar{y}_n,$$

两式相减得到 $\bar{y}_{n+1}-y_{n+1}=(1+\lambda h)(\bar{y}_n-y_n)$，即

$$\frac{\rho_{n+1}}{\rho_n}=1+\lambda h,$$

由绝对稳定条件(7.11)，当

$$|1+\lambda h|<1, \tag{7.12}$$

Euler 方法是绝对稳定的，而在 λh 的复平面上[以 $\mathrm{Re}(\lambda h)$ 为实轴，$\mathrm{Im}(\lambda h)$ 为虚轴]，以 $\lambda h=1$ 为圆心的单位圆域

$$|1+\lambda h| \leqslant 1 \tag{7.13}$$

是 Euler 方法的绝对稳定区域. 条件(7.13)是保证 Euler 方法绝对稳定对步长 h 的限制.

同理可得梯形公式的绝对稳定区域. 将梯形公式用于模型方程 $y'=\lambda y$,得到

$$y_{n+1}=y_n+\frac{h}{2}(\lambda y_n+\lambda y_{n+1}),$$

可解出绝对稳定条件是

$$\left|\frac{\rho_{n+1}}{\rho_n}\right|=\left|\frac{1+\frac{\lambda h}{2}}{1-\frac{\lambda h}{2}}\right|<1. \tag{7.14}$$

例 7.4　用向后差商代替微商构造常微分方程初值问题的数值公式,并讨论局部截断误差和绝对稳定区.

解:由向后差商公式

$$f(x_{n+1},y(x_{n+1}))=y'(x_{n+1})=\frac{y(x_{n+1})-y(x_n)}{h}+O(h),$$

忽略误差项,得到近似公式

$$y(x_{n+1})=y_n+hf(x_{n+1},y(x_{n+1})),\quad n=0,1,\cdots. \tag{7.15}$$

这个数值公式称为向后 Euler 公式,它是单步隐式方法,每一步计算都要用迭代法.

考察其局部截断误差. 在点 x_{n+1} 以 $-h$ 为增量作 Taylor 展开

$$y(x_n)=y(x_{n+1})-hy'(x_{n+1})+\frac{h^2}{2}y''(\xi),$$

得到

$$y(x_{n+1})=y(x_n)+hf(x_{n+1},y(x_{n+1}))-\frac{h^2}{2}y''(\xi).$$

将局部化假设用于向后 Euler 公式(7.15),有

$$y_{n+1}=y(x_n)+hf(x_{n+1},y_{n+1}),$$

故

$$E_{n+1}=y(x_{n+1})-y_{n+1}=h(f(x_{n+1},y(x_{n+1}))-f(x_{n+1},y_{n+1}))-\frac{h^2}{2}y''(\xi).$$

利用 $f(x,y)$关于 y 满足李普希茨条件

$$|f(x_{n+1},y(x_{n+1}))-f(x_{n+1},y_{n+1})|\leqslant L|y(x_{n+1})-y_{n+1}|,$$

代入上式整理可得到

$$|y(x_{n+1})-y_{n+1}|=O(h^2).$$

再讨论绝对稳定区,首先将向后 Euler 公式用于模型 $y'=\lambda y$,得到

$$y_{n+1}=y_n+\lambda h y_{n+1},$$

与有误差的解 $\bar{y}_{n+1}=\bar{y}_n+\lambda h\bar{y}_{n+1}$ 相减得到

$$\rho_{n+1}=\rho_n+\lambda h\rho_{n+1},$$

由绝对稳定条件$\left|\frac{\rho_{n+1}}{\rho_n}\right|=\frac{1}{|1-\lambda h|}<1$得到绝对稳定区$\frac{1}{|1-\lambda h|}\leqslant 1$，即$|1-\lambda h|\geqslant 1$.

由以上讨论知道，单步隐式方法比单步显式法的精度高，且稳定性也好(绝对稳定区较大)，只是计算要复杂一些.

综上所述，Euler 公式的特性见表 7.3.

表 7.3

数值公式	公式特点	局部截断误差	公式的阶	绝对稳定区
Euler 公式	单步显式	$O(h^2)$	$O(h)$	$\|1+\lambda h\|\leqslant 1$
梯形公式(改进的 Euler 方法)	单步隐式	$O(h^3)$	$O(h^2)$	$\left\|\frac{1+\frac{\lambda h}{2}}{1-\frac{\lambda h}{2}}\right\|\leqslant 1$
向后 Euler 公式	单步隐式	$O(h^2)$	$O(h)$	$\|1-\lambda h\|\geqslant 1$

7.2 高精度的单步法

在单步法中，Euler 方法计算简单但精度低，需要构造高精度的单步法. 应用最广泛的一类高精度单步法是龙格-库塔(Runge-Kutta)法，简称 R-K 方法. 构造 R-K 方法的基本思想是利用区间$[x_n,x_{n+1}]$上的平均斜率来提高数值公式的精度.

7.2.1 基本原理

由微分中值定理，在区间$[x_n,x_{n+1}]$上存在$0<\theta<1$使

$$y'(x_n+\theta h)=\frac{y(x_{n+1})-y(x_n)}{h},$$

其中，$h=x_{n+1}-x_n$，$y'(x)=f(x,y)$. 得

$$y(x_{n+1})-y(x_n)=hy'(x_n+\theta h)=hf(x_n+\theta h,y(x_n+\theta h)).$$

令$k=f(x_n+\theta h,y(x_n+\theta h))$表示$[x_n,x_{n+1}]$上函数$y(x)$的平均斜率. 在$[x_n,x_{n+1}]$上用不同的方法计算出平均斜率，就可得到求解常微初值问题(7.1)的不同数值方法.

如 Euler 方法$y_{n+1}=y_n+hf(x_n,y_n)(n=0,1,\cdots)$，令$k=f(x_n,y_n)$，用$[x_n,x_{n+1}]$的左端点斜率作为区间上的平均斜率. Euler 公式可表示为

$$\begin{cases}y_{n+1}=y_n+kh\\k=f(x_n,y_n)\end{cases},\quad n=0,1,\cdots.$$

对改进的 Euler 方法

$$\begin{cases}\bar{y}_{n+1}=y_n+hf(x_n,y_n)\\y_{n+1}=y_n+\frac{h}{2}(f(x_n,y_n)+f(x_{n+1},\bar{y}_{n+1}))\end{cases},\quad n=0,1,\cdots.$$

也可以表示为两个端点上的斜率的平均值为斜率的公式

$$\begin{cases} y_{n+1}=y_n+h\left(\dfrac{1}{2}k_1+\dfrac{1}{2}k_2\right) \\ k_1=f(x_n,y_n) \\ k_2=f(x_n+h,y_n+hk_1) \end{cases},\quad n=0,1,\cdots.$$

实际上,这就是一个二阶 R-K 方法.从直观上看,每增加一个点上的斜率值作平均,即增加一个 k 值,数值公式的精度就提高一阶,这正是高阶 R-K 方法的基本原理,因为在$[x_n,x_{n+1}]$上多取几个点的斜率再平均,比只取一个点的斜率作整个区间上的平均斜率要更精确.若在$[x_n,x_{n+1}]$上取 p 个点上斜率的加权平均作为整个区间上的平均斜率,由此构造求解常微分初值问题(7.1)的数值公式,称为 p 阶 R-K 方法.R-K 方法是单步法,有显式也有隐式,以下主要讨论显式 R-K 方法.

p 阶显式 R-K 方法的一般形式为

$$\begin{cases} y_{n+1}=y_n+h\sum\limits_{i=1}^{p}c_ik_i \\ k_1=f(x_n,y_n) \\ k_j=f\left(x_n+a_jh,y_n+h\sum\limits_{t=1}^{j-1}b_{jt}k_t\right) \end{cases},\quad n=0,1,\cdots;j=2,3,\cdots,p, \tag{7.16}$$

其中,c_i,a_j,b_{jt}都是待定的参数,选取这些参数的原则是使 R-K 方法(7.16)有 p 阶精度,即式(7.16)的局部截断误差应达到 $O(h^{p+1})$.

当 $p=1,c_1=1$ 时,是一阶 R-K 方法,也就是 Euler 公式,$E_{n+1}=O(h^2)$;

当 $p=2,c_1=c_2=\dfrac{1}{2},a_2=1,b_{21}=1$ 时,是二阶 R-K 方法,也就是改进的 Euler 方法,$E_{n+1}=O(h^3)$.

7.2.2　二阶 Runge-Kutta 方法的推导

在一般 R-K 方法的式(7.16)中,取 $p=2$,二阶 R-K 方法的形式为

$$\begin{cases} y_{n+1}=y_n+h(c_1k_1+c_2k_2) \\ k_1=f(x_n,y_n) \\ k_2=f(x_n+a_2h,y_n+b_{21}hk_1) \end{cases},n=0,1,\cdots. \tag{7.17}$$

要确定系数 c_1,c_2,a_2,b_{21}使公式的局部截断误差达到 $O(h^3)$,具体的方法是用 Taylor 展开.

将 $k_2=f(x_n+a_2h,y_n+b_{21}hk_1)$作二元 Taylor 展开

$$k_2=f(x_n,y_n)+a_2hf'_x+k_1b_{21}hf'_y+O(h^2),$$

其中,$k_1=f(x_n,y_n)$(简记 $k_1=f$).将 k_1 和 k_2 代入式(7.17)中的第一式

$$y_{n+1}=y_n+(c_1+c_2)hf+c_2a_2h^2f'_x+c_2b_{21}h^2ff'_y+O(h^3),$$

再将 $y(x_{n+1})$在点 x_n 展开

$$y(x_{n+1})=y(x_n)+hy'(x_n)+\frac{h^2}{2}y''(x_n)+O(h^3),$$

其中，$y'(x_n)=f(x_n,y_n)$，$y''(x_n)=f'_x+f'_yf$，将它们代入上式后得

$$y(x_{n+1})=y(x_n)+hf+\frac{1}{2}h^2f'_x+\frac{1}{2}h^2f'_yf+O(h^3).$$

由局部化假设 $y(x_n)=y_n$ 得

$$y_{n+1}=y(x_n)+(c_1+c_2)hf+c_2a_2h^2f'_x+c_2b_{21}h^2ff'_y+O(h^3).$$

为使式(7.17)局部截断误差达到 $O(h^3)$，要使

$$E_{n+1}=y(x_{n+1})-y_{n+1}=O(h^3),$$

比较同类项可得到求解待定参数的方程组

$$c_1+c_2=1,\quad c_2a_2=\frac{1}{2},\quad c_2b_{21}=\frac{1}{2},$$

由三个方程求解四个未知数，解不唯一. 因此，四个参数有不同的组合，构成不同的二阶 R-K 方法.

(1)取 $c_1=\frac{1}{2}$，解出 $c_2=\frac{1}{2}$，$a_2=b_{21}=1$，得到改进的 Euler 公式；

(2)取 $c_1=0$，解出 $c_2=1$，$a_2=b_{21}=\frac{1}{2}$，得到二阶的 R-K 公式的形式是

$$\begin{cases}y_{n+1}=y_n+hk_2\\k_1=f(x_n,y_n)\\k_2=f\left(x_n+\frac{1}{2}h,y_n+\frac{1}{2}hk_1\right)\end{cases},\quad n=0,1,2,\cdots,\tag{7.18}$$

这种 R-K 公式称为中点公式；

(3)取 $c_1=\frac{1}{4}$，解出 $c_2=\frac{3}{4}$，$a_2=b_{21}=\frac{2}{3}$，得到公式

$$y_{n+1}=y_n+\frac{1}{4}h\left[f(x_n,y_n)+3f\left(x_n+\frac{2}{3}h,y_nhf(x_n,y_n)\right)\right],\quad n=0,1,2,\cdots.$$

7.2.3 经典的四阶 R-K 方法

与推导二阶 R-K 方法的过程类似，可以推导出其他高精度的 R-K 方法. 实用中最重要的、用得最多的是标准四阶 R-K 公式，经典的四阶 R-K 方法，具体公式如下：

$$y_{n+1}=y_n+\frac{h}{6}(k_1+2k_2+2k_3+k_4),\quad n=0,1,2,\cdots,$$

$$\begin{cases}k_1=f(x_n,y_n)\\k_2=f\left(x_n+\frac{1}{2}h,y_n+\frac{1}{2}hk_1\right)\\k_3=f\left(x_n+\frac{1}{2}h,y_n+\frac{1}{2}hk_2\right)\\k_4=f(x_n+h,y_n+hk_3)\end{cases}.\tag{7.19}$$

经典的 R-K 方法式(7.19)是单步显式四阶方法，可以自己启动，由初值 $y(x_0)$ 开始逐点计算.

从 $n=0$ 开始，由给出的 $y(x_0)$ 和步长 h，计算 $k_1, k_2, k_3, k_4 \rightarrow y_1$；$n=1$，再计算 $k_1, k_2, k_3, k_4 \rightarrow y_2$；直到求出结果.

例 7.5　求初值问题

$$\begin{cases} y' = -y+1 \\ y(0)=0 \end{cases}.$$

分别用 Euler 方法($h=0.025$)、二阶 R-K 方法($h=0.05$)和经典的四阶 R-K 方法($h=0.1$)计算到 $x=0.5$，比较计算结果.

解：计算结果见表 7.4. 二阶 R-K 方法用改进的 Euler 公式.

表　7.4

x_n	Euler 方法	改进 Euler 方法	经典四阶 R-K 方法	$y(x_n)$
	$h=0.025$	$h=0.05$	$h=0.1$	
0	0	0	0	0
0.1	0.096 312	0.095 123	0.095 162 59	0.095 162 58
0.2	0.183 348	0.181 198	0.181 269 10	0.181 269 25
0.3	0.262 001	0.259 085	0.259 181 58	0.259 181 78
0.4	0.333 079	0.329 563	0.329 679 71	0.329 679 95
0.5	0.397 312	0.393 337	0.393 469 06	0.393 469 34

从此例可看出，经典的四阶 R-K 方法比改进的 Euler 方法和 Euler 方法好得多，在 $x_n=0.5$ 时，它们同精确解得误差分别是 2.8×10^{-7}，1.3×10^{-4}，3.8×10^{-3}.

下面讨论经典四阶 R-K 方法的稳定条件. 取模型方程 $y'=\lambda y$，将 $f(x,y)=\lambda y$ 依次代入 $k_i(i=1,2,3,4)$，有

$$hk_1 = hf(x_n, y_n) = h\lambda y_n,$$

$$hk_2 = h\lambda\left(y_n + \frac{1}{2}k_1\right) = \left[h\lambda + \frac{1}{2}(h\lambda)^2\right]y_n,$$

$$hk_3 = h\lambda\left(y_n + \frac{1}{2}k_2\right) = \left[h\lambda + \frac{1}{2}(h\lambda)^2 + \frac{1}{4}(h\lambda)^3\right]y_n,$$

$$hk_4 = h\lambda(y_n + k_3) = \left[h\lambda + (h\lambda)^2 + \frac{1}{2}(h\lambda)^3 + \frac{1}{4}(h\lambda)^4\right]y_n,$$

再代入 $y_{n+1} = y_n + \frac{1}{6}(hk_1 + 2hk_2 + 2hk_3 + k_4)$，得到

$$y_{n+1} = \left[1 + h\lambda + \frac{1}{2}(h\lambda)^2 + \frac{1}{6}(h\lambda)^3 + \frac{1}{24}(h\lambda)^4\right]y_n,$$

于是

$$\left|\frac{\rho_{n+1}}{\rho_n}\right| = \left|\left[1 + h\lambda + \frac{1}{2}(h\lambda)^2 + \frac{1}{6}(h\lambda)^3 + \frac{1}{24}(h\lambda)^4\right]\right|,$$

绝对稳定区为

$$\left|\left[1+h\lambda+\frac{1}{2}(h\lambda)^2+\frac{1}{6}(h\lambda)^3+\frac{1}{24}(h\lambda)^4\right]\right|\leqslant 1. \tag{7.20}$$

在单步法的计算中，选择步长 h 既要考虑到截断误差，又要考虑计算量增加引起舍入误差的增加. 实用中采用自动变步长的方法，如变步长的经典四阶 R-K 方法.

若以步长 h 计算到第 n 步得到 $y_{n+1}^{(1)}$，由于经典四阶 R-K 方法局部截断误差是 $O(h^5)$ 可以认为

$$y(x_{n+1})-y_{n+1}^{(1)}\approx ch^5 \quad (c\text{ 是与 }h\text{ 无关的常数}),$$

将步长分半，以步长 $\frac{h}{2}$ 从 y_n 计算两步到 $y_{n+1}^{(\frac{1}{2})}$，每一步的局部截断误差是 $c\left(\frac{1}{2}h^5\right)$，则

$$y(x_{n+1})-y_{n+1}^{(\frac{1}{2})}\approx 2c\left(\frac{1}{2}h\right)^5.$$

由

$$\frac{y(x_{n+1})-y_{n+1}^{(\frac{1}{2})}}{y(x_{n+1})-y_{n+1}^{(1)}}\approx\frac{1}{16},$$

解出

$$\left|y(x_{n+1})-y_{n+1}^{(\frac{1}{2})}\right|\approx\frac{1}{15}\left|y_{n+1}^{(\frac{1}{2})}-y_{n+1}^{(1)}\right|. \tag{7.21}$$

记 $\delta=\frac{1}{15}\left|y_{n+1}^{(\frac{1}{2})}-y_{n+1}^{(1)}\right|$，表示步长分半前后两次计算结果的绝对偏差. 下面讨论用 δ 来判断步长的选择是否合适.

事先给定误差限要求 ε，通过步长分半后计算出 δ. 以下分两种情况来选择步长：

(1) 若 $\delta<\varepsilon$，反复将步长加倍，直到 $\delta>\varepsilon$，再将步长分半一次计算下去.

(2) 若 $\delta>\varepsilon$，反复将步长分半，直到 $\delta<\varepsilon$ 为止. 以最后一次的步长为合适的步长计算下去.

以上变步长的方法在每一步计算时增加了计算量，但整体效果提高了计算效率.

7.3 线性多步法

为提高求解常微分方程初值问题数值方法的精度，在计算 y_{n+1} 时需要利用前面已经计算出的若干点上的值，如由 $y_{n-k},y_{n-k+1},\cdots,y_{n-1},y_n$ 共 $k+1$ 个值计算 y_{n+1}，这就是构造线性多步法的基本思想. 对于初值问题(7.1)，线性多步法的一般公式为

$$\sum_{j=0}^{k}\alpha_j y_{n+j}=h\sum_{j=0}^{k}\beta_j f(x_{n+j},y_{n+j}), \tag{7.22}$$

其中，$\alpha_k\neq 0$，上式也可表示为

$$y_{n+k}=\sum_{j=0}^{k-1}\alpha_j y_{n+j}+h\sum_{j=0}^{k}\beta_j f(x_{n+j},y_{n+j}). \tag{7.23}$$

式(7.23)表明，计算 y_{n+k} 要用到前面 $y_n,y_{n+1},\cdots,y_{n+k-1}$ 的值. 若 $\alpha_0^2+\beta_0^2\neq 0$ 称为多步法. 当 $\beta_k=0$ 时为显式多步法，只要给出前面各点的值就可以直接计算出 y_{n+k}；当 $\beta_k\neq 0$ 时，为隐式

多步法，此时即使给出前面各点的值仍然不能直接计算 y_{n+k}，而要用迭代法才能求出 y_{n+k}.构造线性多步法的数值公式主要还是通过数值积分或 Taylor 展开.以下主要介绍用数值积分法推导出的两种主要的线性多步法，即 Adams 外插显式公式和 Adams 内插隐式公式.

7.3.1　基于数值积分的 Adams 公式

求解常微分方程初值问题

$$\begin{cases} y'=f(x,y), & x\in[a,b] \\ y(x_0)=y_0 \end{cases},$$

将以上微分方程 $y'=f(x,y)$ 在区间 $[x_n,x_{n+1}]$ 上积分，

$$y(x_{n+1}) = y(x_n) + \int_{x_n}^{x_{n+1}} f(x,y)\mathrm{d}x,$$

对右端积分用插值型求积公式，由于要利用 x_{n+1} 前面若干点上的函数值，要在 $[x_n,x_{n+1}]$ 以外取若干点作插值节点.按不同方式取插值节点就得到不同的多步法数值公式.

1. Adams 显式（外插公式）

在积分式 $y(x_{n+1}) = y(x_n) + \int_{x_n}^{x_{n+1}} f(x,y)\mathrm{d}x$ 中，对被积函数 $f(x,y)$ 取 x_{n+1} 前面的 $k+1$ 个节点 $x_{n-k},x_{n-k+1},\cdots,x_{n-1},x_n$ 作插值节点，对 $f(x,y)$ 作 Lagrange 插值.由于待求函数 y_{n+1} 的节点 x_{n+1} 不属于插值节点，这种方法得到 Adams 外插公式.

$k+1$ 个节点可以构造 k 次插值多项式

$$\begin{aligned} f(x,y) &= P_k(x) + R_k(x) \\ &= \sum_{i=n-k}^{n} \prod_{\substack{j=n-k \\ (j\neq i)}}^{n} \left(\frac{x-x_j}{x_i-x_j}\right) f(x_i,y(x_i)) + R_k(x). \end{aligned}$$

将 $P_k(x)$ 代入积分式，作代换 $x=x_n+th$，可得到以下公式：

$k=0$，$y_{n+1}=y_n+hf_n$，$E_{n+1}=O(h^2)$（Euler 公式）；

$k=1$，$y_{n+1}=y_n+\frac{h}{2}(3f_n-f_{n-1})$，$E_{n+1}=O(h^3)$（二步显式公式）；

$k=2$，$y_{n+1}=y_n+\frac{h}{12}(23f_n-16f_{n-1}+5f_{n-2})$，$E_{n+1}=O(h^4)$（三步显式公式）；

$k=3$，$y_{n+1}=y_n+\frac{h}{24}(55f_n-59f_{n-1}+37f_{n-2}-9f_{n-3})$，$E_{n+1}=O(h^5)$（四步显式公式）；

以上 $k=3$ 时的四步显式公式是常用的方法，称为 Adams-Bashforth 方法，简称 AB4 公式

$$y_{n+1}=y_n+\frac{h}{24}(55f_n-59f_{n-1}+37f_{n-2}-9f_{n-3}), \quad n=4,5,\cdots. \tag{7.24}$$

AB4 公式的特点是：

(1) 多步法，每一步要用前面四步已知值，不能自己启动，要用其他单步显式法提供表头值 y_0,y_1,y_2,y_3，才能从 y_4 开始逐次逐点求解.

(2) AB4 是显式，只要提供了表头就可以直接逐点计算求解.

(3) AB4 是一个四阶公式，也可计算出局部截断误差是

$$E_{n+1}=\int_{x_n}^{x_{n+1}}R_3(x)\mathrm{d}x=\frac{251}{720}h^5y^{(5)}(\eta)=O(h^5),\quad \eta\in(x_n,x_{n+1}).\tag{7.25}$$

2. Adams 隐式(内插公式)

以步长为 h,取等距节点 $x_{n-k},x_{n-k+1},\cdots,x_n,x_{n+1}$ 为插值节点,对 $f(x,y(x))$ 作 Lagrange 插值,由于待求函数 y_{n+1} 的节点 x_{n+1} 属于插值节点之中,这种方法得到 Adams 内插公式. 现以 $k=2$ 为例,取四个节点 $x_{n-2},x_{n-1},x_n,x_{n+1}$ 作插值节点导出 Adams 内插公式

$$f(x,y)=P_3(x)+R_3(x),$$

其中,

$$\begin{aligned}P_3(x)&=\sum_{i=n-2}^{n+1}\prod_{\substack{j=n-2\\(j\neq i)}}^{n+1}\left(\frac{x-x_j}{x_i-x_j}\right)f(x_i,y(x_i))\\&=\frac{(x-x_{n+1})(x-x_n)(x-x_{n-1})}{(x_{n-2}-x_{n+1})(x_{n-2}-x_n)(x_{n-2}-x_{n-1})}f(x_{n-2},y(x_{n-2}))+\\&\quad\frac{(x-x_{n+1})(x-x_n)(x-x_{n-2})}{(x_{n-1}-x_{n+1})(x_{n-1}-x_n)(x_{n-1}-x_{n-2})}f(x_{n-1},y(x_{n-1}))+\\&\quad\frac{(x-x_{n+1})(x-x_{n-1})(x-x_{n-2})}{(x_n-x_{n+1})(x_n-x_{n-1})(x_n-x_{n-2})}f(x_n,y(x_n))+\\&\quad\frac{(x-x_n)(x-x_{n-1})(x-x_{n-2})}{(x_{n+1}-x_n)(x_{n+1}-x_{n-1})(x_{n+1}-x_{n-2})}f(x_{n+1},y(x_{n+1})).\end{aligned}$$

作代换 $x=x_n+th$,积分区间$[x_n,x_{n+1}]$变为$[0,1]$,$\mathrm{d}x=h\mathrm{d}t$,于是,

$$x-x_{n+1}=(t-1)h,\quad (x-x_n)=th,\quad x-x_{n-1}=(t+1)h,\quad x-x_{n-2}=(t+2)h,$$

代入 $P_3(x)$表达式,记 $f(x_i,y(x_i))=f_i(i=n-2,n-1,n,n+1)$,则

$$\begin{aligned}P_3(t)=&-\frac{1}{6}t(t-1)(t+1)f_{n-2}+\frac{1}{2}t(t-1)(t-2)f_{n-1}-\\&\frac{1}{2}(t-1)(t+1)(t+2)f_n+\frac{1}{6}t(t+1)(t+2)f_{n+1}\end{aligned}$$

代入积分式忽略掉误差项,有

$$y_{n+1}=y_n+h\int_0^1P_3(t)\mathrm{d}t,$$

计算出积分整理后得到

$$y_{n+1}=y_n+\frac{h}{24}(9f_{n+1}+19f_n-5f_{n-1}+f_{n-2}),\quad n=3,4,\cdots.\tag{7.26}$$

这个公式又被称为 Adams-Moulton 公式,简称 AM4 公式. AM4 公式具有以下特点:

(1) 多步法,每一步要利用前三步的已知值,因此,它不能自己启动,要用其他单步法从 y_0 算出 y_1,y_2,才能从 y_3 开始向后计算. 不能自己启动是多步法共同的问题,它们需要用单步法提供最初的几个值,称为提供表头. 一般常用 Euler 公式或高精度的 R-K 公式提供表头.

(2) AM4 是一个隐式公式,不能直接逐点计算,每一步要用迭代法计算.

(3) AM4 是一个四阶方法,局部截断误差是 $O(h^5)$,可以计算出其局部截断误差,先作局部化假设

$$y_i = y(x_i),\quad i = n-2, n-1, n, n+1,$$

则其局部截断误差为

$$\begin{aligned} E_{n+1} &= \int_{x_n}^{x_{n+1}} R_3(x)\mathrm{d}x = \int_{x_n}^{x_{n+1}} \frac{f^{(4)}(\xi, y(\xi))}{4!} \prod_{i=n-2}^{n+1}(x - x_i)\mathrm{d}x \\ &= -\frac{19}{720}h^5 y^{(5)}(\eta) = O(h^5),\quad \eta \in (x_{n-2}, x_{n-1}). \end{aligned} \tag{7.27}$$

如果取不同 k 值用 $x_{n-k}, x_{n-k+1}, \cdots, x_n, x_{n+1}$ 作插值节点，可得到不同的 Adams 隐式公式.

$k=0$，$y_{n+1} = y_n + hf_{n+1}$，$E_{n+1} = O(h^2)$，向后 Euler 公式；

$k=1$，$y_{n+1} = y_n + \frac{h}{2}(f_n + f_{n+1})$，$E_{n+1} = O(h^3)$，梯形公式；

$k=2$，$y_{n+1} = y_n + \frac{h}{12}(5f_{n+1} + 8f_n - f_{n-1})$，$E_{n+1} = O(h^4)$，二步隐式公式；

$k=3$，即 AM4 公式，$E_{n+1} = O(h^5)$，三步隐式公式.

以上 $k=3$ 的四阶隐式 AM4 公式是常用的方法，它的数值稳定性好，但实际应用时要与其他显式配合一起计算.

3. 其他常用的线性多步法

除 Adams 公式外，还有其他一些线性多步法，其中较为常用的是 Milne（米勒）公式和 Hamming（哈明）公式. 它们是通过 Taylor 展开法得到的数值公式，这里不作详细推导，将公式列出如下：

（1）Milne 公式

$$y_{n+1} = y_{n-3} + \frac{4}{3}h(2f_n - f_{n-1} + 2f_{n-2}), \tag{7.28}$$

局部截断误差

$$E_{n+1} \approx \frac{14}{45}h^5 y_n^{(5)} = O(h^5). \tag{7.29}$$

Milne 公式是四阶显式，每一步用到前面四步的值，因此要提供表头 y_0, y_1, y_2, y_3 才能启动.

（2）Hamming 公式

$$y_{n+1} = \frac{1}{8}(9y_n - y_{n-2}) + \frac{3}{8}h(f_{n+1} + 2f_n - f_{n-1}), \tag{7.30}$$

局部截断误差

$$E_{n+1} \approx -\frac{1}{40}h^5 y_n^{(5)} = O(h^5). \tag{7.31}$$

7.3.2 预估-校正算法

线性多步法比单步法的精度高，且隐式多步法的稳定性好. 但是，隐式公式每一步要迭代，计算不方便. 实际应用时，将隐式公式配合显式公式一起使用，用显式公式提供迭代初值，但只计算一次迭代. 这就相当于用显式公式提供预估初值，再用隐式公式校正，构成一种预估-校正算法（Predictor-Corrector Method）.

1. Adams 预估-校正系统

Adams 预估-校正系统包括三套公式：

(1) 表头：四阶 Runge-Kutta 方法提供 y_0, y_1, y_2, y_3；

(2) 预估值：AB4 显式公式

$$\bar{y}_{n+1}=y_n+\frac{h}{24}(55f_n-59f_{n-1}+37f_{n-2}-9f_{n-3}),$$

(3) 校正值：AB4 隐式公式

$$y_{n+1}=y_n+\frac{h}{24}[9f(x_{n+1},\bar{y}_{n+1})+19f_n-5f_{n-1}+f_{n-2}]. \tag{7.32}$$

预估-校正算法是为了提高解的精度，因此在预估-校正系统中，校正公式的精度要比预估公式的精度高，两个公式的精度要匹配. 最好是两个公式的阶相同，而预估公式用显式，校正公式用同阶的但稳定性好的隐式. 另外，提供表头的公式也要与预估和校正公式的精度相匹配，这样能达到提高精度的目的. 比如，可以用两步 Euler 方法预估，用梯形公式校正，再用 Euler 公式提供表头，构成一个预估-校正系统.

$$\begin{cases}\text{表头}: y_{n+1}=y_n+hf_n, \quad n=0,1\\ P: \bar{y}_{n+1}=y_{n-1}+2hf_n\\ C: y_{n+1}=y_n+\dfrac{h}{2}[f_n+f(x_{n+1},\bar{y}_{n+1})]\end{cases}.$$

例 7.6 用 Adams 预估-校正系统(7.32)求解初值问题

$$\begin{cases}y'=-y+x+1, \quad x\geqslant 0\\ y(0)=1\end{cases}.$$

取步长 $h=0.1$，计算到 $x=1.0$.

解：计算结果见表 7.5.

表 7.5

x_n	y_n	$\lvert y(x_n)-y_n\rvert$
0.4	1.070 319 92	1.3×10^{-7}
0.5	1.106 530 27	3.9×10^{-7}
0.6	1.148 811 03	6.0×10^{-7}
0.7	1.196 584 53	7.7×10^{-7}
0.8	1.249 328 06	9.0×10^{-7}
0.9	1.306 568 66	1.0×10^{-6}
1.0	1.367 878 37	1.1×10^{-6}

以上预估-校正系统是最基本的预估-校正系统，其一般形式简记为 PECE 公式，符号意义表示如下：

P(Predictor)：显式公式计算预估值 $P_{n+1}(\bar{y}_{n+1})$；

E(Equation)：由方程计算 $\bar{f}_{n+1}=f(x_{n+1},P_{n+1})$；

C(Corrector)：隐式公式计算校正值 $C_{n+1}(y_{n+1})$；

E(Equation)：由方程计算 $f_{n+1}=f(x_{n+1},C_{n+1})$供下一步使用.

2. 带修正的 Adams 预估-校正系统

当预估公式和校正公式的局部截断误差阶相同，只是截断误差表达式的系数不同时，通过对预估值和校正值进行修正，可以使解的精度进一步提高. 这种带修正的预估-校正系统简称 PMECME 格式. 现在建立带修正的 Adams 预估-校正系统. 预估公式 AB4 的局部截断误差由式(7.25)给出

$$E_{n+1}=y(x_{n+1})-P_{n+1}=\frac{251}{720}h^5y^{(5)}(\xi_1), \qquad ①$$

校正公式 AM4 的局部截断误差由式(7.27)给出

$$E_{n+1}=y(x_{n+1})-C_{n+1}=-\frac{19}{720}h^5y^{(5)}(\xi_2), \qquad ②$$

当 h 较小时，近似认为 $y^{(5)}(\xi_1)\approx y^{(5)}(\xi_2)$. 由公式②-①得到 $h^5y^{(5)}(\xi_1)\approx h^5y^{(5)}(\xi_2)\approx\frac{720}{270}(C_{n+1}-P_{n+1})$，代入①式和②式后得到对预估值和对校正值的修正公式

$$\begin{cases}y(x_{n+1})-P_{n+1}=\dfrac{251}{270}(C_{n+1}-P_{n+1})\\ y(x_{n+1})-C_{n+1}=-\dfrac{19}{270}(C_{n+1}-P_{n+1})\end{cases}, \tag{7.33}$$

于是得到 Adams 的 PMECME 格式. 在格式中对 P_{n+1}的修正用前一步的 C_n 和 P_n 来计算. 具体格式如下：

表头：四阶 R-K 公式；

$$\text{P}:P_{n+1}=y_n+\frac{h}{24}(55f_n-59f_{n-1}+37f_{n-2}-9f_{n-3});$$

$$\text{M}:m_{n+1}=P_{n+1}+\frac{251}{270}(C_n-P_n)\quad(\text{第一次修正值取 }0);$$

$$\text{E}:f_{n+1}=f(x_{n+1},m_{n+1});$$

$$\text{C}:C_{n+1}=y_n+\frac{h}{24}[9f(x_{n+1},m_{n+1})+19f_n-5f_{n-1}+f_{n-2}]; \tag{7.34}$$

$$\text{M}:y_{n+1}=C_{n+1}-\frac{19}{270}(C_{n+1}-P_{n+1});$$

E：$f_{n+1}=f(x_{n+1},y_{n+1})$，供下一步计算 y_{n+2}使用.

类似还可以构造带修正的 Milne-Hamming 预估-校正格式；在这个格式中，用显式的 Milne 公式作预估，用隐式的 Hamming 公式作校正. 修正公式也可类似地推出. 具体格式如下：

表头：四阶 R-K 公式；

$$\text{P}:P_{n+1}=y_{n-3}+\frac{4h}{3}(2f_n-f_{n-1}+2f_{n-2});$$

M：$m_{n+1}=P_{n+1}+\frac{112}{121}(C_n-P_n)$（第一次修正值取 0）；

E：$f_{n+1}=f(x_{n+1},m_{n+1})$；

C：$C_{n+1}=\frac{1}{8}(9y_n-y_{n-2})+\frac{3}{8}h(f_{n+1}+2f_n-f_{n-1})$； (7.35)

M：$y_{n+1}=C_{n+1}-\frac{9}{121}(C_{n+1}-P_{n+1})$；

E：$f_{n+1}=f(x_{n+1},y_{n+1})$，供下一步计算 y_{n+2} 使用.

7.4 一阶微分方程组的解法

一阶微分方程组的一般形式是

$$\begin{cases} y_1'=f_1(x,y_1,y_2,\cdots,y_m) \\ y_2'=f_2(x,y_1,y_2,\cdots,y_m) \\ \cdots\cdots \\ y_m'=f_m(x,y_1,y_2,\cdots,y_m) \end{cases}, \tag{7.36}$$

若给出 m 个初始条件，要求出方程组(7.36)满足

$$\begin{cases} y_1(x_0)=y_{1,0} \\ y_2(x_0)=y_{2,0} \\ \cdots\cdots \\ y_m(x_0)=y_{m,0} \end{cases} \tag{7.37}$$

的解，这个问题就是一阶微分方程组的初值问题. 为方便计算，将以上问题用向量形式表示

$$\begin{cases} \overline{\boldsymbol{Y}}'=F(x,\overline{\boldsymbol{Y}}) \\ \overline{Y}(x_0)=\overline{\boldsymbol{Y}}_0 \end{cases} \tag{7.38}$$

其中，$\overline{\boldsymbol{Y}}=(y_1,y_2,\cdots,y_m)^{\mathrm{T}}$，$\overline{\boldsymbol{Y}}_0=(y_{1,0},y_{2,0},\cdots,y_{m,0})^{\mathrm{T}}$，$\overline{\boldsymbol{Y}}'=(y_1',y_2',\cdots,y_m')^{\mathrm{T}}$.

对于向量形式的一阶常微分方程组的初值问题，仍然可以用一阶常微分方程初值问题的各种数值方法求解. 相应的数值公式也可表示为向量形式，实际计算时用分量形式计算.

如求问题(7.38)的四阶 R-K 公式的向量形式为

$$\overline{\boldsymbol{Y}}_{n+1}=\overline{\boldsymbol{Y}}_n+\frac{h}{6}(\boldsymbol{K}_1+2\boldsymbol{K}_2+2\boldsymbol{K}_3+\boldsymbol{K}_4) \quad (n=0,1,2,\cdots),$$

$$\begin{cases} \boldsymbol{K}_1=F(x_n,\overline{\boldsymbol{Y}}_n) \\ \boldsymbol{K}_2=F\left(x_n+\frac{h}{2},\overline{\boldsymbol{Y}}_n+\frac{h}{2}\boldsymbol{K}_1\right) \\ \boldsymbol{K}_3=F\left(x_n+\frac{h}{2},\overline{\boldsymbol{Y}}_n+\frac{h}{2}\boldsymbol{K}_2\right) \\ \boldsymbol{K}_4=F(x_n+h,\overline{\boldsymbol{Y}}_n+h\boldsymbol{K}_3) \end{cases}. \tag{7.39}$$

以上 $\boldsymbol{K}_i(i=1,2,3,4)$ 是向量，h 和 $x_i(i=0,1,\cdots,n)$ 是实数.

实际计算时要化成分量形式，对每一个分量求解就相当于求解一个一阶微分方程初值问题.

如 $m=2$，求解初值问题

$$\begin{cases} y_1'=f_1(x,y_1,y_2) \\ y_2'=f_2(x,y_1,y_2) \\ y_1(x_0)=y_{1,0}, y_2(x_0)=y_{2,0} \end{cases},$$

用四阶 R-K 方法求解的分量式是

$$\begin{cases} y_{1(n+1)}=y_{1,n}+\dfrac{h}{6}(k_{11}+2k_{12}+2k_{13}+k_{14}) \\ y_{2(n+1)}=y_{2,n}+\dfrac{h}{6}(k_{21}+2k_{22}+2k_{23}+k_{24}) \end{cases},$$

其中，

$$\begin{cases} k_{11}=f_1(x_n,y_{1,n},y_{2,n}) \\ k_{21}=f_2(x_n,y_{1,n},y_{2,n}) \end{cases},$$

$$\begin{cases} k_{12}=f_1\left(x_n+\dfrac{h}{2},y_{1,n}+\dfrac{h}{2}k_{11},y_{2,n}+\dfrac{h}{2}k_{21}\right) \\ k_{22}=f_2\left(x_n+\dfrac{h}{2},y_{1,n}+\dfrac{h}{2}k_{11},y_{2,n}+\dfrac{h}{2}k_{21}\right) \end{cases},$$

$$\begin{cases} k_{13}=f_1\left(x_n+\dfrac{h}{2},y_{1,n}+\dfrac{h}{2}k_{12},y_{2,n}+\dfrac{h}{2}k_{22}\right) \\ k_{23}=f_2\left(x_n+\dfrac{h}{2},y_{1,n}+\dfrac{h}{2}k_{12},y_{2,n}+\dfrac{h}{2}k_{22}\right) \end{cases},$$

$$\begin{cases} k_{14}=f_1(x_n+h,y_{1,n}+hk_{13},y_{2,n}+hk_{23}) \\ k_{24}=f_2(x_n+h,y_{1,n}+hk_{13},y_{2,n}+hk_{23}) \end{cases}.$$

对于高阶微分方程初值问题，可以通过引进中间变量将高阶微分方程化为一阶微分方程组，从而用一阶微分方程组初值问题的数值方法求解. 如给定 m 阶的常微分方程

$$y^{(m)}=f(x,y,y',\cdots,y^{(m-1)}),$$

给出初始条件

$$y(x_0)=y_0,\quad y'(x_0)=y_0',\quad \cdots,\quad y^{(m-1)}(x_0)=y_0^{(m-1)}.$$

令 $y=y_1,y'=y_2,\cdots,y^{(m-1)}=y_m$，则上述问题可化为一阶微分方程组的初值问题.

$$\begin{cases} y_1'=y_2 \\ y_2'=y_3 \\ \cdots\cdots \\ y_m'=f(x,y_1,y_2,\cdots,y_m) \\ y_1(x_0)=y_0,y_2(x_0)=y_0',\cdots,y_m(x_0)=y_0^{(m-1)} \end{cases}. \tag{7.40}$$

例 7.7　将以下二阶微分方程初值问题化为一阶微分方程组初值问题

$$\begin{cases} y''=x-y, & x\geqslant 0 \\ y(0)=\alpha, & y'(0)=\beta \end{cases}.$$

解:令 $y=y_1,y'=y_2$,则原问题化为如下一阶微分方程组初值问题

$$\begin{cases} y'=y_2 \\ y_2'=x-y_1 \\ y_1(0)=\alpha, \quad y_2(0)=\beta \end{cases}.$$

7.5 边值问题的打靶法和差分法

给定常微分方程,再给出端点的边界条件就构成常微分方程边值问题.以二阶方程为例

$$\begin{cases} y''=f(x,y,y'), & x\in[a,b] \\ \text{边界条件 } \varphi(y(a), & y(b))=0 \end{cases}. \tag{7.41}$$

常见的边界条件有三种:

第一边值条件:$y(a)=\alpha,y(b)=\beta$;

第二边值条件:$y'(a)=\alpha,y'(b)=\beta$;

第三边值条件:$y'(a)-\alpha_0 y(a)=\alpha_1,y'(b)+\beta_0 y(b)=\beta_1,\alpha_0\geqslant 0,\beta_0\geqslant 0,\alpha_0+\beta_0>0$.

由于高阶微分方程可化为一阶微分方程组,因此高阶微分方程边值问题可以化为一阶微分方程组的边值问题.用向量形式表示为

$$\begin{cases} \overline{\boldsymbol{Y}}'=F(x,\overline{\boldsymbol{Y}}) \\ \Phi(\overline{\boldsymbol{Y}}(a),\overline{\boldsymbol{Y}}(b))=0 \end{cases}, \quad x\in[a,b], \tag{7.42}$$

其中,$\overline{\boldsymbol{Y}}=(y_1,\cdots,y_m)^{\mathrm{T}},\overline{\boldsymbol{Y}}(a)=(y_1(a),\cdots,y_t(b))^{\mathrm{T}},\overline{\boldsymbol{Y}}(b)=(y_{t+1}(b),\cdots,y_m(b))^{\mathrm{T}}$,$\Phi$ 是表示边界条件的函数.

边值问题(7.42)和 m 阶微分方程边值问题是互相等价的.求解常微分方程边值问题的数值方法有两类:一类是将边值化为初值问题求解的打靶法;另一类是将微分方程化为差分方程整体求解的差分法.

7.5.1 打靶法(Shooting Method)

讨论一阶微分方程组边值问题(7.42).设方程组含有 m 个一阶微分方程,并给出第一边值条件,边值问题的形式是对于 $\overline{\boldsymbol{Y}}=(y_1,y_2,\cdots,y_m)^{\mathrm{T}}$ 求解.

$$\begin{cases} \overline{\boldsymbol{Y}}'=F(x,\overline{\boldsymbol{Y}}) \\ \overline{\boldsymbol{Y}}(a)=(\alpha_1,\alpha_2,\cdots\alpha_t)^{\mathrm{T}} \\ \overline{\boldsymbol{Y}}(b)=(\beta_{t+1},\beta_{t+2},\cdots,\beta_m)^{\mathrm{T}} \end{cases}. \tag{7.43}$$

求解问题(7.43)的打靶法就是要将这个边值问题转化为初值问题求解.要转化问题(7.43)为初值问题,关键是如何处理边界条件.而已知两端边界条件的个数都比待求的未知函数少,因此,若要将问题(7.43)转化成能从 $x=a$ 开始按初值问题逐点计算,除了原来已知的 t 个边界条件

可作为初始条件外，还缺少了 $m-t$ 个初始条件，用一下试算打靶的方法寻求缺少的初值.

在求解区间$[a,b]$中取某一点 x_n，将所缺少的 m 个初值作为待求的参变量 $\boldsymbol{P}=(p_1,p_2,\cdots,p_m)^{\mathrm{T}}$. 令 $y_i(a)=p_i(i=t+1,t+2,\cdots,m)$，$y_j(b)=p_j(j=1,2,\cdots,t)$，然后，在 $x=a$ 和 $x=b$ 处分别对方程组(7.43)按初值问题求解计算到 $x=x_n$.

问题 1
$$\begin{cases}\overline{\boldsymbol{Y}}'=F(x,\overline{\boldsymbol{Y}}), & x\in[a,x_n]\\ \overline{\boldsymbol{Y}}(a)=(\alpha_1,\alpha_2,\cdots,\alpha_t,p_{t+1},\cdots,p_m)^{\mathrm{T}}\end{cases},$$

解出 $\overline{\boldsymbol{Y}}_a(x_n,p_{t+1},p_{t+2}\cdots,p_m)=(y_1,y_2,\cdots,y_m)^{\mathrm{T}}$.

问题 2
$$\begin{cases}\overline{\boldsymbol{Y}}'=F(x,\overline{\boldsymbol{Y}}), & x\in[a,x_n]\\ \overline{\boldsymbol{Y}}(b)=(p_1,p_2,\cdots,p_t,\beta_{t+1},\beta_{t+2}\cdots,\beta_m)^{\mathrm{T}}\end{cases},$$

解出 $\overline{\boldsymbol{Y}}_b(x_n,p_1,p_2\cdots,p_m)=(y_1,y_2,\cdots,y_m)^{\mathrm{T}}$.

建立方程

$$\Phi(\boldsymbol{P})=\overline{\boldsymbol{Y}}_a(x_n,p_{t+1},\cdots,p_m)-\overline{\boldsymbol{Y}}_b(x_n,p_1,\cdots,p_t), \tag{7.44}$$

通过调整参变量反复计算，直到满足

$$\|\Phi(\boldsymbol{P})\|=\|\overline{\boldsymbol{Y}}_a(x_n,p_{t+1},\cdots,p_m)-\overline{\boldsymbol{Y}}_b(x_n,p_1,\cdots,p_t)\|\leqslant\varepsilon, \tag{7.45}$$

得到在 $x=a$ 处缺少的 $m-t$ 个初值，于是求解初值问题

$$\begin{cases}\overline{\boldsymbol{Y}}'=F(x,\overline{\boldsymbol{Y}})\\ \overline{\boldsymbol{Y}}(a)=(\alpha_1,\alpha_2,\cdots,\alpha_t,p_{t+1},\cdots,p_m)^{\mathrm{T}}\end{cases}, \tag{7.46}$$

最终能够得到原问题(7.43)的解.

这个方法是以区间$[a,b]$中某一个点作为靶点，从区间两个端点同时瞄准这个靶点进行试算，直到满足条件(7.45). 这种打靶法实际上也是以式(7.44)的函数 $\Phi(\boldsymbol{P})$为目标函数，用优化搜索寻求缺少的初值，从而将边值问题转化为初值问题.

这种在求解区间中间设靶点的方法对于微分方程在两个方向上都有固有不稳定性的坏条件问题，有较广泛的适应性. 通常也可将靶点设在两个端点，这样减少了在靶点上待求参变量的个数，计算会更简便一些.

7.5.2 差分法(Difference Method)

讨论如下形式的二阶常微分方程第一边值问题

$$\begin{cases}y''=f(x,y,y'), & x\in[a,b]\\ y(a)=\alpha, & y(b)=\beta\end{cases}. \tag{7.47}$$

将区间$[a,b]n$ 等分，$h=\dfrac{b-a}{n}$，节点 $x_i=a+ih(i=0,1,\cdots,n)$. 在内节点上，用差商代替导数

$$y'(x_i)\approx\frac{y_{i+1}-y_{i-1}}{2h};\quad y''(x_i)\approx\frac{y_{i+1}-2y_i+y_{i-1}}{h^2}\quad(i=1,2,\cdots,n-1),$$

代入边值问题(7.47),得到方程组

$$\begin{cases}y_{i+1}-2y_i+y_{i-1}=h^2 f\left(x_i,y_i,\dfrac{y_{i+1}-y_{i-1}}{2h}\right), & i=1,2,\cdots,n-1\\ y_0=\alpha,y_n=\beta\end{cases}. \tag{7.48}$$

这就是边值问题(7.47)的近似差分方程. 如果 f 关于 y 是线性函数,则方程组(7.48)是一个线性差分方程,具体形式是三对角方程组,很容易用追赶法求解. 如果 f 关于 y 是非线性函数,则离散化后将是一个非线性差分方程,可用牛顿迭代法等其他迭代法求解.

边界条件含有导数的第二或第三边值条件时,也要将导数用差商代替,如第三边值条件:

$$\begin{cases}y'(a)=\alpha_0 y(a)+\alpha_1\\ y'(b)=\beta_0 y(b)+\beta_1\end{cases},$$

由于不能用区间$[a,b]$以外的点,因此,边界条件中的导数不能用中心差商近似,只能用向前或向后差商近似,建立以下两个边界方程

$$\begin{cases}\dfrac{y_1-y_0}{h}=\alpha_0 y_0+\alpha_1\\ \dfrac{y_n-y_{n-1}}{h}=\alpha_1 y_n+\beta_1\end{cases}, \tag{7.49}$$

然后与内节点上差分方程联立求解.

当微分方程(7.47)是线性微分方程时,f 关于 y 是线性函数,讨论以下边值问题

$$\begin{cases}y''+p(x)y'+q(x)y=f(x), & x\in[a,b]\\ y(a)=\alpha, \quad y(b)=\beta\end{cases}, \tag{7.50}$$

将区间$[a,b]n$ 等分,$h=\dfrac{b-a}{n}$,节点 $x_i=a+ih(i=0,1,\cdots,n)$. 建立差分方程

$$\begin{cases}\dfrac{y_{i+1}-2y_i+y_{i-1}}{h^2}+p(x_i)\dfrac{y_{i+1}-y_{i-1}}{2h}+q(x_i)y_i=f(x_i)\\ y_0=\alpha, \quad y_n=\beta\end{cases}, \tag{7.51}$$

整理后得

$$\begin{cases}\left(\dfrac{1}{h^2}-\dfrac{p_i}{2h}\right)y_{i-1}+\left(q_i-\dfrac{2}{h^2}\right)y_i+\left(\dfrac{1}{h^2}+\dfrac{p_i}{2h}\right)y_{i+1}=f_i, & i=1,2,\cdots,n-1\\ y_0=\alpha, \quad y_n=\beta\end{cases}.$$

记 $$a_i=\frac{1}{h^2}-\frac{p_i}{2h}, \quad b_i=q_i-\frac{2}{h^2} \quad c_i=\frac{1}{h^2}+\frac{p_i}{2h}, \quad i=1,2,\cdots,n-1,$$

差分方程(7.51)可表示为

$$\begin{cases}a_i y_{i-1}+b_i y_i+c_i y_{i+1}=f_i, & i=1,2,\cdots,n-1\\ y_0=\alpha, \quad y_n=\beta\end{cases}, \tag{7.52}$$

这是一个三对角方程组,其矩阵形式是

$$\begin{bmatrix} b_1 & c_1 & & & \\ a_2 & b_2 & c_2 & & \\ & \ddots & \ddots & \ddots & \\ & & a_{n-2} & b_{n-2} & c_{n-2} \\ & & & a_{n-1} & b_{n-1} \end{bmatrix} \begin{bmatrix} y_1 \\ y_2 \\ \vdots \\ \vdots \\ y_{n-1} \end{bmatrix} = \begin{bmatrix} f_1 - a_1\alpha \\ f_2 \\ \vdots \\ f_{n-2} \\ f_{n-1} - c_{n-1}\beta \end{bmatrix}$$

当方程(7.50)满足一定条件时，差分方程的可解性和收敛性都能得到保证，这里不详细讨论. 对于当方程(7.50)中 $p(x)=0, q(x)<0, x\in[a,b]$的情况，可知差分方程(7.52)必存在唯一解. 因为其线性代数方程组的系数矩阵是严格对角占优的矩阵，它是非奇异的.

例 7.8　用差分方法解以下边值问题

$$\begin{cases} y''-y=x, & x\in[0,1] \\ y(0)=0, & y(1)=1 \end{cases}.$$

解：取 $n=10, h=0.1$，节点 $x_i=\dfrac{i}{10}(i=0,1,\cdots,10)$，构造差分方程为

$$\begin{bmatrix} -2-10^{-2} & 1 & & & \\ 1 & -2-10^{-2} & 1 & & \\ \ddots & \ddots & \ddots & & \\ & & -2-10^{-2} & 1 \\ & & 1 & -2-10^{-2} \end{bmatrix} \begin{bmatrix} y_1 \\ y_2 \\ \vdots \\ y_8 \\ y_9 \end{bmatrix} = \begin{bmatrix} 0.1\times10^{-2} \\ 0.2\times10^{-2} \\ \vdots \\ 0.8\times10^{-2} \\ -1+0.9\times10^{-2} \end{bmatrix}$$

这是一个严格对角占优的三对角矩阵，用追赶法求解次方程组，取其中四个值并与精确值对比见表 7.6.

表　7.6

x_i	0.2	0.4	0.6	0.8
y_i	0.142 683	0.299 109	0.483 568	0.711 479
$y(x_i)$	0.142 641	0.299 033	0.483 480	0.711 411

7.6　计算实例

例 7.9　计算本章实例 1.

解：采用四阶 R-K 方法进行计算. 取时间步长 $h=3$ s，共计算 80 个点，即前 4 min 的水位 y 的值，每计算 20 个点输出一次，即可得到前 4 min 每分钟水槽内的水位高度.

将相关参数代入四阶 R-K 公式(7.19)，得到计算结果见表 7.7.

表　7.7

t/min	y(水位 m)
1	4.183
2	3.439
3	2.768
4	2.170

例 7.10 某连续反应过程 $A \xrightarrow{k_1} B \xrightarrow{k_2} C \xrightarrow{k_3} D \xrightarrow{k_4} E$ 体系中各物质的动力学方程分别为

$$\begin{cases} \dfrac{\mathrm{d}c_A}{\mathrm{d}t}=-k_1c_A \\ \dfrac{\mathrm{d}c_B}{\mathrm{d}t}=k_1c_A-k_2c_B \\ \dfrac{\mathrm{d}c_C}{\mathrm{d}t}=k_2c_B-k_3c_C \\ \dfrac{\mathrm{d}c_D}{\mathrm{d}t}=k_3c_C-k_4c_D \\ \dfrac{\mathrm{d}c_E}{\mathrm{d}t}=k_4c_D \end{cases}.$$

已知 $k_1=0.01\ \mathrm{s}^{-1}$，$k_2=0.20\ \mathrm{s}^{-1}$，$k_3=0.10\ \mathrm{s}^{-1}$，$k_4=0.05\ \mathrm{s}^{-1}$. 反应开始时只有 A 物质存在，其浓度为 1 mol/L，试求前 25 s 中每隔 5 s 时各物质的浓度(取计算步长 0.5 s).

解：仍然采用计算一阶常微分方程组的四阶 R-K 公式(7.39)，参数 $h=0.5$，共 50 个点. 代入模型参数和初始条件

$$\begin{cases} t=0 \\ c_{A0}=1 \\ c_{B0}=0 \\ c_{C0}=0 \\ c_{D0}=0 \\ c_{E0}=0 \end{cases}.$$

计算结果见表 7.8.

表 7.8

t/s	c_A/(mol/L)	c_B/(mol/L)	c_C/(mol/L)	c_D/(mol/L)	c_E/(mol/L)
5	0.951 23	0.030 70	0.015 19	0.002 69	0.000 18
10	0.904 84	0.040 50	0.038 32	0.014 22	0.002 12
15	0.860 71	0.042 68	0.056 32	0.032 43	0.007 86
20	0.818 73	0.042 13	0.067 61	0.053 01	0.018 52
25	0.778 80	0.040 63	0.073 56	0.072 73	0.034 28

习 题 7

1. 用 Euler 方法及改进的 Euler 方法求解初值问题

$$\begin{cases} y'=x-y, \quad x\in[0,1] \\ y(0)=2 \end{cases}.$$

取 $h=0.1$，并将计算结果与精确值相比较.

2. 用梯形公式求解初值问题

$$\begin{cases} y'=-y, & x\geqslant 0 \\ y(0)=1 \end{cases}.$$

证明其近似解为 $y_n=\left(\frac{a-h}{a+h}\right)^n$.

3. 试用 Euler 公式计算积分 $\int_0^x e^{t^2}\,dt$ 在点 $x=0.5, 1, 1.5, 2$ 的近似值.

4. 给定初值问题 $\begin{cases} y'=\sin y \\ y(x_0)=y_0 \end{cases}$，$x\geqslant x_0$，试用 Taylor 展开法导出一个三阶的显式公式.

5. 证明对任意的参数 a，以下 Runge-Kutta 公式是一个二阶公式，并导出其数值稳定条件.

$$y_{n+1}=y_n+\frac{h}{2}(k_2+k_3),$$

$$\begin{cases} k_1=f(x_n,y_n) \\ k_2=f(x_n+ah,y_n+ahk_1) \\ k_3=f(x_n+(1-a)h,y_n+(1-a)hk_1) \end{cases}.$$

6. 证明以下 Runge-Kutta 公式是一个三阶公式，并导出其数值稳定条件.

$$y_{n+1}=y_n+\frac{1}{9}(2k_1+3k_2+4k_3),$$

$$\begin{cases} k_1=hf(x_n,y_n) \\ k_2=hf\left(x_n+\frac{1}{2}h,y_n+\frac{1}{2}k_1\right) \\ k_3=hf\left(x_n+\frac{3}{4}h,y_n+\frac{3}{4}k_2\right) \end{cases}.$$

7. 用 Euler 方法求解下列问题，从数值稳定性条件考虑，对步长应做什么限制？

(1) $\begin{cases} y'=-6y+e^x, & x\in[0,10] \\ y(0)=a \end{cases}$；

(2) $\begin{cases} y'=1-\dfrac{10xy}{1+x^2}, & x\in[0,10] \\ y(0)=0 \end{cases}$.

8. 对初值问题 $\begin{cases} y'=-10y \\ y(x_0)=y_0 \end{cases}$ 用以下二阶 R-K 方法求解，并导出其绝对稳定域.

$$y_{n+1}=y_n+\frac{1}{2}(k_1+k_2),$$

$$\begin{cases} k_1=hf(x_n,y_n) \\ k_2=hf(x_n+h,y_n+k_1) \end{cases}.$$

9. 证明求解初值问题 $y'=f(x,y)$，$y(x_0)=y_0$ 的二步法

$$y_{n+1}=\frac{1}{2}(y_n+y_{n-1})\frac{1}{4}h(4f_{n+1}-f_n+3f_{n-1})$$

是二阶的，并求其局部截断误差主项.

10. 用显式二步方法 $y_{n+1}=\alpha_0 y_n+\alpha_1 y_{n-1}+h(\beta_0 f_n+\beta_1 f_{n-1})$ 解初值问题 $y'=f(x,y)$，$y(x_0)=y_0$，试确定参数 $\alpha_0,\alpha_1,\beta_0,\beta_1$ 使方法阶数尽可能高，并求其局部截断误差.

11. 推导三阶的 Adams 显式和隐式，并写出其带修正的预估-校正公式.

第 8 章　微分方程变分原理与有限元方法初步

有许多实际问题(如水质预测、石油预测、地震预测等)常常可以用偏微分方程来描述.但是在描述同一个物理过程或现象时,也可以使用不同的形式.按这一形式解决实际问题,需要找出相应数学物理问题的泛函,然后求其极值问题,从而获得问题的解.

在第 5 章中,已经介绍了求解对称正定线性代数方程组的变分方法,本章将讨论数学物理中的变分问题.了解如何将一个具体的数学物理问题,转化为泛函的极值问题.有限元法是求解偏微分方程问题的一种重要数值方法,它的基础分两个方面:一是变分原理,二是剖分插值.从第一方面看,有限元法是 Ritz-Galerkin 方法的一种变形.它提供了一种选取"局部基函数"的新技巧,从而克服了 Ritz-Galerkin 方法选取基函数的固有困难.从第二方面看,它是差分方法的一种变形.差分法是点近似,它只考虑在有限个离散点上函数值,而不考虑在点的邻域函数值如何变化;有限元方法考虑的是分段(块)的近似.因此有限元方法是这两类方法相结合,取长补短而进一步发展了的结果.在几何和物理条件比较复杂的问题中,有限元方法比差分方法有更广泛的适应性.

8.1　Hilbert 空间与 Sobolev 空间

在第 1 章中,已经介绍了内积空间,不是所有内积空间都是完备的(回顾定义 1.11).Hilbert空间是一种特殊的内积空间.

8.1.1　Hilbert 空间

定义 8.1　若线性赋范空间 H 的每一个基本列都在 H 中有极限存在,则称 H 是**完备**的,完备的内积空间称为 **Hilbert 空间**.完备的线性赋范空间称为 **Banach 空间**.

由此定义可知,$L_2[a,b]$空间是 Hilbert 空间.显然,Hilbert 空间是一个具有内积运算的 Banach 空间,它具有较 Banach 空间更丰富的性质.

设 S 是内积空间 H 的子集(记作 $S\subset H$),如果对任何 $x\in H$,恒有 $x_n\in S$,使 $x_n\to x$,即 H 中的任一点都能以 S 中的点列来任意逼近,则称 S 在 H 中稠密,或称 S 是 H 的一个稠密子集.可以证明,任何一个不完备的内积空间,总可以将它完备化,使之成为一个 Hilbert 空间.详言之,有以下定理.

定理 8.1　任何内积空间 H 均可由添加新元素的办法而作成一个 Hilbert 空间 $\overline{H}$,且使 H 为 $\overline{H}$ 的稠密子集.

(证明略)

以后,若不加说明,均把 H 空间认为是完备的内积空间,即 Hilbert 空间,简称 H 空间.

8.1.2 Sobolev 空间

Sobolev 空间是研究偏微分方程理论的基础之一. 一般来说,边值问题的解(广义解)所属的函数空间就是 Sobolev 空间,这里只介绍一些 Sobolev 空间的最基本概念和性质.

实际问题中所遇到的函数并不是处处可微的,为了使得到的数学模型有解,需要进一步扩充函数类. 用 $C_0^\infty[a,b]$表示于$[a,b]$无穷次可微,且在端点 a,b 的邻域内等于 0 的函数类.

若函数 $u(x)\in C^1[a,b]$,则对 $\forall\, v(x)\in C_0^\infty[a,b]$,由分部积分法有

$$\int_a^b u'v\,\mathrm{d}x=-\int_a^b uv'\,\mathrm{d}x.$$

据此公式,我们来推广导数的概念.

定义 8.2 设 $f(x)\in L_2[a,b]$,若存在 $g(x)\in L_2[a,b]$,使等式

$$\int_a^b g(x)v(x)\,\mathrm{d}x=-\int_a^b f(x)v'(x)\,\mathrm{d}x,\quad \forall\, v(x)\in C_0^\infty[a,b] \tag{8.1}$$

恒成立,则称 $g(x)$为 $f(x)$的广义导数,记为

$$f'(x)=\frac{\mathrm{d}f}{\mathrm{d}x}=g(x).$$

由定义可知,本义导数必为广义导数,但相反的结论则不一定成立.

例 8.1 计算 $f(x)=|x|$在$[-1,1]$上的广义导数.

解:对 $\forall\, v(x)\in C_0^\infty[-1,1]$,有

$$\begin{aligned}\int_{-1}^1 |x|v'(x)\,\mathrm{d}x&=-\int_{-1}^0 xv'(x)\,\mathrm{d}x+\int_0^1 xv'(x)\,\mathrm{d}x\\&=\int_{-1}^0 v(x)\,\mathrm{d}x-\int_0^1 v(x)\,\mathrm{d}x=-\int_{-1}^1 g(x)v(x)\,\mathrm{d}x,\end{aligned}$$

即

$$\int_{-1}^1 g(x)v(x)\,\mathrm{d}x=-\int_{-1}^1 |x|v'(x)\,\mathrm{d}x.$$

其中,

$$g(x)=\begin{cases}-1 & \text{当}-1\leqslant x<0,\\ 1 & \text{当}\ 0\leqslant x\leqslant 1\end{cases}$$

就是 $f(x)=|x|$的广义导数.

定义 8.3 设 $f(x)\in L_2[a,b]$,如果存在 $h(x)\in L_2[a,b]$,使对 $\forall\, v(x)\in C_0^\infty[a,b]$,有

$$\int_a^b h(x)v(x)\,\mathrm{d}x=(-1)^n\int_a^b f(x)\,\frac{\mathrm{d}^n v}{\mathrm{d}x^n}\mathrm{d}x \tag{8.2}$$

成立,则称 $h(x)$为 $f(x)$的 n 阶广义导数,记为

$$f(x)=\frac{\mathrm{d}^n f(x)}{\mathrm{d}x^n}=h(x).$$

以上仅就一维区域介绍了广义导数的概念. 实际上,可将这一概念平行地推广到多维区域.

假定 G 是由按段光滑的简单闭曲线 Γ 所围成的有界平面区域，$\overline{G}=G\cap\Gamma$ 是 G 的闭包. 对于 $\overline{G}$ 上的任一函数 $u(x,y)$，称集合 $\{(x,y)\mid u(x,y)\neq 0,(x,y)\in\overline{G}\}$ 的闭包为 u 的支集，如果 u 的支集 $\subset G$，则说 u 于 G 具有紧致支集. 容易证明，具有紧致支集的函数必在 Γ 上的某一邻域内恒等于零. 本书用 $C_0^\infty(G)$ 表示于 G 有无穷次可微且具有紧致支集的函数类.

若对函数 $u(x,y)\in C^1(G)$，则对 $\forall\, v(x,y)\in C_0^\infty(G)$ 应用 Green 公式(分部积分法)，有

$$\begin{cases}\iint\limits_G \dfrac{\partial u}{\partial x} v\mathrm{d}x\mathrm{d}y = -\iint\limits_G u\dfrac{\partial u}{\partial x}\mathrm{d}x\mathrm{d}y \\ \iint\limits_G \dfrac{\partial u}{\partial y} v\mathrm{d}x\mathrm{d}y = -\iint\limits_G u\dfrac{\partial u}{\partial y}\mathrm{d}x\mathrm{d}y\end{cases}, \tag{8.3}$$

由此就可推广偏导数的概念.

定义 8.4　设 $f(x,y)\in L_2(G)$，若对 $\forall\, v(x,y)\in C_0^\infty(G)$，存在 $g(x,y),\psi(L(x,y))\in L_2(G)$ 使等式

$$\iint\limits_G g v\mathrm{d}x\mathrm{d}y = -\iint\limits_G f(x,y)\frac{\partial u}{\partial x}\mathrm{d}x\mathrm{d}y,$$

$$\iint\limits_G \psi v\mathrm{d}x\mathrm{d}y = -\iint\limits_G f(x,y)\frac{\partial u}{\partial y}\mathrm{d}x\mathrm{d}y$$

成立，则说 f 有对 x 的一阶广义导数 g 和对 y 的一阶广义导数 ψ，记作

$$f_x=\frac{\partial f}{\partial x}=g,\quad f_y=\frac{\partial f}{\partial y}=\psi.$$

类似地可以定义高阶广义(偏)导数.

可以证明，同一个函数的广义(偏)导数并不唯一，但不同的广义(偏)导数几乎处处相等. 所谓几乎处处相等，是指在区间(或区域)上除有限个孤立点(或有限条线段)不等，其他地方恒等. 其证明基于下列变分法基本引理：

引理 8.1　设 $f(x)\in C^0[a,b]$(或 $f(x)\in L_2[a,b]$)，若对 $\forall\, v(x)\in C_0^\infty[a,b]$，有

$$\int_a^b f(x)v(x)\mathrm{d}x = 0,$$

则 $f(x)\equiv 0$(或 $f(x)$ 几乎处处为零).

证明：只考虑 $f(x)\in C^0[a,b]$ 的情况，假设 $f(x)\neq 0$，不妨设 $f(x_0)>0(x_0\in(a,b))$，则由连续性，$f(x)$ 必在充分小的邻域 $a<x_0-\eta\leqslant x\leqslant x_0+n<b$ 内也大于 0. 取

$$v(x)=\begin{cases}\exp\{-[\eta^2-(x-x_0)^2]\}^{-1} & 当\ |x-x_0|<\eta \\ 0 & 其他\end{cases},$$

则 $v(x)\in C_0^\infty[a,b]$，且

$$\int_a^b f(x)v(x)\mathrm{d}x = \int_{x_0-\eta}^{x_0+\eta} f(x)\exp\{-[\eta^2-(x-x_0)^2]\}^{-1}\mathrm{d}x > 0.$$

此与假设矛盾，故 $f(x)\equiv 0$.

引理 8.2 设 $f(x,y)\in C_0(\overline{G})$（或 $f(x,y)\in L_2(\overline{G})$），若对 $\forall\, v(x,y)\in C_0^\infty(\overline{G})$，有

$$\iint_G f(x,y)v(x,y)\mathrm{d}x\mathrm{d}y = 0,$$

则 $f(x)\equiv 0$（或 $f(x,y)$ 几乎处处为 0）.

（证明略）

有了上述变分引理，便可证明，函数的不同的广义（偏）导数几乎处处相等. 且有了广义导数的概念，在实际计算中就可以不必拘泥于本义导数的严格要求，利用积分来回避这些严格约束，使得问题的求解要求可以弱化.

令集合 $H^1(I)$ 为

$$H^1(I)=\{f\,|\,f\in L_2(I),f'\in L_2(I)\},$$

其中，$I=[a,b]$，f' 是 f 的广义导数，显然 $H^1(I)$ 是线性空间. 若于 $H^1(I)$ 引进内积

$$(f,g)_1 = \int_a^b (fg + f'g')\mathrm{d}x \tag{8.4}$$

和范数

$$\| f \| = \sqrt{(f,f)_1} = \left[\int_a^b (f^2 + f'^2)\mathrm{d}x\right]^{\frac{1}{2}} \tag{8.5}$$

则可以证明，$H^1(I)$ 是完备的内积空间，即为 Hilbert 空间. 这样的 Hilbert 空间 $H^1(I)$ 称为**一阶 Sobolev 空间**.

同样可定义 m **阶 Sobolev 空间** $H^m(I)$ 为

$$H^m(I)=\{f\,|\,f,f',\cdots,f^{(m)}\in L_2(I)\},$$

其内积和范数分别为

$$(f,g)_m = \sum_{k=0}^m \int_a^b f^{(k)}(x)g^{(k)}(x)\mathrm{d}x, \tag{8.6}$$

$$\| f \| = \sqrt{(f,f)_1} = \left[\sum_{k=0}^m \int_a^b |f^{(k)}(x)|^2\mathrm{d}x\right]^{\frac{1}{2}}. \tag{8.7}$$

显然，当 $m=0$ 时，$H^0(I)$ 就是 $L_2(I)$ 空间，其内积和范数为

$$(f,g)_0=(f,g),\quad \| f \|_0 = \| f \|.$$

如果设 $f(x,y)$ 及 $f_x,f_y\in L_2(G)$，则可将**二维的一阶 Sobolev 空间**定义为

$$H^1(G)=\{f(x,y)\,|\,f,f_x,f_y\in L_2(G)\,|\,\},$$

其中，f_x,f_y 为 f 的广义导数. 于 $H^1(G)$ 上的内积和范数分别为

$$(f,g)_1 = \iint_G (fg + f_xg_x + f_yg_y)\mathrm{d}x\mathrm{d}y, \tag{8.8}$$

$$\| f \|_1 = \sqrt{(f,f)_1} = \left[\iint_G (|f|^2 + |f_x|^2 + |f_y|^2)\mathrm{d}x\mathrm{d}y\right]^{\frac{1}{2}}. \tag{8.9}$$

可以证明，$H^1(G)$也是 Hilbert 空间. 类似地还可以定义二维的 m 阶 Sobolev 空间 $H^m(G)$.

注：Sobolev 空间 $H^m(G)$的上标 m 表示广义导数的阶数，它是非负整数，所以也称 $H^m(G)$ 为整指数的 Sobolev 空间. 在偏微分方程边值问题理论中，还需要实指数 Sobolev 空间$H^s(G)$. 有许多途径引进实指数 Sobolev 空间，最直观、最常用的一种是借助 Fourier 变换.

8.2　数学物理中的变分问题

问题 1(最速降线问题)　设处在同一个铅垂平面上的两点 $A(0,0)$和 $B(x_1,y_1)$，由一条光滑的曲线轨道连接起来，假定有一重物沿曲线轨道从 A 到 B 受重力作用自由下滑，摩擦阻力忽略不计，求重物下降最快的路径.

解：下降最快，即所需时间最短，所以考虑重物从 A 到 B 沿曲线 $y=y(x)$下滑所需的时间. 设从 A 点至曲线上任一点 $p(x,y)$达到了速度 v，据能量守恒原理可得

$$v=\frac{\mathrm{d}s}{\mathrm{d}t}=\sqrt{2gy},$$

而

$$\mathrm{d}s=\sqrt{1+y'^2}\,\mathrm{d}x,$$

于是

$$\mathrm{d}t=\sqrt{\frac{1+y'^2}{2gy}}\,\mathrm{d}x,$$

故重物从 A 点至曲线 $y=y(x)$下滑到 B 点所需时间为

$$T=\int_0^T \mathrm{d}t=\int_0^{x_1}\sqrt{\frac{1+y'^2}{2gy}}\,\mathrm{d}x \tag{8.10}$$

这样，就建立了一个函数关系

$$T=T(y(x)).$$

当在某一函数集合 H 中取定一个函数 y 时，由式(8.10)就能得到一个确定的实数值 T，称 T 为 $y(x)$的泛函，它的自变量是一个函数，因变量是一个普通变量. 显然，泛函是函数概念的推广，它的定义域是由具有一定条件的函数构成的.

于是，问题 1 就归结为在所有满足端点条件

$$y(0)=0,\quad y(x_1)=y_1$$

的一次可微的连续函数集合中，寻找使泛函式(8.10)为极小的极值函数 $y=y(x)$. 研究泛函在某一函数类中的极值问题，就是**变分问题**.

若引入记号

$$K=\{y\,|\,y\in C^1[0,x_1],y(0)=0,y(x_1)=y_1\},$$

则最速降线问题可归结为如下变分问题.

求 $y_0\in K$，使满足

$$T(y_0)=\min_{y\in K}T(y), \tag{8.11}$$

其中，$T(y)$由式(8.10)给出.

问题 2(最小曲面问题)　设平面上有一区域 Ω,边界为 $\partial\Omega$,在 $\partial\Omega$ 上,给定函数值 $u|_{\partial\Omega}=\varphi(x,y)$,其中 $\varphi(x,y)$ 是 $\partial\Omega$ 上的已知函数,于是确定了空间的一条曲面 c,试于张紧在曲线 c 上的一切曲面中,求其面积最小的曲面.

解:设张紧在曲线 c 上的曲面方程为 $u(x,y)=0$,$u(x,y)\in\Omega\cup\partial\Omega$,据曲面面积公式

$$S(u)=\iint_{\Omega}\sqrt{1+\left(\frac{\partial u}{\partial x}\right)^2+\left(\frac{\partial u}{\partial y}\right)^2}\mathrm{d}x\mathrm{d}y$$

可知,曲面面积 S 是 u 的一个泛函数,其中 u 所属的函数类应取为

$$H=\{u\,|\,u\in C^1(\Omega\cup\partial\Omega),u|_{\partial\Omega}=\varphi(x,y)\},$$

故最小曲面问题就可归结为如下的变分问题.

求 $u_0\in H$,使得

$$S(u_0)=\min_{u\in H}S(u).\tag{8.12}$$

问题 3(弦的平衡问题)　将一根弦固定在两个端点上,在外力 $f(x)$ 作用下其平衡位置可归结为如下两点边值问题

$$\begin{cases}-T\dfrac{\mathrm{d}^2u}{\mathrm{d}x^2}=f(x), & 0<x<l\\ u(0)=0, & u(l)=0\end{cases}.$$

试建立与其等价的变分问题.

解:力学上有时不从微分方程出发讨论弦的平衡问题,而从“极小位能原理”出发.据极小位能原理,弦的平衡位置(记为 $u_*=u_*(x)$)是在满足边值条件的一切可能位置中,使总位能取最小者.设弦的总位能为 $J(u)$,则

$$J(u)=W_{内}-W_{外},$$

其中,$W_{内}$ 为应变能,由下式给出:

$$W_{内}=\int_0^1\frac{T}{2}\left(\frac{\mathrm{d}u}{\mathrm{d}x}\right)^2\mathrm{d}x;$$

$W_{外}$ 为外力 $f(x)$ 所做的功

$$W_{外}=\int_0^1 fu\,\mathrm{d}x,$$

从而

$$\begin{aligned}J(u)&=\int_0^1\frac{T}{2}\left(\frac{\mathrm{d}u}{\mathrm{d}x}\right)^2\mathrm{d}x-\int_0^1 fu\,\mathrm{d}x\\&=\frac{1}{2}\int_0^1\left[T\left(\frac{\mathrm{d}u}{\mathrm{d}x}\right)^2-2uf\right]\mathrm{d}x.\end{aligned}\tag{8.13}$$

令

$$H_0^1(I)=\{u\,|\,u,u'\in L_2(I),u(a)=0,u(b)=0\},$$

则显然 $H_0^1\subset H^1$,于是据极小位能原理,$u_*=u_*(x)$ 是下列变分问题的解.

求 $u_*\in H_0^1$,使

$$J(u_*)=\min_{u\in H_0^1} J(u). \tag{8.14}$$

从问题 3 可以看出，为了确定弦的平衡位置，导致出现两个不同形式的数学问题：一是两点边值问题的微分形式，二是从极小位能原理出发得到的变分问题(8.14). 实际上，为了确定弦的平衡位置，也可以从力学中的“虚功原理”出发，即平衡位置 $u_*(x)$ 对任意满足齐次边界约束条件的虚位移所做功为零. 后面将看到，这三种形式的提法在一定意义下是等价的，这就是本章要建立的各种变分原理的最简模型. 求解变分问题的方法，即所谓**变分法**.

8.3　一维变分问题

问题 4　给定下面的一维椭圆形方程边值问题：

$$\begin{cases} Lu=-\dfrac{\mathrm{d}}{\mathrm{d}x}\left(p\dfrac{\mathrm{d}u}{\mathrm{d}x}\right)+qu=f, & x\in(a,b) \\ u(a)=a, & u'(b)=0 \end{cases}, \tag{8.15, 8.16}$$

试建立与其相应的变分问题. 其中，$p\in C^1(I)$，$q\in C(I)$，且 $p(x)\geqslant \min\limits_{x\in I}(x)=p_{\min}>0$，$q\geqslant 0$，$f\in L_2(I)$，$I=[a,b]$.

解：构造泛函数

$$\begin{aligned} J(u) &= \frac{1}{2}(Lu,u)-(f,u) \\ &=-\frac{1}{2}\int_a^b \frac{\mathrm{d}}{\mathrm{d}x}\left(p\frac{\mathrm{d}u}{\mathrm{d}x}\right)u\,\mathrm{d}x+\frac{1}{2}\int_a^b qu^2\,\mathrm{d}x-\int_a^b fu\,\mathrm{d}x, \end{aligned}$$

由分部积分公式，并注意到边界条件(8.16)，可得

$$\int_a^b -\frac{\mathrm{d}}{\mathrm{d}x}\left(p\frac{\mathrm{d}u}{\mathrm{d}x}\right)u\,\mathrm{d}x=-p\frac{\mathrm{d}u}{\mathrm{d}x}u\bigg|_a^b+\int_a^b p\frac{\mathrm{d}u}{\mathrm{d}x}\frac{\mathrm{d}u}{\mathrm{d}x}\mathrm{d}x=\int_a^b p\frac{\mathrm{d}u}{\mathrm{d}x}\frac{\mathrm{d}u}{\mathrm{d}x}\mathrm{d}x,$$

于是

$$J(u)=\frac{1}{2}\left(\int_a^b p\frac{\mathrm{d}u}{\mathrm{d}x}\frac{\mathrm{d}u}{\mathrm{d}x}\mathrm{d}x+\int_a^b qu^2\,\mathrm{d}x\right)-\int_a^b fu\,\mathrm{d}x.$$

令

$$a(u,v)=\int_a^b\left(p\frac{\mathrm{d}u}{\mathrm{d}x}\frac{\mathrm{d}v}{\mathrm{d}x}+quv\right)\mathrm{d}x, \tag{8.17}$$

便得

$$J(u)=\frac{1}{2}a(u,u)-(f,u). \tag{8.18}$$

设 $H_E^1=\{u\,|\,u,u'\in L_2$，且 $u(a)=0\}$（显然它为 H^1 的子空间），则与边值问题(8.15)、(8.16)相应的变分问题的提法是：

求 $u_*\in H_E^1$，使

$$J(u_*)=\min_{u\in H_E^1} J(u), \tag{8.19}$$

其中，$J(u)$ 由式(8.18)给出.

注意：在边值问题(8.15)、(8.16)中，要求 $u\in C^2(I)$，而在变分问题(8.19)中只要 $u\in L_2(I)$，$u'\in L_2(I)$，且满足 $u(a)=0$ 即可. 因此，变分问题(8.19)允许有非光滑 $u_*=u_*(x)$，

我们把这样的解称之为边值问题(8.15)、(8.16)的**广义解**，而把边值问题(8.15)、(8.16)的二次连续可微解 u_* 称为**古典解**.

可以证明，当 $u(x)$ 二次连续可微时，边值问题(8.15)、(8.16)与变分问题(8.19)等价，即有如下**变分原理**.

定理 8.2 设 $f\in C^0(I)$，若 $u_*\in C^2$ 是边值问题(8.15)、(8.16)的解，则 u_* 使 $J(u)$ 达到极小值；反之，若 $u_*\in C^2\cap H_E^1$ 使 $J(u)$ 达到极小值，则 u_* 是边值问题(8.15)、(8.16)的解.

在证明此定理之前，先讨论由式(8.17)定义的 $a(u,v)$ 的性质，它在今后的讨论中将起关键作用. $a(u,v)$ 具有如下性质：

(1) 对 u,v 具**线性性**，即

$$a(c_1u_1+c_2u_2,v)=c_1a(u_1,v)+c_2a(u_2,v),$$
$$a(u,c_1u_1+c_2u_2)=c_2a(u,v)+c_2a(u,v_2).$$

其中，c_1,c_2 是常数. 正因为如此，我们称 $a(u,v)$ 为双线性泛函或双线性形式.

(2) **对称性**，即

$$a(u,v)=a(v,u),\quad \forall u,v\in H^1(I),$$

这是因为 $(Lu,v)=(u,Lv)$，即 L 为对称算子.

(3) **正定性**，即

$$a(u,v)\geqslant r\|u\|_1^2,\quad \forall u\in H_E^1. \tag{8.20}$$

其中，$r>0$ 为某一确定常数.

事实上，由于

$$a(u,v)=\int_a^b\left[p\left(\frac{\mathrm{d}u}{\mathrm{d}x}\right)^2+qu^2\right]\mathrm{d}x\geqslant p_{\min}\int_a^b\left(\frac{\mathrm{d}u}{\mathrm{d}x}\right)^2\mathrm{d}x,$$

据 Schwarz 不等式，有

$$|u(x)|=\left|\int_a^x u'(t)\mathrm{d}t\right|\leqslant\sqrt{\int_a^x 1^2\mathrm{d}t}\cdot\sqrt{\int_a^b u^2\mathrm{d}t},$$

$$|u|^2\leqslant(x-a)\int_a^b|u'|^2\mathrm{d}t,$$

$$\int_a^b|u|^2\mathrm{d}x\leqslant\frac{1}{2}(b-a)^2\int_a^b|u'|\mathrm{d}x,$$

即有
$$\frac{1}{2}\int_a^b|u'|\mathrm{d}x\geqslant\frac{1}{(b-a)^2}\int_a^b|u|^2\mathrm{d}x,$$

从而有

$$\begin{aligned}a(u,v)&\geqslant p_{\min}\left(\frac{1}{2}\int_a^b|u'|^2\mathrm{d}x+\frac{1}{2}\int_a^b|u'|^2\mathrm{d}x\right)\\&\geqslant p_{\min}\left[\frac{1}{2}\int_a^b|u'|^2\mathrm{d}x+\frac{1}{(b-a)^2}\int_a^b|u|^2\mathrm{d}x\right].\end{aligned}$$

取
$$\bar{\gamma}=\min\left(\frac{1}{2},\frac{1}{(b-a)^2}\right)>0,$$

则有
$$\begin{aligned}a(u,u) &\geqslant p_{\min}\bar{\gamma}\left(\int_a^b |u'|^2\mathrm{d}x+\int_a^b |u|^2\mathrm{d}x\right)\\ &= \gamma\|u\|_1^2,\end{aligned}$$

其中，$\gamma=p_{\min}\bar{\gamma}$.

(4) **连续性**，即对 $\forall u,v\in H^1$，有

$$|a(u,v)|\leqslant M\|u\|_1\cdot\|v\|_1, \tag{8.21}$$

其中，M 是与 u,v 无关的常数.

事实上，若设

$$|p(x)|\leqslant\widetilde{M},\quad |q(x)|\leqslant\widetilde{M},$$

则由 Schwarz 不等式，有

$$\begin{aligned}|a(u,v)| &= \left|\int_a^b (pu'v'+quv)\mathrm{d}x\right|\\ &\leqslant \widetilde{M}\left\{\int_a^b |u'v'|\mathrm{d}x+\int_a^b |uv|\mathrm{d}x\right]\\ &\leqslant \widetilde{M}[\|u'\|\,\|v'\|+\|u\|\,\|v\|]\leqslant 2\widetilde{M}\,\|u\|_1\,\|v\|_1\\ &= M\,\|u\|_1\,\|v\|_1,\end{aligned}$$

其中，$2\widetilde{M}=M$.

下面证明定理 8.2.

证明：由于当 $u_*\in C^2\cap H_E^1,v\in H_E^1$ 时，

$$\begin{aligned}a(u_*,v)-(f,v) &= \int_a^b\left[p\frac{\mathrm{d}u_*}{\mathrm{d}x}\frac{\mathrm{d}v}{\mathrm{d}x}+qu_*v-fv\right]\mathrm{d}x\\ &= p\frac{\mathrm{d}u_*}{\mathrm{d}x}v\Big|_a^b+\int_a^b\left[-\frac{\mathrm{d}}{\mathrm{d}x}\left(p\frac{\mathrm{d}u_*}{\mathrm{d}x}\right)+qu_*-f\right]v\mathrm{d}x\\ &= \int_a^b[Lu_*-f]v\mathrm{d}x+p(b)u'_*(b)v(b).\end{aligned} \tag{8.22}$$

如果 u_* 是边值问题(8.15)、(8.16)的解，则

$$Lu_*-f=0,\quad u'_*(b)=0,$$

即有 $a(u_*,v)-(f,v)=0(\forall v\in H_E^1)$，注意到 $a(u,v)$ 的对称性，有

$$\begin{aligned}\varphi(\lambda) &= J(u_*+\lambda v)\\ &= \frac{1}{2}a(u_*+\lambda v,u_*+\lambda v)-(f,u_*+\lambda v)\\ &= \frac{1}{2}a(u_*,u_*)+\frac{\lambda}{2}[a(u_*,v)+a(v,u_*)]+\frac{\lambda^2}{2}a(v,v)-(f,u_*)-\lambda(f,v)\\ &= J(u_*)+\lambda[a(u_*,v)-(f,v)]+\frac{\lambda^2}{2}a(v,v),\end{aligned} \tag{8.23}$$

可见
$$\varphi'(0)=a(u_*,v)-(f,v)=0,$$
且由 $a(u,v)$ 的正定性，有
$$\varphi(\lambda)=J(u_*)+\frac{\lambda^2}{2}a(v,v)>J(u_*)=\varphi(0),\quad \lambda\neq 0,v\neq 0,$$
故 u_* 使 $J(u)$ 达到极小值.

反之，若 u_* 使 $J(u)$ 达到极小值，则由式(8.22)、(8.23)得
$$\begin{aligned}\varphi'(0)&=a(u_*,v)-(f,v)=\int_a^b[Lu_*-f]v\mathrm{d}x+p(b)u'_*(b)v(b)\\&=0,\quad \forall v\in H_E^1.\end{aligned}\tag{8.24}$$
特别取 $v\in C_0^\infty(I)$，则
$$\int_a^b[Lu_*-f]v\mathrm{d}x=0,\quad \forall v\in C_0^\infty(I).$$
据引理 8.1，u_* 满足方程
$$Lu_*-f=0.$$
于是式(8.24)成为
$$p(b)u'_*(b)v(b)=0,\quad \forall v\in H_E^1,p(b)>0.$$
取
$$v(x)=\begin{cases}(x-x_1)^2 & 当 a<x_1<x\leqslant b\\0, & 其他\end{cases},$$
则 $v\in H_E^1$，且 $v(b)>0$，可见 u_* 必须满足右边值条件
$$u'_*(b)=0.$$

通常，把形如式(8.19)的变分问题称为 Ritz 形式的变分问题；把定理 8.2 称为**极小位能原理**；把方程(8.15)称为和泛函数 $J(u)$ 相关的 Euler 方程.

注意：变分问题(8.19)和等价的边值问题(8.15)、(8.16)比较，表面上少了一个边界条件 $u'(b)=0$. 实际上，从定理的证明过程中可以看出，这个边界条件已经包含在变分问题之中了，也就是说，只要函数 $u_*(x)$ 使 $J(u)$ 取极小值，则它必然满足该条件. 这种自动在变分问题中得到满足的边界条件称为"**自然边界条件**". 而作为变分问题的约束条件列出的边界条件 $u(a)=0$，称为"本质边界条件"，又称"**强制边界条件**".

以上，我们实质上是基于力学中的极小位能原理建立了与边值问题(8.15)、(8.16)等价的变分问题(8.19)，事实上，也可以从力学的虚功原理出发，建立与边值问题(8.15)、(8.16)等价的另一变分问题，称为 Galerkin 形式的变分问题，即有下列变分原理.

定理 8.3 设 $u\in C^2$，则 u 是边值问题(8.15)、(8.16)的解的充要条件是 $u\in H_E^1$ 且满足变分方程
$$a(u,v)-(f,v)=0,\quad \forall v\in H_E^1.\tag{8.25}$$

证明：先证必要性.

设 $u\in C^2$ 是边值问题(8.15)、(8.16)的解，以 v 乘方程式(8.15)两端，沿$[a,b]$积分，得

$$\int_a^b (Lu-f)v\mathrm{d}x=\int_a^b\left[-\frac{\mathrm{d}}{\mathrm{d}x}\left(p\frac{\mathrm{d}u}{\mathrm{d}x}\right)v+quv-fv\right]\mathrm{d}x=0,\tag{8.26}$$

利用分部积分公式和边值条件(8.16)有

$$-\int_a^b\frac{\mathrm{d}}{\mathrm{d}x}\left(p\frac{\mathrm{d}u}{\mathrm{d}x}\right)v\mathrm{d}x=-p\frac{\mathrm{d}u}{\mathrm{d}x}v\Big|_a^b+\int_a^b p\frac{\mathrm{d}u}{\mathrm{d}x}\frac{\mathrm{d}v}{\mathrm{d}x}\mathrm{d}x$$
$$=\int_a^b p\frac{\mathrm{d}u}{\mathrm{d}x}\frac{\mathrm{d}v}{\mathrm{d}x}\mathrm{d}x,$$

从而式(8.26)成为

$$\int_a^b\left[p\frac{\mathrm{d}u}{\mathrm{d}x}\frac{\mathrm{d}v}{\mathrm{d}x}+quv-fv\right]\mathrm{d}x=0,$$

即对 $\forall v\in H_E^1$，u 满足

$$a(u,v)-(f,v)=0.$$

再证充分性.

当 $u\in C^2\cap H_E^1, v\in H_E^1$ 时，有

$$a(u,v)=\int_a^b\left(p\frac{\mathrm{d}u}{\mathrm{d}x}\frac{\mathrm{d}v}{\mathrm{d}x}+quv\right)\mathrm{d}x$$
$$=p\frac{\mathrm{d}u}{\mathrm{d}x}v\Big|_a^b-\int_a^b v\frac{\mathrm{d}}{\mathrm{d}x}\left(p\frac{\mathrm{d}u}{\mathrm{d}x}\right)\mathrm{d}x+\int_a^b quv\mathrm{d}x$$
$$=(Lu,v)+p(b)u'(b)v(b),$$

即对 $\forall v\in H_E^1$，若 u 满足式(8.25)则必有

$$(Lu,v)-(f,v)+p(b)u'(b)v(b)=0.$$

特别取 $v\in C_0^\infty$，有

$$(Lu,v)-(f,v)=0,$$

即

$$\int_a^b(Lu-f)v\mathrm{d}x=0.$$

据变分法基本引理，得

$$Lu=f,$$

同时得到

$$p(b)u'(b)v(b)=0,\quad v\in H_E^1.$$

取

$$v(x)=\begin{cases}(x-x_1)^2 & \text{当 } a<x_1<x\leqslant b\\ 0 & \text{其他}\end{cases},$$

则 $v\in H_E^1$，$v(b)>0$，注意到 $p(b)>0$，便有

$$u'(b)=0,$$

故 u 是边值问题(8.15)、(8.16)的解.

在变分问题(8.25)中，左端表示力学里的“虚功”，所以也称定理 8.3 为虚功原理. 同极小

位能原理一样,变分问题(8.25)也允许有非光滑解,即边值问题的广义解.

从以上的讨论可以看出,将边值问题转换为等价的变分问题,一个方便之处是定解条件可以减少,自然边界条件不必作为泛函求极值的约束条件列出,而只要求本质边界条件就够了,一般来讲,在数值计算中处理本质边界条件是较为简单的.

另外,变分问题还有一个优点,就是允许有非光滑解(广义解)存在,而这种解对于边值问题来说就没有意义了.但是,许多物理、力学现象,必须用非光滑函数才能真实地描述它,因此研究变分问题较研究边值问题更具有实用性.

特别指出,虚功原理比极小位能原理更具有一般性,它不仅适用于对称正定的算子方程,而且适用于非对称正定的算子方程.容易看出,当算子方程对称正定时,虚功原理与极小位能原理是等价的.但是,对于非对称情形,不具有这种等价性,此时只能应用虚功原理.所以在实际问题中虚功原理要比极小位能原理应用得更广泛.

8.4 二维变分问题

本节仍以椭圆形方程为例,讨论二维区域上的变分问题.

8.4.1 第一类边值问题

问题 5 给定下面的二维椭圆形方程边值问题:

$$\begin{cases} -\Delta u = f(x,y),(x,y)\in G & (8.27)\\ u|_{\partial G}=0 & (8.28)\end{cases},$$

试建立与其相应的 Ritz 形式的变分问题.其中,G 为平面区域,∂G 为其边界.$f(x,y)\in C^0(G)$,$\Delta=\frac{\partial}{\partial x^2}+\frac{\partial}{\partial y^2}$为 Laplace 算子.

解:构造泛函

$$\begin{aligned} J(u) &= \frac{1}{2}(-\Delta u,u)-(f,u)\\ &= \frac{1}{2}\iint_G(-\Delta u)u\mathrm{d}x\mathrm{d}y-\iint_G fu\mathrm{d}x\mathrm{d}y, \end{aligned} \tag{8.29}$$

注意到
$$\begin{aligned} -\Delta u\cdot v &= -\left(\frac{\partial^2 u}{\partial x^2}v+\frac{\partial^2 u}{\partial y^2}v\right)\\ &= -\left[\frac{\partial}{\partial x}\left(v\frac{\partial u}{\partial x}\right)+\frac{\partial}{\partial y}\left(v\frac{\partial u}{\partial y}\right)\right]+\frac{\partial u}{\partial x}\frac{\partial v}{\partial x}+\frac{\partial u}{\partial y}\frac{\partial v}{\partial y}, \end{aligned}$$

利用 Green 公式,得到

$$\iint_G(-\Delta u)v\mathrm{d}x\mathrm{d}y=\iint_G\left(\frac{\partial u}{\partial x}\frac{\partial v}{\partial x}+\frac{\partial u}{\partial y}\frac{\partial v}{\partial y}\right)\mathrm{d}x\mathrm{d}y-\int_{\partial G}\frac{\partial u}{\partial \boldsymbol{n}}v\mathrm{d}s, \tag{8.30}$$

其中,$\boldsymbol{n}$ 表示边界∂G 的单位外法向量,$\frac{\partial u}{\partial \boldsymbol{n}}$是 u 沿 $\boldsymbol{n}$ 的方向导数.通常称式(8.30)为 Green 第一公式.

记 $H_0^1(G)=\{u\,|\,u,u'\in L_2(G),u|_{\partial G}=0\}$，则对 $\forall\, u,v\in H_0^1(G)$，式(8.30)右端成为

$$a(u,v)=\iint\limits_G\left(\frac{\partial u}{\partial x}\frac{\partial v}{\partial x}+\frac{\partial u}{\partial y}\frac{\partial v}{\partial y}\right)\mathrm{d}x\mathrm{d}y\,, \tag{8.31}$$

于是泛函数式(8.29)可写成

$$J(u)=\frac{1}{2}a(u,u)-(f,u), \tag{8.32}$$

其中，$a(u,v)$与一维情形一样，也具有线性性、对称性、正定性等性质.

这样，相应于边值问题(8.27)、(8.28)的 Ritz 形式的变分问题的提法是：

求 $u_*\in H_0^1(G)$，使

$$J(u_*)=\min_{u\in H_0^1(G)}J(u). \tag{8.33}$$

可以证明，边值问题(8.27)、(8.28)与变分问题(8.33)在一定条件下等价.

定理 8.4　设 $u_*\in C^2(\overline{G})$是边值问题(8.27)、(8.28)的解，则 u_* 使$J(u)$达到极小值. 反之，若 $u_*\in C^2(\overline{G})\cap H_0^1(G)$使 $J(u)$达到极小值，则 u_* 是边值问题(8.27)、(8.28)的解.

证明：设 $u_*\in C^2(\overline{G})\cap H_0^1(G)$，则由式(8.30)和式(8.31)可得

$$a(u_*,u)-(f,u)=(-\Delta u_*-f,u).$$

若 u_* 是边值问题(8.27)、(8.28)的解，则由

$$\begin{aligned}\varphi(\lambda)&=J(u_*+\lambda u)\\&=J(u_*)+\lambda[a(u_*,u)-(f,u)]+\frac{\lambda^2}{2}a(u,u)\end{aligned} \tag{8.34}$$

可得　$$\varphi'(0)=a(u_*,u)-(f,u)=(-\Delta u_*-f,u)=0.$$

又由 $a(u,u)$的正定性，有

$$\varphi(\lambda)=J(u_*)+\frac{\lambda^2}{2}a(u,u)>J(u_*),\quad \forall\, u\neq\theta,\lambda\neq 0,$$

故 u_* 使 $J(u)$达到极小值.

反之，若 $u_*\in C^2(\overline{G})\cap H_0^1(G)$使 $J(u)$达到极小值，则对 $\forall\, u\in H_0^1(G)$，有

$$\varphi'(0)=a(u_*,u)-(f,u)=(-\Delta u_*-f,u)=0,$$

特别取 $u\in C_0^\infty(G)$，也有

$$(-\Delta u_*-f,u)=0,\quad \forall\, u\in C_0^\infty(G),$$

据引理 8.2，u_* 满足方程

$$-\Delta u_*=f,$$

边值条件也已满足，故 u_* 必为边值问题(8.27)、(8.28)的解.

称定理 8.4 为极小位能量原理或 Ritz 形式的变分原理. 与一维变分问题一样，显然，变分

问题(8.33)也允许存在不属于 $C^2(\overline{G})$ 的解，称之为边值问题(8.27)、(8.28)的广义解.

问题 6 给定下面非齐次的第一边值问题

$$\begin{cases} -\Delta u = f, & (x,y)\in G \\ u|_{\partial G} = \varphi(x,y) \end{cases}, \tag{8.35, 8.36}$$

试建立与其相应的 Ritz 形式的变分问题.

解：在 $\overline{G}$ 上，取一函数 $u_0\in C^2$，使得 $u_0|_{\partial G}=\varphi(x,y)$，若令 $\bar{u}=u-u_0$，则边值问题(8.35)、(8.36)转化为如下问题：

$$\begin{cases} -\Delta \bar{u} = f+\Delta u_0 \\ \bar{u}|_{\partial G}=0 \end{cases}.$$

构造 $\bar{u}$ 的泛函数

$$\begin{aligned}\hat{J}(\bar{u}) &= \frac{1}{2}a(\bar{u},\bar{u})-(f+\Delta u_0,\bar{u}) \\ &= \frac{1}{2}a(u-u_0,u-u_0)-(f+\Delta u_0,u-u_0) \\ &= \frac{1}{2}a(u,u)+(f,u)-a(u_0,u)-(\Delta u_0,u)+ \\ &\quad \frac{1}{2}a(u_0,u_0)+(f,u_0)+(\Delta u_0,u_0) \\ &= J(u)-a(u_0,u)-(\Delta u_0,u)+\text{常数}.\end{aligned}$$

由 Green 第一公式(8.30)，有

$$\begin{aligned}-a(u_0,u)-(\Delta u_0,u) &= -\iint_G\left(\frac{\partial u}{\partial x}\cdot\frac{\partial u_0}{\partial x}+\frac{\partial u}{\partial y}\cdot\frac{\partial u_0}{\partial y}\right)\mathrm{d}x\mathrm{d}y-\iint_G\Delta u_0\cdot u\mathrm{d}x\mathrm{d}y \\ &= -\int_{\partial G}u\,\frac{\partial u_0}{\partial \boldsymbol{n}}\mathrm{d}s = -\int_{\partial G}\varphi\,\frac{\partial u_0}{\partial \boldsymbol{n}}\mathrm{d}s = \text{常数}\end{aligned}$$

故

$$\hat{J}(\bar{u}) = J(u)+\text{常数},$$

由此可见，变分问题

$$\hat{J}(\bar{u}_*) = \min_{\bar{u}\in H_0^1}\hat{J}(\bar{u})$$

与

$$J(u^*) = \min_{\substack{u\in H^1 \\ u|_{\partial G}=\varphi}} J(u) \tag{8.37}$$

等价，且 $\bar{u}_*=u_*-u_0$.

据定理 8.4，非齐次边值问题(8.35)、(8.36)与变分问题(8.37)等价.

问题 7 针对问题 5 中的二维椭圆形方程边值问题：

$$\begin{cases} -\Delta u = f(x,y), & (x,y)\in G \\ u|_{\partial G}=0 \end{cases},$$

建立与其相应的 Galerkin 形式的变分问题.

解:以 v 乘方程两端并在 G 上积分,得

$$\iint_G (-\Delta u - f) v \mathrm{d}x\mathrm{d}y = 0, \tag{8.38}$$

由 Green 第一公式(8.30),并注意到边值条件,便有

$$-\iint_G \Delta u v \mathrm{d}x\mathrm{d}y = \iint_G \left(\frac{\partial u}{\partial x}\cdot\frac{\partial v}{\partial x}+\frac{\partial u}{\partial y}\cdot\frac{\partial v}{\partial y}\right)\mathrm{d}x\mathrm{d}y.$$

记

$$a(u,v) = \iint_G \left(\frac{\partial u}{\partial x}\cdot\frac{\partial v}{\partial x}+\frac{\partial u}{\partial y}\cdot\frac{\partial v}{\partial y}\right)\mathrm{d}x\mathrm{d}y,$$

于是,式(8.38)成为

$$a(u,v)-(f,v)=0, \tag{8.39}$$

即若 $u\in C^2$ 是边值问题(8.27)、(8.28)的解,则对一切 $v\in H_0^1$,u 满足方程(8.39). 反之,若对 $\forall v\in H_0^1$,u 满足方程(8.39),则可按定理 8.4 的证明方法,推出 u 是边值问题(8.27)、(8.28)的解,于是有如下定理.

定理 8.5　设 $u\in C^2(\overline{G})$,则 u 是边值问题(8.27)、(8.28)的解的充要条件是:$u\in H_0^1$ 且满足变分方程

$$a(u,v)-(f,v)=0, \quad \forall v\in H_0^1. \tag{8.40}$$

称定理 8.5 为虚功原理,或 Galerkin 形式的变分原理. 显然,当 $a(u,v)$ 对称正定时,它与极小位能原理等价.

8.4.2　其他边值问题

1. 第二或第三类边值问题

在 ∂G 上给定第三类边值问题:

$$\begin{cases} -\Delta u = f, & (x,y)\in G \quad (8.41)\\ \left[\dfrac{\partial u}{\partial \boldsymbol{n}}+\alpha u\right]\Bigg|_{\partial G}=0, & \alpha\geqslant 0 \quad (8.42)\end{cases},$$

其中,$\boldsymbol{n}$ 是 ∂G 的外法线方向向量,当常数 $\alpha=0$ 时,上述问题即为第二类边值问题.

类似于前面的推导,可以得到与边值问题(8.41)、(8.42)相应的 Ritz 形式的变分问题:

求 $u_*\in H^1$,使

$$J(u_*)=\min_{u\in H^1} J(u). \tag{8.43}$$

和 Galerkin 形式的变分问题:

求 $u\in H^1$,使 u 对一切 $v\in H^1$,满足

$$a(u,v)-(f,v)=0. \tag{8.44}$$

其中,

$$J(u)=\frac{1}{2}a(u,u)-(f,u), \tag{8.45}$$

$$a(u,v)=\iint_G\left(\frac{\partial u}{\partial x}\cdot\frac{\partial v}{\partial x}+\frac{\partial u}{\partial y}\cdot\frac{\partial v}{\partial y}\right)\mathrm{d}x\mathrm{d}y+\int_{\partial G}\alpha uv\mathrm{d}s.$$

仿照前面的证法，可以推出，当 u 二次连续可微时，边值问题(8.41)、(8.42)与变分问题(8.44)、(8.45)等价.

与一维情形一样，第一边值条件与第二、第三边值条件有重大区别，前者为本质边界条件，后者为自然边界条件.

2. 混合边值条件

设将边界∂G 分成互不相交的两部分：∂G_1 和∂G_2，且分别满足

$$\begin{cases}u|_{G_1}=0\\\left(\frac{\partial u}{\partial n}+\alpha u\right)\Big|_{\partial G_2=0}\end{cases},$$

此时，只要注意到

$$a(u,v)=\iint_G\left(\frac{\partial u}{\partial x}\cdot\frac{\partial v}{\partial x}+\frac{\partial u}{\partial y}\cdot\frac{\partial v}{\partial y}\right)\mathrm{d}x\mathrm{d}y+\int_{\partial G_2}\alpha uv\mathrm{d}s,$$

便可列出对应的变分问题.

以上以椭圆形方程边值问题为模型，讨论了变分原理. 实际上，对于其他类型的微分方程定解问题也可以给出相应的变分原理. 需要指出的是，推导微分方程定解问题的变分形式所使用的关键数学工具为多重积分的 Green 公式、Gauss 公式，需要读者对这两个公式灵活应用. 不难发现，上述的变分原理，其实就是把高阶导数进行降阶处理，通过积分这个工具弱化了解的存在性的约束条件，把区域上的积分计算部分转化成了边界上的积分计算.

8.5 变分问题的计算

前面讨论了微分方程边值问题和相应泛函数的变分问题之间的关系，将求解微分方程边值问题归结为求解相应的变分问题. 剩下的问题就是如何求解变分问题.

通常情况下，很难或不可能求到变分问题的准确解，而只能求到问题的近似解. Ritz 和 Galerkin 方法是最重要的一种近似解法，它是有限元方法的基础.

8.5.1 Rtiz 方法

设 V 是 H_0^1, H_E^1, H^1 等 Sobolev 空间，这样的空间是无限维的，显然，Ritz 形式的变分问题与 Galerkin 形式的变分问题是在无限维空间 V 中求 u_*，使得

$$J(u_*)=\min_{u\in V}J(u)$$

或

$$a(u_*,v)=(f,v),\quad\forall v\in V.$$

正是由于 V 是无限维空间，所以给求解带来了极大的困难. Ritz 和 Galerkin 方法的基本思想就是用有限维空间近似代替无限维空间，从而把问题转化为求多元二次函数的极值问题. 因此，这种方法的关键在于如何选取有限维空间.

考虑 Ritz 形式的变分问题：

求 $u\in V$,使得

$$J(u)=\min_{v\in V}J(v),$$

其中，
$$J(u)=\frac{1}{2}a(u,u)-(f,u).$$

设 V_n 是 V 的 n 维子空间，$\varphi_1,\varphi_2,\cdots,\varphi_n$ 是 V_n 的一组基底，称为基函数，则$V_n=\text{span}\{\varphi_1,\varphi_2,\cdots,\varphi_n\}$，即对 V_n 中任一元素 v_n，有

$$v_n=\sum_{i=1}^{n}c_i\varphi_i,$$

其中，$c_i(i=1,2,\cdots,n)$是实常数. 这里也称 V_n 为**试探函数空间**. 以 V_n 代替 V，在 V_n 上解极小问题，得到的近似问题是：

求 $u_n\in V_n$ 使得

$$J(u_n)=\min_{v_n\in V_n}J(v_n).$$

现在的问题是：选取系数 c_i，使 $J(v_n)$取极小值. 注意到

$$\begin{aligned}J(v_n)&=\frac{1}{2}a(v_n,v_n)-(f,v_n)\\&=\frac{1}{2}a\Big(\sum_{i=1}^{n}c_i\varphi_i,\sum_{j=1}^{n}c_j\varphi_j\Big)-\Big(f,\sum_{j=1}^{n}c_j\varphi_j\Big)\\&=\frac{1}{2}\sum_{i,j=1}^{n}a(\varphi_i,\varphi_j)c_ic_j-\sum_{j=1}^{n}c_j(f,\varphi_j),\end{aligned}$$

于是问题可转化为求以 $c_1,c_2,\cdots,c_n$ 为自变量的二次函数的极小问题. 由于$a(u,v)$对称正定，所以上式在 $\boldsymbol{c}^0=[c_1^{(0)},c_2^{(0)},\cdots,c_n^{(0)}]^{\mathrm{T}}$ 达到极小的充分必要条件是

$$\left.\frac{\partial J(v_n)}{\partial c_j}\right|_{c^0}=0,\quad j=1,2,\cdots,n.$$

即 $c_1^{(0)},c_2^{(0)},\cdots,c_n^{(0)}$ 满足

$$\sum_{i=1}^{n}\alpha(\varphi_i,\varphi_j)c_i^{(0)}=(f,\varphi_j),\quad j=1,2,\cdots,n.$$

这是一个以$[c_1^{(0)},c_2^{(0)},\cdots,c_n^{(0)}]^{\mathrm{T}}$ 为未知数的线性代数方程组，因为系数行列式不为零，所以有唯一解，求出 $c_i^{(0)}$ 后，回代即可得到近似解

$$u_n=\sum_{i=1}^{n}c_i^{(0)}\varphi_i.$$

8.5.2　Galerkin 方法

考虑 Galerkin 形式的变分问题：

求 $u\in V$,使得

$$a(u,v)-(f,v)=0,\quad \forall v\in V.$$

类似于 Ritz 法，以 V_n 代替 V，得到近似的变分问题：

求 $u_n\in V_n$，使得

$$a(u_n,v_n)-(f,v_n)=0,\quad \forall v_n\in V_n.$$

设 V_n 中的任一元素 $v_n=\sum\limits_{i=1}^{n}c_i\varphi_i$，变分问题的解为 $u_n=\sum\limits_{i=1}^{n}c_i^{(0)}\varphi_i$，下面来确定 $c_i^{(0)}(i=1,2,\cdots,n)$. 为此，将 u_n,v_n 代入式变分形式，得

$$\begin{aligned}a(u_n,v_n)-(f,v_n)&=\sum_{i,j=1}^{n}a(\varphi_i,\varphi_j)c_i^{(0)}c_j-\sum_{j=1}^{n}(f,\varphi_j)c_j\\&=\sum_{j=1}^{n}\Big[\sum_{i=1}^{n}a(\varphi_i,\varphi_j)c_i^{(0)}-(f,\varphi_j)\Big]c_j=0.\end{aligned}$$

据 v_n 的任意性，便有

$$\sum_{i=1}^{n}a(\varphi_i,\varphi_j)c_i^{(0)}=(f,\varphi_j),\quad j=1,2,\cdots,n. \tag{8.46}$$

这是与 Ritz 变分形式一样的方程组，由此方程组解出 $c_1^{(0)},c_2^{(0)},\cdots,c_n^{(0)}$，从而求出 u_n.

通常，称方程组(8.46)为 Ritz-Galerkin 方程，其系数矩阵为

$$\boldsymbol{A}=\begin{bmatrix}a(\varphi_1,\varphi_1) & a(\varphi_2,\varphi_1) & \cdots & a(\varphi_n,\varphi_1)\\ a(\varphi_1,\varphi_2) & a(\varphi_2,\varphi_2) & \cdots & a(\varphi_n,\varphi_2)\\ \vdots & \vdots & & \vdots\\ a(\varphi_1,\varphi_n) & a(\varphi_2,\varphi_n) & \cdots & a(\varphi_n,\varphi_n)\end{bmatrix}.$$

显然，当 $a(\varphi_i,\varphi_j)$ 对称正定时，Ritz 法与 Galerkin 法是一致的.

注意：尽管 Ritz 法与 Galerkin 法导出的近似解 u_n 及计算方法完全一样，但两者的基础不同，Ritz 法基于极小位能原理，而 Galerkin 法基于虚功原理，所以 Galerkin 法较 Ritz 法应用更广，方法推导也更直接.

例 8.2　试列出求解边值问题

$$\begin{cases}Lu=-\dfrac{\mathrm{d}}{\mathrm{d}x}\left(p\dfrac{\mathrm{d}u}{\mathrm{d}x}\right)+qu=f, & 0<x<l\\ u(0)=0, & u(l)=0\end{cases}$$

的 Ritz-Galerkin 方程.

解：由题设条件可知 $V=H_0^1(I)(I=[0,l])$，于 $H_0^1(I)$ 取一族基函数 $\varphi_i(x)$，$i=1,2,\cdots$. 并要求 $\varphi_i(x)(i=1,2,\cdots.)$ 满足下列条件：

(1) $\varphi_i(0)=\varphi_i(l)=0$；

(2) $\{\varphi_i(x)\}$ 中任意有限个函数都是线性无关的；

(3) 由 $\varphi_1,\varphi_2,\cdots\varphi_n$ 所生成的函数空间具有完备性.

如取 $\varphi_i(x)=\sin\dfrac{i\pi x}{l}$，$i=1,2,\cdots$，或 $\varphi_i(x)=(l-x)x^i$，$i=1,2,\cdots$，均满足上述条件.

取定基函数 $\varphi_i(x)$ 后，则令 $V_n=\mathrm{span}\{\varphi_1,\varphi_2,\cdots,\varphi_n\}$，然后确定 $c_1,c_2,\cdots,c_n$，即确定 $u_n=\sum_{i=1}^{n}c_i\varphi_i(x)$，使泛函数 $J(u_n)=\frac{1}{2}a(u_n,u_n)-(f,u_n)$ 在 V_n 中达到极小.

在本例中，若设 $\varphi_1=x(l-x)$，则 $V_1=\mathrm{span}\{\varphi_1\}$，于是对 $\forall v\in V_1, v=c_1\varphi_1$，其 Ritz-Galerkin 方程为

$$a(\varphi_1,\varphi_1)c_1-(f,\varphi_1)=0,$$

其中，

$$a(\varphi_1,\varphi_1)=\int_0^l\left[p\left(\frac{\mathrm{d}\varphi_1}{\mathrm{d}x}\right)^2+q\varphi_1^2\right]\mathrm{d}x,$$

$$(f,\varphi_1)=\int_0^l f(l-x)x\mathrm{d}x.$$

若设 $\varphi_1=x(l-x)$，$\varphi_2=x^2(l-x)$，则 $V_2=\mathrm{span}(\varphi_1,\varphi_2)$，于是对 $\forall v\in V_2, v=c_1\varphi_1+c_2\varphi_2$，所得的 Ritz-Galerkin 方程为

$$\begin{bmatrix}a(\varphi_1,\varphi_1) & a(\varphi_2,\varphi_1)\\ a(\varphi_1,\varphi_2) & a(\varphi_2,\varphi_2)\end{bmatrix}\begin{bmatrix}c_1\\ c_2\end{bmatrix}=\begin{bmatrix}(f,\varphi_1)\\ (f,\varphi_2)\end{bmatrix}.$$

例 8.3　用 Ritz(或 Galerkin)法求边值问题

$$\begin{cases}-u''+u=x^2, & 0<x<1\\ u(0)=0, & u(1)=1\end{cases}$$

的第 n 次近似 $u_n(x)$，基函数为 $\varphi_i(x)=\sin(i\pi x)$，$i=1,2,\cdots,n$.

解：令 $u_0=x$，$w=u-u_0$，由 Ritz(或 Galerkin)法，得 Ritz-Galerkin 方程

$$\sum_{i=1}^{n}a(\varphi_i,\varphi_j)c_i=(x^2-x,\varphi_j),\quad j=1,2,\cdots,n.$$

其中，

$$a(\varphi_i,\varphi_j)=\int_0^1(\varphi_i'\varphi_j'+\varphi_i\varphi_j)\mathrm{d}x.$$

于是

$$w_n=u_n-u_0=\sum_{i=1}^{n}c_i\varphi_i.$$

由于

$$\begin{aligned}a(\varphi_i,\varphi_j)&=\int_0^1 ij\pi^2\cos(i\pi x)\cos(j\pi x)\mathrm{d}x+\int_0^1\sin(i\pi x)\sin(j\pi x)\mathrm{d}x\\&=\frac{ij\pi}{2}\int_{-\pi}^{\pi}\cos ix\cos jx\mathrm{d}x+\frac{1}{2\pi}\int_{-\pi}^{\pi}\sin ix\sin jx\mathrm{d}x\\&=\begin{cases}\frac{i^2\pi^2}{2}+\frac{1}{2} & 当\ i=j\\ 0 & 当\ i\neq j\end{cases},\end{aligned}$$

又

$$\begin{aligned}(x^2-x,\varphi_j)&=\int_0^1 x(x-1)\sin\pi x\mathrm{d}x=\frac{2}{(i\pi)^3}[(-1)^j-1]\\&=\begin{cases}-\frac{4}{(j\pi)^3} & 当\ j\ 为奇数\\ 0 & 当\ j\ 为偶数\end{cases},\end{aligned}$$

于是
$$c_i=\frac{(x^2-x,\varphi_i)}{a(\varphi_i,\varphi_i)}=\begin{cases}\dfrac{-8}{(i\pi)^3[(i\pi)^2+1]} & 当 i 为奇数\\ 0 & 当 i 为偶数\end{cases},$$

故所求的边值问题的近似解为

$$u_n(x)=x+\sum_{k=1}^{\frac{n+1}{2}}\frac{-8\sin(2k-1)\pi x}{(2k-1)^3\pi^3[(2k-1)^2\pi^2+1]}.$$

最后指出,在应用 Ritz 法或 Galerkin 法求解边值问题时,要注意以下几点:

(1) Ritz 法只能用于对称、正定微分算子方程,而 Galerkin 法则可用于非对称、正定微分算子方程.

(2) 使用 Ritz 法或 Galerkin 法要恰当地选取基函数.基函数的选取除必须满足齐次本质边界条件以及一定的连续可微性要求外,没有一定的法则可遵循,需要具体问题具体分析.

(3) 在求线性代数方程组的系数矩阵和非齐次项时,要求进行大量的积分运算.上述例子都是简单情况,实际应用中的问题要复杂得多.特别对二维情形,当求解区域不规则时,积分相当麻烦.

(4) 对于非齐次自然边值条件,只要适当修改 Ritz-Galerkin 方程右端即可,不必对基函数加以限制.对于非齐次本质边值条件,应对它齐次后再用 Ritz 方法或 Galerkin 方法.

(5)Ritz 法或 Galerkin 法的主要困难是选取基函数以及进行积分计算,有限元方法可以克服这一困难.

8.6 有限元方法初步

有限元方法的理论和方法内容极为丰富,本节仅为了初步说明应用有限元方法的解题步骤,以及每一步骤中的要点.下面以一维两点边值问题为例进行具体分析.

考虑两点边值问题

$$\begin{cases}L_u=-\dfrac{\mathrm{d}}{\mathrm{d}x}\left(p\dfrac{\mathrm{d}u}{\mathrm{d}x}\right)+qu=f, & a<x<b\\ u(a)=0, & u'(b)=0\end{cases},$$

其中,$p(x)\in C^1[a,b]$,$p>0$,$q\in C[a,b]$,$q\geqslant 0$,$f\in C[a,b]$.

我们将从 Ritz 法和 Galerkin 法两种观点出发,导出解边值问题的线性有限元方法.

8.6.1 从 Ritz 法出发

1. 写出 Ritz 形式的变分问题

该两点边值问题的变分问题是:求 $u_*\in H_E^1$,使

$$J(u_*)=\min_{u\in H_E^1}J(u),$$

其中,
$$J(u)=\frac{1}{2}a(u,u)-(f,u),$$

$$a(u,v)=\int_a^b\left(p\frac{\mathrm{d}u}{\mathrm{d}x}\frac{\mathrm{d}v}{\mathrm{d}x}+quv\right)\mathrm{d}x,\quad (f,u)=\int_a^b fu\,\mathrm{d}x.$$

2. 区域剖分

剖分原则与差分法相同，即将求解区域剖分成若干互相连接且不重叠的子区域，这些子区域称为单元. 单元的几何形状可以人为选取，一般是规则的，但形状与大小可以不同. 对于一维情形最为简单.

将求解区间$[a,b]$分成若干子区间，其节点为

$$a=x_0<x_1<\cdots<x_i<\cdots<x_n=b,$$

每个单元 $e_i=[x_{i-1},x_i]$的长度为 $h_i=,x_i-x_{i-1}$.

单元在区间中分布的疏密程度或单元的大小，可根据问题的物理性质来决定，一般来说，在物理量变化剧烈的地方，单元要相对小一些，排列要密一些.

3. 确定单元基函数

有限元方法与 Ritz-Galerkin 方法的主要区别之一，就在于有限元方法中的基函数是在单元中选取的. 由于各个单元具有规则的几何形状，而且可以不考虑边界条件的影响，因此在单元中选取基函数可遵循一定的法则. 此处选择基函数的方法是分段低次插值法.

设 V_h 为 H_E^1 的有限维子空间，它的元素为 $u_h(x)$. 要构造 V_h，只需构造单元基函数 φ_i. 构造单元基函数应遵循如下原则：

(1) 每个单元中的基函数的个数和单元中的节点数相同，每个节点分别对应一个基函数，本例中，单元 e_i 有两个节点，因此基函数有两个.

(2) 基函数 φ_j 应具有性质

$$\varphi_j(x_k)=\delta_{jk}=\begin{cases}1 & 当\ j=k\\ 0 & 当\ j\neq k\end{cases},$$

其中，x_k 是单元节点序号为 k 的节点.

若取 $\varphi_i(x)$为线性函数，则按上述原则，可将 V_h 中的基函数取为

$$\varphi_i(x)=\begin{cases}\dfrac{x-x_{i-1}}{h_i} & 当\ x_{i-1}\leqslant x\leqslant x_i,\\[2mm] \dfrac{x_{i+1}-x}{h_{i=1}} & 当\ x_i\leqslant x\leqslant x_{i+1}\\[2mm] 0 & 其他\end{cases},\quad i=1,2,\cdots,n-1,$$

$$\varphi_n(x)=\begin{cases}\dfrac{x-x_{n-1}}{h_n} & 当\ x_{n-1}\leqslant x\leqslant x_n,\\[2mm] 0 & 其他\end{cases}.$$

显然，V_h 中任一函数 u_h 可以表示为基函数$\{\varphi_i(x)\}$的线性组合，即

$$u_h=u_1\varphi_1(x)+u_2\varphi_2(x)+\cdots+u_n\varphi_n(x),$$

其中，$u_1,u_2,\cdots,u_n$ 是 u_h 在节点上的值，即 $u_h(x_i)=u_i(i=1,2,\cdots,n)$，在单元 e_i 上，$u_h(x)$表示为

$$u_h(x)=u_{i-1}\varphi_{i-1}(x)+u_i\varphi_i(x)=u_{i-1}\frac{x_i-x}{h_i}+u_i\frac{x-x_{i-1}}{h_i},$$

可见，单元中的近似函数由单元基函数线性组合产生，全区域的近似函数由各个单元的近似函数叠加而成.

从以上可以看出，V_h 是满足下列条件的所有函数 u_h 的集合：

(1) u_h 在$[a,b]$上连续，且 $u_h, u_h' \in L_2[a,b]$；

(2) u_h 在 $e_i(i=1,2,\cdots,n)$上是次数不超过 1 的多项式；

(3) $u_h(a)=0$.

故 V_h 是 H_E^1 的一个 n 维子空间，称为试探函数空间，$u_h\in V_h$ 称为试探函数.

4. 有限元方程的形成

与 Ritz 法一样，以 V_h 代替 H_E^1，在 V_h 上解泛函的极小问题. 将插值形式代数泛函形式，得

$$\begin{aligned}J(u_h)&=\frac{1}{2}a(u_h,u_h)-(f,u_h)\\&=\frac{1}{2}\sum_{i,j=1}^{n}a(\varphi_i,\varphi_j)u_iu_j-\sum_{j=1}^{n}u_j(f,\varphi_j),\end{aligned}$$

令

$$\frac{\partial J(u_h)}{\partial u_j}=0,$$

便得到确定 $u_1,u_2,\cdots,u_n$ 的线性代数方程组

$$\sum_{i=1}^{n}a(\varphi_i,\varphi_j)u_i=(f,\varphi_j),\quad j=1,2,\cdots,n.$$

显然，只要分别算出 $a(\varphi_i,\varphi_j)$及$(f,\varphi_j)(i,j=1,2,\cdots,n)$，就可以求解以上的线性代数方程组. 但在工程计算中，并不是按照上述步骤形成有限元方程的，而是首先建立单元有限元特征式（称这一过程为单元分析），然后再将单元的有限元特征式进行累加，合成为总体有限元方程（这一过程称为总体合成）.

下面分步分析具体的计算方法.

(1) 单元分析. 注意到

$$\begin{aligned}J(u_h)&=\frac{1}{2}\int_a^b(pu'^2_h+qu_h^2-2fu_h)\mathrm{d}x\\&=\frac{1}{2}\sum_{i=1}^{n}\int_{x_{i-1}}^{x_i}(pu'^2_h+qu_h^2)\mathrm{d}x-\sum_{i=1}^{n}fu_h\mathrm{d}x.\end{aligned}$$

我们来计算单元 e_i 上的积分. 为讨论方便，作变换

$$\xi=\frac{x-x_{i-1}}{h_i},$$

并引入记号

$$N_0(\xi)=1-\xi,\quad N_1(\xi)=\xi,$$

则在 e_i 上，u_h 可写成

$$u_h(x)=N_0(\xi)u_{i-1}+N_1(\xi)u_i,$$
$$=(N_0,N_1)\begin{bmatrix}u_{i-1}\\u_i\end{bmatrix},$$

或写成
$$\boldsymbol{u}_h=\boldsymbol{N}\boldsymbol{u}^{(i)}$$
其中，$\boldsymbol{N}=(N_0,N_1)$，$\boldsymbol{u}^{(i)}=(u_{i-1},u_i)^{\mathrm{T}}$. 而 u_h' 可表为

$$u_h'(x)=\frac{1}{h_i}(u_i-u_{i-1})=Mu^{(i)},$$

其中，$M=(-1/h_i,1/h_i)$. 于是

$$\begin{aligned}&\int_{x_{i-1}}^{x_i}[p\boldsymbol{u}'^2_h+q\boldsymbol{u}^2_h]\mathrm{d}x\\&=\int_{x_{i-1}}^{x_i}[p(\boldsymbol{u}'_h)^{\mathrm{T}}(\boldsymbol{u}'_h)+q(\boldsymbol{u}_h)^{\mathrm{T}}(\boldsymbol{u}_h)]\mathrm{d}x\\&=\int_0^1 h_i[p(\boldsymbol{M}\boldsymbol{u}^{(i)})^{\mathrm{T}}(\boldsymbol{M}\boldsymbol{u}^{(i)})+q(\boldsymbol{N}\boldsymbol{u}^{(i)})^{\mathrm{T}}(\boldsymbol{N}\boldsymbol{u}^{(i)})]\mathrm{d}\xi\\&=(\boldsymbol{u}^{(i)})^{\mathrm{T}}\left[h\int_0^1(p\boldsymbol{M}^{\mathrm{T}}\boldsymbol{M}+q\boldsymbol{N}^{\mathrm{T}}\boldsymbol{N})\mathrm{d}\xi\right]\boldsymbol{u}^{(i)}\\&=(\boldsymbol{u}^{(i)})^{\mathrm{T}}\boldsymbol{K}^{(i)}\boldsymbol{u}^{(i)},\end{aligned}$$

这里
$$\begin{aligned}\boldsymbol{K}^{(i)}&=h_i\int_0^1(p\boldsymbol{M}^{\mathrm{T}}\boldsymbol{M}+q\boldsymbol{N}^{\mathrm{T}}\boldsymbol{N})\mathrm{d}\xi\\&=\begin{bmatrix}a_{i-1,i-1}^{(i)}&a_{i-1,i}^{(i)}\\a_{i,i-1}^{(i)}&a_{ii}^{(i)}\end{bmatrix}\end{aligned}$$

称为单元刚度矩阵，其中

$$\begin{cases}a_{i-1,i-1}^{(i)}=\int_0^1[h_i^{-1}p(x_{i-1}+h_i\xi)+h_iq(x_{i-1}+h_i\xi)(1-\xi)^2]\mathrm{d}\xi\\a_{ii}^{(i)}=\int_0^1[h_i^{-1}p(x_{i-1}+h_i\xi)+h_iq(x_{i-1}+h_i\xi)\xi^2]\mathrm{d}\xi\\a_{i-1,i}^{(i)}=a_{i,i-1}^{(i)}=\int_0^1[-h_i^{-1}p(x_{i-1}+h_i\xi)+h_iq(x_{i-1}+h_i\xi)\xi(1-\xi)]\mathrm{d}\xi\end{cases},$$

同样
$$\int_{x_{i-1}}^{x_i}fu_h\mathrm{d}x=\int_0^1 h_i(Nu^{(i)})^{\mathrm{T}}f(x_{i-1}+h_i\xi)\mathrm{d}\xi=(u^{(i)})^{\mathrm{T}}F^{(i)},$$

其中，
$$\boldsymbol{F}^{(i)}=(F_{i-1}^{(i)},F_i^{(i)})^{\mathrm{T}},$$
$$\begin{cases}F_{i-1}^{(i)}=h_i\int_0^1 f(x_{i-1}+h_i\xi)(1-\xi)\mathrm{d}\xi\\F_{i-1}^{(i)}=h_i\int_0^1 f(x_{i-1}+h_i\xi)\xi\mathrm{d}\xi\end{cases},$$

称 $\boldsymbol{F}^{(i)}$ 为单元“荷载”向量.

根据以上分析，有

$$J(\boldsymbol{u}_h)=\frac{1}{2}\sum_{i=1}^n(\boldsymbol{u}^{(i)})^{\mathrm{T}}\boldsymbol{K}^{(i)}\boldsymbol{u}^{(i)}-\sum_{i=1}^n(\boldsymbol{u}^{(i)})^{\mathrm{T}}\boldsymbol{F}^{(i)}.$$

这样，就得到了单元有限元特征式的一般表示形式

$$\boldsymbol{K}^{(i)}\boldsymbol{u}^{(i)}=\boldsymbol{F}^{(i)}.$$

(2) 总体合成.

总体合成就是将单元的有限元特征式进行累加，合成为总体有限元方程.这一过程实际上是将单元有限元特征式中的系数矩阵逐个累加，合成为总体系数矩阵(称为总刚度矩阵)；同时将右端单元荷载向量逐个累加，合成为总荷载向量，从而得到关于 $u_1,u_2,\cdots,u_n$ 的线性代数方程组.

为了形成总刚度矩阵，令

$$\boldsymbol{u}=(u_1,u_2,\cdots,u_n)^{\mathrm{T}},$$

$$\boldsymbol{B}^{(i)}=\begin{bmatrix}0 & \cdots & 0 & 1 & 0 & \cdots & 0\\ 0 & \cdots & 0 & 0 & 1 & \cdots & 0\end{bmatrix}_{2\times n},$$

$$\begin{matrix} i-1 & i\\ 列 & 列\end{matrix}$$

于是

$$\boldsymbol{u}^{(i)}=(u_{i-1},u_i)^{\mathrm{T}}=\boldsymbol{B}^{(i)}\boldsymbol{u},$$

从而第一个和式为

$$\begin{aligned}&\frac{1}{2}\sum_{i=1}^{n}(\boldsymbol{u}^{(i)})^{\mathrm{T}}\boldsymbol{K}^{(i)}\boldsymbol{u}^{(i)}\\ =&\frac{1}{2}\sum_{i=1}^{n}\boldsymbol{u}^{\mathrm{T}}[(\boldsymbol{B}^{(i)})^{\mathrm{T}}\boldsymbol{K}^{(i)}\boldsymbol{B}^{(i)}]\boldsymbol{u}\\ =&\frac{1}{2}\boldsymbol{u}^{\mathrm{T}}\boldsymbol{K}\boldsymbol{u},\end{aligned}$$

其中，

$$\begin{aligned}\boldsymbol{K}&=\sum_{i=1}^{n}(\boldsymbol{B}^{(i)})^{\mathrm{T}}\boldsymbol{K}^{(i)}\boldsymbol{B}^{(i)}=\sum_{i=1}^{n}\underline{\boldsymbol{K}}^{(i)}\\ &=\sum_{i=1}^{n}\begin{pmatrix} & \vdots & \vdots & \\ \cdots & a_{i-1,i-1}^{(i)} & a_{i-1,i}^{(i)} & \cdots\\ \cdots & a_{i,i-1}^{(i)} & a_{i,i}^{(i)} & \cdots\\ & \vdots & \vdots & \end{pmatrix}\begin{matrix}\\ 第\,i-1\,行\\ 第\,i\,行\\ \\ \end{matrix},\end{aligned}$$

(未标明的元素均为 0)这就是总刚度矩阵.

对第二个和式，有

$$\sum_{i=1}^{n}(\boldsymbol{u}^{(i)})^{\mathrm{T}}\boldsymbol{F}^{(i)}=\sum_{i=1}^{n}\boldsymbol{u}^{\mathrm{T}}[(\boldsymbol{B}^{(i)})^{\mathrm{T}}\boldsymbol{F}^{(i)}]=\boldsymbol{u}^{\mathrm{T}}\boldsymbol{b},$$

其中，

$$\begin{aligned}\boldsymbol{b}&=\sum_{i=1}^{n}(\boldsymbol{B}^{(i)})^{\mathrm{T}}\boldsymbol{F}^{(i)}=\sum_{i=1}^{n}\underline{\boldsymbol{F}}^{(i)}\\ &=\sum_{i=1}^{n}(0,\cdots,0,\boldsymbol{F}_{i-1}^{(i)},\boldsymbol{F}_{i}^{(i)},0,\cdots,0)^{\mathrm{T}},\end{aligned}$$

这就是总荷载向量.

这样，可以得到

$$J(\boldsymbol{u}_h)=\frac{1}{2}\boldsymbol{u}^{\mathrm{T}}\boldsymbol{K}\boldsymbol{u}-\boldsymbol{u}^{\mathrm{T}}\boldsymbol{b}.$$

因此，有限元方程为

$$\boldsymbol{K}\boldsymbol{u}=\boldsymbol{b}.$$

从总刚度矩阵和总荷载向量的形成过程可以看出，$\boldsymbol{K}$ 的计算，实际上是把 $\boldsymbol{K}^{(i)}$ 中四个元素在适当的位置上“对号入座”地迭加，$\boldsymbol{b}$ 的计算也是如此. 引入 $\boldsymbol{B}^{(i)}$ 只是为了叙述方便，实际上，在编写程序时并不需要.

显然，方程组的系数矩阵 $\boldsymbol{K}$ 是一个对称正定的对角矩阵，因此可采用追赶法求出 $\boldsymbol{u}$ 在节点上的近似值 $u_1,u_2,\cdots,u_n$. 如果认为这个近似解不够精确，则可以使剖分更细，即节点取得更多. 这样，就产生一个收敛性与误差估计的问题. 由于此问题所用的数学工具较多，本课程不做讨论. 以上是在单元剖分的基础上，利用 Lagrange 型的分段线性插值函数构造出的 n 维子空间 V_h，这样自然想到，如果不采用分段的线性插值，而采用分段的高次插值，则会得到更好的近似.

注 1：当第一边值条件非齐次时，例如，$u(a)=\alpha$，则需像其他单元一样形成 $\boldsymbol{e}_1=[x_0,x_1]$上的单元刚度矩阵. 但形成总刚度矩阵 $\boldsymbol{K}$ 时，先把 $u_0=a$ 当作未知量，$\boldsymbol{K}$ 扩大成$(n+1)\times(n+1)$矩阵，然后去掉第一行(或者一开始就不计算第一行)，把第一列的第 j 行元素 a_{j0} 乘以$(-u_0)=(-\alpha)$，累加到第 j 个方程的右端后，再去掉第一列. 最后依然归结到有限元方程 $\boldsymbol{K}\boldsymbol{u}=\boldsymbol{b}$，只不过右端向量第一边值作了修改.

注 2：若第二边值条件(右边值条件)非齐次，例如 $u'(b)=\beta$，则需从下列泛函出发：

$$J(u)=\frac{1}{2}\int_a^b[pu'^2+qu^2-2fu]\mathrm{d}x-\beta p(b)u_n.$$

它只是比齐次边值多了第二项. 由于第二项只含有 u_n 的一次项，因此从上述泛函出发所形成的有限元方程不影响总刚度矩阵，唯一的改变量是第 n 个方程的右端要累加 $\beta p(b)$.

注 3：对于第三边值条件

$$u'(b)+\alpha u(b)=\beta,$$

则不但要修改第 n 个方程的右端，而且总刚度矩阵的第 n 行 n 列元素也要作适当的修改. 有兴趣的读者可以自行推导.

8.6.2　从 Galerkin 法出发

从 Galerkin 法出发形成有限元方程的过程与前面完全一样，得到的结果也是一致的. 但是，从 Galerkin 法出发形成的有限元方程更具一般性，它不仅适用于对称正定的算子方程，而且适用于非对称正定的算子方程. 下面对这一问题进行简单陈述.

此时，与边值问题等价的 Galerkin 形式的变分问题是：求 $u\in H_E^1$，使得

$$a(u,v)-(f,v)=0,\quad \forall v\in H_E^1.$$

仍用分段线性函数构成的试探函数空间 V_h 代替 H_E^1，由于分段线性插值函数是 V_h 的一组基，和前面一样的方法，把

$$u_h = \sum_{i=1}^{n} u_i\varphi_i(x), v_h = \sum_{i=1}^{n} v_i\varphi_i(x)$$

代入便得到 $u_1, u_2, \cdots, u_n$ 所满足的代数方程组

$$\sum_{i=1}^{n} a(\varphi_i, \varphi_j)u_i = (f, \varphi_j), \quad j = 1,2,\cdots,n.$$

容易看出，方程组的系数矩阵就是总刚度矩阵. 在总刚度矩阵形成的过程中，注意到

$$\sum_{i=1}^{n} (\boldsymbol{v}^{(i)})^{\mathrm{T}}\boldsymbol{K}^{(i)}\boldsymbol{u}^{(i)} = \sum_{i=1}^{n} (\boldsymbol{v}^{(i)})^{\mathrm{T}}\boldsymbol{F}^{(i)},$$

而
$$\boldsymbol{u}^{(i)} = \boldsymbol{B}^{(i)}\boldsymbol{u}, \quad \boldsymbol{v}^{(i)} = \boldsymbol{B}^{(i)}\boldsymbol{v},$$

从而有
$$\sum_{i=1}^{n} \boldsymbol{v}[(\boldsymbol{B}^{(i)})^{\mathrm{T}}\boldsymbol{K}^{(i)}\boldsymbol{B}^{(i)}]\boldsymbol{u} = \sum_{i=1}^{n} \boldsymbol{v}[(\boldsymbol{B}^{(i)})^{\mathrm{T}}\boldsymbol{F}^{(i)}],$$

即
$$v[\boldsymbol{Ku}-\boldsymbol{b}]=0, \quad \forall v_h \in V_h,$$

故有
$$\boldsymbol{Ku}=\boldsymbol{b},$$

这就是有限元方程.

由上述看出，按 Galerkin 法推导有限元方程更加直接方便. 尤其重要的是. 按这一观点推导的有限元方程，不仅适用于稳定问题，而且适用于非稳定的问题，因此它具有广泛的适用性.

例 8.4 用有限元方法解边值问题

$$\begin{cases} -\dfrac{\mathrm{d}^2 u}{\mathrm{d}x^2}+u=x, & 0<x<1 \\ u(0)=u(1)=0 \end{cases},$$

将区间〔0,1〕等分成四个单元.

解：只需构造出单元刚度矩阵和单元荷载向量，然后合成为总刚度矩阵和总荷载向量.

若将 $p(x), q(x), f(x)$ 取成单元$[x_{i-1}, x_i]$上的中点值 p_i, q_i, f_i，则不难得到

$$\boldsymbol{K}^{(i)} = \begin{bmatrix} a_{i-1,i-1}^{(i)} & a_{i-1,i}^{(i)} \\ a_{i,i-1}^{(i)} & a_{i,i}^{(i)} \end{bmatrix} = \frac{p_i}{h_i}\begin{bmatrix} 1 & -1 \\ -1 & 1 \end{bmatrix} + \frac{q_i h_i}{6}\begin{bmatrix} 2 & 1 \\ 1 & 2 \end{bmatrix},$$

$$\boldsymbol{F}^{(i)} = [F_{i-1}^{(i)}, F_i^{(i)}]^{\mathrm{T}} = \frac{h_i}{2} f_i (1,1)^{\mathrm{T}},$$

其中，$h_i=1/4, x_i=1/4$，单元$[x_{i-1}, x_i]$的中点为$(x_{i-1}+x_i)/2=(2i-1)/8, p=1, q=1, f(x)=x$. 于是

$$\boldsymbol{K}^{(i)} = 4\begin{bmatrix} 1 & -1 \\ -1 & 1 \end{bmatrix} + \frac{1}{6\times 4}\begin{bmatrix} 2 & 1 \\ 1 & 2 \end{bmatrix} = \frac{1}{24}\begin{bmatrix} 98 & -95 \\ -95 & 98 \end{bmatrix},$$

$$\boldsymbol{F}^{(i)} = \frac{1}{2\times 4} \cdot \frac{2i-1}{8}\begin{bmatrix} 1 \\ 1 \end{bmatrix} = \frac{1}{64}\begin{bmatrix} 2i-1 \\ 2i-1 \end{bmatrix}.$$

如果把单元刚度矩阵 $\boldsymbol{K}^{(i)}$ 和单元荷载向量 $\boldsymbol{F}^{(i)}$“扩大”，便得到 $\underline{\boldsymbol{K}}^{(i)}$ 和 $\underline{\boldsymbol{F}}^{(i)}$ 为

$$\underline{\boldsymbol{K}}^{(1)}=\frac{1}{24}\begin{bmatrix}98 & -95 & & & \\ -95 & 98 & & & \\ & & 0 & & \\ & & & 0 & \\ & & & & 0\end{bmatrix},$$

$$\underline{\boldsymbol{K}}^{(2)}=\frac{1}{24}\begin{bmatrix}0 & & & & \\ & 98 & -95 & & \\ & -95 & 98 & & \\ & & & 0 & \\ & & & & 0\end{bmatrix},$$

类似地,可写出 $\underline{\boldsymbol{K}}^{(3)}$ 和 $\underline{\boldsymbol{K}}^{(4)}$.

$$\underline{\boldsymbol{F}}^{(1)}=\frac{1}{64}\begin{bmatrix}1\\1\\0\\0\\0\end{bmatrix},\quad \underline{\boldsymbol{F}}^{(2)}=\frac{1}{64}\begin{bmatrix}0\\3\\3\\0\\0\end{bmatrix},$$

$$\underline{\boldsymbol{F}}^{(3)}=\frac{1}{64}\begin{bmatrix}0\\0\\5\\5\\0\end{bmatrix},\quad \underline{\boldsymbol{F}}^{(1)}=\frac{1}{64}\begin{bmatrix}0\\0\\0\\7\\7\end{bmatrix}.$$

然后进行迭加,便得到总刚度矩阵和总荷载向量:

$$\boldsymbol{K}=\sum_{i=1}^{4}\underline{\boldsymbol{K}}^{(i)}=\frac{1}{24}\begin{bmatrix}98 & -95 & & & \\ -95 & 98+98 & -95 & & \\ & -95 & 98+98 & -95 & \\ & & -95 & 98+98 & -95 \\ & & & -95 & 98\end{bmatrix}$$

$$=\frac{1}{24}\begin{bmatrix}98 & -95 & & & \\ -95 & 196 & -95 & & \\ & -95 & 196 & -95 & \\ & & -95 & 196 & -95 \\ & & & -95 & 98\end{bmatrix},$$

$$\boldsymbol{F}=\sum_{i=1}^{4}\underline{\boldsymbol{F}}^{(i)}=\frac{1}{64}\begin{bmatrix}1\\1+3\\3+5\\5+7\\7\end{bmatrix}=\frac{1}{64}\begin{bmatrix}1\\4\\8\\12\\7\end{bmatrix}.$$

最后，考虑到约束条件 $u(0)=0, u(1)=0$，即令 $u_0=0, u_4=0$，并在 $\boldsymbol{K}$ 中划去首末两行和首末两列，$\boldsymbol{F}$ 中划去首末两行，便得到如下线性代数方程组：

$$\begin{bmatrix} 196 & -95 & \\ -95 & 196 & -95 \\ & -95 & 196 \end{bmatrix}\begin{bmatrix} u_1 \\ u_2 \\ u_3 \end{bmatrix}=\frac{3}{2}\begin{bmatrix} 1 \\ 2 \\ 3 \end{bmatrix},$$

解得
$$u_1\approx 0.035\,21,\quad u_2\approx 0.056\,86,\quad u_3\approx 0.050\,52.$$

回代到分段线性插值中就得到微分方程的有限元解.

对于偏微分方程有限元方法的理论和方法步骤，读者可以参考有限元方法的专门教材，本书不再介绍.

习 题 8

1. 利用 $L_2(I)$ 的完备性证明 $H^1(I)$ 是完备的内积空间，其中 $I=[a,b]$.

2. 对于定解问题：$\begin{cases} -\dfrac{d^2u}{dx^2}=1, & 0<x<1, \\ u(0)=0, & u'(1)=0 \end{cases}$，

找出其准确解 $u^*(x)$，求出对应的 $J(u^*)$ 之值. 另外任选满足边界条件的光滑函数 $u(x)$，验证 $J(u^*)<J(u)$.

3. 对微分方程定解问题：$\begin{cases} -\dfrac{d}{dx}\left[p(x)\dfrac{du}{dx}\right]+qu=f, & a<x<b \\ u(a)=0, & u(b)=0 \end{cases}$，式中，$p\geqslant p_0>0, q\geqslant 0$，列出对应的 Ritz 形式及 Galerkin 形式的变分问题，叙述并证明它们之间的关系.

4. 证明非齐次两点边值问题 $\begin{cases} Lu=-\dfrac{d}{dx}\left(p\dfrac{du}{dx}\right)+qu=f, & a<x<b \\ u(a)=\alpha, & u'(b)=\beta \end{cases}$，与下列变分问题等价：求 $u^*\in H^1, u^*(a)=\alpha$，使 $J(u^*)=\min\limits_{\substack{u\in H^1 \\ u(a)=\alpha}} J(u)$，式中，$J(u)=\dfrac{1}{2}a(u,u)-((f,u)+p(b)\beta u(b))$，而 $a(u,v)=\displaystyle\int\left(p\frac{du}{dx}\frac{dv}{dx}+quv\right)dx$.

5. 对二维的微分方程定解问题

$$\begin{cases} -\Delta u=f, & (x,y)\in G \\ u|_{\partial G}=0 \end{cases},$$

式中，$f(x,y)\in C^0(G)$，列出对应的 Ritz 形式及 Galerkin 形式的变分问题，叙述并证明它们之间的等价关系.

6. 用 Ritz-Galerkin 方法求边值问题 $\begin{cases} -\dfrac{d^2u}{dx^2}=x^2, & 0<x<1 \\ u(0)=0, & u(1)=0 \end{cases}$ 的近似解. 取试探函数：①$c_1x(1-x)$；②$x(1-x)(c_1+c_2x)$；③$x(1-x)(c_1+c_2x+c_3x^2)$.

第9章　参数估计与假设检验

数理统计是利用样本对总体进行推断的方法，总体则可视为随机变量，因而即是对总体随机变量的分布进行推断.若对总体分布一无所知，则只能采用非参数统计方法，如经验分布方法、核方法等.若对总体的分布类型有所了解，只是分布中的参数未知时，可采用参数统计方法，其中包括参数估计和假设检验两种最重要的方法.参数估计是对总体分布中的参数取值或取值范围进行估计，包括点估计与区间估计，而假设检验则是先对总体的分布做出假设，然后根据样本信息判定是否支持该假设的方法.

实例1　工艺流程的检测.

某公司是一家为客户提供抽样和统计程序方面建议的咨询公司，这些建议可以用来监控客户的制造工艺流程.在一个应用项目中，一名客户向该公司提供了一个样本，该样本由工艺流程正常运行时的800个观测值组成.这些数据的样本标准差为0.21，因为有如此多的样本数据，因此，总体标准差被假设为0.21.然后，该公司建议：持续不断地定期抽取容量为30的随机样本以对工艺流程进行检测.

通过对这些新样本的分析，客户可以迅速知道工艺流程的运行状况是否令人满意.当工艺流程的运行状况不能令人满意时，可以采取纠正措施来解决这个问题.设计规格要求工艺流程的均值为12，该公司建议采用如下形式的假设检验.

$$H_0:\mu=12,\quad H_1:\mu\neq 12.$$

只要 H_0 被拒绝，就应采取纠正措施.

表9.1为第一天运行新的工艺流程的统计控制程序时，每隔1 h收集的样本数据.

表　9.1

样本一	样本二	样本三	样本四
11.55	11.62	11.91	12.02
11.62	11.69	11.36	12.02
11.52	11.59	11.75	12.05
11.75	11.82	11.95	12.18
11.90	11.97	12.14	12.11
11.64	11.71	11.72	12.07
11.80	11.87	11.61	12.05
12.03	12.10	11.85	11.64
11.94	12.01	12.16	12.39
11.92	11.99	11.91	11.65
12.13	12.20	12.12	12.11

续表

样本一	样本二	样本三	样本四
12.09	12.16	11.61	11.90
11.93	12.00	12.21	12.22
12.21	12.28	11.56	11.88
12.32	12.39	11.95	12.03
11.93	12.00	12.01	12.35
11.85	11.92	12.06	12.09
11.76	11.83	11.76	11.77
12.16	12.23	11.82	12.20
11.77	11.84	12.12	11.79
12.00	12.07	11.60	12.30
12.04	12.11	11.95	12.27
11.98	12.05	11.96	12.29
12.30	12.37	12.22	12.47
12.18	12.25	11.75	12.03
11.97	12.04	11.96	12.17
12.17	12.24	11.95	11.94
11.85	11.92	11.89	11.97
12.30	12.37	11.88	12.23
12.15	12.22	11.93	12.25

问题：

(1) 对每个样本在 0.01 的显著性水平下进行假设检验，并且确定，如果需要，应该采取怎样的措施？给出每一检验的统计量和 P 值. $Z_{0.005}=2.58$.

(2) 计算每一个样本的标准差，总体标准差为 0.21 的假设检验合理吗？

(3) 在 $\mu=12$ 附近，计算样本均值的范围.

9.1 参数估计方法

9.1.1 点估计

点估计就是依据一定的原理对总体分布中的参数的取值作出一个估计，常用的方法有矩估计与极大似然估计.

1. 矩法估计

设总体为 X，它的一个简单随机样本为$(X_1,X_2,\cdots,X_n)$，由大数定律，当 n 充分大时，有 $\frac{1}{n}\sum_{i=1}^{n}X_i^k \xrightarrow{p} E(X^k)$. 由于 $E(X^k)$中含有分布中的参数，利用这种关系，可令 $\frac{1}{n}\sum_{i=1}^{n}X_i^k=$

$E(X^k),k=1,2,3,\cdots$，即样本的 K 阶矩等于总体的 K 阶矩，这样就可得到参数的估计量. 这种估计量称为矩法估计量.

2. 极大似然估计

极大似然估计采用的是小概率原理. 设总体为 X，它的一个简单随机样本为$(X_1,X_2,\cdots,X_n)$，其一次观测值为$(x_1,x_2,\cdots,x_n)$. 当总体为离散型时，事件$(X_1=x_1,X_2=x_2,\cdots,X_n=x_n)$在此次观测中发生了，由小概率原理，这个事件的概率不会很小，而 $P(X_1=x_1,X_2=x_2,\cdots,X_n=x_n)$是依赖于分布中的参数的，因此，可选取参数的值，使得此概率达到最大，这就是极大似然估计. 称

$$L(x_1,x_2,\cdots,x_n;\theta)=P\{X_1=x_1,X_2=x_2,\cdots,X_n=x_n\} \tag{9.1}$$

为似然函数，称

$$l(x_1,x_2,\cdots,x_n;\theta)=\ln L(x_1,x_2,\cdots,x_n;\theta) \tag{9.2}$$

为对数似然函数，称满足

$$L(x_1,x_2,\cdots,x_n;\hat{\theta})=\max_{\theta\in\Theta}L(x_1,x_2,\cdots,x_n;\theta) \tag{9.3}$$

的 $\hat{\theta}$ 为 θ 的极大似然估计值，记为 $\hat{\theta}(x_1,x_2,\cdots,x_n)$，其中，$\Theta$ 为参数 θ 的取值范围，称为参数空间. 称 $\hat{\theta}(X_1,X_2,\cdots X_n)$为极大似然估计量.

如果总体 X 为连续型随机变量，那么概率 $P\{X_1=x_1,X_2=x_2,\cdots,X_n=x_n\}$恒等于 0，谈不上极值. 因此不能采用上面的方法. 假设 X 的密度函数为 $f(x,\theta)$，θ 为未知参数，考虑事件

$$\{x_1\leqslant X_1<x_1+\Delta x_1,x_2\leqslant X_2<x_2+\Delta x_2,\cdots x_n\leqslant X_n<x_n+\Delta x_n\},$$

其中，$\Delta x_1,\Delta x_2,\cdots,\Delta x_n$ 为较小的正数. 如果$(x_1,x_2,\cdots,x_n)$为一次试验观测值，则上面事件在一次试验中发生了. 它的概率

$$\begin{aligned}
&P\{x_1\leqslant X_1<x_1+\Delta x_1,x_2\leqslant X_2<x_2+\Delta x_2,\cdots,x_n\leqslant X_n<x_n+\Delta x_n\}\\
=&\prod_{i=1}^{n}P\{x_i\leqslant X_i<x_i+\Delta x_i\}\\
\approx&\prod_{i=1}^{n}f(x_i,\theta)\Delta x_i=\Big[\prod_{i=1}^{n}f(x_i,\theta)\Big]\Delta x_1\Delta x_2\cdots\Delta x_n
\end{aligned}$$

应尽可能地大，即 $\prod\limits_{i=1}^{n}f(x_i,\theta)$ 尽可能地大，因此，令

$$L(x_1,x_2,\cdots,x_n;\theta)=\prod_{i=1}^{n}f(x_i,\theta) \tag{9.4}$$

为似然函数.

例 9.1　设$(X_1,X_2,\cdots,X_n)$为总体 X 的样本，如果 X 具有密度函数

$$f(x;\theta)=\frac{1}{2\theta}\mathrm{e}^{-\frac{|x|}{\theta}},$$

试分别求密度函数中未知参数的矩法估计量和极大似然估计量.

解:矩法.

由于 $E(X)=0$ 与参数 θ 无关,$E(X^2)=2\theta^2$,故令 $A_2=\frac{1}{n}\sum_{i=1}^{n}X_i^{\ 2}=2\theta^2$,得到 $\hat{\theta}=\sqrt{\frac{A_2}{2}}$. 而通常采用下面的方法:

可认为$(|X_1|,|X_2|,\cdots,|X_n|)$为$|X|$的一个样本,而 $E(|X|)=\theta$,故由矩法,令

$$\frac{1}{n}\sum_{i=1}^{n}|X_i|=E(|X|),$$

得到 $\hat{\theta}=\frac{1}{n}\sum_{i=1}^{n}|X_i|$.

极大似然估计:似然函数

$$\begin{aligned}&L(x_1,x_2,\cdots,x_n;\theta)\\&=\prod_{i=1}^{n}f(x_i,\theta)=\prod_{i=1}^{n}\frac{1}{2\theta}e^{-\frac{|x_i|}{\theta}}\\&=\left(\frac{1}{2\theta}\right)^n\exp\left(-\frac{1}{\theta}\sum_{i=1}^{n}|x_i|\right),\end{aligned}$$

对数似然函数为

$$l(x_1,x_2,\cdots,x_n;\theta)=-n\ln(2\theta)-\frac{1}{\theta}\sum_{i=1}^{n}|x_i|.$$

令 $\frac{\partial l}{\partial\theta}=-\frac{n}{\theta}+\frac{1}{\theta^2}\sum_{i=1}^{n}|x_i|=0$,可得到 $\hat{\theta}=\frac{1}{n}\sum_{i=1}^{n}|X_i|$.

9.1.2 区间估计

参数的区间估计就是对参数取值的范围作出估计.

定义 设总体 X 的分布中含有未知参数 θ,α 是任意给定的正数$(0<\alpha<1)$,若能从样本出发确定出两个统计量 $\hat{\theta}_1=\hat{\theta}_1(X_1,X_2,\cdots,X_n)$,$\hat{\theta}_2=\hat{\theta}_2(X_1,X_2,\cdots,X_n)$,使得

$$P\{\hat{\theta}_1<\theta<\hat{\theta}_2\}=1-\alpha, \tag{9.5}$$

则称 $1-\alpha$ 为**置信度**或**置信概率**,区间$(\hat{\theta}_1,\hat{\theta}_2)$为参数 θ 的置信度为 $1-\alpha$ 的**置信区间**,而分别称 $\hat{\theta}_1$,$\hat{\theta}_2$ 为 θ 的**置信下限**和**置信上限**.

注:确定置信下限和置信上限,还是要从点估计出发,利用估计量的分布来确定. 区间估计的一般步骤如下:

(1) 选取一个合适的随机变量 T,这个随机变量包含了待估参数 θ,而且它的分布是已知的;

(2) 根据实际需要,选取合适的置信度 $1-\alpha$;

(3) 根据相应分布的分位数概念,写出如下形式的概率表达式

$$P\{T_1<T<T_2\}=1-\alpha;$$

(4) 将上式表达式变形为 $P\{\hat{\theta}_1<\theta<\hat{\theta}_2\}=1-\alpha$；

(5)写出参数 θ 的置信区间$(\hat{\theta}_1,\hat{\theta}_2)$.

例 9.2　假定一批电子元件的寿命分布为指数分布 $E(\lambda)$. 现从中抽取容量为 10 的一个样本，并检测样本的寿命(h)分别为

1 980	2 800	3 060	4 500	2 760	3 270	1 560	0	3 200	1 940

根据这些数据来求这批电子元件的失效率 λ 的 90%的置信区间.

解：由点估计可得 $\hat{\lambda}=\frac{1}{\overline{X}}$. 而它的分布很难求得. 但可以考虑与之相关的随机变量

$$\chi^2=\frac{2n\lambda}{\hat{\lambda}}=2n\lambda\overline{X},$$

由概率论方法可求得 $\chi^2\sim\chi^2(2n)$. 利用这个结果，对给定的置信度 $1-\alpha$，由

$$P\{\chi^2_{1-\alpha/2}(2n)<\chi^2<\chi^2_{\alpha/2}\}=1-\alpha,$$

得到 λ 的 $1-\alpha$ 的置信区间为

$$\left(\frac{1}{2n\overline{X}}\chi^2_{1-\alpha/2}(2n),\frac{1}{2n\overline{X}}\chi^2_{\alpha/2}(2n)\right).$$

本例中，$n=10$，$\bar{x}=2\ 507$，$\hat{\lambda}=\frac{1}{\bar{x}}=0.000\ 399$，$\alpha=0.10$，查表得

$$\chi^2_{0.95}(20)=9.237,\quad \chi^2_{0.05}(20)=31.41,$$

这样就得到 λ 的 90%的置信区间为

$$\left(\frac{0.000\ 399}{20}\times 9.237,\frac{0.000\ 399}{20}\times 31.41\right),$$

即(0.000 184，0.000 627).

9.2　假设检验

9.2.1　参数假设检验

例 9.3　某工厂制造的产品，从过去较长一段时间的生产情况来看，其不合格率不超过 0.01. 某天开工后，随机抽取了 100 件产品进行检验，发现其中 2 件是不合格的. 问生产过程是否正常？

可以算得，不合格品出现的频率为 0.02. 我们当然不能强求当频率正好等于或者小于 0.01时才认为生产过程是正常的，这是由于不可能对所有生产的产品进行检验，因此即使生产过程正常，不合格率不超过 0.01，在随机抽样检验中，不合格品出现的频率也有可能比 0.01 大，那么，应该怎样根据样本来判断生产过程是正常还是不正常呢？类似这样的问题就是假设

检验问题.那一天生产出来的一批产品就是这一问题的总体.如果记 $X=1$ 表示生产出来的产品为不合格品;$X=0$ 表示生产出来的产品为合格品,并且有 $P\{X=1\}=p$,$P\{X=0\}=1-p$.这里参数 p 为不合格率.那么生产过程正常等价于总体的分布为 0—1 分布,参数 $p\leqslant 0.01$;生产过程不正常等价于总体的分布为 0—1 分布,参数 $p>0.01$.关于生产过程是否正常的两种假设就转化为并于总体分布的两种假设.今后,把任意一个关于总体分布的假设称为统计假设,简称假设.在上述问题中,我们提出了两种假设:一个称为原假设或者零假设,假设生产过程正常,不合格率没有超过 0.01,记为 $H_0:p\leqslant 0.01$;另一个称为备择假设或者对立假设,假设生产过程不正常,不合格率超过 0.01,记为 $H_1:p>0.01$.则上述假设检验问题可表示为

$$H_0:p\leqslant 0.01,\quad H_1:p>0.01.$$

原假设 H_0 与备择假设 H_1 应互相排斥,原假设 H_0 可能是正确的,这蕴含着备择假设 H_1 是不正确的;原假设 H_0 也可能是不正确的,这蕴含着备择假设 H_1 是正确的.所谓假设检验问题,就是要判断原假设是否正确,也就是要做出一个决定,是接受还是拒绝原假设.

如何做出选择,需要从总体中抽取样本 $(X_1,X_2,\cdots,X_n)$,然后根据样本的观测值 $(x_1,x_2,\cdots,x_n)$ 做出决定.这就需要给出一个规则,此规则告诉我们,在有了样本观测值后,可以做出是接受还是拒绝原假设 H_0 的判断.我们把这样的规则称为检验.要给出一个有实际使用价值的检验,需要有丰富的统计思想.首先对样本 $(X_1,X_2,\cdots,X_n)$ 进行加工,把样本中包含的关于未知参数的信息集中起来,构造出一个适合于假设检验的统计量 $T=T(X_1,X_2,\cdots,X_n)$.例 9.3 中,我们取 $T=\sum\limits_{i=1}^{n}X_i$,它表示所检验的 100 件产品中不合格品的总数.T 是 p 的充分统计量,服从参数是 100,p 的二项分布.一般说来,在 H_0 为真即生产过程正常时,T 的值应比较小;而在 H_0 不真即生产过程不正常时,T 的值应相对地比较大.因此,可以根据 T 值的大小来制定检验法则.对样本的每个观测值 $(x_1,x_2,\cdots,x_n)$,当统计量 T 的观测值 $t=\sum\limits_{i=1}^{n}x_i$ 较大时就拒绝 H_0,接受 H_1.而当 $t=\sum\limits_{i=1}^{n}x_i$ 较小时就接受 H_0,拒绝 H_1.这就是说,按照规则:当 $t\geqslant c$ 时,拒绝原假设 H_0;当 $t<c$ 时,接受原假设 H_0.其中,c 是一个待定的常数.不同的 c 值表示不同的检验,如何确定 c,需要有熟练的计算技巧和丰富的统计思想,我们称 T 为检验统计量;c 为检验临界值;$T\geqslant c$ 为拒绝域;$T<c$ 为接受域.

每一个检验都会不同程度地犯**两类错误**.上面例子中,原假设 H_0 本来正确,由于样本的随机性,检验统计量的观测值 $t\geqslant c$ 成立,就拒绝 H_0,这时称假设检验过程中犯了第一类错误,也称"弃真错误";原假设 H_0 本来不正确,由于样本的随机性,检验统计量的观测值 $t<c$ 成立,就接受 H_0,这时称假设检验过程中犯了第二类错误,也称"存伪错误".

一个检验的好坏可由犯这两类错误的概率来度量.常把犯第一类错误的概率记为 α,犯第二类错误的概率记为 β.由于它们常依赖于总体中未知参数 θ,故又常记为 $\alpha(\theta)$ 和 $\beta(\theta)$.上面例子中:

$$\alpha(p)=P\Big\{\sum_{i=1}^{100}X_i\geqslant c\,|\,0<p\leqslant 0.01\Big\}=\sum_{j=c}^{100}C_{100}^{j}p^{j}(1-p)^{100-j},\quad 0<p\leqslant 0.01,$$

$$\beta(p)=P\Big\{\sum_{i=1}^{100}X_i<c\,|\,0.01<p<1\Big\}=\sum_{j=0}^{c}C_{100}^{j}p^{j}(1-p)^{100-j},\quad 0.01<p<1.$$

可见，犯两类错误的概率均为参数 p 的函数. 犯第一类错误的概率 $\alpha(p)$ 是 $0<p\leqslant 0.01$ 的函数；犯第二类错误的概率 $\beta(p)$ 是 $0.01<p<1$ 的函数.

由于 $\alpha'(p)>0$，所以在 $0<p\leqslant 0.01$ 时 $\alpha(p)$ 的极大值为 $\alpha(0.01)$. 由此，当 $\alpha(0.01)$ 较小时，整个 $\alpha(p)$ 也就更小了，即原假设 H_0 为真时，犯第一类错误的概率 $\alpha(p)$ 将整个地较小. 又由于 $\beta'(p)<0$，所以，在 $0.01<p<1$ 时，$\beta(p)$ 是 p 的严格减函数，取与 0.01 相邻近的 0.04 作为原假设 H_0 不真时 p 的代表性数值. 在检验的临界值 $c=1,2,3,4,\cdots$ 时，利用 Poisson 分布近似计算得 $\alpha(0.01)$，$\beta(0.04)$ 的值，其值见表 9.2.

表　9.2

c	1	2	3	4	5	6	…
$\alpha(0.01)$	0.632	0.264	0.080	0.019	0.004	0.003	…
$\beta(0.04)$	0.018	0.092	0.147	0.342	0.537	0.690	…

由表 9.2 可以看到，要减少 $0<p\leqslant 0.01$ 时犯第一类错误的概率 $\alpha(p)$，可以取较大的临界值 c，也就缩小了拒绝域，这必然导致在 $0.01<p<1$ 时犯第二类错误的概率 $\beta(p)$ 增大. 相反，要减少 $0.01<p<1$ 时犯第二类错误的概率 $\beta(p)$，可以取较小的临界值 c，也就扩大了拒绝域，这必然导致在 $0<p\leqslant 0.01$ 时犯第一类错误的概率 $\alpha(p)$ 增大. 所以，在样本容量 n 固定时，犯两类错误的概率是相互制约的，无法使得它们同时尽可能地小. 若要同时使犯两类错误的概率都很小，就必须有足够大的样本容量. 在例 9.3 中，增大样本容量意味着从当天生产的产品中要随机地检验更多的产品，被检验的产品越多，就越有把握做出正确的决定. 但随之而来的问题是在人力、物力、时间上付出的代价增加了.

鉴于上述情况，奈曼(Neyman)和皮尔逊(Pearson)提出：首先控制犯第一类错误的概率，即选定一个数 $\alpha(0<\alpha<1)$，使得检验中犯第一类错误的概率不超过 α；然后，在满足这个约束条件的检验中，寻找犯第二类错误的概率尽可能小的检验. 这就是假设检验理论中的奈曼-皮尔逊原则. 寻找犯第二类错误的概率尽可能小的检验，在理论和计算中都并非容易. 为简单起见，在样本容量 n 固定时，着重对犯第一类错误的概率加以控制，适当考虑犯第二类错误的概率的大小.

由于 α 的大小反映了检验犯第一类错误的概率的大小，所以常取 α 为一个较小的正数. 但是 α 定得太小，往往使得犯第二类错误的概率大为增加，这也是不可取的. α 的大小取决于对所讨论的问题的实际背景的了解.

根据奈曼-皮尔逊原则，在原假设 H_0 为真时，我们所做出的错误的决定的概率受到了控制. 这表明，原假设受到保护，不致轻易否定. 所以，在具体问题中，往往把有把握的、不能轻易否定的一个假设作为原假设，而把没有把握的、不能轻易肯定的一个假设作为备择假设. 在例 9.3 中，产品的不合格率没有超过 0.01，是总结以往生产经验而得出的结论，不能轻易否定. 而轻率地认为生产过程不正常，产品的不合格率超过了 0.01，将有可能造成不必要的严重后果. 所以把生产过程正常这一假设作为原假设，而把生产过程不正常这一假设作为备择假设.

称控制犯第一类错误的概率不超过 α 的检验为**显著性检验**，称 α 为**显著性水平**.

显著性检验包括参数显著性检验和非参数显著性检验. 根据统计量 T 的分布类型，显著性检验又分为 U 检验、t 检验、F 检验等.

综上所述,归纳出假设检验的一般步骤如下:

(1) 根据实际问题提出原假设 H_0 和备择假设 H_1;

(2) 确定检验统计量 $T=T(X_1,X_2,\cdots,X_n)$;

(3) 取适当的显著性水平 α,并由显著性水平 α 和统计量 $T=T(X_1,X_2,\cdots,X_n)$ 的分布确定拒绝域 W,使得检验中犯第一类错误的概率的最大值

$$\sup P\{T\in W\mid H_0\text{ 为真}\}$$

尽可能地接近 α,特别在总体为连续型总体时,往往要使它等于 α.

通常情况下,拒绝域有单侧和双侧两种形式:

单侧形式:$W=\{T\leqslant c\}$ 或 $W=\{T\geqslant c\}$;

双侧形式:$W=\{T\leqslant c_1\}\cup\{T\geqslant c_2\}$ 或 $W=\{|T|\geqslant c\}$.

(4) 由样本观测值算得统计量 T 的观测值 t,并与拒绝域中临界值比较,如果观测值落入拒绝域 W,则拒绝原假设 H_0,否则接受原假设 H_0.

我们现在来解答例 9.3.

设这一开工后生产的产品的次品率为 p,作假设

$$H_0:p\leqslant 0.01,\quad H_1:p>0.01.$$

由点估计,$\hat{p}=\dfrac{1}{n}\sum_{i=1}^{n}X_i=\overline{X}$,由于此例中抽取的样本为大样本,选取统计量 $U=\dfrac{\overline{X}-0.01}{S/\sqrt{n}}$,对 $\alpha=0.05$,拒绝域 $W=\{U>Z_{0.05}\}$. 其中,$n=100$,$\overline{X}=0.02$,$S^2=\dfrac{1}{n-1}(\sum X_i^2-n\overline{X}^2)=\dfrac{1}{99}(2-0.04)\approx 0.0196=0.14^2$.

因此,统计量 U 的值为 $u=\dfrac{0.01}{0.14/10}=0.71$,对 $\alpha=0.05$,查表有 $Z_{0.05}=1.645$. 从而,样本观测值未落入拒绝域中,不能拒绝 H_0,即这一批产品的次品率没有超过 1%,可以出厂.

9.2.2 分布假设检验

前面讨论了关于总体分布中的未知参数的假设检验,在这些假设检验中,总体分布的类型是已知的. 然而在许多场合,并不知道总体分布的类型,此时首先需要根据样本提供的信息,通过概率论有关理论推导或有关专业知识、经验等形成对总体 X 的分布类型的猜想、看法,提出假设. 对这种假设的检验称为分布假设检验.

关于总体的分布假设有两种情况:单个分布的假设检验、分布族的假设检验.

1. 单个分布的假设检验

设总体 X 的分布函数为 $F(x)$,对总体的分布作如下假设

$$H_0:F(x)=F_0(x),\quad H_1:F(x)\neq F_0(x). \tag{9.6}$$

其中,$F_0(x)$ 为一个完全已知为分布函数,它不含任何的未知参数. 假设检验的重要步骤是要构造一个检验统计量. 对分布假设检验,如何构造检验统计量呢? 采用不同的统计量,就形成不同的统计方法. 常用的有皮尔逊(K. Pearson)χ^2-检验法和柯尔莫哥洛夫(Kolmogorov)检验法. 我们仅介绍皮尔逊 χ^2-检验法.

设$(X_1,X_2,\cdots,X_n)$为总体 X 的样本，$(x_1,x_2,\cdots,x_n)$为样本观测值.将样本观测值分成 m 组，分组办法（与作直方图分组办法相同）是将包含 $x_1,x_2,\cdots,x_n$ 的区间$[a_0,a_m]$分成 m 个互不相交的小区间(a_{j-1},a_j)，$j=1,2,\cdots,m$.一般要求 m 不要太大，也不要太小，依样本容量 n 而定.每个小区间的长度可以相等，也可以不相等，但要保证每个小区间中包含相当的样品数目.记 n_j 为样本观测值落入第 j 个小区间的个数（称为实际频数），如果 H_0 为真，按分布函数 $F_0(x)$可算出理论上样本$(X_1,X_2,\cdots,X_n)$落入第 j 个小区间的个数（称为理论频数）$np_j=nP(a_{j-1}<X\leqslant a_j)=n[F_0(a_j)-F_0(a_{j-1})]$，直观上，如果 H_0 为真，那么 n_j 与 np_j 差别不应该很大，或者说

$$\chi^2=\sum_{j=1}^{m}\frac{(n_j-np_j)^2}{np_j} \tag{9.7}$$

的值不应该很大.如果它的值比较大，H_0 成立就值得怀疑.因此，得到形式为 $W=\{\chi^2>c\}$的拒绝域.1900 年皮尔逊(K. Pearson)证明了下面的结论：

定理 当 H_0 成立时，不论 $F_0(x)$是什么样的分布函数，当 n 充分大时，有

$$\chi^2\overset{\text{近似}}{\sim}\chi^2(m-1), \tag{9.8}$$

由此定理可得到 H_0 的拒绝域为

$$W=\{\chi^2>\chi^2_\alpha(m-1)\}. \tag{9.9}$$

2. 分布族的假设检验

设总体 X 的分布函数为 $F(x)$，对总体的分布作如下假设

$$H_0:F(x)=F_0(x;\theta_1,\theta_2,\cdots,\theta_k),\quad H_1:F(x)\neq F_0(x;\theta_1,\theta_2,\cdots,\theta_k), \tag{9.10}$$

其中，$F_0(x;\theta_1,\theta_2,\cdots,\theta_k)$为一个已知为分布函数，$\theta_1,\theta_2,\cdots,\theta_k$ 为未知参数.这种分布的假设检验和单个参数分布假设检验类似.不同的是，首先应求出参数 $\theta_1,\theta_2,\cdots,\theta_k$ 的极大似然估计值，然后代入分布函数 $F_0(x;\theta_1,\theta_2,\cdots,\theta_k)$中，得到 $\hat{F}_0(x;\theta_1,\theta_2,\cdots,\theta_k)$.

和单个参数分布假设检验一样的计算，采用的检验统计量仍为

$$\chi^2=\sum_{j=1}^{m}\frac{(n_j-np_j)^2}{np_j},$$

其中，p_j 是按分布函数 $\hat{F}_0(x;\theta_1,\theta_2,\cdots,\theta_k)$计算得到的.此时 χ^2 的分布为自由度是 $m-k-1$ 的 χ^2 的分布.因此，拒绝域为

$$W=\{\chi^2>\chi^2_\alpha(m-k-1)\}. \tag{9.11}$$

例 9.4 设某种动物的血型有 A,B,AB 三种，根据遗传学模型，在该种动物的群体中，三种血型分配的比例应满足关系

$$P_{\mathrm{A}}=p^2,\quad P_{\mathrm{B}}=(1-p)^2,\quad P_{\mathrm{AB}}=2p(1-p).$$

其中，$0<p<1$，现捕捉到 98 只这样的动物，测得三种血型的数目分别为 8,49,41.在 5%的显著性水平之下来检验上述数据是否满足遗传学模型.

解:这是一个分布族的假设检验.参数 $p(0<p<1)$未知.我们先对 p 作极大似然估计.似

然函数

$$L(p)=(p^2)^8[(1-p)^2]^{49}[2p(1-p)]^{41}=2^{41}p^{57}(1-p)^{139},$$

对数似然函数

$$l(p)=41\ln 2+57\ln p+139\ln(1-p),$$

对 p 求导，并令其为零，$\frac{dl}{dp}=\frac{57}{p}-\frac{139}{1-p}=0$，得到 p 的极大似然估计值为$\hat{p}=\frac{57}{196}$.

就按血型 A，B，AB 三种分为三个组，得到 $n_1=8,n_2=49,n_3=41$，并且在 $\hat{p}=\frac{57}{196}$之下，计算得

$$p_1=\left(\frac{57}{196}\right)^2=0.085,\quad p_2=\left(\frac{139}{196}\right)^2=0.503,\quad p_3=\frac{2\times57\times139}{196^2}=0.412.$$

因此，统计量 χ^2 的值为 $\chi^2=0.025$. 取 $\alpha=0.05$，查表：$\chi^2_{0.05}(3-1-1)=3.841$，由此可看出样本观测值没有落入拒绝域中，不应拒绝 H_0，即可认为上述数据满足遗传学模型.

例 9.5 对实例 1 的计算与分析.

解：对每个样本在 0.01 的显著性水平下进行假设检验，并且确定，如果需要，应该采取怎样的措施？给出每一检验的统计量和 P 值. $Z_{0.005}=2.58$.（见表 9.3）

表 9.3

均值	11.958 67	12.028 67	11.889	12.081 33
$1-p$	0.847 882	0.238 063	0.998 330 35	0.015 333
p 值	0.152 118	0.761 937	0.001 67	0.984 667
样本标准差	0.220 356	0.220 356	0.207 170 59	0.206 109
统计量	−1.03	0.71	−2.93	2.15
			拒绝原假设	

计算每一个样本的标准差，总体标准差为 0.21 的假设检验合理吗？（见表 9.4）

表 9.4

样本	样本一	样本二	样本三	样本四
样本标准差	0.220 356	0.220 356	0.207 170 59	0.206 109
样本方差	0.048 557	0.048 557	0.042 919 66	0.042 481
方差的统计量	31.93	31.93	28.22	27.94

四个数都在 13.121～52.336 之间，所以假设检验合理.

在 $\mu=12$ 附近，计算样本均值的范围.（见表 9.5）

表 9.5

样本	样本一	样本二	样本三	样本四
置信区间	(11.90,12.10)	(11.90,12.10)	(11.90,12.10)	(11.90,12.10)

习　题　9

1. 从一批零件中随机抽取 16 个，测得长度(单位：mm)为

21.4　21.0　21.3　21.5　21.3　21.2　21.3　21.0

21.5　21.2　21.4　21.0　21.3　21.1　21.4　21.1

设这批零件的长度服从 $N(\mu,\sigma^2)$，μ,σ^2 未知. 求 μ 和 σ^2 的置信水平为 0.95 的置信区间.

2. 在甲、乙两市进行的职工家计调查结果表明：甲市抽取的 500 户中平均每户消费支出 $\bar{x}_1=3\,000$ 元，标准差 $s_1=400$ 元；乙市抽取的 1 000 户中平均每户消费支出 $\bar{x}_2=4\,200$ 元，标准差 $s_2=500$ 元，试求：

(1) 两市职工家庭每户平均年消费支出之间差别 $\mu_1-\mu_2$ 的置信水平为 0.95 的置信区间；

(2) 两市职工家庭每户平均年消费支出之方差比 $\dfrac{\sigma_1^2}{\sigma_2^2}$ 的置信水平为 0.90 的置信区间.

3. 某食品厂用自动装罐机装罐头食品，每罐标准质量为 500 g，现从某天生产的罐头中随机抽 10 罐，其质量分别是：

510　505　498　503　492　502　502　497　506　495

假定罐头质量服从正态分布.

(1) 能否认为这批罐头重量的方差为 $5.5^2(\alpha=0.05)$？

(2) 机器是否工作正常$(\alpha=0.05)$？

4. 已知某厂维尼纶纤度 $X\sim N(\mu,0.048^2)$，某厂从当天生产的维尼纶中抽取 8 根，其纤度分别是

1.32　1.41　1.55　1.36　1.40　1.50　1.44　1.39

问这天生产的维尼纶纤度的方差是否变大了$(\alpha=0.05)$？

5. 设$(X_1,X_2,\cdots,X_n)$为 X 的样本，$X\sim N(\mu,4)$. 已知假设 $H_0:\mu=1$，$H_1:\mu=2.5$. H_0 的拒绝域为 $W=\{\overline{X}>2\}$.

(1) 当 $n=9$ 时，求犯两类错误的概率 α 和 β；

(2) 证明：当 $n\to\infty$ 时，$\alpha\to 0$，$\beta\to 0$.

6. 甲、乙两车床生产同一种零件，现从这两种车床生产的零件中分别抽测 8 个和 9 个，测得其外径(单位：mm)为

甲：15.0　14.5　15.2　15.5　14.8　15.1　15.2　14.8

乙：15.2　15.0　14.8　15.2　15.0　15.0　14.8　15.1　14.8

假定其外径都服从正态分布，问乙车床加工精度是否比甲的高$(\alpha=0.05)$？

7. 对一台设备进行寿命试验，记录 10 次无故障工作时间(单位：h)，并按从小到大的顺序排列得

400　480　900　1 350　1 500　1 660　1 760　2 100　2 300　2 400

已知设备的无故障工作时间服从指数分布. 能否认为此设备的无故障工作时间的平均值低于 1 500 h$(\alpha=0.05)$？

8. 根据验收标准，一批产品不合格率超过 2% 时则拒收，不超过 2% 时则接受. 现随机抽取 200 件进行检验，结果发现 a 件不合格，当 a 至少为多少时就拒收这批产品$(\alpha=0.05)$？

9. 一种特殊药品的生产厂家声称，这种药能在 8 h 内解除一种过敏的效率为 90%，在有

这种过敏的 200 人中使用药品后，有 160 人在 8h 内解除了过敏，试问生产厂家的说法是否真实($\alpha=0.01$)？

10. 从选区 A 中抽取 300 名选民的选票，选区 B 中抽取 200 名选民的选票，在这两组选票中，分别有 168 票和 96 票支持某候选人，试在显著性水平 0.05 下，检验两个选区之间是否存在差异？

11. 某电话站在 1h 内接到电话用户的呼叫次数按每分钟记录见表 9.6

表 9.6

呼叫次数	0	1	2	3	4	5	6	≥7
频数	8	16	17	10	6	2	1	0

试问这个分布是否可以看作泊松分布($\alpha=0.05$)？

12. 在圆周率 π 的前 800 位小数中，0～9 十个数字中出现的次数见表 9.7.

表 9.7

次数	0	1	2	3	4	5	6	7	8	9
频数	74	92	83	79	80	73	77	75	76	91

试检验假设“0～9 十个数字是等可能出现的”($\alpha=0.05$).

13. 注重口味的人，想来应该是喜欢现煮咖啡超过即溶咖啡的. 一位持怀疑态度的人断言：喝咖啡的人里，只有一半偏好现煮咖啡. 为证明此结论，让全部 50 个受试对象都品尝两杯没有做记号的咖啡，并且要说出喜欢哪一杯. 两杯中一杯为现煮咖啡，一杯为即溶咖啡，实验结果表明 50 位受试对象中，有 36 位选现煮咖啡. 这是否意味着有 72% 的人喜欢现煮咖啡，或超过一半的人喜欢现煮咖啡？

14. 上海中心气象台独立测定的上海 99 年(1884—1982)的年降雨量的数据见表 9.8(单位：mm).

表 9.8

1 184.4	1 113.4	1 203.9	1 170.7	975.4	1 462.3	947.8	1 416	709.2
1 147.5	935	1 016.3	1 031.6	1 105.7	849.9	1 233.4	1 008.6	1 063.8
1 004.9	1 086.2	1 022.5	1 330.9	1 439.4	1 236.5	1 088.1	1 288.7	1 115.8
1 217	1 320.7	1 078.1	1 203.4	1 480	1 269.9	1 049.2	1 318.4	1 192
1 016	1 508.2	1 159.6	1 021.3	986.1	794.7	1 318.3	1 171.2	1 161.7
791.2	1 143.8	1 602	951.4	1 003.2	840.4	1 061.4	958	1 025.2
1 265	1 196.5	1 120.7	1 659.3	942.7	1 123.3	910.2	1 398.5	1 208.6
1 305.5	1 242.3	1 572.3	1 416.9	1 256.1	1 285.9	984.8	1 390.3	1 062.2
1 287.3	1 477	1 017.9	1 217.7	1 197.1	1 143	1 018.8	1 243.7	909.3
1 030.3	1 124.4	811.4	820.9	1 184.1	1 107.5	991.4	901.7	1 176.5
1 113.5	1 272.9	1 200.3	1 508.7	772.3	813	1 392.3	1 006.2	1 108.8

试问年降雨量是否服从正态分布($\alpha=0.05$)？

第10章　回归分析与方差分析

在客观现象中，普遍存在着变量与变量之间的某种关系．数学上用数量来描述这些关系．人们通过各种实践，发现变量之间的关系概括起来可分为“确定性的”与“非确定性的”两个类型．例如，做匀速直线运动的物体，经过的路程(S)与时间(t)的关系满足

$$S=vt,$$

这就是说，对已知的时间 t，路程 S 可由上式完全确定，反之亦然．这是确定性关系．数学上称这种确定关系为“**函数关系**”．

但在客观现象中，还存在着另一种类型的变量之间的关系，它们不能用函数的关系叙述．例如，人的身高 x 与体重 Y 是两个变量，在通常情况下，即使是身高完全相同的两个人，体重也不一定一样，因而身高不能完全确定体重，但平均来说，身高者体重也大些．x 与 Y 之间的关系是“非确定性”关系．产生这种关系的原因是一些不可控制的因素，如遗传、性格、饮食习惯等．像这样的例子是很多的，如年龄与血压的关系，炼钢炉中铁水的含碳量与冶炼时间的关系，农作物的产量与施肥量的关系等．数学上称这种非确定性关系为“**相关关系**”．

在相关关系中的变量，有的是可以控制的，如年龄与血压的关系中的变量年龄，炼钢炉中铁水的含碳量与冶炼时间中的关系中的变量冶炼时间等．但大多数变量都是不可控制的，如炼钢炉中铁水的含碳量与冶炼时间中的变量含碳量就是不可控制的，冶炼时间一定，含碳量却不能确定，这种不可控制的变量是随机变量．严格地说，讨论自变量为可控变量而因变量为随机变量的关系问题称为回归分析；讨论随机变量之间的关系问题称为相关分析．这两种问题有时也统称为**回归分析**，或统称为**相关分析**．

回归这个名词由英国统计学家 F. Galton 在 1885 年首先使用，他在研究父亲身高与儿子身高之间的关系时发现：高个子父亲所生儿子比他更高的概率要小于比他矮的概率；同样，矮个子父亲所生儿子比他矮的概率小于比他高的概率．这两种高度父亲的后代，其高度有向中心(平均身高)回归的趋势．

我们怎样来研究因变量(也称响应变量)Y 与自变量 x 之间的相关关系呢？由于 Y 是随机变量，故对于自变量 x 的每一个确定的值，Y 有一定的概率分布，因此，假如 Y 的数学期望若存在，则 $E(Y/x)$ 显然是 x 的函数．统计上称 Y 的条件期望

$$\mu(x)=E(Y|x) \tag{10.1}$$

为 Y 对 x 回归函数，简称回归．

10.1 一元线性回归

10.1.1 引言

回归函数描述了因变量 Y 的均值 $\mu(x)$ 与自变量 x 的相依关系. 例如，若 Y 表示某种农作物的亩产量，x 表示每亩的施肥量，则 $\mu(x)$ 可理解为在相当大的面积上每亩施肥量为 x 时的亩平均产量，由于 Y 分布是未知的，故回归函数 $\mu(x)$ 也是未知的. 我们只能利用试验数据对 $\mu(x)$ 进行估计，统计学称估计 $\mu(x)$ 的问题为求 Y 对 x 的回归问题.

下面介绍求回归问题的一般步骤：

(1) 求取试验数据

取自变量 x 一组不全相同的数值 $x_1,x_2,\cdots,x_n$ 进行 n 次独立试验，得到 Y 的相应观察值 $Y_1,Y_2,\cdots,Y_n$，于是构成 n 对数据

$$(x_1,Y_1),(x_2,Y_2),\cdots,(x_n,Y_n),$$

我们称这 n 对数据为样本观察值.

(2) 选取回归模型

所谓选择模型，是指选取怎样的函数来描述 $\mu(x)$. 这不是一个纯数学问题，它往往要结合经验或试验来确定，统计学的方法能帮助我们根据试验初步确定这个函数的类型. 具体作法是:将样本观察值在直角坐标系中描出，得到的图形称为“散点图”. 它的分布状况可帮助我们粗略地选定 $\mu(x)$ 的类型. 如果“散点图”近似在一条直线上，就可以选取 $\mu(x)=a+bx$，这时可建立回归模型

$$Y=a+bx+\varepsilon,$$

其中，a 和 b 是待估计的参数，ε 称为统计误差. 统计误差由模型误差和随机误差构成. 模型误差是 Y 与 x 的真实回归关系与选取的回归函数之间的误差，如果选取的回归函数正确，模型误差可忽略不计. 故 ε 为随机误差，$E(\varepsilon)=0,D(\varepsilon)=\sigma^2$.

(3) 对回归模型中未知参数作估计

如果回归模型已经选定，接下来的问题就是对模型中的未知参数进行估计. 通常采用最小二乘法估计和极大似然估计方法得到回归函数中未知参数的估计量，矩估计得到响应变量 Y 的方差 σ^2 的估计量. 若将此估计代入选定的回归函数中得到经验回归方程. 如 $\hat{\mu}(x)=\hat{a}+\hat{b}x$ 就是一元线性回归中的经验回归方程.

(4) 对选定的模型进行检验

模型的选定是根据经验或“散点图”. 很明显，根据这些理由而选定的模型与实际数据是否有良好的吻合是不足为据的. 因此，有必要用样本观察值对选定的模型进行检验. 如检验 Y 与 x 是否有线性关系，就是检验假设 $H_0:b=0$. 如果通过样本观察值拒绝了 H_0，就可以为 Y 与 x 显著地存在线性关系. 否则 Y 与 x 的线性关系不显著.

(5) 预测与控制

实际中，当自变量 x 取一个值时，Y 的取值如何是一个很值得考虑的问题. 也就是说，当自变量 x 取定一数值时，对 Y 的取值作一个估计(点估计和区间估计)，这就是预测. 另外，如果

预先将 Y 的取值控制在某一范围内来确定此时的自变量 x 的取值，这就是**控制**.

10.1.2　一元线性回归的参数估计

考虑一元线性回归模型

$$Y=a+bx+\varepsilon,\quad \varepsilon\sim N(0,\sigma^2),\tag{10.2}$$

a,b 及 σ^2 为未知参数. 设 $(x_1,Y_1),(x_2,Y_2),\cdots,(x_n,Y_n)$ 为样本，则

$$Y_i=a+bx_i+\varepsilon_i,\quad i=1,2,\cdots,n,\tag{10.3}$$

其中，ε_i 表示第 i 次试验中的随机误差. 由于试验相互独立，试验条件没有改变，故 $\varepsilon_1,\varepsilon_2,\cdots,\varepsilon_n$ 相互独立且与 ε 同分布. $\varepsilon_1,\varepsilon_2,\cdots,\varepsilon_n$ 可看作 ε 的一个样本.

设 $(x_1,y_1),(x_2,y_2),\cdots,(x_n,y_n)$ 为样本观察值，似然函数

$$\begin{aligned}L(a,b,\sigma^2)&=\frac{1}{(2\pi\sigma^2)^{\frac{n}{2}}}\exp\left\{-\frac{1}{2\sigma^2}\sum_{i=1}^{n}\varepsilon_i^2\right\}\\&=\frac{1}{(2\pi\sigma^2)^{\frac{n}{2}}}\exp\left\{-\frac{1}{2\sigma^2}\sum_{i=1}^{n}(y_i-a-bx_i)^2\right\}.\end{aligned}\tag{10.4}$$

显然，要使 L 取最大值，只要上式右边的平方和的部分为最小，即只需二元函数

$$Q(a,b)=\sum_{i=1}^{n}(y_i-a-bx_i)^2=\min,\tag{10.5}$$

为求 a 和 b 的极大似然估计，注意到 $Q(a,b)$ 是 a 和 b 的非负二次函数，因此最小值点存在且唯一，满足方程组

$$\begin{cases}\dfrac{\partial Q}{\partial a}=-2\displaystyle\sum_{i=1}^{n}(y_i-a-bx_i)=0\\\dfrac{\partial Q}{\partial b}=-2\displaystyle\sum_{i=1}^{n}(y_i-a-bx_i)x_i=0\end{cases}.$$

整理后得到

$$\begin{cases}a+b\bar{x}=\bar{y}\\L_{xx}b=L_{xy}\end{cases},\tag{10.6}$$

其中，$\bar{y}=\dfrac{1}{n}\displaystyle\sum_{i=1}^{n}y_i,\bar{x}=\dfrac{1}{n}\sum_{i=1}^{n}x_i,L_{xx}=\sum_{i=1}^{n}(x_i-\bar{x})^2,L_{xy}=\sum_{i=1}^{n}(x_i-\bar{x})(y_i-\bar{y})$.

可解得 a,b 的极大似然估计值

$$\begin{cases}\hat{a}=\bar{y}-\hat{b}x\\\hat{b}=\dfrac{L_{xy}}{L_{xx}}\end{cases}.\tag{10.7}$$

将式(10.7)中 y_i 换成随机变量 Y_i，y 换成 Y，就得到 a 和 b 的估计量，仍然记为 $\hat{a}$ 和 $\hat{b}$.

在一般的线性模型中，并不假定 ε 服从正态分布，此时似然函数就不是式(10.4)，因而得

不到式(10.5),然而式(10.5)表示 Y 的观察值 y_i 与 Y 的回归值 $a+bx_i$ 的偏差的平方和最小. 故从式(10.5)出发求得 a, b 的估计量是符合“最小二乘法”原则的. 按式(10.5)求估计量的方法实际上就是最小二乘法. 由此得到的估计量为最小二乘估计.

最小二乘法的直观想法是:在平面上找一条直线,使得“总的看来最接近散点图”中的各个点. 而 $Q(a,b)$ 就是定量地描述了直线 $y=a+bx$ 与“散点图”中各点的总的接近程度. 因此,直线 $\hat{y}=\hat{a}+\hat{b}x$,即(经验)回归直线,就是最接近“散点图”中各点的直线.

如果参数 σ^2 也是未知的,还需对 σ^2 进行估计. 由于 $\sigma^2=E(\varepsilon^2)=D(\varepsilon)$ 是 ε 的二阶原点距,按矩估计,可用

$$\frac{1}{n}\sum_{i=1}^{n}\varepsilon_i^2=\frac{1}{n}\sum_{i=1}^{n}(y_i-a-bx_i)^2 \tag{10.8}$$

作为 σ^2 的估计. 然而 a 和 b 是未知的,可用 $\hat{a}$ 和 $\hat{b}$ 来代替,直观上可以想到 $\frac{1}{n}\sum\limits_{i=1}^{n}(y_i-\hat{a}-\hat{b}x_i)^2$ 作为 σ^2 的估计,但它不是 σ^2 的无偏估计,这里 $\mathrm{SSR}=\sum\limits_{i=1}^{n}(y_i-\hat{a}-\hat{b}x_i)^2$ 称为**残差平方和**. σ^2 的一个无偏估计可以通过用其自由度去除 SSR 获得,其中**残差的自由度**=试验次数-模型中参数的个数. 对于一元回归模型,残差的自由度$=n-2$,故 σ^2 的估计

$$\hat{\sigma}^2=\frac{1}{n-2}\sum_{i=1}^{n}(y_i-\hat{a}-\hat{b}x_i)^2. \tag{10.9}$$

为使计算 $\hat{\sigma}^2$ 的数值更方便,式(10.9)可写为

$$\hat{\sigma}^2=\frac{1}{n-2}(L_{yy}-\hat{b}L_{xy}), \tag{10.10}$$

其中, $L_{yy}=\frac{1}{n}\sum\limits_{i=1}^{n}(y_i-\bar{y})^2$.

例 10.1 某车间为了制定工时定额,需要确定加工零件所消耗的时间,为此进行了 10 次试验,其结果见表 10.1.

表 10.1

x/个	10	20	30	40	50	60	70	80	90	100
Y/min	62	68	75	81	89	95	102	108	115	122

其中,x 表示零件数,Y 表示时间,试求 Y 对 x 的回归方程,并求 σ^2 的无偏估计 $\hat{\sigma}^2$ 的值.

解:本题中 $n=10$. 通过计算,有

$$\bar{x}=55,\quad \bar{y}=91.7,\quad L_{xx}=\sum_{i=1}^{10}x_i^2-10\bar{x}^2=8\ 250,$$

$$L_{xy}=\sum_{i=1}^{10}x_iy_i-10\bar{x}\bar{y}=5\ 515,\quad L_{yy}=\sum_{i=1}^{10}y_i^2-10\ \bar{y}^2=3\ 688.1.$$

故 $$\hat{b}=\frac{L_{xy}}{L_{xx}}=\frac{5\ 515}{8\ 250}=0.668,\quad \hat{a}=\bar{y}-\hat{b}\bar{x}=91.7-0.668\times 55=54.96.$$

从而经验回归直线方程

$$\hat{y}=54.96+0.668x,$$

σ^2 的无偏估计值

$$\hat{\sigma}^2=\frac{1}{n-2}(L_{yy}-\hat{b}L_{xy})=\frac{1}{8}(3\,688.1-0.668\times 5515)=0.51.$$

10.1.3　模型检验

为了对参数作假设检验和区间估计，我们给出一些统计量的分布：

(1) $\hat{b}\sim N\left(b,\frac{\sigma^2}{L_{xx}}\right)$；　(10.11)

(2) $\hat{a}\sim N\left(a,\frac{\sigma^2}{nL_{xx}}\sum_{i=1}^{n}x_i^2\right)$；　(10.12)

(3) $\hat{y}=\hat{a}+\hat{b}x\sim N\left(a+bx,\sigma^2\left[\frac{1}{n}+\frac{(x-\bar{x})^2}{L_{xx}}\right]\right)$；　(10.13)

(4) 设 $\text{SSR}=\sum_{I=1}^{n}(\hat{Y}_i-\overline{Y})^2$，$\text{SSE}=\sum_{I=1}^{n}(Y_i-\hat{Y}_i)^2$，$\text{SST}=\frac{1}{n}\sum_{i=1}^{n}(Y_i-\overline{Y})^2$，则

$$\text{SST}=\text{SSR}+\text{SSE},\tag{10.14}$$

上式称为平方和分解式，称 SST 为总平方和，SSR 为回归平方和，SSE 为剩余平方和；

(5) 当 $b=0$ 时，$\frac{\text{SSR}}{\sigma^2}\sim\chi^2(1)$，$\frac{\text{SSE}}{\sigma^2}\sim\chi^2(n-2)$　且 SSR 和 SSE 独立.　(10.15)

在实际工作中，事先并不能确定 Y 和 x 确有线性关系，因此，按极大似然法和最小二乘法求得 a 和 b 的估计 $\hat{a}$ 和 $\hat{b}$，确定的回归方程 $\hat{Y}=\hat{a}+\hat{b}x$ 不一定反映 Y 与 x 的关系，这是因为对于任何两个变量 x 与 Y 之间的一组数据 (x_i,y_i)，$i=1,2,\cdots,n$，无论它们是否线性相关，都可按照上述方法建立 Y 对 x 的回归方程. 也就是说，即使 Y 与 x 之间并不存在线性相关关系，同样可以求出 Y 对 x 的回归方程，显然这样的回归方程是没有意义的. 因此，对线性问题必须进行显著性假设检验. 有多种检验方法，我们只介绍 t 检验法

对回归系数 b 提出原假设

$$H_0:b=0.\tag{10.16}$$

若 H_0 被拒绝，说明 Y 与 x 之间显著存在线性关系. 否则，不能认为 Y 与 x 有线性关系. 引起线性不显著通常有如下一些原因：①影响 Y 的数值除了变量 x 外还有其他重要因素(或变量)，这样 x 固定时 Y 不服从正态分布；②Y 与 x 之间不是线性关系，而是某种非线性关系，例如二次抛物线(它的对称轴平行于 y 轴)形式的联系；③Y 的值与 x 无关.

选取统计量

$$T=\frac{\hat{b}}{\hat{\sigma}}\sqrt{L_{xx}}\sim t(n-2),\tag{10.17}$$

对给定显著性水平 $\alpha(0<\alpha<1)$ 得到拒绝域

$$|T| > t_{\frac{\alpha}{2}}(n-2), \tag{10.18}$$

利用试验数据计算统计量的值，并查表求出 $t_{\frac{\alpha}{2}}(n-2)$. 若 $|T| > t_{\frac{\alpha}{2}}(n-2)$ 成立，则拒绝 H_0，认为 Y 与 x 有线性相关关系，否则认为 Y 与 x 没有线性相关关系.

例 10.2 检验例 10.1 中 Y 与 x 之间的线性关系是否显著，取 $\alpha=0.01$.

解：采用 t 检验法. 计算 T 的值

$$T=\frac{\hat{b}}{\hat{\sigma}}\sqrt{L_{xx}}=\frac{0.688}{\sqrt{0.51}}\sqrt{8\ 250}=85,$$

而查表求得

$$t_{\frac{\alpha}{2}}(n-1)=t_{0.005}(8)=3.355\ 4,$$

从而得到 $|T| > t_{\frac{\alpha}{2}}(n-2)$，故拒绝 H_0，即 Y 与 x 之间显著地存在线性关系.

10.1.4 预测

如果得到的回归方程经检验显著，也称回归方程拟合得好，就可利用它进行预测. 预测就是指对 $x=x_0$ 时，Y 所对应的 Y_0 大致是什么或在什么范围内. 由于 Y 为随机变量，所以只能对 Y 作点估计或区间估计. 预测的具体方法如下：

1. 求 Y_0 的预测值

设自变量 x 与因变量 Y 服从模型(10.2)，则有

$$\begin{cases} Y_0=a+bx_0+\varepsilon_0 \\ \varepsilon_0 \sim N(0,\sigma^2) \end{cases},$$

且样本 Y_0 与样本 $Y_1,Y_2,\cdots,Y_n$ 相互独立.

可以得到 Y_0 的预测值

$$\hat{Y}_0=\hat{a}+\hat{b}x_0. \tag{10.19}$$

这样求出的预测值是有误差的，产生误差的第一个原因是 $\hat{Y}_0$ 只是 Y_0 的平均值 $E(Y_0)$ 的一个估计，Y_0 的实际值可能偏离它的平均值；第二个原因是估计量$\hat{Y}_0$是以 a 和 b 为基础的，而 a 和 b 本来就有随机抽样的误差. 和参数的点估计一样，预测值只能对因变量 Y_0 的值比较粗糙的描述，对预测的误差大小不能进行很好的判断，预测区间比较好地解决了这一问题.

2. 求 Y_0 的预测区间

Y_0 的预测区间就是对 Y_0 的区间估计. 首先构造一个估计量并推导其分布. 可用 $\hat{Y}_0=\hat{a}+\hat{b}x_0$ 作点估计，而由统计分布性质有

$$\hat{Y}_0-Y_0 \sim N\left(0,\left[1+\frac{1}{n}+\frac{(x_0-\bar{x})^2}{L_{xx}}\right]\sigma^2\right), \tag{10.20}$$

$$\frac{(n-2)\hat{\sigma}^2}{\sigma^2} \sim \chi^2(n-2), \tag{10.21}$$

容易证明

$$T=\frac{Y_0-\hat{Y}_0}{\sqrt{1+\frac{1}{n}+\frac{(x_0-\bar{x})^2}{L_{xx}}}\hat{\sigma}}\sim t(n-2),\tag{10.22}$$

这样得到了 Y_0 的预测区间

$$(\hat{y}_0-\delta(x_0),\hat{y}_0+\delta(x_0)),\tag{10.23}$$

其中，

$$\delta(x)=\sqrt{1+\frac{1}{n}+\frac{(x-\bar{x})^2}{L_{xx}}}\hat{\sigma}t_{\frac{\alpha}{2}}(n-2).\tag{10.24}$$

最后，利用样本数据求得具体的预测区间.

顺便指出，在 x 处 Y 的预测区间为

$$(\hat{y}-\delta(x),\hat{y}+\delta(x))\tag{10.25}$$

区间的长度为 $2\delta(x)$. 当 x 变动时，预测区间的长度也在变化. 显然当 $x=\bar{x}$ 时，预测区间最短，估计也就是最精确. 当 n 很大时，在 x 离 $\bar{x}$ 的距离不远处，有 $\delta(x)\approx u_{\frac{\alpha}{2}}\hat{\sigma}$，故在 x 处 Y 的预测区间为

$$(\hat{y}-\hat{\sigma}u_{\frac{\alpha}{2}},\hat{y}+\hat{\sigma}u_{\frac{\alpha}{2}}),$$

此时，预测区间的上下限近似一条直线.

例 10.3　已知例 10.1 中的 $x_0=65$，求 Y_0 的预测值与置信度为 99% 的预测区间.

解：$\bar{x}=55$，$\hat{\sigma}=\sqrt{0.51}=0.714$，$1-\alpha=0.99$.

$\hat{y}_0=\hat{a}+\hat{b}x_0=54.96+0.668\times 65=98.38$.

$t_{\frac{\alpha}{2}}(n-2)=t_{0.005}(8)=3.3554$.

$$\delta(x_0)=\sqrt{1+\frac{1}{n}+\frac{(x_0-\bar{x})^2}{L_{xx}}}\hat{\sigma}t_{\frac{\alpha}{2}}(n-2)$$

$$=\sqrt{1+\frac{1}{10}+\frac{100}{8\,250}}\times 0.714\times 3.355\,4=2.53.$$

Y_0 的预测值为 98.38，置信度为 99% 的预测区间为 $(98.38-2.53,98.38+2.53)=(95.85,100.91)$.

10.1.5　控制

控制是预测的反问题，它是讨论当 Y 在区间 (y_1,y_2) 内取值时，求出自变量 x 的取值范围的问题. 然而控制问题比预测问题复杂得多.

由式(10.25)知，对某 x 相应的 Y 的置信度为 $1-\alpha$ 的预测区间为 $(\hat{y}-\delta(x),\hat{y}+\delta(x))$ 满足

$$P\{\hat{y}-\delta(x)<Y<\hat{y}+\delta(x)\}=1-\alpha,$$

对于区间 (y_1,y_2)，为使 (y_1,y_2) 覆盖 Y 的概率为 $1-\alpha$，即

$$P\{y_1<Y<y_2\}=1-\alpha$$

只需取
$$\begin{cases} y_1=\hat{y}_1-\delta(x_1) \\ y_2=\hat{y}_2+\delta(x_2) \end{cases}. \tag{10.26}$$

如果能由上两方程解出 x 的两个解 x_1,x_2，设 $x_1<x_2$，则 (x_1,x_2) 就是要求的控制区间，称为 x 的置信度为 $1-\alpha$ 的控制区间. 但是，由于 $\delta(x)$ 很复杂，一般很难由上两方程求出 x 的两个解. 不过当 n 充分大，且 x 与 $\bar{x}$ 接近时，有 $\delta(x)\approx u_{\frac{\alpha}{2}}\hat{\sigma}$. 于是
$$\begin{cases} y_1=\hat{y}_1-\delta(x_1)=\hat{a}+\hat{b}x_1-\hat{\sigma}u_{\frac{\alpha}{2}} \\ y_2=\hat{y}_2+\delta(x_2)=\hat{a}+\hat{b}x_2+\hat{\sigma}u_{\frac{\alpha}{2}} \end{cases},$$

解得
$$\begin{cases} x_1=\dfrac{1}{\hat{b}}(y_1+\hat{\sigma}u_{\frac{\alpha}{2}}-\hat{a}) \\ x_2=\dfrac{1}{\hat{b}}(y_2-\hat{\sigma}u_{\frac{\alpha}{2}}-\hat{a}) \end{cases}. \tag{10.27}$$

当 $x_2>x_1$ 时，x 的置信度为 $1-\alpha$ 的控制区间为 (x_1,x_2)；当 $x_2<x_1$ 时，x 的置信度为 $1-\alpha$ 的控制区间为 (x_2,x_1).

10.2 多元线性回归

在许多实际问题中，影响响应变量的因素常常不止一个. 例如，考虑某种产品的销售额 η，一般与销售地区的总产值 x_1、人均收入 x_2、人口密度 x_3、广告费 x_4 等有关. 可以推知，多考虑几个因素即用多个变量来预测其效果要比一元回归好，而基本原理和一元回归是一致的，只是在具体的方法上前者比后者更复杂一些. 本节研究响应变量与多个自变量的相关关系的问题，这就是多元回归分析的内容.

10.2.1 模型和参数估计

设因变量 η 与自变量 $x_1,x_2,\cdots,x_p$ 之间满足
$$\begin{cases} \eta=\beta_0+\beta_1x_1+\beta_2x_2+\cdots+\beta_px_p+\varepsilon \\ \varepsilon\sim N(0,\sigma^2) \end{cases}, \tag{10.28}$$

其中，$\beta_0,\beta_1,\cdots,\beta_p$ 均为待定的未知参数称为回归参数. 称式(10.28)为多元线性模型.

为了估计参数 $\beta_0,\beta_1,\cdots,\beta_p$，对 $(x_1,x_2,\cdots,x_p,\eta)$ 作 $n(n>p+1)$ 次观察(试验)，设 $(x_{i1},x_{i2},\cdots,x_{ip},Y_i)$，$i=1,2,\cdots,n$ 是一个容量为 n 的样本，则可以得到式(10.28)的一个有限样本模型
$$\begin{cases} Y_1=\beta_0+\beta_1x_{11}+\beta_2x_{12}+\cdots+\beta_px_{1p}+\varepsilon_1 \\ Y_2=\beta_0+\beta_1x_{21}+\beta_2x_{22}+\cdots+\beta_px_{2p}+\varepsilon_2 \\ \cdots\cdots \\ Y_n=\beta_0+\beta_1x_{n1}+\beta_2x_{n2}+\cdots+\beta_px_{np}+\varepsilon_n \end{cases}, \tag{10.29}$$

其中，$\varepsilon_1,\varepsilon_2,\cdots,\varepsilon_p$ 相互独立且与 ε 同分布. 为了用矩阵表示上式，记

$$\boldsymbol{Y}=\begin{bmatrix}Y_1\\Y_2\\\vdots\\Y_n\end{bmatrix},\quad \boldsymbol{\beta}=\begin{bmatrix}\beta_0\\\beta_1\\\vdots\\\beta_p\end{bmatrix},\quad \boldsymbol{u}=\begin{bmatrix}\varepsilon_1\\\varepsilon_2\\\vdots\\\varepsilon_n\end{bmatrix},\quad \boldsymbol{X}=\begin{bmatrix}1 & x_{11} & \cdots & x_{1p}\\1 & x_{21} & \cdots & x_{2p}\\\vdots & \vdots & & \vdots\\1 & x_{n1} & \cdots & x_{np}\end{bmatrix},$$

于是模型(10.29)变为所谓的高斯-马尔柯夫多元线性模型.

$$\begin{cases}\boldsymbol{Y}=\boldsymbol{X\beta}+\boldsymbol{u}\\\boldsymbol{u}\sim N_n(0,\sigma^2\boldsymbol{I}_n)\end{cases},\tag{10.30}$$

其中,$\boldsymbol{X}$ 为已知的 $n\times(p+1)$ 阶矩阵,称为回归设计矩阵;$\boldsymbol{\beta}$ 为 $p+1$ 维向量,$\boldsymbol{\beta}$ 和 σ^2 均未知;$\boldsymbol{I}_n$ 为 n 维单位矩阵.$\boldsymbol{Y}$ 是 n 维响应变量向量,$\boldsymbol{u}$ 为 n 维随机误差向量,$\boldsymbol{u}\sim N_n(\boldsymbol{0},\sigma^2\boldsymbol{I}_n)$表示 n 维向量 $\boldsymbol{u}$ 服从均值向量为 $\boldsymbol{0}$、协方差矩阵为 $\sigma^2\boldsymbol{I}_n$ 的正态分布.

对 $\boldsymbol{\beta}$ 进行估计就是找到 $\boldsymbol{\beta}$ 的估计量 $\hat{\boldsymbol{\beta}}$,使得误差平方和

$$Q(\boldsymbol{\beta})=\sum_{i=1}^{n}\varepsilon_i^2=\boldsymbol{u}'\boldsymbol{u}=(\boldsymbol{Y}-\boldsymbol{X\beta})'(\boldsymbol{Y}-\boldsymbol{X\beta})\tag{10.31}$$

达到最小.$Q(\boldsymbol{\beta})$越小,模型也就越好.因为 $Q(\boldsymbol{\beta})$是 $\boldsymbol{\beta}$ 的非负二次函数,所以最小值点存在且唯一.可以用 $Q(\boldsymbol{\beta})$达到最小值时的 $\boldsymbol{\beta}$ 值 $\hat{\boldsymbol{\beta}}$ 作为 $\boldsymbol{\beta}$ 的估计,并称这样的估计方法为最小二乘估计方法,称 $\hat{\boldsymbol{\beta}}$ 为 $\boldsymbol{\beta}$ 的最小二乘估计.为了求 $\hat{\boldsymbol{\beta}}$,对 $Q(\boldsymbol{\beta})$关于 $\boldsymbol{\beta}$ 求导数,即

$$\frac{\partial Q(\boldsymbol{\beta})}{\partial\boldsymbol{\beta}}=\boldsymbol{0},$$

亦即

$$\begin{aligned}\frac{\partial Q(\boldsymbol{\beta})}{\partial\boldsymbol{\beta}}&=\frac{\partial}{\partial\boldsymbol{\beta}}(\boldsymbol{Y}-\boldsymbol{X\beta})'(\boldsymbol{Y}-\boldsymbol{X\beta})\\&=\frac{\partial}{\partial\boldsymbol{\beta}}(\boldsymbol{Y}'\boldsymbol{Y}-\boldsymbol{\beta}'\boldsymbol{X}'\boldsymbol{Y}-\boldsymbol{Y}'\boldsymbol{X\beta}+\boldsymbol{\beta}'\boldsymbol{X}'\boldsymbol{X\beta})\\&=-\boldsymbol{X}'\boldsymbol{Y}-\boldsymbol{X}'\boldsymbol{Y}+2\boldsymbol{X}'\boldsymbol{X\beta}=\boldsymbol{0}.\end{aligned}$$

当 $\boldsymbol{X}$ 为列满秩时,$\boldsymbol{\beta}$ 的最小二乘估计 $\hat{\boldsymbol{\beta}}$ 为

$$\hat{\boldsymbol{\beta}}=(\boldsymbol{X}'\boldsymbol{X})^{-1}\boldsymbol{X}'\boldsymbol{Y}.\tag{10.32}$$

称

$$\hat{\eta}=\hat{\beta}_0+\hat{\beta}_1x_1+\hat{\beta}_2x_2+\cdots+\hat{\beta}_px_p\tag{10.33}$$

为经验回归方程.

与一元回归模型类似,可以证明 $\boldsymbol{\beta}$ 的极大似然估计 $\hat{\boldsymbol{\beta}}$ 也是式(10.32),σ^2 的无偏估计为

$$\begin{aligned}\hat{\sigma}^2&=\frac{1}{n-p-1}\sum_{i=1}^{n}(\boldsymbol{Y}_i-\hat{\beta}_0-\hat{\beta}_1x_{i1}-\cdots-\hat{\beta}_px_{ip})^2\\&=\frac{1}{n-p-1}\sum_{i=1}^{n}(\boldsymbol{Y}i-\hat{\boldsymbol{Y}}_i)^2.\end{aligned}\tag{10.34}$$

与一元回归模型类似,可以给出 $\hat{\beta}$ 和 $\hat{\sigma}^2$ 的统计性质:

(1) $\hat{\boldsymbol{\beta}}\sim N_{p+1}(\boldsymbol{\beta},\sigma^2(\boldsymbol{X}'\boldsymbol{X})^{-1})$; (10.35)

(2) $\overline{\boldsymbol{Y}}=\frac{1}{n}\sum_{i=1}^{n}\boldsymbol{Y}_i$ 与 $\hat{\boldsymbol{\beta}}$ 独立；

(3) 设 $\text{SST}=\sum_{i=1}^{n}(\boldsymbol{Y}_i-\overline{\boldsymbol{Y}})^2$，$\text{SSR}=\sum_{I=1}^{n}(\hat{\boldsymbol{Y}}_i-\overline{\boldsymbol{Y}})^2$，$\text{SSE}=\sum_{I=1}^{n}(\boldsymbol{Y}_i-\hat{\boldsymbol{Y}}_i)^2$，则

$$\text{SST}=\text{SSR}+\text{SSE}, \tag{10.36}$$

式(10.36)称为总离差平方和分解式，称 SST 为总离差平方和，称 SSR 为回归平方和，称 SSE 为剩余平方和；

(4) 当 $\beta_1=\cdots=\beta_p=0$ 时，$\frac{\text{SSR}}{\sigma^2}=\frac{(n-p-1)\hat{\sigma}^2}{\sigma^2}\sim\chi^2(p)$，$\frac{\text{SSE}}{\sigma^2}\sim\chi^2(n-p)$，且 SSR 和 SSE 独立.

例 10.4 某厂生产的圆钢，其屈服点 η 受含碳量 x_1 和含锰量 x_2 的影响，现做了 25 次观察，测得数据见表 10.2.

表 10.2

x_{1i}	16	18	19	17	20	16	16	15	19	18	18	17	17
x_{2i}	39	38	39	39	38	48	45	48	48	48	46	48	49
y_i	24	24.5	24.5	24	25	24.5	24	24	24.5	24.5	24.5	24.5	25
x_{1i}	17	18	18	20	21	16	18	19	19	21	19	21	
x_{2i}	46	44	45	48	48	55	55	56	58	58	49	49	
y_i	24.5	24.5	24.5	25	25	25	25	25.5	25.5	26.5	24.5	26	

求 η 关于 x_1 和 x_2 的经验回归方程.

解：设 $\eta=\beta_0+\beta_1x_1+\beta_2x_2+\varepsilon$，$\varepsilon\sim N(0,\sigma^2)$. 因为

$$\boldsymbol{Y}=\begin{bmatrix}24\\24.5\\\vdots\\26\end{bmatrix},\quad \boldsymbol{X}=\begin{bmatrix}1&16&39\\1&18&38\\\vdots&\vdots&\vdots\\1&21&49\end{bmatrix},\qquad \boldsymbol{X}'\boldsymbol{X}=\begin{bmatrix}25&453&1\,184\\453&8\,277&21\,499\\1\,184&21\,499&56\,914\end{bmatrix},$$

所以
$$(\boldsymbol{X}'\boldsymbol{X})^{-1}=\begin{bmatrix}6.378\,746\,900&-0.235\,315\,691&-0.043\,809\,682\\-0.235\,315\,691&0.015\,097\,264&-0.000\,807\,574\\-0.043\,809\,682&-0.000\,807\,574&0.001\,234\,014\end{bmatrix}$$

又因
$$\boldsymbol{X}'\boldsymbol{Y}=\begin{bmatrix}619\\11\,234\\29\,372.5\end{bmatrix},$$

所以
$$\hat{\boldsymbol{\beta}}=(\boldsymbol{X}'\boldsymbol{X})^{-1}\boldsymbol{X}'\boldsymbol{Y}=\begin{bmatrix}\hat{\beta}_0\\\hat{\beta}_1\\\hat{\beta}_2\end{bmatrix}=\begin{bmatrix}18.107\,8\\0.221\,8\\0.055\,6\end{bmatrix},$$

故 $\hat{\eta}=18.1078+0.2218x_1+0.0556x_2$.

10.2.2　多元回归模型的检验

1. 线性模型的有效性检验

与一元线性回归类似,要检验变量间有没有线性联系,只要检验 p 个系数 $\beta_1,\beta_2,\cdots,\beta_p$ 是不是全为零.如果 p 个系数全为零,则认为线性回归不显著;否则认为线性回归显著.因此,多元线性模型的检验假设

$$H_0:\beta_1=0,\beta_2=0,\cdots,\beta_p=0$$

由 n 组观察值检验它是否成立.若接受 H_0,则认为线性回归不显著,否则认为线性回归显著.当 H_0 成立时,有

$$F=\frac{\mathrm{SSR}/p}{\mathrm{SSE}/(n-p-1)}\sim F(p,n-p-1). \tag{10.37}$$

因为 SST=SSR+SSE,SSR 反映各因素 $x_1,x_2,\cdots,x_p$ 对 η 的总的线性影响所起的作用,SSE 反映了其他因素对 η 的影响所起的作用.如果比值 SSR/SSE 较大,说明更精细些.如果比值 F 较大,则说明 $x_1,x_2,\cdots,x_p$ 对 η 的线性作用比其他因素对 η 的影响作用大,此时就不能认为 H_0 成立;如果 F 很小,则说明其他因素(随机因素)对 η 起主要作用,因此不能拒绝 H_0.给定显著性水平 α,则查表可得 $F_\alpha(p,n-p-1)$使

$$P\{F>F_\alpha(p,n-p-1)\}=\alpha,$$

得到拒绝域

$$F>F_\alpha(p,n-p-1). \tag{10.38}$$

2. 回归系数的显著性检验

在多元线性模型中,虽然经检验知 η 与 $x_1,x_2,\cdots,x_p$ 之间具有显著线性关系,但是每个 x_i 对 η 的影响作用并不是一样的,因此,经检验不拒绝线性模型之后,还需从线性模型中剔除可有可无的因素 x_i,保留那些比较重要的因素,重新建立更为简单的线性回归方程,以便更利于实际应用.因此,x_i 对 η 的检验假设

$$H_0:\beta_i=0$$

也是很重要的.因为 $\hat{\boldsymbol{\beta}}\sim N_{p+1}(\boldsymbol{\beta},\sigma^2(\boldsymbol{X}'\boldsymbol{X})^{-1})$,记 c_{ij} 为$(\boldsymbol{X}'\boldsymbol{X})^{-1}$的第 i 行第 j 列元素,$i,j=1,2,\cdots,p$,从而

$$T=\frac{\hat{\beta}_i}{\sqrt{c_{ii}}\hat{\sigma}}\sim t(n-p-1), \tag{10.39}$$

$$T^2\sim F(1,n-p-1), \tag{10.40}$$

得到拒绝域

$$|T|>t_{\frac{\alpha}{2}}(n-p-1)\text{或 } T^2>F_\alpha(1,n-p-1). \tag{10.41}$$

如果检验结果不拒绝 H_0,即 $\beta_i=0$,应将 x_i 从回归方程中剔除.需要注意的是:在剔除对 η 影

响不显著的变量时，考虑变量之间的重要作用，每次只剔除一个不显著的变量，如果有几个变量对 η 的影响都不显著，则先剔除其中 F 值最小的那个变量，剔除一个变量且由最小二乘法建立新的回归方程后，还必须对剩下的 $p-1$ 个变量再用上述方法检验它们对 η 的影响是否显著，如果有不显著的，则逐个剔除，直到保留下来的变量对 η 都影响显著为止.

例 10.5 考虑例 10.4，检验线性模型是否显著和检验假设 $H_{0i}:\beta_i=0(i=1,2)$ 是否成立 $(\alpha=0.05)$.

解：因为 $\bar{y}=\frac{1}{25}\sum_{i=1}^{25}y_i=\frac{619}{25}=24.76$，

$$\text{SST}=\sum_{i=1}^{25}(y_i-\bar{y})^2=9.06,\quad \text{SSR}=\sum_{i=1}^{25}(\hat{y}_i-\bar{y})^2=7.282\,708,$$
$$\text{SSE}=\text{SST}-\text{SSR}=1.777\,292,$$

所以
$$F=\frac{\text{SSR}/p}{\text{SSE}/(n-p-1)}=\frac{7.282\,708/2}{1.777\,292/22}=45.074\,1$$

又因 $\alpha=0.05$，所以 $F_\alpha(p,n-p-1)=F_{0.05}(2,22)=3.44<F$，故线性模型显著.

因为 $$\hat{\sigma}^2=\frac{1}{n-p-1}\sum_{i=1}^{n}(y_i-\hat{y}_i)^2=\frac{\text{SSR}}{n-p-1}=\frac{1.777\,292}{22}=0.080\,786,$$
$$F_{0.05}(1,22)=4.30,$$

且 $F_1=\frac{\hat{\beta}_1^2}{c_{11}\hat{\sigma}^2}=40.539\,6>4.30$　$F_2=\frac{\hat{\beta}_2^2}{c_{22}\hat{\sigma}^2}=31.154\,3>4.30$，所以 β_1 和 β_2 都显著不为 0.

10.2.3 预测

1. 点预测

设获得了 $x_1,x_2,\cdots,x_p$ 的一组新的观察值（不是样本值），它们为 $(x_{01},x_{02},\cdots,x_{0p})$，对 η 预测是对 η 作点估计和区间估计，记相应的 η 值为 Y_0，有

$$\begin{cases}Y_0=\beta_0+\beta_1x_{01}+\beta_2x_{02}+\cdots+\beta_px_{0p}+\varepsilon_0\\ \varepsilon_0\sim N(0,\sigma^2)\end{cases},\tag{10.42}$$

其中，ε_0 与 $\varepsilon_1,\varepsilon_2,\cdots,\varepsilon_p$ 独立，显然可用

$$\hat{Y}_0=\hat{\beta}_0+\hat{\beta}_1x_{01}+\hat{\beta}_2x_{02}+\cdots+\hat{\beta}_px_{0p}\tag{10.43}$$

作为 Y_0 的点预测（估计），因为 $E(\hat{Y}_0-Y_0)=0$，所以，实际上 $\hat{Y}_0$ 是 Y_0 的无偏估计量.

2. 区间估计

对于给定的 $x_{10},x_{20},\cdots,x_{p0}$ 求 Y_0 的置信度为 $1-\alpha$ 的置信区间，可以证明

$$Y_0-\hat{Y}_0\sim N\Big(0,\sigma^2\big(1+\sum_{i=0}^{p}\sum_{j=0}^{p}c_{ij}x_{0i}x_{0j}\big)\Big),\tag{10.44}$$

其中，$x_{00}=1$，c_{ij} 为 $(\boldsymbol{X}'\boldsymbol{X})^{-1}$ 的第 i 行第 j 列元素，$i,j=1,2,\cdots,p$. 同时还可以证明

$$T=\frac{Y_0-\hat{Y}_0}{\hat{\sigma}\sqrt{(1+\sum_{l=0}^{p}\sum_{l=0}^{p}c_{ij}x_{0i}x_{0j}}}\sim t(n-p-1). \tag{10.45}$$

给定置信度 $1-\alpha$,查得 $t_{\alpha/2}(n-p-1)$的值,使

$$P\{|T|<t_{\alpha/2}(n-p-1)\}=1-\alpha,$$

从而可得 Y_0 的置信度为 $1-\alpha$ 的预测(置信)区间为

$$\Big(Y_0-t_{\frac{\alpha}{2}}(n-p-1)\hat{\sigma}\sqrt{1+\sum_{i=0}^{p}\sum_{j=0}^{p}c_{ij}x_{0i}x_{0j}},$$
$$Y_0+t_{\frac{\alpha}{2}}(n-p-1)\hat{\sigma}\sqrt{1+\sum_{i=0}^{p}\sum_{j=0}^{p}c_{ij}x_{0i}x_{0j}}\Big). \tag{10.46}$$

例 10.6　考虑例 10.4 中,当 $x_{01}=21, x_{02}=60$ 时,求相应的 y_0 的置信度为 0.95 的预测区间.

解:因 $\hat{y}_0=18.1078+0.2218\times21+0.0556\times60=26.1016$,　$t_{0.05}(22)=2.0739$,

$$\hat{\sigma}=0.2838,\quad \sqrt{1+\sum_{i=0}^{2}\sum_{j=0}^{2}c_{ij}x_{0i}x_{0j}}=1.1418,$$

则 y_0 的置信度为 0.95 的预测区间(25.429 6,26.773 6).

10.2.4　变量选择及多元共线性问题

在多元线性回归模型中,由于有多个自变量,存在一些一元线性回归模型中不会遇到的问题.本节讨论两个涉及变量之间关系的问题.第一个问题是关于自变量与因变量之间的关系.当就一个实际问题建立多元线性回归模型时,可能会考虑到多个对因变量有潜在影响的自变量,但在对数据进行分析之前无法事先断定哪些变量是有效的(对因变量有显著影响),哪些是无效的(对因变量没有显著影响).有效变量应该保留在模型中,而无效变量应该从模型中去掉.因为无效变量在模型中会对分析结果产生干扰,从而产生误导.那么究竟哪些变量是有效的,哪些变量是无效的呢?这就是变量选择的问题.第二个问题是关于自变量之间的关系.在某些实际问题中(如在实验室或某些工业生产条件下),观测者(试验者)可以控制自变量的值,这时他可以在事先设计好的自变量值上观测因变量.而在另一些情况下(研究社会、地质、水文),观测者不能控制自变量的值,或者说自变量是随机变量.这时,自变量之间会有统计相关性.当这种统计相关性很强时就产生"多元共线性"的问题.多元共线性的存在对回归分析的结果产生很坏的影响.因此,数据分析这应该理解多元共线性的影响,并知道用何种方法去克服这种影响.本节介绍几种变量选择的方法,并介绍多元共线性的影响及克服它的两种方法.

1. 变量选择的 max R^2 法

通常在建立一个回归模型时,要将所有可能对因变量产生影响的自变量考虑到模型中去,以免由于遗漏了重要的变量而造成模型与实际相偏离.但是,通常在所有备选的自变量中,往往只有一部分真正对因变量有影响,称之为有效变量;而其他的则可能对因变量没有影响,称之为无效变量.从原则上讲,一个好的模型应该包含所有的有效变量,而不包含任何无效变量.问题在于如何才能找到满足上述要求的模型.max R^2 准则是根据 R^2 的大小在所有可能的模

型中选择"最优模型"的一种方法.

设备选的自变量共有 k 个,先假定已知有效变量的数目为 r,考虑恰好包含 r 个变量的模型.这样的模型共有 C_k^r个.记恰好包含 r 个有效变量(而不包含任何无效变量)的那个模型为 M_r^k,如何从 C_k^r 个模型中来找到 M_r^k 呢?由于在 M_r^k 中所有的自变量都是有效的,可以认为在 M_r^k 中的 r 个变量对因变量的总影响应该比其他任何 r 个变量的总影响都大.对一个包含 r 个变量的模型,其中的自变量对因变量的总影响可以由它的决定系数 R^2 来度量,其中 $R^2=\dfrac{\text{SSR}}{\text{SST}}$(可以证明 R^2 与检验量 F 互为单调增函数).因此,可以从所有含 r 个回归变量的模型中选择 R^2 达到最大的那个,作为要找的 M_r^k.具体地说,记备选的含 r 个回归变量的模型为 $M_{r1}, M_{r2}, \cdots, M_{rm}$,其中 $m=C_k^r$.记第 l 个模型的决定系数为 R_{rl}^2.由定义 $R_{rl}^2=\dfrac{\text{SSR}_{rl}}{\text{SST}}$,其中 SST 为因变量的总平方和,在任何模型下都是一个常数,SSR_{rl} 为在模型 M_{rl} 下的回归平方和.最大 R^2 准则就是要选模型 M_{rl_r},满足 $R_{rl_r}^2=\max R_{rl}^2$.于是认为 M_{rl_r} 就是要找的最优模型了,这样就解决了在已知有效变量的个数 r 时的模型选择的问题.

下一个问题是:在有效变量的个数 r 未知时,如何确定它?对这个问题,很难给出一个明确的数学准则,而只能基于某种相当模糊的判断.考虑如下的思路,对 $j=1,2,\cdots,k$ 记 R_j^2 为在 j 个回归变量的模型中所达到的最大 R^2,不难得出,R_j^2 是随 j 单调增的,$R_1^2 \leqslant R_2^2 \leqslant \cdots \leqslant R_k^2$.因为当模型中的变量个数增加时,相应的回归平方和会增大,从而 R^2 的值增大.假设 r 为有效变量的个数,可以用上述的 $\max R^2$ 来确定恰由这 r 个有效变量所组成的模型,相应的 R^2 为 R_r^2.设想在这个模型中再增加一个变量,由于所有 r 个有效变量已经在模型中,增加的那个变量肯定是无效变量,因此,R_{r+1}^2 相对于 R_r^2 增加的幅度应该比较小.由于以后在模型中每增加一个变量都只可能是无效变量,因此,当$j>r$ 时,R_j^2 随 j 增加的速度会比较缓慢,且越来越慢.反之,在已经包含了 r 个变量的模型中去掉一个变量,则会使回归平方和会大大地下降.按照这个思路,如果作平面点图(j,R_j^2),$j=1,2,\cdots,k$,可以看到,当 $j \leqslant r$ 时,R_j^2 随 j 增加而迅速上升,当 $j>r$时,R_j^2 随 j 增加的而比较缓慢,造成连接点(j,R_j^2)的折线在点(r,R_r^2)处形成一个明显的拐点.这样就可以找到 r.注意:这种方法只是一具经验的模糊的准则,因为没有任河数学原理来证明上述推理的正确性,同时选取拐点也是凭感觉来判断的.

$\max R^2$ 准则要求对所有可能的回归模型计算 R^2,当备选变量的数目比较小时,用这种方法可以保证对给定的有效变量的个数 r 找到理论上的最优模型.但当备选变量的数目比较大时,这种方法的计算量非常大.

2. 向后、向前和逐步回归

基于 R^2 的模型选择程序通常都是给出一串模型,而并不自动给出一个"最终"模型.可以通过 F 检验的方法来判断(在一定的模型下)某个变量是否有理由保留在模型中.基于 F 检验,统计学家发展出一些对变量进行系列的 F 检验,并得到一个"最终"模型的变量选择程序.这些方法有各种各样的变种,大致可以分为三类:向后回归法、向前回归法和逐步回归法.限于篇幅,我们只介绍这些方法的大意,在标准的统计回归分析软件中都有这些方法的程序.

(1) 向后回归法.基本思路是:先将所有可能对因变量产生影响的自变量都纳入模型,然后逐个地从中剔除认为是最没有价值的变量,直至所留在模型中的变量都不能被剔除,或者模型中没有任何变量为止.在逐步的剔除过程中,每次都对当前模型中的所有变量计算评估附加

影响的 F 统计量，并找到其中最小的. 如果最小 F 统计量超过指定的临界值 F_{out}，当前模型中的所有变量都保留，将当前模型作为最终模型，程序终止. 反之，如果最小 F 统计量达不到临界值，就将相应的变量加以剔除，得到一个较小的模型. 在新的模型下重复以上作法. 以上步骤不断进行，直至没有变量可以剔除，或者模型中没有任何变量为止. 最终的模型就是所选定的"最优"模型. 标准的统计软件通常还输出所有中间模型.

(2) 向前回归法. 基本思路是：先将所有可能对因变量产生影响的自变量作为备选的变量集，都放在模型之外，从零模型即不包含任何自变量的模型开始，然后逐个地向模型中加入被认为是最有附加价值的变量，直至所留在模型外的变量都不能被加入，或者所有备选的变量都已加入模型为止. 在逐步加入的过程中，第一步对所有变量计算当模型中只有一个变量时的 F 统计量，并找到其中最大的. 如果最大 F 统计量不超过临界值 F_{in}，则所有在模型外的变量都不能加入模型中去，将零模型作为最终模型，程序终止. 反之，如果最大 F 统计量超过临界值，就将相应的变量加入模型中去. 从第二步开始，每次都对当前模型外的任一变量计算；当这个变量被加入模型后，在新模型下计算它的 F 统计量，并找到其中最大的. 如果最大 F 统计量不超过临界值，可以认为所有在当前模型外的变量都是无效变量，因此都不能加入当前模型中去，将当前模型作为最终模型，程序终止. 反之，如果最大 F 统计量超过临界值 F_{in}，就将相应的变量加入当前模型中去，得到一个较大的模型. 以上步骤不断进行，直至没有变量可以加入，或者模型中已经包含了所有变量为止. 最终的模型就是所选定的"最优"模型，标准的统计软件通常还输出所有中间模型.

(3)逐步回归法. 逐步回归法是对向前回归的一个修正. 在向前回归中，变量逐个被加入模型中去，一个变量一旦被加入模型中，就再也不可能被剔除. 但是，原来在模型中的变量在引入新变量之后，可能会变得没有存在的价值而没有必要再留在模型中. 出现这种情况是因为回归变量之间存在着相关性的缘故. 因此，在逐步回归中，每当向模型中加入一个变量之后，就对原来模型中的变量在新模型下再进行一次向后剔除的检查，看是否其中有变量应该被剔除. 这种"加入—剔除"的步骤反复进行，直至所有已经在模型中的变量都不能剔除，而且所有在模型外的变量都不能加入，过程就终止，最终的模型就是被选定的"最优"模型，标准的统计软件通常还输出所有中间模型.

例 10.7　在有氧训练中，人的耗氧能力 $y(\mathrm{mL \cdot min^{-1} \cdot kg^{-1}})$，是衡量人的身体状况的重要指标，它可能与下列变量有关：年龄 x_1；体重 x_2；1.5 英里(合 2.414 km)跑所用时间 x_3；静止时心速 x_4；跑步时心速 x_5；跑步时最大心速 x_6. 北卡罗来纳州立大学的健身中心作了一次试验，对 31 个自愿参加者进行了测试，得到数据见表 10.3.

表　10.3

ID	x_1	x_2	x_3	x_4	x_5	x_6	y
1	44	89.47	11.37	62	178	182	44.609
2	40	75.07	10.07	62	185	185	45.313
3	44	85.84	8.65	45	156	168	54.297
4	42	68.15	8.17	40	166	172	59.571
5	38	89.02	8.22	55	178	180	49.874

续表

ID	x_1	x_2	x_3	x_4	x_5	x_6	y
6	47	77.45	11.63	58	176	176	44.811
7	40	75.98	11.95	70	176	180	45.681
8	43	81.19	10.85	64	162	170	49.091
9	44	81.42	13.08	63	174	176	39.442
10	38	81.87	8.63	48	170	186	60.055
11	44	73.03	10.13	45	168	168	50.541
12	45	87.66	14.03	56	186	192	37.388
13	45	66.45	11.12	51	176	176	44.754
14	47	78.15	10.60	47	162	164	47.273
15	54	83.12	10.33	50	166	170	51.855
16	49	81.42	8.95	44	180	186	78.156
17	51	69.63	10.95	57	168	172	40.836
18	51	77.91	10.00	48	162	168	46.672
19	48	91.63	10.25	48	162	164	46.774
20	49	73.37	10.08	67	168	168	50.388
21	57	73.37	12.63	58	174	176	39.407
22	54	79.38	11.07	62	156	165	46.080
23	52	76.32	9.63	48	164	166	45.441
24	50	70.87	8.92	48	146	155	54.625
25	51	67.25	11.08	48	172	172	45.118
26	54	91.63	12.88	44	168	172	45.118
27	51	73.71	10.47	59	186	188	45.790
28	57	59.08	9.93	49	148	155	50.545
29	49	76.32	9.40	56	186	188	48.673
30	48	61.24	11.50	52	170	176	47.920
31	52	82.78	10.50	53	170	172	47.467

考察耗氧能力与这些自变量之间的关系.

解:建立线性模型

$$\begin{cases}\eta=\beta_0+\beta_1 x_1+\beta_2 x_2+\cdots+\beta_6 x_6+\varepsilon \\ \varepsilon\sim N(0,\sigma^2)\end{cases},$$

可以算出:SSR=722.543 21,SST=851.381 54,SSE=128.837 94,$F=22.433$.

如果取 $\alpha=0.10$,$F_{0.10}(6,24)=2.04$,$F>F_{0.05}(6,24)$说明线性模型是有效的.

其逐步回归过程和结果如下:

第一步:首先对全模型计算模型的有效性的 F 统计量,为 $F=22.433$;模型有效,每个变量

检验的 F 统计量见表 10.4.

表 10.4

变量	x_1	x_2	x_3	x_4	x_5	x_6
F	5.17	1.85	46.42	0.11	9.51	4.93

$F_{0.10}(1,24)=2.93$，由此可得到 x_4，x_2 应剔除，首先剔除 x_4；重新建立模型.

第二步：对剔除 x_4 后的新模型计算模型有效性的 F 统计量，为 $F=27.90$；$F>F_{0.10}(5,25)=2.09$，模型有效，每个变量检验的 F 统计量见表 10.5.

表 10.5

变量	x_1	x_2	x_3	x_5	x_6
F	5.29	1.84	61.89	10.16	5.18

$F_{0.10}(1,25)=2.92$，由此可得到 x_2 应剔除.

第三步：对剔除 x_4，x_2 后的新模型计算模型有效性的 F 统计量，为 $F=33.33$；$F>F_{0.10}(4,26)=2.17$，模型有效，每个变量检验的 F 统计量见表 10.6.

表 10.6

变量	x_1	x_3	x_5	x_6
F	4.27	66.05	8.78	4.10

$F_{0.10}(1,26)=2.91$，由此可得到没有变量可剔除，这样就得到了最终模型

$$\begin{cases}\eta=\beta_0+\beta_1 x_1+\beta_3 x_3+\beta_5 x_5+\beta_6 x_6+\varepsilon \\ \varepsilon\sim N(0,\sigma^2)\end{cases}.$$

3. 多元共线性

什么是多元共线性？多元共线性对 LS 估计有什么影响？如何判别数据中存在多元共线性？我们先从最简单的情况开始，设有两个自变量 x_1，x_2，它们的观测数据可用 n 维向量表示 $\boldsymbol{x}_1=(x_{11},x_{21},\cdots,x_{n1})$，$\boldsymbol{x}_2=(x_{12},x_{22},\cdots,x_{n2})$，这两个变量的统计相关性可用"样本相关系数"的平方

$$r^2=\frac{\left[\sum_{i=1}^{n}(x_{i1}-\bar{x}_1)(x_{i2}-\bar{x}_2)\right]^2}{\left[\sum_{i=1}^{n}(x_{i1}-\bar{x}_1)^2\right]\left[\sum_{i=1}^{n}(x_{i2}-\bar{x}_2)^2\right]}=\frac{L_{12}}{L_{11}L_{22}} \tag{10.47}$$

来表示. 其中，$\bar{x}_1$，$\bar{x}_2$ 表示样本平均，将数据"标准化"

$$x_{ij}^*=\frac{x_{ij}-\bar{x}_j}{\sqrt{L_{jj}}},$$

$\boldsymbol{x}_1^*=(x_{11}^*,x_{21}^*,\cdots,x_{n1}^*)$，$\boldsymbol{x}_2^*=(x_{12}^*,x_{22}^*,\cdots,x_{n2}^*)$为标准化样本. 当 $|r|=1$ 时，$\boldsymbol{x}_1^*$，$\boldsymbol{x}_2^*$ 线性相关，即两向量共线. 若两向量共线，将 β 的最小二乘估计满足的方程

$$(\boldsymbol{X}'\boldsymbol{X})\hat{\boldsymbol{\beta}}=\boldsymbol{X}'\boldsymbol{Y} \tag{10.48}$$

改写为
$$\begin{bmatrix} L_{11} & L_{12} \\ L_{12} & L_{22} \end{bmatrix}\hat{\boldsymbol{\beta}}=\begin{bmatrix} L_{1y} \\ L_{2y} \end{bmatrix}, \tag{10.49}$$

系数矩阵的行列式$\begin{vmatrix} L_{11} & L_{12} \\ L_{12} & L_{22} \end{vmatrix}=L_{11}L_{22}(1-r^2)=0$，即$\beta$的最小二乘估计没有唯一解，可以证明它有无穷多解. 当若两向量接近共线时，即$|r|\approx 1$时，β的最小二乘估计的方差非常地大，其估计的性质很不稳定.

10.2.5 线性回归的推广

1. 非线性回归

在许多实际问题中，响应变量与一组自变量之间并不存在线性相关关系，但它们的关系可能是某种非线性相关关系，反映在图形上所描的点成非线性关系. 例如，研究商品年销售额与流通费率就是非线性关系. 对于这类问题当然不能直接用前面所述的线性回归方法，需要将回归模型的理论加深，建立非线性最小二乘估计理论；或将非线性关系通过变量代换或线性近似化为线性关系处理，这种方法通常称为非线性回归线性化方法.

例如，因变量Y与自变量x可能有关系(平均说来)：$\frac{1}{y}=a+\frac{b}{x}$，通过变量替换

$$y^*=\frac{1}{y},\quad x^*=\frac{1}{x}$$

得到了线性模型

$$Y^*=a+bx+\varepsilon,$$

利用一元线性回归分析可求得回归系数a,b的估计值$\hat{a},\hat{b}$，得到回归方程

$$\hat{Y}^*=\hat{a}+\hat{b}x,$$

从而就得到了Y对x的回归方程

$$\frac{1}{\hat{Y}}=\hat{a}+\hat{b}\,\frac{1}{x}.$$

一般说来，非线性回归线性化可按如下步骤进行：

(1) 如果是一元回归问题，对变量x,Y作n次试验观察值(x,y_i)，$i=1,2,\cdots,n$并作“散点图”，二元非线性回归类似.

(2) 根据散点图的形状选择适当的非线性类型. 至于选择哪种变换才能线性化，有一个简单的判别方法，将变换后的数据点在新坐标(变换后的坐标)中，若所得的点基本上成直线状，则适合，否则不适合. 注意：并不是每一个非线性函数都可以找到线性化的变换，例如$y=c\mathrm{e}^{ax_1}+d\mathrm{e}^{bx_2}$.

(3) 利用多元线性回归方法求得回归系数的估计将其代入非线性回归的表达式中，就得到了经验回归方程.

例 10.8 出钢时所用的盛钢水的钢包，由于钢水对耐火材料的侵蚀，容积不断增大，我们

希望找到使用次数 x 与增大的容积 y 之间的关系. 试验数据见表 10.7.

表　10.7

使用次数 x	1	2	3	4	5	6	7	8
增大容积 y	6.42	8.20	9.58	9.50	9.70	10.00	9.93	9.99
使用次数 x	9	10	11	12	13	14	15	
增大容积 y	10.49	10.59	10.60	10.80	10.60	10.90	10.76	

试确定非线性回归方程.

解: 画出"散点图",这些点大约分布在一条曲线附近,选用指数曲线 $y=ae^{\frac{b}{x}}$. 对其等式两边取对数,再令 $y^*=\ln y, x^*=\dfrac{1}{x}, a^*=\ln a$,于是得到

$$y^*=a^*+bx^*,$$

从而化成了线性回归问题. 按一元线性回归方法可求出回归系数的估计值.

$$L_{x^*x^*}=0.205\,6,\quad L_{y^*y^*}=0.265\,6,\quad L_{x^*y^*}=-0.229\,4,$$
$$\overline{x^*}=0.158\,7,\quad \overline{y^*}=2.281\,5,$$
$$\hat{b}=\frac{L_{x^*y^*}}{L_{x^*x^*}}=-1.110\,9,\quad \hat{a}^*=\overline{y^*}-\hat{b}\,\overline{x^*}=2.457\,8,$$

由此得到 $\hat{a}=11.678\,9$,故可得到经验回归方程 $\hat{Y}=11.678\,9e^{-\frac{1.110\,9}{x}}$.

10.3　方差分析

方差分析与试验设计是英国统计学家和遗传学家费希尔进行农业试验发展起来的通过试验获取数据并进行分析的统计方法. 方差分析讨论的是生产和科学试验中有哪些因素对试验结果有显著作用,哪些因素没有显著作用. 讨论的是一个因素对试验结果是否有影响的方差分析称为一元方差分析,讨论的是多个因素对试验结果是否有影响的方差分析称为多元方差分析.

10.3.1　一元方差分析

人们常常通过试验来考察了解各种因素对产品或成品的性能、成本、产量等的影响,我们把性能、成本、产量等统称为试验指标. 有些指标可以直接用数量表示,称为定量指标;不能直接用数量表示的,称为定性指标,可按评定结果打出分数或评出等级,这时就能用数量表示了. 在试验中,影响试验指标的原因称为因素. 因素在试验中所处的各种状态称为因素的水平,某个因素在试验中需要考察它的几种状态,就称它为几水平的因素.

在生产实践和科学试验中,人们经常要研究这样的问题:如果改变生产条件是否会对产品(指标)产生显著影响? 如果改变试验条件是否会对试验结果(指标)产生显著影响? 方差分析的作用就在于通过对试验数据的统计分析,从而推断试验数据间的差异是由于生产条件的改变还是由于随机误差的影响,并分析出最佳的试验条件. 下面举例说明.

例 10.9 某灯泡厂用四种不同配料方案制成的灯丝生产四批灯泡，在每批灯泡中取若干个做寿命试验，它们的寿命分别记为 x_{ij}，其中下标 i 表示第 i 批灯泡，第二个下标 j 表示第 j 次试验. 具体数据见表 10.8.

表 10.8

品种	寿命/h
A_1	1 600, 1 610, 1 650, 1 680, 1 700, 1 720, 1 800
A_2	1 580, 1 640, 1 640, 1 700, 1 750
A_3	1 460, 1 550, 1 600, 1 620, 1 660, 1 740, 1 820, 1 640
A_4	1 510, 1 520, 1 530, 1 570, 1 600, 1 680

现在要研究的问题是灯丝的不同配料方案，即不同的品种对灯泡寿命有无显著影响.

在这里灯泡的寿命就是指标，灯泡品种就是**因子**，四种不同品种的灯泡就是四个**水平**，因此这是一个单因子四水平试验. 我们将每一种配料制成的灯泡，其寿命看成同一总体，而不同品种的灯泡就是不同总体，因而出现四个不同总体. 每一种的灯泡寿命都有一个理论上的平均值，即分布的数学期望，不同品种的灯泡的寿命的数学期望可能有显著差异，也可能没有显著差异，试验的目的就是通过假设检验对这个问题给出一个推断. 一般可假定母体的方差相同. 由于其他试验条件相同，如果灯泡品种对灯泡寿命无显著性影响，可认为四个总体的概率分布相同，换句话说，灯泡品种对灯泡寿命是否有显著性影响，就是要检验四个总体的均值是否相等. 按参数估计的假设检验方法可以逐个地进行检验，但这个方法显得繁而复杂. 特别当水平数较多时，需要做许多假设和检验，计算量也相当大. 如果能导出一个可以用来检验所有这些假设的统计量，那么解决这样的问题就方便多了. 方差分析就可以用来解决这样的问题.

假设试验只考虑一个因素 A，它有 I 个水平 $A_1, A_2, \cdots, A_I$，总共有 N 次试验，x_{ij} 表示第 i 水平第 j 次试验，其数据见表 10.9.

表 10.9

水　平	试验结果
A_1	$x_{11}, x_{12}, \cdots, x_{1n_1}$
A_2	$x_{21}, x_{22}, \cdots, x_{2n_2}$
…	…
A_I	$x_{I1}, x_{I2}, \cdots, x_{In_I}$

再作如下假设：$X_1, X_2, \cdots, X_I$ 为 I 个子总体，且 $X_1, X_2, \cdots, X_I$ 相互独立，$X \sim N(\mu_i, \sigma^2)$，而 $x_{i1}, x_{i2}, \cdots, x_{in_i}$ 为 X_i 的样本. 显然 I 个水平对试验结果有无显著性影响，就是看 $X_1, X_2, \cdots, X_I$ 是否为相同的总体，或它们的分布是否相同. 由于它们都是正态总体，就只要看它们分布的参数是否相同，已知方差相同，这就只需判断数学期望是否相等. 换句话说，只要在一定的显著性水平上检验统计假设

$$H_0: \mu_1 = \mu_2 = \cdots = \mu_I.$$

令
$$\overline{X_i}=\frac{1}{n_i}\sum_{j=1}^{n_i}X_{ij},\quad \overline{X}=\frac{1}{N}\sum_{i=1}^{I}\sum_{j=1}^{n_i}X_{ij}$$

分别表示第 i 个子总体的样本均值(组平均值)和总体样本均值(总平均值). 总偏差平方和

$$\mathrm{SST}=\sum_{i=1}^{I}\sum_{j=1}^{n_i}(X_{ij}-\overline{X})^2,$$

它描述全部数据离散程度(总波动)的大小. 容易证明

$$\mathrm{SST}=\mathrm{SSA}+\mathrm{SSE}, \tag{10.50}$$

其中, $\mathrm{SSA}=\sum_{I=1}^{I}n_i(\overline{X_i}-\overline{X})^2$, $\mathrm{SSE}=\sum_{i=1}^{I}\sum_{j=1}^{n_i}(X_{ij}-\overline{X_i})^2$.

SSA 反映的是各子总体样本均值(组平均值)的不同而引起的误差,是各组平均值与总体样本平均值的离差平方和,它表示因试验水平差异带来的误差大小,称为组间偏差平方和,也称系统误差. SSE 反映的是每一个子总体的(组内)数据不同而引起的误差,是每个观测值与其组内平均值的离差平方和,它表示试验误差的大小,称为组内偏差平方和,也称误差平方和. 因此,通过 SSA 的大小可以反映原假设 H_0 是否成立. 若 SSA 显著地大于 SSE,说明各子总体(水平)X_i 之间差异显著,那么 H_0 可能不成立. 这种比较方差大小来判断原假设 H_0 是否成立的方法就是方差分析的由来. 那么 $\frac{\mathrm{SSA}}{\mathrm{SSE}}$ 的值大到什么程度可以否定 H_0 呢? 在理论上已经证明

$$F=\frac{\mathrm{SSA}/(I-1)}{\mathrm{SSE}/(N-I)}\sim F(I-1,N-I), \tag{10.51}$$

统计量 F 可以作为判断 H_0 是否成立的检验统计量. 在给定显著水平 α 的情况下,当 $F>F_\alpha(I-1,N-I)$时,则拒绝 H_0,认为因素 A 对试验的指标是显著的,否则接受 H_0. 在实际进行一元方差分析时,通常将有关的统计量连同分析结果列在一张表上,见表 10.10.

表 10.10

方差来源	平方和	自由度	样本方差	F 值
组间(因素 A) 组内(误差)	SSA SSE	$I-1$ $N-I$	$\mathrm{SSA}/(I-1)$ $\mathrm{SSE}/(N-I)$	$\frac{\mathrm{SSA}/(I-1)}{\mathrm{SSE}/(N-I)}$
总和	SST	$N-1$		

在例 10.9 中给定 $\alpha=0.05$,问灯丝的配料方案对灯泡寿命有无影响.

按题意 $I=4$, $n_1=7$, $n_2=5$, $n_3=8$, $n_4=6$, $N=26$,经计算可得方差分析表见表 10.11.

表 10.11

方差来源	平方和	自由度	样本方差	F 值
组间(因素 A) 组内(误差)	44 374.6 1 449 970.8	3 22	14 791.5 6 816.8	2.17
总和	194 345.4	25		

对给定的 $\alpha=0.05$，查表得 $F_{0.05}(3,22)=3.05$，因为 $F=2.15<F_{0.05}(3,22)$，所以接受 H_0，即这四种灯丝的配料方案生产的灯泡寿命之间无显著差异，换句话说，配料方案对灯泡寿命没有显著影响.

10.3.2 二元方差分析

1. 无重复试验的方差分析

如果两个因子无交互作用，只需在各种组合水平下各作一次试验就可进行方差分析，称为无重复试验的方差分析. 在上一小节中，我们假定对两个因子的每个水平组合都重复 1 次，则将既没有误差平方和，也没有自由度来刻画随机误差. 此时，因子效应的大小将失去比较的依据，从而也无法进行 F 检验. 因此，对双因子无重复试验数据，只有采用简化的模型，才能进行方差分析. 由于是无重复试验，可将数据重新记为 $X_{ij}(i=1,\cdots,I;j=1,\cdots,J)$，它表示 A 的第 i 水平和 B 的第 j 水平的指标值. 假设诸 X_{ij} 之间相互独立，且 $X_{ij}\sim N(\mu_{ij},\sigma^2)$，则 $X_{ij}=\mu_{ij}+\varepsilon_{ij}$，其中 ε_{ij} 之间相互独立，且 $\varepsilon_{ij}\sim N(0,\sigma^2)$. 类似上一小节的讨论，得到数学模型

$$\begin{cases} X_{ij}=\bar{\mu}+\alpha_i+\beta_j+\varepsilon_{ij} \\ \varepsilon_{ij}\sim N(0,\sigma^2)\text{，且各 }\varepsilon_{ij}\text{ 相互独立} \\ \sum_{i=1}^{I}\alpha_i=0,\sum_{j=1}^{J}\beta_j=0 \end{cases}. \tag{10.52}$$

在上述表达式中，$\bar{\mu}$ 表示总均值，α_i 表示 A 因子的第 i 水平对指标的单独效果，称为 A 因子的主效应，β_j 表示 B 因子的第 j 水平对指标的单独效果，称为 B 因子的主效应. A 因子的主效应水平是否显著，对此可以检验假设

$$H_1:\alpha_1=\alpha_2=\cdots=\alpha_I=0, \tag{10.53}$$

B 因子的主效应是否显著，则可以检验假设

$$H_2:\beta_1=\beta_2=\cdots=\beta_J=0. \tag{10.54}$$

总体样本均值、A 的第 i 水平样本均值和 B 的第 j 水平的样本均值分别为

$$\overline{X}=\frac{1}{IJ}\sum_{i=1}^{I}\sum_{j=1}^{J}X_{ij},\quad \overline{X_{i\cdot}}=\frac{1}{J}\sum_{j=1}^{J}\overline{X_{ij}},\quad \overline{X_{\cdot j}}=\frac{1}{I}\sum_{i=1}^{I}\overline{X_{ij}},$$

可以证明

$$\mathrm{SST}=\mathrm{SSA}+\mathrm{SSE}+\mathrm{SSE} \tag{10.55}$$

其中，总偏差平方和 $\mathrm{SST}=\sum_{i=1}^{I}\sum_{j=1}^{J}(X_{ij}-\overline{X})^2$，

A 因子偏差(主效应)平方和 $\quad \mathrm{SSA}=J\sum_{i=1}^{I}(\overline{X_{i\cdot\cdot}}-\overline{X})^2$，

B 因子偏差(主效应)平方和 $\quad \mathrm{SSB}=I\sum_{j=1}^{J}(\overline{X_{\cdot j}}-\overline{X})^2$，

随机误差平方和 $\quad \mathrm{SSE}=\sum_{i=1}^{I}\sum_{j=1}^{J}(X_{ij}-\overline{X_{\cdot j}}-\overline{X_{i\cdot}}+\overline{X})^2$.

总偏差平方和 SST 的自由度(独立平方项的个数)为 $N=IJ-1$,A 因子偏差(主效应)平方和 SSA 的自由度为 $I-1$,B 因子偏差(主效应)平方和 SSB 自由度为 $J-1$,误差平方和 SSE 的自由度为 $(I-1)(J-1)$.

还可以证明在 H_1 成立的条件下

$$F_A=\frac{\frac{\mathrm{SSA}}{(I-1)}}{\frac{\mathrm{SSE}}{(I-1)(J-1)}}\sim F(I-1,(I-1)(J-1)). \tag{10.56}$$

统计量 F_A 可以作为判断 H_1 是否成立的检验统计量.在给定显著水平 α 的情况下,当 $F_A>F_\alpha(I-1,(I-1)(J-1))$时,则拒绝 H_1,认为因子 A 对试验的指标的影响是显著的,否则接受 H_1.同理在 H_2 成立的条件下

$$F_B=\frac{\frac{\mathrm{SSB}}{(J-1)}}{\frac{\mathrm{SSE}}{(I-1)(J-1)}}\sim F(J-1,(I-1)(J-1)). \tag{10.57}$$

统计量 F_B 可以作为判断 H_2 是否成立的检验统计量.在给定显著水平 α 的情况下,当 $F_B>F_\alpha(J-1,(I-1)(I-1))$时,则拒绝 H_2,认为因子 B 对试验的指标的影响是显著的,否则接受 H_2.在实际进行方差分析时,通常将有关的统计量连同分析结果列在一张表上,见表 10.12.

表　10.12

方差来源	平方和	自由度	均方	F 值
主效应 A	SSA	$I-1$	$\mathrm{MSSA}=\mathrm{SSA}/(I-1)$	$F_A=\frac{\mathrm{MSSA}}{\mathrm{MSSE}}$
主效应 B	SSB	$J-1$	$\mathrm{MSSB}=\mathrm{SSB}/(J-1)$	$F_B=\frac{\mathrm{MSSB}}{\mathrm{MSSE}}$
随机误差	SSE	$(I-1)(J-1)$	$\mathrm{MSSE}=\mathrm{SSE}/(I-1)(J-1)$	
总和	SST	$N-1$		

例 10.10　将土质基本相同的一块耕地分成均等的五个地块,每块分成均等的四个小区,四个品种的小麦,在每一地块内随机分种在四个小区上,每一小区小麦的播种量相同,测得收获量资料见表 10.13(单位:斤/块).

表　10.13

地块 品种	地块 B_1	地块 B_2	地块 B_3	地块 B_4	地块 B_5
品种 A_1	32.3	34.0	34.7	36.0	35.5
品种 A_2	33.2	33.6	36.8	34.3	36.1
品种 A_3	30.3	34.4	32.3	35.8	32.8
品种 A_4	29.5	26.2	28.1	28.5	29.4

现在考察地块和品种对小麦收获量有无显著影响,取 $\alpha=0.05$.

解：设有两个因子 A,B 分别表示品种和地块. 显然因子 A 有四水平 A_1,A_2,A_3,A_4，因子 B 有五水平 B_1,B_2,B_3,B_4,B_5. 因此原问题转化为如下的数学问题：

$$H_1:\alpha_1=\alpha_2=\alpha_3=\alpha_4=0,$$
$$H_2:\beta_1=\beta_2=\beta_3=\beta_4=\beta_5=0.$$

直接计算可以得到方差分析表见表 10.14.

表 10.14

方差来源	平方和	自由度	均方	F 值
主效应 A	134.65	4	44.88	20.49
主效应 B	14.10	3	3.53	1.6
随机误差	26.28	12	2.19	
总和	175.03	19		

对品种 A，有 $F_A=20.49>F_{0.05}(3,12)=5.95$，说明不同品种对小麦的收获量有显著的影响. 对地块 B，有 $F_B=1.6<F_{0.05}(4,12)=3.26$，说明不同地块对小麦的收获量没有显著的影响.

2. 重复试验的方差分析

在许多实际问题中，往往不只出现单个因素的各个水平状态对实验指标的影响，而可能同时需考虑两个因子对实验指标的影响. 这时的方差分析，不仅需要判断各因子对指标的影响是否显著，还要考虑因子各水平之间的相互组合对指标的交互作用. 如果两个因子有交互作用，则要考虑每一种组合水平下各作多次试验才能进行方差分析.

例如，假定要比较一种新型复合肥料与传统肥料对小麦增产的效果，又假定所使用的试验地块的地质条件也不同(酸性、碱性或中性等). 自然我们会考虑到：除了肥料的不同可能使小麦的单产产生差异之外，地的酸碱性不同也可能使小麦的单元产生差异. 在这种情况下，如果把一种肥料撒到一块地上，而把另一种肥料撒到另一块地上，那么即使这两块地上的小麦单产有显著的差异，也无法判断这种差异是由肥料的不同造成的，还是由地的酸碱性的不同造成的. 对此，可以采取如下的作法：假定有三个试验地块，分别为酸性、碱性和中性. 将每块地划分为 $2K$ 块小区，将它们随机地分成两组，每组 K 块小区，其中一组小区施用传统肥料，另外一组施用新型复合肥料. 这样做的结果是：每种肥料和地块的组合(共有 6 种组合)都进行了 K 次试验. 这样，数据的分组可以按肥料分组和按地块分组两种方式，等价地说，决定数据分组的因子有两个，即肥料(因子 A)和地块(因子 B). 因子 A 有两个水下，因子 B 有三个水平. 在上述的试验方法下，两个因子的任一水平组合都做了相同次数的试验(K 次). 这是一个完全平衡的双因子试验.

一般地，假定在一个试验中要考虑两个因子 A 与 B，分别有 I 水平与 J 水平，记 A 因子的 I 水平为 $A_1,A_2,\cdots,A_I$，B 因子的 J 水平为 $B_1,B_2,\cdots,B_J$. 一个完全平衡的试验，就是要对两个因子的每个不同的水平组合 $A_i\times B_j$ 都做 K 次试验，其中 $K>l$. 在水平组合 $A_i\times B_j$ 下所得到的响应变量观测值 $X_{ijk}(i=1,\cdots,I;j=1,\cdots,J;k=1,\cdots,K)$表示 A 的第 i 水平 B 的第 j 水平上的第 k 次实验的指标值. 假设诸 X_{ijk} 之间相互独立，且 $X_{ijk}\sim N(\mu_{ij},\sigma^2)$，则 $X_{ijk}=\mu_{ij}+\varepsilon_{ijk}$，其中，$\varepsilon_{ijk}$ 之间相互独立，且 $\varepsilon_{ijk}\sim N(0,\sigma^2)$. 在上面的模型中，两个因子不同水平的组合对响应变量的影响的差异表现在分布的均值 μ_{ij} 的差异上. 为了更清楚地看清 μ_{ij} 的含义，我们做如下

一些变换：

$$\bar{\mu}=\frac{1}{IJ}\sum_{i=1}^{I}\sum_{j=1}^{J}\mu_{ij},\quad \overline{\mu_{i\cdot}}=\frac{1}{J}\sum_{j=1}^{J}\mu_{ij},\quad \overline{\mu_{\cdot j}}=\frac{1}{I}\sum_{i=1}^{I}\mu_{ij},$$

$$\alpha_i=\overline{\mu_{i\cdot}}-\bar{\mu},\quad \beta_j=\overline{\mu_{\cdot j}}-\bar{\mu},\quad \gamma_{ij}=\mu_{ij}-\overline{\mu_{\cdot j}}-\overline{\mu_{i\cdot}}+\bar{\mu},$$

于是得到数学模型

$$\begin{cases}X_{ijk}=\bar{\mu}+\alpha_i+\beta_j+\gamma_{ij}+\varepsilon_{ijk}\\ \varepsilon_{ijk}\sim N(0,\sigma^2),\text{且各 }\varepsilon_{ijk}\text{ 相互独立}\\ \sum_{i=1}^{I}\alpha_i=0,\sum_{j=1}^{J}\beta_j=0,\sum_{i=1}^{I}\gamma_{ij}=0,\sum_{j=1}^{J}\gamma_{ij}=0\end{cases}. \tag{10.58}$$

在上述表达式中，$\bar{\mu}$ 表示总均值；α_i 表示 A 因子的第 i 水平对指标的单独效果，称为 A 因子的主效应；β_j 表示 B 因子的第 j 水于对指标的单独效果，称为 B 因子的主效应；γ_{ij} 表示 A 因子的第 i 水平和 B 因子的第 j 水平在主效应之外，对指标所产生的额外的联合效果，称为交互效应.

在双因子试验的模型中，我们所关心的是：

(1) 因子的主效应是否显著. 假如我们关心 A 因子的主效应水平是否显著，对此可以检验假设：

$$H_1:\alpha_1=\alpha_2=\cdots=\alpha_I=0; \tag{10.59}$$

或者，假如我们所关心的是 B 因子的主效应是否显著，则可以检验假设

$$H_2:\beta_1=\beta_2=\cdots=\beta_J=0. \tag{10.60}$$

(2) 检验交互效应的效果是否显著. 这时我们检验假设

$$H_3:\gamma_{11}=\gamma_{12}=\cdots=\gamma_{IJ}=0. \tag{10.61}$$

双因子检验数据的方差分析主要解决上述三个假设的检验问题. 上述假设的检验方法与在单因子试验数据的方差分析中所采用的方法类似，就是将数据的总平方和分成若干项平方和，其中，有的刻画因子的主效应，有的刻画因子的交互效应，有的刻画随机误差的效应，然后构造适当的 F 统计量进行检验. 令

$$\overline{X}=\frac{1}{IJK}\sum_{i=1}^{I}\sum_{j=1}^{J}\sum_{k=1}^{K}X_{ijk},\quad \overline{X_{ij\cdot}}=\frac{1}{K}\sum_{k=1}^{K}X_{ijk},$$

$$\overline{X_{i\cdot\cdot}}=\frac{1}{J}\sum_{j=1}^{J_i}\overline{X_{ij\cdot}},\quad \overline{X_{\cdot j\cdot}}=\frac{1}{I}\sum_{i=1}^{I}\overline{X_{ij\cdot}}$$

分别表示总体样本均值(总平均值)、A 的第 i 水平与 B 的第 j 水平的样本均值、A 的第 i 水平的样本均值(A 组平均值)和 B 的第 j 水平的样本均值(B 组平均值). 总偏差平方和

$$\mathrm{SST}=\sum_{i=1}^{I}\sum_{j=1}^{J}\sum_{k=1}^{K}(X_{ijk}-\overline{X})^2,$$

它描述全部数据离散程度(总波动)的大小. 容易证明

$$SST=SSA+SSB+SSAB+SSE \tag{10.62}$$

其中，A 因子偏差（主效应）平方和：$SSA = JK\sum_{i=1}^{I}(\overline{X_{i..}}-\overline{X})^2$，

B 因子偏差（主效应）平方和：$SSB = IK\sum_{j=1}^{J}(\overline{X_{.j.}}-\overline{X})^2$，

交互效应偏差平方和：$SSAB = K\sum_{i=1}^{I}\sum_{j=1}^{J}(\overline{X_{ij.}}-\overline{X_{i..}}-\overline{X_{.j.}}+\overline{X})^2$，

随机误差平方和：$SSE = \sum_{i=1}^{I}\sum_{j=1}^{j}\sum_{k=1}^{K}(X_{ijk}-\overline{X_{ij.}})^2$.

与单因子方差分析中平方和的解释及自由度的计算类似，可以对上述的平方和给出解释，并计算自由度. 总偏差平方和 SST 刻画样本对于样本总均值 $\overline{X}$ 的总离散程度，平方项共有 $N=IJK$，满足一个约束条件：

$$\sum_{i=1}^{I}\sum_{j=1}^{J}\sum_{k=1}^{K}(X_{ijk}-\overline{X})=0,$$

因此，SST 的自由度（独立平方项的个数）为 $N=IJK-1$. A 因子偏差（主效应）平方和 SSA 可以解释为 A 因子主效应的总体效果，平方和项为 I，满足一个约束条件：$\sum_{i=1}^{I}(\overline{X_{i..}}-\overline{X})=0$，因此，SSA 的自由度为 $I-1$. 类似地，SSB 可以解释为 B 因子主效应的总体效果，自由度为 $J-1$. SSAB 代表交互效应的总效果，平方和项为 IJ，它们之间满足约束条件：

$$\sum_{i=1}^{I}(\overline{X_{ij.}}-\overline{X_{i..}}-\overline{X_{.j.}}+\overline{X})=0, j=1,\cdots,J,$$

$$\sum_{j=1}^{J}(\overline{X_{ij.}}-\overline{X_{i..}}-\overline{X_{.j.}}+\overline{X})=0,\quad i=1,\cdots,I,$$

这 $I+J$ 个约束条件中只有 $I+J-1$ 个是独立的，因此 SSAB 的自由度为 $(I-1)(J-1)$. 最后再来看误差平方和 SSE，它可以看成随机误差的总度量，平方和项为 IJK，满足下列约束条件：

$$\sum_{k=1}^{K}(X_{ijk}-\overline{X_{ij.}})=0,\quad i=1,\cdots,I;\quad j=1,\cdots,J,$$

因此 SSE 的自由度为 $IJ(K-1)$.

因此，通过 SSA 的大小可以反映原假设 H_1 是否成立. 若 SSA 显著地大于 SSE，A 因子水平之间差异显著，那么 H_1 可能不成立. 这种比较方差大小来判断原假设 H_1 是否成立的方法就是方差分析的由来. 那么$\frac{SSA}{SSE}$的值大到什么程度可以否定 H_1 呢？在理论上已经证明在 H_1 成立的条件下

$$F_A=\frac{\frac{SSA}{(I-1)}}{\frac{SSE}{IJ(K-1)}}\sim F(I-1,IJ(K-1)). \tag{10.63}$$

统计量 F_A 可以作为判断 H_1 是否成立的检验统计量. 在给定显著水平 α 的情况下，当 $F_A>$

$F_\alpha(I-1,IJ(K-1))$时，则拒绝 H_1 认为因子 A 对试验的指标的影响是显著的，否则接受 H_1. 同理在 H_2 成立的条件下

$$F_B=\frac{\frac{\text{SSB}}{(J-1)}}{\frac{\text{SSE}}{IJ(K-1)}}\sim F(J-1,IJ(K-1)). \tag{10.64}$$

统计量 F_B 可以作为判断 H_2 是否成立的检验统计量. 在给定显著水平 α 的情况下，当 $F_B>F_\alpha(J-1,IJ(K-1))$时，则拒绝 H_2 认为因子 B 对试验的指标的影响是显著的，否则接受 H_2. 同理在 H_3 成立的条件下

$$F_{AB}=\frac{\frac{\text{SSAB}}{(I-1)(J-1)}}{\frac{\text{SSE}}{IJ(K-1)}}\sim F(J-1,IJ(K-1)). \tag{10.65}$$

统计量 F_{AB} 可以作为判断 H_3 是否成立的检验统计量. 在给定显著水平 α 的情况下，当 $F_{AB}>F_\alpha((I-1)J-1,IJ(K-1))$时，则拒绝 H_3，认为因子 A 与 B 对试验的指标的交互作用的影响是显著的，否则接受 H_3.

在实际进行方差分析时，通常将有关的统计量连同分析结果列在一张表上，见表 10.15.

表　10.15

方差来源	平方和	自由度	均方	F 值
主效应 A	SSA	$I-1$	$\text{MSSA}=\frac{\text{SSA}}{I-1}$	$F_A=\frac{\text{MSSA}}{\text{MSSE}}$
主效应 B	SSB	$J-1$	$\text{MSSB}=\frac{\text{SSB}}{J-1}$	$F_B=\frac{\text{MSSB}}{\text{MSSE}}$
交互效应 AB	SSAB	$(I-1)(J-1)$	$\text{MSSAB}=\frac{\text{SSAB}}{(I-1)(J-1)}$	$F_{AB}=\frac{\text{MSSAB}}{\text{MSSE}}$
随机误差	SSE	$IJ(K-1)$	$\text{MSSE}=\frac{\text{SSE}}{IJ(K-1)}$	
总和	SST	$N-1$		

例 10.11　为了比较三种松树在四个不同的地区的生长情况有无差别，在每个地区对每种松树随机地选取五株，测量它们的胸径，得到数据见表 10.16.

表　10.16

树种＼地区	地区 1	地区 2	地区 3	地区 4
树种 1	23,15,26,13,21	25,20,21,16,18	21,17,16,24,27	14,17,19,20,24
树种 2	28,22,25,19,26	30,26,26,20,28	19,24,19,25,29	17,21,18,26,23
树种 3	18,10,12,22,13	15,21,22,14,12	23,25,19,13,22	18,12,23,22,19

现在考察树种和地区对树的胸径有无显著影响，取 $\alpha=0.05$.

解：这是一批等重复的两因子数据，记树种因子为 A，地区因子为 B，则 A 因子有 3 水平，

B 因子有 4 水平，总共有 12 个水平组合，每个组合有 5 个重复观测. 假定树的胸径为度量树的生长情况是否良好的数值指标，我们的目标是：由以上数据来判断不同树种及不同地区对松树的生长情况是否有影响(好或坏)？这时要考虑的影响有三种：树种的单独影响(A 因子主效应). 地区的单独影响(B 因子主效应)，以及不同树种和不同地区的结合所产生的交互影响(AB 因子的交互效应). 方差分析的结果见表 10.17.

表 10.17

方差来源	平方和	自由度	均方	F 值
主效应 A	355.6	2	177.8	9.68
主效应 B	49.65	3	16.55	0.90
交互效应 AB	106.4	6	17.73	0.97
随机误差	882.0	48	18.38	
总和	1 393.7	59		

从上面的分析结果，我们来对因子的主效应和交互效应的显著性进行检验. 现取显著性水平 $\alpha=0.05$，查表得到 F 的临界值：

$$F_{0.05}(2,48)=3.19,\quad F_{0.05}(3,48)=2.80,\quad F_{0.05}(6,48)=2.29.$$

因为

$$F_A=9.68>F_{0.05}(2,48)=3.19,$$
$$F_B=0.90<F_{0.05}(3,48)=2.80,$$
$$F_{AB}=0.97<F_{0.05}(6,48)=2.29.$$

所以，接受 H_1，拒绝 H_2 与 H_3. A 因子主效应是显著的，或者说松树的不同种类对树的胸径有显著影响. 由于 A 因子主效应是显著的，可以进一步考查 A 因子不同水平的均值. 注意到 A 因子的第二水平为最大：23.55，而第三水平的均值为最小：17.65，可以认为树种 2 的生长情况优于树种 3. 能够得出这个结论，得益于观测的等重复性. B 因子主效应不显著，或者说不同地区对树的胸径没有显著影响. AB 因子的交互效应不显著，或者说不同地区对不同的树种的生长没有特别的影响.

习 题 10

1. 设有线性模型为 $\begin{cases}Y_1=a+\varepsilon_1\\ Y_2=2a-b+\varepsilon_2\\ Y_3=a+2b+\varepsilon_3\end{cases}$，其中，$\varepsilon_1,\varepsilon_2,\varepsilon_n$ 相互独立且都有服从 $N(0,\sigma^2)$，求 a,b 的最小二乘估计和 σ^2 的矩估计.

2. 考察硝酸钠的可溶性程度时，对一系列不同的温度观察它在 100 mL 的水中溶解的硝酸钠的质量，得观察结果见表 10.18.

表 10.18

质量 y	0	4	10	15	21	29	36	51	68
温度 x	66.7	71.0	76.3	80.6	85.7	92.9	99.4	113.6	125.1

试求重量与温度的回归直线方程.

3. 通过原点的二元线性回归模型为

$$Y_i=\beta_1 x_{i1}+\beta_2 x_{i2}+\varepsilon_i,\quad i=1,2,\cdots,n,$$

其中,$\varepsilon_1,\varepsilon_2,\cdots,\varepsilon_n$ 相互独立且都有服从 $N(0,\sigma^2)$. 求 β_1,β_2 的最小二乘估计.

4. 某种合金钢的抗拉强度 y(Pa)与钢的含碳量 x(%)有关系,测得数据见表 10.19.

表　10.19

抗拉强度 x	0.06	0.07	0.08	0.09	0.10	0.11	0.12	0.13	0.14	0.16	0.18	0.20
含碳量 y	40.5	41.3	42.2	43.0	43.8	44.6	45.4	46.2	47.0	48.6	50.3	51.9

(1) 求出 Y 对 x 的线性回归方程;

(2) 检验回归效果是否显著;

(3) 在 $x=0.15$ 时,求 Y 的 0.05 预测区间;

(4) 要使 Y 落在(45.8,47.2)内,x 应控制在什么范围内($\alpha=0.05$)?

5. 混凝土的抗压强度 x(kg/cm^2)较易测得,其抗剪强度 y(kg/cm^2)不易测得. 工程中希望能用 x 推算 y 的模型,现随机测得一批数据见表 10.20.

表　10.20

抗压强度 x	141	152	168	182	195	204	223	254	277
抗剪强度 y	23.1	24.2	27.2	27.8	28.7	31.4	32.5	34.8	36.2

试分别按(1) $y=a+b\sqrt{x}$;(2) $y=a+b\ln x$;(3) $y=ax^b$ 建立 y 对 x 的回归方程,并根据一元回归分析的相关系数选出其中的最优模型.

6. 在工业洗煤过程中,用溢出溶液中固体悬浮物的量 y(mg/L)来作为洗煤有效性的度量,影响洗煤有效性的变量有 x_1:输入溶液中固体百分比;x_2:输入溶液中固体 PH 值;x_3:清洗流速.

为研究上述变量对 y 的影响,做了一批试验,其结果见表 10.21.

表　10.21

试验号	x_1	x_2	x_3	y
1	1.5	6.0	1 315	243
2	1.5	6.0	1 315	261
3	1.5	9.0	1 890	244
4	1.5	9.0	1 890	285
5	2.0	7.5	1 575	202
6	2.0	7.5	1 575	180
7	2.0	7.5	1 575	183
8	2.0	7.5	1 575	207
9	2.5	9.0	1 313	216

续表

试验号	x_1	x_2	x_3	y
10	2.5	9.0	1 315	160
11	2.5	6.0	1 890	104
12	2.5	6.0	1 890	110

对 y 关于变量 x_1, x_2, x_3 作线性回归，并用逐步回归的方法作变量选择.

7. 考察四种不同的催化剂对某一化工产品的转化率的影响，在不同的四种催化剂下分别做试验得数据见表 10.22. 试检验在四种不同的催化剂下对某一化工产品的转化率的影响有无差别？($\alpha=0.05$)

表 10.22

催化剂	产品转化率					
1	0.88	0.85	0.79	0.86	0.85	0.83
2	0.87	0.92	0.85	0.83	0.90	
3	0.84	0.78	0.81			
4	0.81	0.86	0.90	0.87		

8. 设有三个品种的小麦和两种不同的肥料，将一定面积的地块分为六个均等的小区，每个小区随机地试验品种和肥料六种交错组合的一种，在面积相等的四块上进行重复试验，观察小麦的收获量(kg)见表 10.23. 试检验品种、肥料及其交互作用对小麦收获量的影响有无差别？($\alpha=0.01$)

表 10.23

肥料 \ 品种	1	2	3
1	9　10　9　8	11　12　9　8	13　14　15　12
2	9　10　12　11	12　13　11　12	22　16　20　18

9. 该火箭使用了四种燃料、三种推进器作射程试验，每种燃料与每种推进器的组合各作两次试验，得火箭射程见表 10.24. 试检验燃料、推进器及其交互作用对火箭射程的影响有无差别？($\alpha=0.05$)

表 10.24

燃料 \ 推进器	1	2	3
1	58.2　52.6	56.2　41.2	65.3　60.8
2	49.1　42.8	54.1　50.5	51.6　48.4
3	60.1　58.3	70.9　73.2	39.2　40.7
4	75.8　71.5	58.2　51.0	48.7　41.4

10. 某工人使用四台机床生产某产品，进行了六天试验，日产量数据见表10.25. 试检验在四种不同的车床对日产量的影响有无差别？($\alpha=0.05$)

表　10.25

机　器	产　量					
1	93	96	91	87	90	86
2	65	69	57	60	63	64
3	79	70	75	74	79	75
4	80	83	79	81	80	79

11. 混凝土的抗压强度随养护时间的延长而增加，现将一批混凝土作成12个试块，记录了养护日期 x(日)及抗压强度 y(kg/cm^2)的数据见表10.26. 试求 $\hat{y}=a+b\ln x$ 型回归方程.

表　10.26

养护时间 x	2	3	4	5	7	9	12	14	17	21	28	56
抗压强度 y	35	42	47	53	59	65	68	73	76	82	86	99

12. 在研究化学动力学反应过程中，建立了一个反应速度和反应物含量的数学模型，形式为

$$y=\frac{\beta_1 x_2-\dfrac{x_3}{\beta_5}}{1+\beta_2 x_1+\beta_3 x_2+\beta_4 x_3},$$

其中，$\beta_1,\cdots,\beta_5$ 是未知参数，x_1,x_2,x_3 是三种反应物(氢、n 戊烷、异构戊烷)的含量，y 是反应速度. 今测得一组数据见表10.27，试由此确定参数 $\beta_1,\cdots,\beta_5$，并给出置信区间. 其中 $\beta_1,\cdots,\beta_5$ 的参考值为(1,0.05, 0.02, 0.1, 2).

表　10.27

序号	反应速度 y	氢 x_1	n 戊烷 x_2	异构戊烷 x_3
1	8.55	470	300	10
2	3.79	285	80	10
3	4.82	470	300	120
4	0.02	470	80	120
5	2.75	470	80	10
6	14.39	100	190	10
7	2.54	100	80	65
8	4.35	470	190	65
9	13.00	100	300	54
10	8.50	100	300	120
11	0.05	100	80	120
12	11.32	285	300	10
13	3.13	285	190	120

13. 财政收入预测问题:财政收入与国民收入、工业总产值、农业总产值、总人口、就业人口、固定资产投资等因素有关.表 10.28 列出了 1952—1981 年的原始数据,试构造预测模型.

表 10.28

年份	国民收入/亿元	工业总产值/亿元	农业总产值/亿元	总人口/万人	就业人口/万人	固定资产投资/亿元	财政收入/亿元
1952	598	349	461	57 482	20 729	44	184
1953	586	455	475	58 796	21 364	89	216
1954	707	520	491	60 266	21 832	97	248
1955	737	558	529	61 465	22 328	98	254
1956	825	715	556	62 828	23 018	150	268
1957	837	798	575	64 653	23 711	139	286
1958	1 028	1 235	598	65 994	26 600	256	357
1959	1 114	1 681	509	67 207	26 173	338	444
1960	1 079	1 870	444	66 207	25 880	380	506
1961	757	1 156	434	65 859	25 590	138	271
1962	677	964	461	67 295	25 110	66	230
1963	779	1 046	514	69 172	26 640	85	266
1964	943	1 250	584	70 499	27 736	129	323
1965	1 152	1 581	632	72 538	28 670	175	393
1966	1 322	1 911	687	74 542	29 805	212	466
1967	1 249	1 647	697	76 368	30 814	156	352
1968	1 187	1 565	680	78 534	31 915	127	303
1969	1 372	2 101	688	80 671	33 225	207	447
1970	1 638	2 747	767	82 992	34 432	312	564
1971	1 780	3 156	790	85 229	35 620	355	638
1972	1 833	3 365	789	87 177	35 854	354	658
1973	1 978	3 684	855	89 211	36 652	374	691
1974	1 993	3 696	891	90 859	37 369	393	655
1975	2 121	4 254	932	92 421	38 168	462	692
1976	2 052	4 309	955	93 717	38 834	443	657
1977	2 189	4 925	971	94 974	39 377	454	723
1978	2 475	5 590	1 058	96 259	39 856	550	922
1979	2 702	6 065	1 150	97 542	40 581	564	890
1980	2 791	6 592	1 194	98 705	41 896	568	826
1981	2 927	6 862	1 273	100 072	73 280	496	810

第11章　线性反演理论初步

自20世纪60年代以来，对反演问题的研究得到了极大的发展. 究其原因，一方面在于反演问题来源的广泛性，如在地学、遥感技术、地球物理、石油勘探、材料科学、信号(图像)处理乃至生命科学都提出了大量的由“结果”(观测)探求“原因”(待反演参数)的反演问题；另一方面则在于计算机硬件条件的改进和数值计算理论与方法的发展，使得快速、可靠的求解各领域提出的反演问题的数值解成为可能.

如实例1就是一个由天文测量结果反演地球物理参数的例子.

实例1　两个数据的重力问题.

考虑球对称地球模型，地球半径 $a=6.370\,8\times10^6\,\mathrm{m}$. 记地球径向密度函数为 $\rho(r)$，则地球质量 M_e 和转动惯量 I_e 可由径向密度函数 $\rho(r)$ 确定，

$$d_1 = M_e = \int_0^a 4\pi r^2 \cdot \rho(r)\mathrm{d}r\,, \quad d_2 = I_e = \int_0^a \frac{8}{3}\pi r^4 \cdot \rho(r)\mathrm{d}r\,.$$

假设根据天文测量可估计出地球的质量 $M_e=5.956\,0\times10^{24}\,\mathrm{kg}$，地球的转动惯量 $I_e=7.996\,3\times10^{37}\,\mathrm{kg\cdot m}$，试估计密度 $\rho(r)$.

反演问题具有涉及面广、内容丰富、跨行业、跨学科等特点. 从反演问题的研究方法上看，它更多地用到了计算数学、应用数学和统计学的知识，可以说数学理论和方法是反演问题研究的基础.

反演问题可分为线性反演问题和非线性反演问题，本章主要介绍线性反演问题的几种基本数值解法. 更进一步的学习建议，读者阅读参考文献[44,46].

11.1　反演问题的基本概念

11.1.1　反演问题及其主要内容

给“反演问题”下一个精确的数学定义是困难的，但当研究工作者遇到反演问题时，几乎都能识别出它们，这种辨别的能力来自于大家对一个和反演问题相对应的正演问题的直观理解，也就是说反演问题是相对于正演问题而言的.

正演问题是根据某些一般原理或模型，以及一系列与所处理的问题有关的已知条件(初始、边界条件)来预测观测结果(预测数据)的方法，其过程为：模型参数→模型→数据的预测.

例11.1　已知地温 T 与深度 z 成线性关系 $T(z)=a+bz$，且已知参数 a,b，求某一深度 z_0 的地温值.

例11.1是一个正演问题，在这里 $T(z)=a+bz$ 是模型，a,b 是模型参数，所要求的是在深度为 z_0 条件下地温的大小，即求 $T(z_0)=a+bz_0$. 正演问题做的是由“因”(原因)及“果”(结果)的工作.

反演问题处理与上述正演问题相反的问题. 具体而言就是由结果及某些一般原理(或模

型)出发去确定表征问题特性的参数(或称模型参数),其过程为:数据→模型→模型参数的估算值.

例 11.2 考虑例 11.1 中地温 T 与深度 z 的关系 $T(z)=a+bz$. 假设模型参数矢量 $\boldsymbol{m}=(a,b)^{\mathrm{T}}$ 未知,需对参数矢量 $\boldsymbol{m}$ 做反演. 现有 N 个已知深度 $z_1,z_2,\cdots,z_N$ 对应的地温观测数据 $T_1,T_2,\cdots,T_N$,记矢量 $\boldsymbol{d}=(T_1,T_2,\cdots,T_N)^{\mathrm{T}}$,则

$$\boldsymbol{d}=\boldsymbol{G}\boldsymbol{m},$$

其中,$\boldsymbol{G}=\begin{bmatrix}1 & z_1\\ 1 & z_2\\ \vdots & \vdots\\ 1 & z_N\end{bmatrix}$为数据核矩阵(回归矩阵).

例 11.2 是一个反演问题. 反演问题做的是由“果”(结果)及“因”(原因)的工作. 我们这里只考虑模型参数的反演问题,并不涉及模型本身的反演(模式识别),所以以后不引起混淆的情况下也称 $\boldsymbol{m}=(a,b)^{\mathrm{T}}$ 为模型.

反演问题和正演问题是相对而言的,判断一对问题哪个是正演问题,哪个是反演问题,一般根据以下两个原则:

(1)根据该科学问题的历史演化进程,若从问题的一边到另一边的物理机理非常明确,一般可作为正演问题. 如有了牛顿第二运动定律,则在某些初始条件下,由物体所受的力计算物体的运动轨道就是一个正演问题,而由已知运动轨道反求物体所受的力就是一个反演问题,万有引力定律的发现即是牛顿求解该类反演问题的结果(事实上,当时的惠更斯、胡克等都根据开普勒行星运动三定律,猜测引力服从平方反比律,但牛顿的伟大之处在于他在数学上证明出了这一点). 有了万有引力定律后,求引力即变成了正演问题,一个星体对另外一个星体的运行轨道的影响,也是正演问题. 在 19 世纪早期,科学家发现太阳系已知的七大行星中,天王星的实际运行轨道与预测的并不相符,猜测太阳系中还有其他行星影响天王星的运行轨道,英国的亚当斯(J. C. Adams)和法国的勒威耶(Le Verrier)求解了这个反演问题,发现了海王星.

(2)根据该问题正反两方向的求解难度.

例 11.3 考虑一维的第一类 Fredholm 卷积型积分方程:

$$g(x)=\int_0^1 k(x-x')f(x')\mathrm{d}x',\quad 0<x<1. \tag{11.1}$$

如已知函数 f 及核函数 k,要求 g,则一般将其视为一个正演问题,因为利用数值积分的方法,求解 g 相对而言比较容易; 反过来,已知 g 和核函数 k 求解 f,则这是一个反演问题,因为虽然可以将上问题离散化,将其化为一个求解线性方程组的问题,但是求解的时候由于方程组的病态性,使得求解比较困难.

从本章的后续内容中可以看到,在反演问题中会涉及理论观测值的计算问题(也即求解正演问题),只有准确地计算出理论观测值,才能可靠地求解反演问题,所以正演是反演的前提和条件.

对于反演问题,主要考察其以下五个方面的内容.

(1)解的存在性. 即给定一组观测数据,考察是否一定存在一个能拟合观测数据的解或模型. 在实际的反演问题中,解的存在性已被大量的事实所证实. 解的存在性也是对所研究问

题及其附加条件的正确性的一种检验，如果数学物理模型真实反应了模型参数与观测数据的因果关系，则"果"(观测数据)理应对应有"因"(模型参数).

(2)解的唯一性. 对于选定的模型和已知条件，若解存在，那么它是否是唯一解？若不是唯一解，为了解决其唯一性，通常应加上附加条件，或增加观测数据，或两者兼而有之.

(3)解的稳定性. 解的稳定性研究当反演问题的观测数据稍有变化时其解是否会发生大的变化. 若数据的微小变化所引起的解在定义域中的变化也是微小的，则认为解的值连续依赖于数据，问题的解是稳定的；若此时解在定义域中的变化很大且不规则，则称问题的解是不稳定的，即为病态的.

(4)反演问题的求解方法. 在处理反演问题中，通常更关心的是求解方法. 由于实际问题的复杂性，有时尽管做过解的存在性与唯一性的验证，但并不等于就有了求解的方法. 且在实际应用时，也不强求要先解决恰定性才能求解. 许多问题都是通过反复的实践与演变，才能建立起比较完整的理论. 所以，反演问题研究中最大量的工作是研究求解的方法.

(5)解的评价. 如何从所求的解中提取关于真实模型的信息，特别当解非唯一的时候. 解的评价是反演理论的不可分割的一部分，在反演理论中有特别重要的意义，它不同于一般正演问题的误差分析，而是在反演理论中提取真实解信息的重要工具.

其中解的存在性、唯一性及稳定性也统称为解的恰定问题. 本章主要关注反演问题的求解方法.

11.1.2　线性反演问题及其一般论述

将观察数据与模型参数联系起来的数学表达式叫数学物理模型. 虽然数学物理模型千差万别，但是将观察数据和数学物理模型参数联系起来的数学表达式却只有线性和非线性两大类. 如以 x 表示模型参数，y 表示观测数据，F 表示联系 x 和 y 的函数或泛函表达式，若 F 满足

$$\begin{cases} F(x_1+x_2)=F(x_1)+F(x_2)=y \\ F(\alpha x)=\alpha F(x)=y \end{cases}, \tag{11.2}$$

则称 F 为线性函数或线性泛函，其中 α 为常数. 不满足式(11.2)的函数或者泛函就是非线性的了.

在反演中，若观测数据与数学物理模型参数满足线性关系，则称这样的反演问题为线性反演问题，否则称为非线性反演问题. 本章只考虑线性反演问题. 本章的例 11.1 和例 11.2 都是线性反演问题，

下面讨论线性反演理论的一般论述. 为了使问题简单明了而又不失一般性，我们以一维积分方程问题为例，以下讨论可以在一般的 Hilbert 空间中进行.

设有积分方程

$$d(x)=\int_a^b G(x,\xi)m(\xi)\mathrm{d}\xi, \tag{11.3}$$

其中，对任意 x，核函数 $G(x,\xi)$ 及 $m(\xi)\in L^2[a,b]$. 在观测数据数目有限(记为 M)的情况下，为便于书写，把各参量表示成如下形式

$$d(x_j)=d_j,\quad G(x_j,\xi)=G_j(\xi)=G_j,\quad m(\xi)=m.$$

式(11.3)即为

$$d_j = \int_a^b G_j m \mathrm{d}\xi, \quad j = 1,2,\cdots,M, \tag{11.4}$$

式(11.4)可以表示成内积形式

$$d_j = (G_j, m), \quad j=1,2,\cdots,M. \tag{11.5}$$

如在本章实例1中，待反演的参数为地球径向密度函数 $\rho(r)$，两个观测数据分别为地球质量 $d_1 = M_e$ 和转动惯量 $d_2 = I_e$，两个核函数分别为 $G_1(r) = 4\pi r^2$，$G_2(r) = \frac{8}{3}\pi r^4$.

现假设：

(T1) G_j 是线性无关的一组函数；

(T2) d_j 是精确数据，满足方程(11.5).

根据假设(T1)，由内积理论中的正交化方法，可以用核函数 G_j 构造另一组规范正交函数，即

$$\psi_k = \sum_{j=1}^{M} \alpha_{kj} G_j, \quad k = 1,2,\cdots,M, \tag{11.6}$$

其中，α_{kj} 为不同时为零的常量参数，且

$$(\psi_k, \psi_j) = \delta_{kj} = \begin{cases} 1 & 当\ k=j \\ 0 & 当\ k \neq j \end{cases}. \tag{11.7}$$

若记

$$\mathrm{span}\{\psi_1, \psi_2, \cdots, \psi_M\} = \left\{ \sum_{i=1}^{M} k_i \psi_i \mid k_i \in \mathbf{R}, i = 1,2,\cdots,M \right\},$$

由内积空间理论知，$\mathrm{span}\{\psi_1, \psi_2, \cdots, \psi_M\}$ 和 $\mathrm{span}\{G_1, G_2, \cdots, G_M\}$ 都是无限维 Hilbert 空间 $L^2[a,b]$ 的一个 M 维子空间，且

$$\mathrm{span}\{\psi_1, \psi_2, \cdots, \psi_M\} = \mathrm{span}\{G_1, G_2, \cdots, G_M\}. \tag{11.8}$$

再以 α_{kj} 为系数对观测数据 d_j 做一个线性组合，并令其为 E_k，则

$$E_k = \sum_{j=1}^{M} \alpha_{kj} d_j = \sum_{j=1}^{M} \alpha_{kj} (G_j, m) = (\psi_k, m), \tag{11.9}$$

由此可见，E_k 是 m 在正交基 ψ_k 轴上的投影.

由内积空间理论知，$m(\xi)$ 满足式(11.4)当且仅当其满足式(11.9)，即式(11.4)和式(11.9)同解，问题转化为求解式(11.9).

将 $\{\psi_1, \psi_2, \cdots, \psi_M\}$ 扩充为 $L^2[a,b]$ 的一组规范正交基 $\{\varphi_1(\xi), \varphi_2(\xi), \cdots\}$，其中前 M 项取为

$$\varphi_j = \psi_j, \quad j=1,2,\cdots,M, \tag{11.10}$$

然后将函数 $m(\xi)$ 展成级数

$$m(\xi) = \sum_{j=1}^{\infty} \beta_j \varphi_j(\xi) = \sum_{j=1}^{\infty} \beta_j \varphi_j, \tag{11.11}$$

则式(11.11)可拆开写成

$$m(\xi) = \sum_{j=1}^{M}\beta_j\varphi_j(\xi) + \sum_{j=M+1}^{\infty}\beta_j\varphi_j \ , \tag{11.12}$$

显然,$\beta_j = E_j, j=1,2,\cdots,M$.

记

$$m^0(\xi) = \sum_{j=M+1}^{\infty}\beta_j\varphi_j \ , \tag{11.13}$$

则

$$m(\xi) = \sum_{j=1}^{M}E_j\psi_j + m^0 \ . \tag{11.14}$$

可以直接验证由式(11.14)构造出的 $m(\xi)$ 满足方程(11.9). 因为,将(11.14)代入方程(11.9),再由 $\{\varphi_1(\xi),\varphi_2(\xi),\cdots\}$ 是一个规范正交组,即得

$$\begin{aligned}\left(\psi_k, \sum_{j=1}^{M}E_j\psi_j + \sum_{j=M+1}^{\infty}\beta_j\varphi_j\right) &= \left(\psi_k, \sum_{j=1}^{M}E_j\psi_j\right) + \left(\psi_k, \sum_{j=M+1}^{\infty}\beta_j\varphi_j\right) \\ &= (\psi_k, E_k\psi_k) = E_k.\end{aligned}$$

也就是说,按式(11.14)构造出的 $m(\xi)$ 是满足式(11.5)的一个模型.

从上面的讨论可知,在条件(T1)、(T2)下,可得出以下几个结论:

(1)给定一组观测数据 $d_j(j=1,2,\cdots,M)$,总能找到一个模型 $m(\xi)$ 使之满足

$$d_j = (G_j, \boldsymbol{m}), \quad j=1,2,\cdots,M,$$

即解的存在性得到解决.

(2)根据观测数据所构造的模型 $\boldsymbol{m}$ 由两部分组成:第一部分为 $\sum_{k=1}^{M}E_k\psi_k$,它取决于观测数 d_j;第二部分为 $\boldsymbol{m}^0 = \sum_{k=M+1}^{\infty}\beta_k\varphi_k$,它与观测数据无关. 由式(11.6)～式(11.14)可知,模型的第一部分的构造过程就是对核函数 $\{G_1,G_2,\cdots,G_M\}$ 实行正交化变换,并求模型在空间 $\mathrm{span}\{\psi_1,\psi_2,\cdots,\psi_M\}$ 上的投影的过程.

(3)从式(11.14)中可以看出,反演问题的解 m 是非唯一的. 这种非唯一性完全由 $\boldsymbol{m}^0$ 所决定. 由于 $\boldsymbol{m}^0$ 是无限维的,所以满足方程的模型有无限多.

(4)在所有能拟合观测数据的模型中,若取 $\|\boldsymbol{m}^0\|_2=0$,则

$$\|\boldsymbol{m}\|_2^2 = \left\|\sum_{k=1}^{M}E_k\psi_k + \boldsymbol{m}^0\right\|_2^2 = \left\|\sum_{k=1}^{M}E_k\psi_k\right\|_2^2 + \|\boldsymbol{m}^0\|_2^2 = \sum_{k=1}^{M}E_k^2 \ .$$

此时所得的模型 $\boldsymbol{m} = \sum_{k=1}^{M}E_k\psi_k$ 即是所谓的“最小模型”或“圆滑模型”. 这个最小模型能拟合观测数据而又无零空间的影响. 显然,最小模型是空间 $\mathrm{span}\{\psi_1,\psi_2,\cdots,\psi_M\}$ 中的一个向量,也可以看成核函数 $\{G_1,G_2,\cdots,G_M\}$ 的一种线性组合

$$\boldsymbol{m}=\sum_{k=1}^{M}E_k\psi_k=\sum_{k=1}^{M}\gamma_jG_j\ ,\tag{11.15}$$

其中,γ_j 为与观测数据有关的参数.

从以上讨论可知,由数据可直接求得反演问题的唯一解——最小模型解,而模型的构造过程实际上是寻找正交坐标基 ψ_k 的过程.

注:以上讨论都是在条件(T1)、(T2)下进行的,且求解的是连续型的参数模型,事实上,对于方程(11.3),会因条件不同而具有不同形式,以致构造出不同类型的反演问题.

如在实例1中,假设地球由内到外分为地核、地幔、地壳,其厚度分别为 h_1,h_2,h_3($h_1+h_2+h_3=a$),且假设各层的密度是常数,分别为 m_1,m_2,m_3,则

$$\begin{cases}d_1=\int_0^a 4\pi r^2\cdot\rho(r)\mathrm{d}r=m_1\int_0^{h_1}4\pi r^2\mathrm{d}r+m_2\int_{h_1}^{h_1+h_1}4\pi r^2\mathrm{d}r+m_3\int_{h_1+h_1}^{a}4\pi r^2\mathrm{d}r\\ d_2=\int_0^a \frac{8}{3}\pi r^4\cdot\rho(r)\mathrm{d}r=m_1\int_0^{h_1}\frac{8}{3}\pi r^4\mathrm{d}r+m_2\int_{h_1}^{h_1+h_1}\frac{8}{3}\pi r^4\mathrm{d}r+m_3\int_{h_1+h_1}^{a}\frac{8}{3}\pi r^4\mathrm{d}r\end{cases}.$$

记

$$\boldsymbol{d}=[d_1,d_2]^{\mathrm{T}},\quad \boldsymbol{m}=[m_1,m_2,m_3]^{\mathrm{T}},$$

$$\boldsymbol{G}=\begin{bmatrix}\int_0^{h_1}4\pi r^2\mathrm{d}r & \int_{h_1}^{h_1+h_1}4\pi r^2\mathrm{d}r & \int_{h_1+h_1}^{a}4\pi r^2\mathrm{d}r\\ \int_0^{h_1}\frac{8}{3}\pi r^4\mathrm{d}r & \int_{h_1}^{h_1+h_1}\frac{8}{3}\pi r^4\mathrm{d}r & \int_{h_1+h_1}^{a}\frac{8}{3}\pi r^4\mathrm{d}r\end{bmatrix},$$

则对 m_1,m_2,m_3 的反演问题转化为求解以下线性方程组的问题:

$$\boldsymbol{Gm}=\boldsymbol{d}.$$

一般地,对模型参数 $\boldsymbol{m}$ 为有限维的情形(设维数为 N),假设观测数据为 M 个,和线性积分方程(11.3)对应的有如下求解线性方程组的反演问题:

$$\boldsymbol{Gm}=\boldsymbol{d},\tag{11.3$'$}$$

其中,$\boldsymbol{m}$ 是一个 N 维向量——待反演参数,$\boldsymbol{d}=[d_1,d_2,\cdots,d_M]^{\mathrm{T}}$ 为观测数据,$\boldsymbol{G}$ 为一个 $M\times N$ 矩阵——核矩阵.

设核矩阵 G 的秩为 r,此时有以下几种情况:

(1)当 $M=N=r$ 时,观测资料提供了确定模型参数的"不多不少"的信息,这种问题称为适定问题.

(2)当 $M>r$ 时,观测资料提供了多于模型参数数目的信息,此时问题称为超定问题;当 $M>N=r$ 时,称为纯超定问题.

(3)当 $N>r$ 时,观测资料提供的信息不足以确定模型参数,此时问题称为欠定问题;当 $N>r=M$ 时,称为纯欠定问题.

(4)当 $\min(M,N)>r$ 时,虽然有足够多的观测数据,却仍然不足以提供确定 N 个模型参数的独立信息,此时称为混定问题.

求解上述不同类型线性反演问题,所采用的方法是有区别的,我们将在下一节中做详细论述.

11.1.3　一些非线性问题线性化的方法

在实际的反演问题中,绝大多数观测数据和模型参数之间并不满足线性关系,但在一定近似条件下可简化为线性关系. 线性化的常用方法有两种:参数代换法、Taylor 级数展开法.

1. 参数代换法

通过参数代换将非线性方程线性化的方法称参数代换法.

例 11.4　近震直达波走时表的编制问题.

经均匀介质传播的近震直达波,其走时 t 为震中距 Δ 的函数,走时方程为

$$t^2=\left(\frac{1}{v}\right)^2\Delta^2+\left(\frac{1}{v}\right)^2h^2,$$

其中,ν 为波的传播速度,h 为震源深度.

令 $y=t^2, x=\Delta^2, b=(1/v)^2, a=(1/v)^2h^2$,则上式变成待求系数 a, b 的线性方程

$$y=a+bx.$$

2. Taylor 级数展开法

对非线性数学物理反演问题

$$\boldsymbol{d}=f(\boldsymbol{m}),\quad d\in\mathbf{R}^M, m\in\mathbf{R}^N,$$

假设 f 在初始模型 $\boldsymbol{m}^0$ 处至少一阶可微,$\boldsymbol{m}^0$ 与真实模型差异不大,则可将模型函数 f 在 $\boldsymbol{m}^0$ 处按 Taylor 级数展开,取其一阶项,近似有

$$d_j=d_j{}^0+\nabla f_j(\boldsymbol{m}^0)\cdot\Delta\boldsymbol{m},\quad i=1,2,\cdots,M$$

或

$$\Delta d_j=\sum_{i=1}^{N}\left(\frac{\partial f_j}{\partial m_i}\right)_{\boldsymbol{m}^0}\Delta m_i\ ,\tag{11.16}$$

其中,d_j 为第 j 个观测数据,$\Delta d_j=d_j-d_j^0$,$\Delta m_i=m_i-m_i^0$.

记
$$\Delta\boldsymbol{d}=\begin{bmatrix}\Delta d_1\\ \Delta d_2\\ \vdots\\ \Delta d_M\end{bmatrix},\quad \Delta\boldsymbol{m}=\begin{bmatrix}\Delta m_1\\ \Delta m_2\\ \vdots\\ \Delta m_N\end{bmatrix}$$

和
$$\boldsymbol{G}=\begin{bmatrix}\left(\frac{\partial f_1}{\partial m_1}\right)_{\boldsymbol{m}^0} & \left(\frac{\partial f_1}{\partial m_2}\right)_{\boldsymbol{m}^0} & \cdots & \left(\frac{\partial f_1}{\partial m_N}\right)_{\boldsymbol{m}^0}\\ \left(\frac{\partial f_2}{\partial m_1}\right)_{\boldsymbol{m}^0} & \left(\frac{\partial f_2}{\partial m_2}\right)_{\boldsymbol{m}^0} & \cdots & \left(\frac{\partial f_2}{\partial m_N}\right)_{\boldsymbol{m}^0}\\ \vdots & \vdots & & \vdots\\ \left(\frac{\partial f_M}{\partial m_1}\right)_{\boldsymbol{m}^0} & \left(\frac{\partial f_M}{\partial m_2}\right)_{\boldsymbol{m}^0} & \cdots & \left(\frac{\partial f_M}{\partial m_N}\right)_{\boldsymbol{m}^0}\end{bmatrix}$$

则式(11.16)改写为矩阵形式

$$\Delta \boldsymbol{D}=\boldsymbol{G}\Delta \boldsymbol{m}. \tag{11.17}$$

对线性方程(11.17)求解,得到的是模型参数的校正值,而不是模型参数本身. 要得到正确的结果,必须选取合适的初始模型参数 $\boldsymbol{m}^0$,然后利用线性方程(11.17)对初始模型参数进行校正. 方法是对模型参数作迭代计算,逐步修改对模型参数的猜测,迭代次数可以利用校正量 $\Delta \boldsymbol{m}$ 的模 $\|\Delta \boldsymbol{m}\|$ 及能容忍的最高迭代次数来控制.

11.2 离散型线性反演问题的最小长度解

由于数学物理反演问题的非恰定性,求解数学物理反演问题的一类重要方法是利用模型及观测数据的先验信息,求所谓的最小长度解. 观测数据的一个比较重要的先验信息是指其所服从概率分布,一般通过对观测数据进行统计分析获得. 这里不讨论对观察数据的统计分析,而只讨论不同长度的选取对求解的影响.

本节考虑在上一节中提到的离散型线性反演问题

$$\boldsymbol{Gm}=\boldsymbol{d} \tag{11.18}$$

的最小长度解,其中 $\boldsymbol{G}$ 为 $M\times N$ 矩阵,其秩为 r,观测数据 $\boldsymbol{d}$ 为一个 M 维向量,待定模型参数 $\boldsymbol{m}$ 的维数为 N.

11.2.1 长度及其对反演问题求解的影响

求解线性反演问题 $\boldsymbol{Gm}=\boldsymbol{d}$ 的最简单方法建立在由预测数据 $\boldsymbol{d}^{\text{pre}}$ 与实际观测数据 $\boldsymbol{d}^{\text{obs}}$ 之间的距离 $\|\boldsymbol{d}^{\text{pre}}-\boldsymbol{d}^{\text{obs}}\|$ 的基础上,其中预测数据 $\boldsymbol{d}^{\text{pre}}$ 由估计出的模型参数 $\boldsymbol{m}^{\text{est}}$ 得到

$$\boldsymbol{d}^{\text{pre}}=\boldsymbol{G}\boldsymbol{m}^{\text{est}}.$$

我们回顾下数据的直线拟合这个简单的问题. 对此问题经常可以利用所谓的最小二乘法来求解. 在使用这一方法时,力求选取模型参数(截距和斜率),使得预测数据尽可能接近观测数据,记

$$\boldsymbol{e}=\boldsymbol{d}^{\text{obs}}-\boldsymbol{d}^{\text{pre}},$$

那么最小二乘拟合直线便是其模型参数能使误差 $\boldsymbol{e}$ 的 2-范数的平方 E 达到最小的那一条. E 由下式确定

$$E=\|\boldsymbol{e}\|_2^2=\sum_{i=1}^{M} e_i^2 .$$

注意到我们以前不仅介绍过向量的 2-范数,也介绍过向量的 1-范数、p-范数($p\geqslant 1$)

$$\|\boldsymbol{e}\|_p=\left[\sum_i |e_i|^p\right]^{1/p}, \tag{11.19}$$

乃至∞-范数.

从式(11.19)可知,随着范数的阶数 p 的增加,$\boldsymbol{e}$ 的最大元素在 $\|\boldsymbol{e}\|_p$ 中的权也逐步增大. 在 $n\to\infty$ 的极限情况下,则只有最大的元素才有非零的权,即

$$\|\boldsymbol{e}\|_\infty=\max_i |e_i|=\lim_{p\to\infty}\left[\sum_i |e_i|^p\right]^{1/p}. \tag{11.20}$$

使误差的 2-范数达到最小,可以得到最小二乘拟合直线,使误差的 p-范数达到最小,同样可以得到其他拟合直线.

不同的范数对拟合直线的影响可以用图 11.1 来解释,图中"○"代表观测数据,其中在右下角有一个离群点. 图中的各条直线是在误差取不同范数的情形下对观察数据做直线拟合得到的结果,从图中可以看出,随着 p 的增加,直线更加偏向离群点.

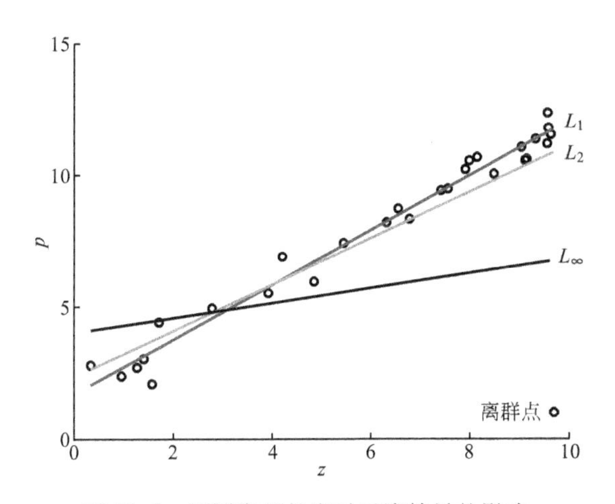

图 11.1　不同类型长度对反演结果的影响

(误差分别以 L_1,L_2 及 L_∞ 范数度量,其中 L_1 范数对离群点所加的权最小)

如果数据是非常精确的,那么某一预测值落在远离其观测值的地方便是重要的因素了. 这时应利用高阶范数,因为它对较大的误差加的权也较大. 相反,如果数据在趋势方向的周围散布很广,那么考虑几个大的预测误差就没有什么意义了. 这时应利用低阶范数,因为它对不同大小的误差所加的权近于相等.

注:在实际的反演问题中,数据是否"精确"往往是未知的,取什么样的长度一般需考虑数据 $\boldsymbol{d}$ 的概率分布,如 $\boldsymbol{d}$ 服从正态分布,则一般取 2－范数,此时求解出的为模型参数的极大似然估计;而在 $\boldsymbol{d}$ 服从指数分布时,则往往取 1－范数. 本书只讨论长度取 2－范数的情形. 更详细的讨论见参考文献[46].

11.2.2　适定和超定问题的求解

当 $M>r$ 时,反演问题(11.18)称为超定问题.

假定期望得到一组与观测数据之间误差平方和为最小的预测数据所对应的模型参数,即使得误差 $\boldsymbol{E}$ 为最小的解,$\boldsymbol{E}$ 的形式为

$$\boldsymbol{E}=\boldsymbol{e}^{\mathrm{T}}\boldsymbol{e}=(\boldsymbol{d}-\boldsymbol{Gm})^{\mathrm{T}}(\boldsymbol{d}-\boldsymbol{Gm})\rightarrow\min. \tag{11.21}$$

这样的解是在范数 L_2 极小的条件下求得的,因此称这种方法为最小 L_2 解法,亦称最小二乘法. 求解超定问题一般用最小二乘法.

在第 3 章中,我们已经知道求解最小二乘问题需考察一个如下的正规方程

$$\boldsymbol{G}^{\mathrm{T}}\boldsymbol{Gm}=\boldsymbol{G}^{\mathrm{T}}\boldsymbol{d}. \tag{11.22}$$

并且知道,当 $\boldsymbol{G}^{\mathrm{T}}\boldsymbol{G}$ 可逆(即满足 Haar 条件)时,方程(11.22)有唯一解.

由于反演问题的复杂性,$\boldsymbol{G}^{\mathrm{T}}\boldsymbol{G}$ 往往并不满秩. 另外一方面,$\boldsymbol{G}^{\mathrm{T}}\boldsymbol{G}$ 不满秩也并不意味着反演问题(11.18)没有最小二乘解. 下面从更一般的意义下讨论反演问题(11.18)的最小二

乘解.

记

$$R(\boldsymbol{G})=\{\boldsymbol{Gx}\mid \boldsymbol{x}\in\mathbf{R}^N\},\quad N(\boldsymbol{G})=\{\boldsymbol{x}\in\mathbf{R}^N\mid \boldsymbol{Gx}=\boldsymbol{0}\},$$

即 $R(G)$是线性算子 G 的像空间,$N(G)$是 G 的零空间.

定理 11.1 反演问题(11.18)一定有最小二乘解,且 $\boldsymbol{m}$ 是最小二乘解当且仅当 $\boldsymbol{m}$ 满足式(11.22).

证明:首先,证明若 $\boldsymbol{m}$ 是反演问题(11.18)的最小二乘解,则其一定满足方程(11.22). 事实上,若 $\boldsymbol{m}$ 是最小二乘解,则对任意向量 $\boldsymbol{u}\in\mathbf{R}^N$,二次函数

$$g(t)=\|G(\boldsymbol{m}+t\boldsymbol{u})-\boldsymbol{d}\|_2^2=\|\boldsymbol{Gm}-\boldsymbol{d}\|_2^2+2(\boldsymbol{Gu},\boldsymbol{Gm}-\boldsymbol{d})t+\|\boldsymbol{Gu}\|_2^2t^2,$$

在 $t=0$ 处取到最小值,于是 $g'(0)=2(\boldsymbol{Gu},\boldsymbol{Gm}-\boldsymbol{d})=0$,所以对所有的 $\boldsymbol{u}\in\mathbf{R}^N$,

$$(\boldsymbol{u},\boldsymbol{G}^{\mathrm{T}}\boldsymbol{Gm}-\boldsymbol{G}^{\mathrm{T}}\boldsymbol{d})=0,\tag{11.23}$$

故有 $\boldsymbol{G}^{\mathrm{T}}\boldsymbol{Gm}-\boldsymbol{G}^{\mathrm{T}}\boldsymbol{d}=\boldsymbol{0}$,即 $\boldsymbol{G}^{\mathrm{T}}\boldsymbol{Gm}=\boldsymbol{G}^{\mathrm{T}}\boldsymbol{d}$.

其次,证明若 $\boldsymbol{m}$ 满足方程(11.22),则其一定是方程(11.18)的最小二乘解.

由条件 $\boldsymbol{G}^{\mathrm{T}}\boldsymbol{Gm}=\boldsymbol{G}^{\mathrm{T}}\boldsymbol{d}$ 知,对任意 $\boldsymbol{u}\in\mathbf{R}^N$,有

$$\begin{aligned}\|\boldsymbol{Gu}-\boldsymbol{d}\|_2^2&=\|G(\boldsymbol{u}-\boldsymbol{m})+\boldsymbol{Gm}-\boldsymbol{d}\|_2^2\\&=\|G(\boldsymbol{u}-\boldsymbol{m})\|_2^2+2(G(\boldsymbol{u}-\boldsymbol{m}),\boldsymbol{Gm}-\boldsymbol{d})+\|\boldsymbol{Gm}-\boldsymbol{d}\|_2^2\\&=\|G(\boldsymbol{u}-\boldsymbol{m})\|_2^2+2(\boldsymbol{u}-\boldsymbol{m},\boldsymbol{G}^{\mathrm{T}}\boldsymbol{Gm}-\boldsymbol{G}^{\mathrm{T}}\boldsymbol{d})+\|\boldsymbol{Gm}-\boldsymbol{d}\|_2^2\\&\geqslant\|\boldsymbol{Gm}-\boldsymbol{d}\|_2^2.\end{aligned}\tag{11.24}$$

式(11.24)说明 $\boldsymbol{m}$ 即是最小二乘解.

最后,由线性代数的知识,可知 $R(\boldsymbol{G}^{\mathrm{T}})=R(\boldsymbol{G}^{\mathrm{T}}\boldsymbol{G})$(留给读者作为练习),也就是说正规方程(11.22)一定有解.

综上,反演问题(11.18)一定有最小二乘解,且满足正规方程(11.22)的解都是最小二乘解.

下面讨论最小二乘解的"唯一性". 假设 $\boldsymbol{m}$ 是反演问题(11.18)的最小二乘解,则对任意的 $\boldsymbol{v}\in N(\boldsymbol{G})$,$\boldsymbol{m}+\boldsymbol{v}$ 也是(11.18)的最小二乘解. 因此只要 $\boldsymbol{G}$ 有非平凡的零空间,则反演问题(11.18)就有无穷多最小二乘解.

下面的定理说明,反演问题(11.18)虽然可能有无穷多个最小二乘解,但恰好有唯一的某个意义下的"特殊"解.

定理 11.2 反演问题(11.18)存在唯一与 $\boldsymbol{G}$ 的零空间 $N(\boldsymbol{G})$正交的最小二乘解.

证明:我们将存在性留作习题,只证明唯一性.

假设 $\boldsymbol{m}_1,\boldsymbol{m}_2$ 都是与 $N(\boldsymbol{G})$正交的最小二乘解,则 $\boldsymbol{m}_1-\boldsymbol{m}_2$ 也与 $N(\boldsymbol{G})$正交,即

$$\boldsymbol{m}_1-\boldsymbol{m}_2\in N(\boldsymbol{G})^{\perp}.\tag{11.25}$$

再由最小二乘解 $\boldsymbol{m}_1,\boldsymbol{m}_2$ 都满足正规方程(11.22),所以

$$\boldsymbol{G}^{\mathrm{T}}\boldsymbol{G}(\boldsymbol{m}_1-\boldsymbol{m}_2)=\boldsymbol{G}^{\mathrm{T}}\boldsymbol{d}-\boldsymbol{G}^{\mathrm{T}}\boldsymbol{d}=\boldsymbol{0},$$

于是

$$\boldsymbol{m}_1-\boldsymbol{m}_2\in N(\boldsymbol{G}^{\mathrm{T}}\boldsymbol{G}). \tag{11.26}$$

由线性代数知 $N(\boldsymbol{G}^{\mathrm{T}}\boldsymbol{G})=N(\boldsymbol{G})$，再结合式(11.25)和式(11.26)，得

$$\boldsymbol{m}_1-\boldsymbol{m}_2\in N(\boldsymbol{G})\cap N(\boldsymbol{G})^{\perp}=\{0\},$$

唯一性得证.

注：若反演问题(11.18)为恰定问题，显然也可以利用最小二乘法对其求解，且求得的就是精确解.

11.2.3　纯欠定问题的求解

最小二乘法常用于求解超定问题，超定问题并不存在精确解，对其只能去寻求某个意义下(长度)能最好的拟合数据的解. 当反演问题为欠定问题时，由于欠定问题存在无穷多精确解，该类问题的主要矛盾在于从这些解中找出反演问题的有意义的解.

假定反演问题 $\boldsymbol{Gm}=\boldsymbol{d}$ 是一个欠定问题. 为了简单起见，假设方程数 M 比未知的模型参数 N 少，且矩阵 $\boldsymbol{G}$ 的秩等于方程数 M，即 $M=r<N$. 由线性代数知识，可找出不只一个误差 $\boldsymbol{E}$ 为零的解. 虽然数据能提供有关模型参数的信息，但却不能提供足够的信息来唯一地确定模型参数 $\boldsymbol{m}^{\mathrm{est}}$. 此时需将某些未包含在方程 $\boldsymbol{Gm}=\boldsymbol{d}$ 中的信息附加到这个问题中来，试图获得反演问题的唯一解，这些附加的信息称为先验信息.

有意义的先验信息有很多形式，往往依赖问题的实际背景而并不依赖于实际数据. 如在直线拟合问题中，假设已知原点外一个单个的点(数据)，若由问题的实际背景可知该直线应该过原点(先验信息)，则这一先验信息可以给出足够的信息来求得反演问题的唯一解(两点确定一条直线). 很多先验信息来自于参数的物理含义，如模型参数是地球中不同点的密度，则密度只能取正值，进一步可以合理地假设地球内部是由岩石组成的，所以其密度值必定在表示岩石特征的某一已知范围内，如在 $1\sim100\ \mathrm{g/cm^3}$ 之间，在求解该反演问题时利用这一先验信息，可以大大缩小可能解的范围，有时甚至得到唯一的解.

如何获得先验信息及使用先验信息，往往依赖于实际的数学物理问题，在数学上并没有给出严格的回答.

这里，仅考虑在求解欠定问题时常应用的一类先验信息：假设反演问题的解是“简单的”. 这里，“简单的”这一概念用解的长度的某种度量来定量表示. 如可取解的欧几里得长度的平方 $\boldsymbol{L}=\boldsymbol{m}^{\mathrm{T}}\boldsymbol{m}=\sum_{i=1}^{N}m_i^2$. 在这类先验信息下求得的解称为最小模型解，往往是反演问题满足其内在的物理含义的解. 如当模型参数描述流动液体内各个不同点的速度时，则解的长度 $\boldsymbol{L}$ 可看成流体动能的度量，在“简单的”这一先验信息下所求得的速度场具有最小可能的动能.

基于“简单的”这一先验信息，欠定问题的求解转化为求解如下条件极值问题：

$$\begin{cases}\min\quad \boldsymbol{L}=\boldsymbol{m}^{\mathrm{T}}\boldsymbol{m}=\sum\limits_{i=1}^{N}m_i^2\\ \mathrm{s.t.}\quad \boldsymbol{Gm}=\boldsymbol{d}.\end{cases} \tag{11.27}$$

我们利用拉格朗日乘子法求解这一问题．取函数

$$\Phi(\boldsymbol{m})=\boldsymbol{L}+\boldsymbol{\lambda}^{\mathrm{T}}(\boldsymbol{d}-\boldsymbol{Gm})=\sum_{j=1}^{N}m_j^2+\sum_{i=1}^{M}\lambda_i\left(d_i-\sum_{j=1}^{N}G_{ij}m_j\right), \tag{11.28}$$

其中，λ_i 是拉格朗日乘子．极值问题(11.27)的解转化为求方程

$$\frac{\partial\Phi}{\partial\boldsymbol{m}}=2\boldsymbol{m}^{\mathrm{T}}-\boldsymbol{\lambda}^{\mathrm{T}}\boldsymbol{G}=\boldsymbol{0} \tag{11.29}$$

的解，故有

$$2\boldsymbol{m}=\boldsymbol{G}^{\mathrm{T}}\boldsymbol{\lambda}. \tag{11.30}$$

将式(11.30)代入约束方程 $\boldsymbol{Gm}=\boldsymbol{d}$，得

$$2\boldsymbol{d}=2\boldsymbol{Gm}=\boldsymbol{GG}^{\mathrm{T}}\boldsymbol{\lambda}.$$

注意到矩阵 $\boldsymbol{GG}^{\mathrm{T}}$ 是一个 $M\times M$ 方阵，解出拉格朗日乘子

$$\boldsymbol{\lambda}=2\,(\boldsymbol{GG}^{\mathrm{T}})^{-1}\boldsymbol{d}. \tag{11.31}$$

将式(11.31)代入式(11.30)，得到的反演问题的解为

$$\boldsymbol{m}^{\mathrm{est}}=\boldsymbol{G}^{\mathrm{T}}\,(\boldsymbol{GG}^{\mathrm{T}})^{-1}\boldsymbol{d}. \tag{11.32}$$

11.2.4 混定问题的求解——马夸特法

在大多数情况下，数学物理反演问题(11.18)既不是完全超定，也不是完全欠定，而是表现为一种混定形式，即 $\min(M,N)>r$．对于该类反演问题，无论用最小二乘法还是用最小模型法求解，都不能得到满意的结果．

对于混定问题的求解，通常使用马夸特(Marquardt)法(也称脊回归法，或阻尼最小二乘法)．

由于混定问题的特殊性，它同时有超定问题和欠定问题的性质，因此求解这类问题所使用的目标函数兼有超定问题的目标函数 $\boldsymbol{E}=(\boldsymbol{d}-\boldsymbol{Gm})^{\mathrm{T}}(\boldsymbol{d}-\boldsymbol{Gm})$(误差项)和欠定问题的目标函数函数 $\boldsymbol{L}=\boldsymbol{m}^{\mathrm{T}}\boldsymbol{m}$(模型参数长度)两项内容．

将求解超定问题和欠定问题的目标函数综合起来，取它们的线性组合，即要极小化的目标函数 $\Phi(\boldsymbol{m})$取为

$$\Phi(\boldsymbol{m})=\boldsymbol{E}+\varepsilon^2\boldsymbol{L}=(\boldsymbol{d}-\boldsymbol{Gm})^{\mathrm{T}}(\boldsymbol{d}-\boldsymbol{Gm})+\varepsilon^2\boldsymbol{m}^{\mathrm{T}}\boldsymbol{m}. \tag{11.33}$$

其中，ε^2 称为阻尼因子或加权因子，它取决于误差项 $\boldsymbol{E}$ 与模型长度项 $\boldsymbol{L}$ 在极小化过程中的相对重要性．如果取的 ε^2 足够大，那么这一方法将使 $\boldsymbol{L}$ 在极小化过程中起主要作用，也就是说使解的欠定部分达到极小；如果令 ε^2 等于零，则极小化的是误差项，或者说解的超定部分，也即最小二乘法．

令 $\dfrac{\partial\Phi}{\partial\boldsymbol{m}}=0$，则得

$$(\boldsymbol{G}^{\mathrm{T}}\boldsymbol{G}+\varepsilon^2\boldsymbol{I})\boldsymbol{m}=\boldsymbol{G}^{\mathrm{T}}\boldsymbol{d}, \tag{11.34}$$

从而得到反演问题的解为

$$m^{est}=(G^TG+\varepsilon^2 I)^{-1}G^Td. \tag{11.35}$$

注:由于 G^TG 是对称非负定矩阵,将 G^TG 做正交分解

$$G^TG=R\Lambda R^T,$$

这里 Λ 是由 G^TG 的特征值组成的对角矩阵,R 为 G^TG 的特征向量矩阵,且满足

$$R^TR=RR^T=I.$$

则式(11.35)中的矩阵

$$G^TG+\varepsilon^2 I=R\Lambda R^T+\varepsilon^2 I=R\Lambda' R^T,$$

其中

$$\Lambda'=\begin{bmatrix}\lambda_1+\varepsilon^2 & & & \\ & \lambda_2+\varepsilon^2 & & \\ & & \ddots & \\ & & & \lambda_N+\varepsilon^2\end{bmatrix},$$

其中,λ_i 为 G^TG 的第 i 个特征根. 注意到 G^TG 非负定,故所有的 λ_i 非负,于是 $G^TG+\varepsilon^2 I$ 的所有特征根都不小于 ε^2,且 $\frac{\lambda_N+\varepsilon^2}{\lambda_1+\varepsilon^2}<\frac{\lambda_N}{\lambda_1}$,故马夸特法有比较好的条件数,在数学物理反演中获得了广泛的应用. ε^2 的选择靠"试错法"来确定.

11.2.5　长度的加权度量与反演问题的求解

在前面求解超定问题、纯欠定问题以及混合问题时,都需要极小化一个与长度有关的目标函数,如在超定问题中需极小化观测误差 E 的长度,纯欠定问题的最小模型解则需极小化模型参数的长度 $L=m^Tm$. 在许多反演问题中,往往需要根据先验信息,选取观测误差 E 及模型参数 m 的其他长度,这些长度往往都以某种加权度量的形式出现. 下面通过一些例子来加以说明.

例 11.5　在实际的反演问题中,$L=m^Tm$ 并不是 m 的长度的一个非常好的度量,有时需要求长度接近于均值意义下的极小值,即尽可能小的偏离均值,此时 m 的长度应定义为

$$L=(m-\langle m\rangle)^T(m-\langle m\rangle), \tag{11.36}$$

其中,$\langle m\rangle$ 是模型参数的先验假设值,如某些实际问题中的地球平均密度、平均重力值等.

例 11.6　在有些实际情况中,如果解是平滑的,或者是某种意义下"平坦"的,就会觉得此解是"简单的". 对于连续函数,其平坦性可用其一阶导数的范数来定量表示;对于离散的情形,假设其是按照自然顺序离散化的,则可把相邻的模型参数之间的差作为一阶导数的近似. 因而可定义矢量 m 的平坦度 H 为

$$H=\begin{bmatrix}-1 & 1 & & & \\ & -1 & 1 & & \\ & & \ddots & \ddots & \\ & & & -1 & 1\end{bmatrix}\begin{bmatrix}m_1\\ m_2\\ \vdots\\ m_N\end{bmatrix}=D_1 m, \tag{11.37}$$

其中，$\boldsymbol{D}_1$ 是平坦度矩阵. 此时 $\boldsymbol{m}$ 的长度可取为

$$\boldsymbol{L}=\boldsymbol{H}^{\mathrm{T}}\boldsymbol{H}=(\boldsymbol{D}_1\boldsymbol{m})^{\mathrm{T}}\boldsymbol{D}_1\boldsymbol{m}=\boldsymbol{m}^{\mathrm{T}}(\boldsymbol{D}_1^{\mathrm{T}}\boldsymbol{D}_1)\boldsymbol{m}, \tag{11.38}$$

其中，$\boldsymbol{D}_1^{\mathrm{T}}\boldsymbol{D}_1$ 可以看成加权因子，上式定义了 $\boldsymbol{m}$ 的一个加权度量.

例 11.7 在一些反演问题中，根据先验信息需要用到模型参数的“粗糙度”极小为准则来求解该反演问题. 对于连续型的情形，可以用二阶导数的范数来定量粗糙度；对于离散的参数模型，可在一阶导数离散化的基础上再作差值，即 $\boldsymbol{m}$ 的粗糙度为

$$\boldsymbol{J}=\begin{bmatrix}1 & -2 & 1 & & & \\ & 1 & -2 & 1 & & \\ & & \ddots & \ddots & \ddots & \\ & & & 1 & -2 & 1\end{bmatrix}\begin{bmatrix}m_1\\ m_2\\ \vdots\\ m_N\end{bmatrix}=\boldsymbol{D}_2\boldsymbol{m}, \tag{11.39}$$

其中，$\boldsymbol{D}_2$ 是粗糙度矩阵. 此时 $\boldsymbol{m}$ 的长度可取为

$$\boldsymbol{L}=\boldsymbol{J}^{\mathrm{T}}\boldsymbol{J}=(\boldsymbol{D}_2\boldsymbol{m})^{\mathrm{T}}\boldsymbol{D}_2\boldsymbol{m}=\boldsymbol{m}^{\mathrm{T}}(\boldsymbol{D}_2^{\mathrm{T}}\boldsymbol{D}_2)\boldsymbol{m}, \tag{11.40}$$

其中，$\boldsymbol{D}_2^{\mathrm{T}}\boldsymbol{D}_2$ 可以看成加权因子，上式同样定义了 $\boldsymbol{m}$ 的一个加权度量.

根据上面几个例子，模型参数 $\boldsymbol{m}$ 的长度可取成如下加权的形式：

$$\boldsymbol{L}=(\boldsymbol{m}-<\boldsymbol{m}>)^{\mathrm{T}}\boldsymbol{W}_m(\boldsymbol{m}-<\boldsymbol{m}>), \tag{11.41}$$

其中，$\boldsymbol{W}_m$ 是加权矩阵，$<\boldsymbol{m}>$是模型参数的先验假设值.

除了模型参数 $\boldsymbol{m}$ 的长度经常取加权度量外，观测误差 $\boldsymbol{E}$ 也经常取成加权的形式. 比如某些观测值的精度比另外一些观测值的精度高，则通常倾向于在其观测误差上所加的权大于对不精确的观测值的权. 这种加权误差通常取成如下形式

$$\boldsymbol{E}=\boldsymbol{e}^{\mathrm{T}}\boldsymbol{W}_e\boldsymbol{e}, \tag{11.42}$$

其中，$\boldsymbol{e}=\boldsymbol{d}-\boldsymbol{Gm}$，加权矩阵 $\boldsymbol{W}_e$ 确定了每个单独的误差对总观测误差的相对贡献. 在正常情况下，$\boldsymbol{W}_e$ 一般取对角矩阵. 例如，如果 $M=5$，并且已知第三个观测值的精度是其他四个的两倍，则可取

$$W_e=\mathrm{diag}(1,1,2,1,1).$$

下面在观测误差和模型参数取加权形式的度量的情况下，分别讨论超定问题、纯欠定问题及混合问题的求解.

(1)超定问题的加权最小二乘解

假设方程 $\boldsymbol{Gm}=\boldsymbol{d}$ 是超定的，需求解其在加权误差(11.42)下的最小二乘解. 此时需求 $\boldsymbol{m}$，使得

$$E(\boldsymbol{m})=\boldsymbol{e}^{\mathrm{T}}\boldsymbol{W}_e\boldsymbol{e}=(\boldsymbol{d}-\boldsymbol{Gm})^{\mathrm{T}}\boldsymbol{W}_e(\boldsymbol{d}-\boldsymbol{Gm}) \tag{11.43}$$

取到最小值.

令

$$\frac{\partial E}{\partial \boldsymbol{m}^{\mathrm{T}}}=-2\boldsymbol{G}^{\mathrm{T}}\boldsymbol{W}_e\boldsymbol{d}+2\boldsymbol{G}^{\mathrm{T}}\boldsymbol{W}_e\boldsymbol{Gm}=\boldsymbol{0}, \tag{11.44}$$

则可得

$$\boldsymbol{m}^{\mathrm{est}}=(\boldsymbol{G}^{\mathrm{T}}\boldsymbol{W}_e\boldsymbol{G})^{-1}\boldsymbol{G}^{\mathrm{T}}\boldsymbol{W}_e\boldsymbol{d}. \tag{11.45}$$

解(11.45)称为超定问题(11.18)的加权最小二乘解.

(2)纯欠定问题的加权最小长度解

在模型参数 $\boldsymbol{m}$ 的长度取为式(11.41)的情形下，对于纯欠定问题(11.18)的求解转化为求解如下优化问题：

$$\begin{cases}\min \quad \boldsymbol{L}=(\boldsymbol{m}-\langle\boldsymbol{m}\rangle)^{\mathrm{T}}\boldsymbol{W}(\boldsymbol{m}-\langle\boldsymbol{m}\rangle)\\ \text{s. t.} \quad \boldsymbol{Gm}=\boldsymbol{d}.\end{cases} \tag{11.46}$$

利用拉格朗日乘子法，引入目标函数

$$\Phi(\boldsymbol{m})=(\boldsymbol{m}-\langle\boldsymbol{m}\rangle)^{\mathrm{T}}\boldsymbol{W}(\boldsymbol{m}-\langle\boldsymbol{m}\rangle)+\boldsymbol{\lambda}^{\mathrm{T}}(\boldsymbol{d}-\boldsymbol{Gm}). \tag{11.47}$$

令

$$\frac{\partial\Phi}{\partial\boldsymbol{m}^{\mathrm{T}}}=2\boldsymbol{W}_m(\boldsymbol{m}-\langle\boldsymbol{m}\rangle)-\boldsymbol{G}^{\mathrm{T}}\boldsymbol{\lambda}=\boldsymbol{0}, \tag{11.48}$$

若加权矩阵 $\boldsymbol{W}_m$ 可逆，则可得

$$\boldsymbol{m}-\langle\boldsymbol{m}\rangle=\frac{1}{2}\boldsymbol{W}_m^{-1}\boldsymbol{G}^{\mathrm{T}}\boldsymbol{\lambda}, \tag{11.49}$$

于是

$$\boldsymbol{d}-\boldsymbol{G}\langle\boldsymbol{m}\rangle=\boldsymbol{G}(\boldsymbol{m}-\langle\boldsymbol{m}\rangle)=\frac{1}{2}\boldsymbol{GW}_m^{-1}\boldsymbol{G}^{\mathrm{T}}\boldsymbol{\lambda},$$

由此得

$$\boldsymbol{\lambda}=2(\boldsymbol{GW}_m^{-1}\boldsymbol{G}^{\mathrm{T}})^{-1}(\boldsymbol{d}-\boldsymbol{G}\langle\boldsymbol{m}\rangle), \tag{11.50}$$

将式(11.50)代回式(11.49)，即得

$$\boldsymbol{m}^{\mathrm{est}}=\langle\boldsymbol{m}\rangle+\boldsymbol{W}_m^{-1}\boldsymbol{G}^{\mathrm{T}}(\boldsymbol{GW}_m^{-1}\boldsymbol{G}^{\mathrm{T}})^{-1}(\boldsymbol{d}-\boldsymbol{G}\langle\boldsymbol{m}\rangle). \tag{11.51}$$

解(11.51)称为纯欠定问题(11.18)的加权最小长度解.

(3)混定问题的加权阻尼最小二乘解

现在来考虑在模型参数 $\boldsymbol{m}$ 的长度取为式(11.41)，观测误差取为式(11.42)情形下，反演问题(11.18)的求解. 取目标函数

$$\Phi(\boldsymbol{m})=\boldsymbol{E}+\varepsilon^2\boldsymbol{L}=\boldsymbol{e}^{\mathrm{T}}\boldsymbol{W}_e\boldsymbol{e}+\varepsilon^2(\boldsymbol{m}-\langle\boldsymbol{m}\rangle)^{\mathrm{T}}\boldsymbol{W}_m(\boldsymbol{m}-\langle\boldsymbol{m}\rangle),$$

其中，ε^2 为阻尼因子，令 $\frac{\partial\Phi}{\partial\boldsymbol{m}^{\mathrm{T}}}=0$，则可求得

$$\boldsymbol{m}^{\mathrm{est}}=(\boldsymbol{G}^{\mathrm{T}}\boldsymbol{W}_e\boldsymbol{G}+\varepsilon^2\boldsymbol{W}_m)^{-1}(\boldsymbol{G}^{\mathrm{T}}\boldsymbol{W}_e\boldsymbol{d}+\varepsilon^2\boldsymbol{W}_m\langle\boldsymbol{m}\rangle). \tag{11.52}$$

解(11.52)称为混定问题(11.18)的加权阻尼最小二乘解.

11.3 Backus-Gilbert 反演理论

上一节讨论了离散型线性反演问题的求解方法. 连续介质的反演理论是反演理论之

父——Backus 和 Gilbert 建立的，目前已形成一套完整、系统的理论（简称 BG 理论）.

BG 理论包括两大部分. 第一部分为反演理论：根据先验信息求取满足某些条件的特殊解，如最小模型、最平缓模型、最光滑模型等；第二部分为 BG 评价理论：在连续介质情况下，如何处理解的非唯一性（如何从众多的非唯一的解中提取观测数据所"给予"模型的真实信息）.

对观测数据有误差的情形下的反演理论及评价理论，请参阅书后的参考文献[44,46]. 另外要注意的是，在实际应用中，虽然 BG 反演理论和评价方法具有理论的严谨性，但是其计算繁复，而许多时候往往只要求计算出误差不超过一定范围的解的估计，这时有效地数学工具是所谓的正则化方法，对于正则化方法的介绍建议读者阅读相应的参考文献.

11.3.1 在精确数据情况下连续介质的反演理论

假定数学物理模型 $m(\xi)$ 是空间坐标 ξ 的连续函数，其数据方程表示为

$$\boldsymbol{d}_i = \int_{r_0}^{r} g_i(\xi) m(\xi) \mathrm{d}\xi = (\boldsymbol{g}_i, \boldsymbol{m}), \quad i = 1,2,\cdots,M. \tag{11.53}$$

式中，M 为观测数据的个数，M 个观测数据组成一个精确的不完整的数据集，构成 M 个积分方程；$\boldsymbol{d}_i$ 是观测数据；$g_i(\xi)=\boldsymbol{g}_i$ 为核函数；$m(\xi)$ 为模型；而 $(\boldsymbol{g}_i,\boldsymbol{m})$ 则表示内积.

下面讨论线性积分方程(11.53)的解法，即由 M 个观测数据 $\boldsymbol{d}_i$ 如何求取模型 $m(\xi)$. 注意到这是一个欠定问题，因为连续模型 $m(\xi)$ 是无限维的，而观测数据只有有限个，因而需要添加一些先验信息加以约束或限制. 以下给出三种常见的求解方法.

1. 最小模型

类似纯欠定问题的最小长度解，假设需要模型参数的范数最小，则可选择的目标函数如下：

$$\boldsymbol{E} = \int_{r_0}^{r} [f(\xi) m(\xi)]^2 \mathrm{d}\xi, \tag{11.54}$$

其中，$f(\xi)$ 是任意选择的加权函数. 在式(11.53)限制下，用极小化式(11.54)可求得 $m(\xi)$.

在式(11.53)M 个条件约束下，极小化式(11.54)中的目标函数 $\boldsymbol{E}$ 的问题是一个条件极值问题. 从最优化原理可知，如上的条件极值问题可化为求如下目标函数的无条件极值问题：

$$\boldsymbol{L} = \int_{r_0}^{r} [f(\xi) m(\xi)]^2 \mathrm{d}\xi - \sum_{i=1}^{M} \lambda_i \left[\boldsymbol{d}_i - \int_{r_0}^{r} g_i(\xi) m(\xi) \mathrm{d}\xi \right], \tag{11.55}$$

式中，λ_i 为拉格朗日乘子. 根据变分原理中的 Euler-Lagrange 方程，令

$$\frac{\partial L}{\partial \boldsymbol{m}} = \frac{\partial \left\{ [f(\xi) m(\xi)]^2 + \sum\limits_{i=1}^{M} \lambda_i g_i(\xi) m(\xi) \right\}}{\partial m(\xi)} = 0, \tag{11.56}$$

求得

$$\hat{m}(\xi) = \frac{-\sum\limits_{i=1}^{M} \lambda_i g_i(\xi)}{2 f^2(\xi)}. \tag{11.57}$$

记 $a_i = -\dfrac{\lambda_i}{2}$，$\boldsymbol{a}=(a_1, \ a_2, \ \cdots, \ a_M)^{\mathrm{T}}$，$\boldsymbol{g}=(g_1, \ g_2, \ \cdots, \ g_M)^{\mathrm{T}}$，则式(11.57)可改写成

$$\hat{m}(\xi)=\frac{-\sum_{i=1}^{M}\lambda_i g_i(\xi)}{2f^2(\xi)}=\frac{\sum_{i=1}^{M}a_i g_i(\xi)}{f^2(\xi)}=\frac{1}{f^2(\xi)}\boldsymbol{a}^{\mathrm{T}}\boldsymbol{g}\,. \tag{11.58}$$

我们来求解 a_i. 将式(11.58)代入式(11.53)，即得

$$\boldsymbol{d}_i=\int_{r_0}^{r}g_i(\xi)\sum_{k=1}^{M}\frac{a_k g_k(\xi)}{f^2(\xi)}\mathrm{d}\xi=\sum_{k=1}^{M}a_k\int_{r_0}^{r}\frac{g_i(\xi)g_k(\xi)}{f^2(\xi)}\mathrm{d}\xi=\sum_{k=1}^{M}a_k G_{ik}\,, \tag{11.59}$$

式中

$$G_{ik}=\int_{r_0}^{r}\frac{g_i(\xi)g_k(\xi)}{f^2(\xi)}\mathrm{d}\xi=\left(\frac{g_i(\xi)}{f(\xi)},\frac{g_k(\xi)}{f(\xi)}\right). \tag{11.60}$$

记

$$\boldsymbol{G}=\begin{bmatrix}G_{11} & G_{12} & \cdots & G_{1M}\\ G_{21} & G_{22} & \cdots & G_{2M}\\ \vdots & \vdots & & \vdots\\ G_{M1} & G_{M2} & \cdots & G_{MM}\end{bmatrix}, \tag{11.61}$$

将式(11.59)改写成矩阵形式，则有

$$\boldsymbol{d}=\boldsymbol{G}\boldsymbol{a}. \tag{11.62}$$

注意到式(11.62)中 $\boldsymbol{d}$,$\boldsymbol{G}$ 是已知的，从中反演出

$$\boldsymbol{a}=\boldsymbol{G}^{-1}\boldsymbol{d}, \tag{11.63}$$

再将式(11.63)代入式(11.58)，即可得到最小模型解 $\hat{m}(\xi)$.

2. 最平缓模型

如要求一个 $m(\xi)$ 的某个“平均意义下起伏”最小的解，则须考虑 $m(\xi)$ 的导函数 $m'(\xi)=\frac{\partial m(\xi)}{\partial \xi}$，且需附加 $m(\xi)$ 的先验信息，这里需要的先验信息为 $m(\xi)$ 在 r 处的值 $m(r)$. 下面给出最平缓模型的求解过程.

首先，和最小模型类似，设权函数取为 $f(\xi)$，这里需要极小化的目标函数为

$$\boldsymbol{E}=\int_{r_0}^{r}(f(\xi)m'(\xi))^2\mathrm{d}\xi\,, \tag{11.64}$$

记

$$h_i(\xi)=\int_{r_0}^{\xi}g_i(u)\mathrm{d}u\,, \tag{11.65}$$

则 $h_i(r_0)=0$. 首先，注意到数据方程(11.53)中并不包括 $m'(\xi)$. 为此，对式(11.53)进行分部积分，即

$$\begin{aligned}\boldsymbol{d}_i&=\int_{r_0}^{r}g_i(\xi)m(\xi)\mathrm{d}\xi=m(\xi)h_i(\xi)\Big|_{r_0}^{r}-\int_{r_0}^{r}m'(\xi)h_i(\xi)\mathrm{d}\xi\\&=m(r)h_i(r)-\int_{r_0}^{r}m'(\xi)h_i(\xi)\mathrm{d}\xi,\end{aligned}$$

记

$$\boldsymbol{f}_i = m(r)h_i(r) - \boldsymbol{d}_i, \tag{11.66}$$

则有

$$\boldsymbol{f}_i = \int_{r_0}^{r} m'(\xi)h_i(\xi)\mathrm{d}\xi = (m'(\xi), h_i(\xi)), \quad i = 1,2,\cdots,M, \tag{11.67}$$

显然，式(11.67)就是新的数据方程组，可以作为极小式(11.64)的约束条件. 即最平缓模型的求解转化为求解如下条件极值问题

$$\begin{cases} \min \quad \boldsymbol{E} = \int_{r_0}^{r} (f(\xi)m'(\xi))^2 \mathrm{d}\xi \\ \text{s.t.} \quad \boldsymbol{f}_i = (m'(\xi), h_i(\xi)) \quad i = 1,2,\cdots,M \end{cases}. \tag{11.68}$$

也就是求解 $m'(\xi)$ 的最小模型的问题，这里 $\boldsymbol{f}_i$ 为新的观测数据，$h_i(\xi)$ 为新的核函数. 求解上条件极值问题得到 $m'(\xi)$ 的最小模型 $\hat{m}'(\xi)$ 后，积分即可得到 $m(\xi)$ 的最平缓模型.

条件极值问题(11.68)的求解方法前面已经介绍过，不再给出详细过程. 这里只给出求解 $m(\xi)$ 的最平缓模型的流程.

(1)按式(11.66)计算 $\boldsymbol{f}_i$ 及 $\dfrac{h_i(\xi)}{f(\xi)}$ 和 $\dfrac{h_k(\xi)}{f(\xi)}$ 的内积 H_{ik}：

$$H_{ik} = \int_{r_0}^{r} \left(\frac{h_i(\xi)}{f(\xi)}, \frac{h_k(\xi)}{f(\xi)}\right)\mathrm{d}\xi. \tag{11.69}$$

(2)按下式计算向量 $\boldsymbol{\beta}$，

$$\boldsymbol{F} = \boldsymbol{H}\boldsymbol{\beta}, \tag{11.70}$$

得 $\boldsymbol{\beta} = \boldsymbol{H}^{-1}\boldsymbol{F}$，式中

$$\boldsymbol{F} = \begin{bmatrix} f_1 \\ f_2 \\ \vdots \\ f_M \end{bmatrix}, \quad \boldsymbol{\beta} = \begin{bmatrix} \beta_1 \\ \beta_2 \\ \vdots \\ \beta_M \end{bmatrix}, \quad \boldsymbol{H} = \begin{bmatrix} H_{11} & H_{12} & \cdots & H_{1M} \\ H_{21} & H_{22} & \cdots & H_{2M} \\ \vdots & \vdots & & \vdots \\ H_{M1} & H_{M2} & \cdots & H_{MM} \end{bmatrix}.$$

(3)和式(11.61)类似，计算 $m'(\xi)$ 的最小模型 $\hat{m}'(\xi)$，即

$$\hat{m}'(\xi) = \frac{1}{f^2(\xi)}\boldsymbol{\beta}^{\mathrm{T}}\boldsymbol{h}, \tag{11.71}$$

其中，
$$\boldsymbol{h} = [h_1, h_2, \cdots, h_M]^{\mathrm{T}}.$$

(4)对 $\hat{m}'(\xi)$ 积分，可得 $m(\xi)$ 的最平缓模型，即

$$\widetilde{m}(\xi) = \int_{r_0}^{\xi} \hat{m}'(u)\mathrm{d}u. \tag{11.72}$$

例 11.8 取权函数 $f(x)=1$，求实例 1 的最平缓模型解.

解：考虑球对称地球模型，假设地球径向密度函数为 $\rho(r)$，则地球质量 M_e 和转动惯量 I_e 可由径向密度函数 $\rho(r)$ 确定，

$$M_e=\int_0^a \rho(r)\cdot 4\pi r^2\,dr,\quad I_e=\int_0^a \frac{8}{3}\pi r^4\cdot\rho(r)\,dr\ ,\tag{11.73}$$

其中,a 为地球半径. 假设根据天文测量可估计出地球的质量 M_e 和地球的转动惯量 I_e,要估计密度 $\rho(r)$.

令 $u=r/a$,$\hat{\rho}(u)=\rho(au)$,则

$$M_e=\int_0^a \rho(r)\cdot 4\pi r^2\,dr=4\pi a^3\int_0^1 \hat{\rho}(u)u^2\,du\ ,\tag{11.74}$$

及

$$I_e=\int_0^a \frac{8}{3}\pi r^4\cdot\rho(r)\,dr=\frac{8\pi a^5}{3}\int_0^1 \hat{\rho}(u)u^4\,du\ .\tag{11.75}$$

将实例 1 中的数据代入,则可得

$$\begin{cases} d_1=\int_0^1 \hat{\rho}(u)u^2\,du=1833 \\ d_2=\int_0^1 \hat{\rho}(u)u^4\,du=909.5 \end{cases}.\tag{11.76}$$

记 $g_1(u)=u^2$,$g_2(u)=u^4$,为了求得最平缓模型,必须附加先验信息,假设先验信息为地表密度,其值为 $\hat{\rho}(1)=\rho(a)=2800\ \text{kg/m}^3$. 由前面推导可知,此时的核函数为

$$\begin{cases} h_1(u)=\int_0^u g_1(\xi)\,d\xi=\dfrac{u^3}{3} \\ h_2(u)=\int_0^u g_2(\xi)\,d\xi=\dfrac{u^5}{5} \end{cases},\tag{11.77}$$

且

$$\begin{cases} h_1(1)=\dfrac{1}{3} \\ h_2(1)=\dfrac{1}{5} \end{cases}.\tag{11.78}$$

观测数据方程有

$$\begin{cases} f_1=\rho(1)h_1(1)-d_1 \\ f_2=\rho(1)h_2(1)-d_2 \end{cases}.\tag{11.79}$$

由式(11.76)、和式(11.79),有

$$\begin{cases} \int_0^1 \hat{\rho}'(u)u^3\,du=2700, \\ \int_0^1 \hat{\rho}'(u)u^5\,du=1748.2. \end{cases}\tag{11.80}$$

将 $\hat{\rho}'(u)$当作“模型”,其核函数分别为 $h_3(u)=u^3$,$h_4(u)=u^5$. 由此,

$$\boldsymbol{H}=\begin{bmatrix}\frac{1}{7} & \frac{1}{9}\\ \frac{1}{9} & \frac{1}{11}\end{bmatrix},\qquad \boldsymbol{\beta}=\boldsymbol{H}^{-1}\boldsymbol{f}=\begin{bmatrix}-79\ 849\\ 78\ 363\end{bmatrix}, \tag{11.81}$$

故

$$\hat{\rho}'(u)=\beta_1 u^3+\beta_2 u^5, \tag{11.82}$$

对上式积分,并注意到 $\hat{\rho}(1)=2\ 800\ \mathrm{kg/m^3}$,可得

$$\hat{\rho}(u)=9\ 702-19\ 962u^4+13\ 060u^6, \tag{11.83}$$

即

$$\rho(r)=9\ 702-19\ 962\left(\frac{r}{a}\right)^4+13\ 060\left(\frac{r}{a}\right)^6. \tag{11.84}$$

此即为最平缓模型.

3. 最光滑模型

这里,模型 $m(\xi)$ 的光滑程度用其二阶导数来刻画,即最光滑模型是指 $m''(\xi)$ 在某个平均意义下最小的模型. 这里不妨将权函数仍记作 $f(\xi)$,即需要极小化的目标函数为

$$\boldsymbol{E}=\int_{r_0}^{r}(f(\xi)m''(\xi))^2\mathrm{d}\xi. \tag{11.85}$$

下面再考虑约束条件. 和求解最平缓模型类似,数据方程(11.53)同样不含 $m(\xi)$ 的二阶导数,需用分部积分获得含 $m''(\xi)$ 的式子,这里分部积分是在式(11.67)的基础上再做分部积分,此时为了获得类似于式(11.67)的新的数据方程,除了需要函数值 $m(r)$ 外,还需添加新的先验信息——$m(\xi)$ 在 r 处的导数值 $m'(r)$.

下面给出详细过程. 记

$$k_i(\xi)=\int_{r_0}^{\xi}h_i(u)\mathrm{d}u=\int_{r_0}^{\xi}\int_{r_0}^{u}g_i(x)\mathrm{d}x\mathrm{d}u. \tag{11.86}$$

对式(11.67)再做一次分部积分,有

$$\begin{aligned}\boldsymbol{f}_i&=\int_{r_0}^{r}m'(\xi)h_i(\xi)\mathrm{d}\xi=m'(\xi)k_i(\xi)\Big|_{r_0}^{r}-\int_{r_0}^{r}m''(\xi)k_i(\xi)\mathrm{d}\xi\\&=m'(r)k_i(r)-\int_{r_0}^{r}m''(\xi)k_i(\xi)\mathrm{d}\xi,\end{aligned} \tag{11.87}$$

注意到式(11.67),若记

$$\boldsymbol{e}_i=m'(r)k_i(r)-\boldsymbol{f}_i=\boldsymbol{d}_i-m(r)h_i(r)+m'(r)k_i(r), \tag{11.88}$$

则得到新的数据方程为

$$\boldsymbol{e}_i=\int_{r_0}^{r}m''(\xi)k_i(\xi)\mathrm{d}\xi. \tag{11.89}$$

式(11.89)可以作为极小化式(11.85)的约束条件. 所以问题转化为求解以下条件极值问题

$$\begin{cases} \min \quad \boldsymbol{E} = \int_{r_0}^{r} (f(\xi)m''(\xi))^2 \mathrm{d}\xi \\ \text{s. t.} \quad \boldsymbol{e}_i = \int_{r_0}^{r} m''(\xi)k_i(\xi)\mathrm{d}\xi, \quad i = 1,2,\cdots,M \end{cases}. \tag{11.90}$$

求解出上条件极值问题获得 $m''(\xi)$的解 $\hat{m}''(\xi)$后，就可积分得到最光滑模型

$$\overline{m}(\xi) = \int_{r_0}^{\xi} \int_{r_0}^{u} \hat{m}''(x)\mathrm{d}x\mathrm{d}u \,. \tag{11.91}$$

求解条件极值问题(11.90)的方法前面已经介绍过了．这里只总结求解最光滑模型的过程．

(1)按式(11.88)计算 $\boldsymbol{e}_i$，计算$\dfrac{k_i(\xi)}{f(\xi)}$和$\dfrac{k_j(\xi)}{f(\xi)}$的内积 K_{ij}，并组成矩阵 $\boldsymbol{K}$，

$$K_{ij} = \int_{r_0}^{r} \left(\frac{k_i(\xi)}{f(\xi)}, \frac{k_j(\xi)}{f(\xi)}\right)\mathrm{d}\xi \,. \tag{11.92}$$

(2)按下式计算向量 $\boldsymbol{\gamma}$：

$$\boldsymbol{e}=\boldsymbol{K}\boldsymbol{\gamma}, \tag{11.93}$$

得 $\boldsymbol{\gamma}=\boldsymbol{K}^{-1}\boldsymbol{e}$，式中

$$\boldsymbol{e}=\begin{bmatrix} e_1 \\ e_2 \\ \vdots \\ e_M \end{bmatrix}, \quad \boldsymbol{\gamma}=\begin{bmatrix} \gamma_1 \\ \gamma_2 \\ \vdots \\ \gamma_M \end{bmatrix}, \quad \boldsymbol{K}=\begin{bmatrix} K_{11} & K_{12} & \cdots & K_{1M} \\ K_{21} & K_{22} & \cdots & K_{2M} \\ \vdots & \vdots & & \vdots \\ K_{M1} & K_{M2} & \cdots & K_{MM} \end{bmatrix}. \tag{11.94}$$

(3)计算 $m''(\xi)$的最小模型 $\hat{m}''(\xi)$

$$\hat{m}''(\xi) = \frac{1}{f^2(\xi)}\sum_{i=1}^{M}\gamma_i k_i(\xi) = \frac{1}{f^2(\xi)}\boldsymbol{\gamma}^{\mathrm{T}}\boldsymbol{k} \,, \tag{11.95}$$

其中，
$$\boldsymbol{k}=\begin{bmatrix} k_1 \\ k_2 \\ \vdots \\ k_M \end{bmatrix}.$$

(4)按式(11.91)计算最光滑模型 $\overline{m}(\xi)$.

由连续介质的最小模型，最平缓模型和最光滑模型的讨论中可以看出：除以观测数据方程作为限制条件外，最小模型无须另外的先验信息；而最平缓模型和最光滑模型则不同，前者需要知道在 r 处的 $m(r)$值，后者除 $m(r)$外还要知道 $m'(r)$的值.

由于目标函数不同，限制条件各异，连续介质的这三种模型无疑不会完全一致，但都可以拟合观测数据. 这再一次说明了反演问题的解的非唯一性.

11.3.2　BG 线性评价

从 BG 反演理论部分可以看出，连续型反演问题的解并不是唯一的，不同的限制条件和先验信息一般可以得到不同的解.

对待解的唯一性问题,有两种不同的策略:一种是强加各种不同的限制条件,以缩小解的非唯一性范围,使解更逼近待求的数学物理模型;另一种是从构造出来的模型中提取所有能拟合观测数据的模型的共同信息,这些共同信息只依赖于构造出的模型,而不依赖于反演方法.

本小节要介绍的 Backus-Gilbert 的线性评价理论就属于第二种策略.

我们只介绍在观测数据为有限、精确的情况下的 BG 线性评价问题. 实际观测数据有误差情形下的线性评价理论可参考文献[44].

1. 基本理论

假设观测数据方程为 $\boldsymbol{d}_i=(g_i,m),\quad i=1,2,\cdots,M,$

须考虑某个给定深度 ξ_0 处的模型值 $m(\xi_0)$.

首先假设可以求得一组系数 $a_i(\xi_0)$,使它和核函数 $g_i(\xi)$之线性组合可以构成一个狄拉克 δ 函数,即

$$\sum_{i=1}^{M}a_i(\xi_0)g_i(\xi)=\delta(\xi-\xi_0). \tag{11.96}$$

则

$$\begin{aligned}m(\xi_0)&=(\delta(\xi-\xi_0),m(\xi))=\Big(\sum_{i=1}^{M}a_i(\xi_0)\boldsymbol{g}_i,\boldsymbol{m}\Big)\\&=\sum_{i=1}^{M}a_i(\xi_0)\cdot(\boldsymbol{g}_i,\boldsymbol{m})=\sum_{i=1}^{M}a_i(\xi_0)\boldsymbol{d}_i.\end{aligned} \tag{11.97}$$

也就是说,可以利用 $a_i(\xi_0)$与观测的数据 $\boldsymbol{d}_i$ 的线性组合 $\sum_{i=1}^{M}a_i(\xi_0)\boldsymbol{d}_i$ 获得 $m(\xi_0)$,其中 $a_i(\xi_0)$的选取就是要使得 $g_i(\xi)$的线性组合 $\sum_{i=1}^{M}a_i(\xi_0)g_i(\xi)$ 等于 $\delta(\xi-\xi_0)$函数.

然而,$\delta(\xi-\xi_0)$函数是广义函数,或者说是一种奇异分布,无法由 M 个通常意义下的核函数 $g_i(\xi)$的线性组合 $A(\xi,\xi_0)=\sum_{i=1}^{M}a_i(\xi_0)g_i(\xi)$ 获得 $\delta(\xi-\xi_0)$函数,只能求得与 $\delta(\xi-\xi_0)$函数"近似"的函数,$A(\xi,\xi_0)$称为平均函数.

显然,平均函数 $A(\xi,\xi_0)$越接近于中心位于 ξ_0 的 δ 函数,则越能准确地确定 ξ_0 处的模型值 $m(\xi_0)$,即

$$\langle m(\xi_0)\rangle=(A(\xi,\xi_0),m(\xi)). \tag{11.98}$$

如把式(11.98)重新改写为

$$\langle m(\xi_0)\rangle=\int_{r_0}^{r}A(\xi,\xi_0)m(\xi)\mathrm{d}\xi,$$

则不难理解$\langle m(\xi_0)\rangle$是模型 $m(\xi)$在以平均函数 $A(\xi_0,\xi)$为窗口的范围内的平均值.

一般地,所取的平均函数 $A(\xi,\xi_0)$应满足的以下两个性质,即从分布的角度让其尽可能的接近狄拉克分布 $\delta(\xi-\xi_0)$.

(1)归一性,即

$$\int_{r_0}^{r} A(\xi,\xi_0)\mathrm{d}\xi = 1 . \tag{11.99}$$

(2)$A(\xi,\xi_0)$的峰值应在 ξ_0 处,最好均为正值. 从直观的角度来看,其峰的宽度应尽可能窄,最好接近于狄拉克 δ 函数,其主叶应该大,边叶应该小.

现在来考察利用平均函数 $A(\xi,\xi_0)$是否可以提取所有解的共同信息的问题. 假设模型 $m_1(\xi)$,$m_2(\xi)$都能拟合观测数据,即

$$\boldsymbol{d}_i=(g_i,m_1)=(g_i,m_2),\quad i=1,\cdots,M,$$

则

$$(A(\xi,\xi_0),m_1) = \sum_{i=1}^{M}(a_i(\xi_0)g_i,m_1) = \sum_{i=1}^{M}a_i(\xi_0)(g_i,m_1) = \sum_{i=1}^{M}a_i(\xi_0)d_i = \langle m(\xi_0)\rangle,$$

$$(A(\xi,\xi_0),m_2) = \sum_{i=1}^{M}(a_i(\xi_0)g_i,m_2) = \sum_{i=1}^{M}a_i(\xi_0)(g_i,m_2) = \sum_{i=1}^{M}a_i(\xi_0)d_i = \langle m(\xi_0)\rangle.$$

也就是说,能利用平均函数 $A(\xi,\xi_0)$从观测数据中提取出所有能拟合观测数据的模型(包含真实模型)所包含的共同信息$\langle m(\xi_0)\rangle$.

2. 加权系数 a_i 和平均函数 $A(\xi,\xi_0)$的确定方法.

由前面的讨论可知,要对 ξ_0 处的反演结果做评价,需要求平均函数 $A(\xi,\xi_0)$,使得 $A(\xi,\xi_0)$尽可能地“接近”狄拉克函数 $\delta(\xi-\xi_0)$,也就是说要在这个条件下确定加权系数 $a_i(\xi_0)(i=1,2,\cdots,M)$及平均函数 $A(\xi,\xi_0) = \sum_{i=1}^{M}a_i(\xi_0)g_i(\xi)$.

下面介绍加权系数 a_i 和平均函数 $A(\xi,\xi_0)$的三种常见的确定方法.

(1)第一类 Dirichlet 准则

由于希望平均函数 $A(\xi,\xi_0)$尽量“接近”$\delta(\xi-\xi_0)$,第一类 Dirichlet 准则以 $A(\xi,\xi_0)$和 $\delta(\xi-\xi_0)$的差的 $\boldsymbol{L}_2$ 范数作为度量,来衡量 $A(\xi,\xi_0)$和 $\delta(\xi-\xi_0)$的近似程度,即以 $\| A(\xi,\xi_0)-\delta(\xi-\xi_0) \|_2$ 最小作为目标函数,用于求取加权系数 $a_i(\xi_0)(i=1,2,\cdots,M)$. 它可以表示为以下泛函形式,即

$$\boldsymbol{E} = \int_{r_0}^{r} [A(\xi,\xi_0) - \delta(\xi-\xi_0)]^2\mathrm{d}\xi . \tag{11.100}$$

注意到式(11.100)在数学上并无意义,因为其不收敛.

将窗口函数 $A(\xi,\xi_0) = \sum_{i=1}^{M}a_i(\xi_0)g_i(\xi)$ 代入式(11.100),将其形式展开,得

$$\begin{aligned} E &= \int_{r_0}^{r} [\sum_{i=1}^{M}a_ig_i - \delta(\xi-\xi_0)]^2\mathrm{d}\xi \\ &= \int_{r_0}^{r} (\sum_{i=1}^{M}a_ig_i)^2\mathrm{d}\xi - 2\int_{r_0}^{r} (\sum_{i=1}^{M}a_ig_i)\cdot\delta(\xi-\xi_0)\mathrm{d}\xi + \int_{r_0}^{r} [\delta(\xi-\xi_0)]^2\mathrm{d}\xi, \end{aligned}$$

上式的最后一项不含 a_i,去掉上式中的最后一项,令

$$\widetilde{\boldsymbol{E}}=\int_{r_0}^{r}\Big(\sum_{i=1}^{M}a_ig_i\Big)^2\mathrm{d}\xi-2\int_{r_0}^{r}\Big(\sum_{i=1}^{M}a_ig_i\Big)\cdot\delta(\xi-\xi_0)\mathrm{d}\xi. \tag{11.100'}$$

则式(11.100')是一个有意义的式子,上式对 a_i 求偏导数,并设其为零,则有

$$\frac{\partial\widetilde{\boldsymbol{E}}}{\partial a_j}=2\Big\{\sum_{i=1}^{M}a_i\int_{r_0}^{r}g_ig_j\mathrm{d}\xi-\int_{r_0}^{r}\delta(\xi-\xi_0)g_j\mathrm{d}\xi\Big\}=0,$$

于是

$$\sum_{i=1}^{M}a_i\int_{r_0}^{r}g_ig_j\mathrm{d}\xi=g_j(\xi_0). \tag{11.101}$$

记 $G_{ij}=(g_i,g_j)$,及

$$\boldsymbol{G}=\begin{bmatrix}G_{11}&G_{12}&\cdots&G_{1M}\\G_{21}&G_{22}&\cdots&G_{2M}\\\vdots&\vdots&&\vdots\\G_{M1}&G_{M2}&\cdots&G_{MM}\end{bmatrix}, \tag{11.102}$$

则式(11.101)可改写成如下矩阵形式

$$\boldsymbol{d}=\boldsymbol{Ga}, \tag{11.103}$$

其中

$$\boldsymbol{d}=\begin{bmatrix}g_1(\xi_0)\\g_2(\xi_0)\\\vdots\\g_M(\xi_0)\end{bmatrix},\quad \boldsymbol{a}=\begin{bmatrix}a_1(\xi_0)\\a_2(\xi_0)\\\vdots\\a_M(\xi_0)\end{bmatrix}. \tag{11.104}$$

求解式(11.103),得

$$\boldsymbol{a}=\boldsymbol{G}^{-1}\boldsymbol{d}.$$

在求得 $\boldsymbol{a}$ 之后,则得平均函数 $A(\xi,\xi_0)=\sum_{i=1}^{M}a_i(\xi_0)g_i(\xi)$,进而可以利用式(11.97)提取出信息 $\langle m(\xi_0)\rangle$.

按第一类 Dirichlet 准则可以提取出模型的公共信息 $\langle m(\xi_0)\rangle$,但在实际应用的时候,按第一类 Dirichlet 准则求出的平均函数之边叶时常有正有负,而负值的出现使得从实际物理意义的角度对模型 $m(\xi)$ 之平均值的解释困难增大. 实践表明,具有负边叶的平均函数往往不如那种主叶较宽但边叶无负值出现的平均函数.

(2)第二类 Dirichlet 准则

利用第一类 Dirichlet 准则,可以由核函数和观察数据获得模型 $m(\xi)$ 在 ξ_0 处的信息 $\langle m(\xi_0)\rangle$,但是由于式(11.100)并不收敛,无法用来评估平均函数 $A(\xi,\xi_0)$"近似"狄拉克函数 $\delta(\xi-\xi_0)$ 的好坏.

为了克服第一类 Dirichlet 准则的不足,第二类 Dirichlet 准则采用 Heaviside 阶跃函数,而不是 δ 函数来构筑目标函数.

在 ξ_0 处的 Heaviside 阶跃函数定义为

$$H(\xi-\xi_0)=\int_0^{\xi}\delta(u-\xi_0)\mathrm{d}u\ , \tag{11.105}$$

即在广义函数理论中，Heaviside 函数的导数是 δ 函数.

在第一类 Dirichlet 准则中是用核函数的线性组合来逼近 δ 函数，即取为

$$A(\xi,\xi_0)=\sum_{i=1}^{M}a_i(\xi_0)g_i(\xi)\ . \tag{11.106}$$

第二类 Dirichlet 准则采取的策略是用核函数 $g_i(\xi)$的不定积分的线性组合来逼近阶跃函数 $H(\xi-\xi_0)$. 即设核函数 $g_i(\xi)$的原函数分别取为

$$u_i(\xi)=\int_{r_0}^{\xi}g_i(x)\mathrm{d}x\ , \tag{11.107}$$

则用来逼近阶跃函数 $H(\xi-\xi_0)$的函数取为

$$\widetilde{H}(\xi-\xi_0)=\sum_{i=1}^{M}a_i(\xi_0)u_i(\xi)\ . \tag{11.108}$$

第二类 Dirichlet 准则用 $\widetilde{H}(\xi-\xi_0)$和 $H(\xi-\xi_0)$之差的平方来构筑目标函数. 令

$$\boldsymbol{E}=\int_{r_0}^{r}[\widetilde{H}(\xi-\xi_0)-H(\xi-\xi_0)]^2\mathrm{d}\xi\ , \tag{11.109}$$

将式(11.108)代入式(11.109)并展开，得

$$\boldsymbol{E}=\sum_{i=1}^{M}\sum_{j=1}^{M}a_i(\xi_0)a_j(\xi_0)\int_{r_0}^{r}u_i(\xi)u_j(\xi)\mathrm{d}\xi-2\sum_{i=1}^{M}a_i(\xi_0)\int_{\xi_0}^{r}u_i(\xi)d\xi+(r-\xi_0). \tag{11.110}$$

令

$$G_{ij}=(u_i(\xi),u_j(\xi)),\quad b_i(\xi_0)=\int_{\xi_0}^{r}u_i(\xi)\mathrm{d}\xi.$$

及

$$\boldsymbol{a}=\begin{bmatrix}a_1(\xi_0)\\a_2(\xi_0)\\\vdots\\a_M(\xi_0)\end{bmatrix},\quad \boldsymbol{G}=\begin{bmatrix}G_{11}&G_{12}&\cdots&G_{1M}\\G_{21}&G_{22}&\cdots&G_{2M}\\\vdots&\vdots&&\vdots\\G_{M1}&G_{M2}&\cdots&G_{MM}\end{bmatrix},\quad \boldsymbol{b}=\begin{bmatrix}b_1(\xi_0)\\b_2(\xi_0)\\\vdots\\b_M(\xi_0)\end{bmatrix},$$

则式(11.110)可化为

$$\boldsymbol{E}=\boldsymbol{a}^{\mathrm{T}}\boldsymbol{G}\boldsymbol{a}-2\boldsymbol{a}^{\mathrm{T}}\boldsymbol{b}+(\boldsymbol{r}-\boldsymbol{\xi}_0). \tag{11.111}$$

根据最优化原理，求 $\boldsymbol{E}$ 对 $\boldsymbol{a}^{\mathrm{T}}$ 的偏导数，并令其为零，可得

$$\boldsymbol{G}\boldsymbol{a}=\boldsymbol{b}, \tag{11.112}$$

求解式(11.112)得

$$\boldsymbol{a}=\boldsymbol{G}^{-1}\boldsymbol{b}. \tag{11.113}$$

求出向量 $\boldsymbol{a}$ 之后，则不难根据 $A(\xi,\xi_0)=\sum\limits_{i=1}^{M}a_i(\xi_0)g_i(\xi)$，进而可以利用式(11.97)提取出 ξ_0 处模型之平均值信息 $\langle m(\xi_0)\rangle$.

在第二类 Dirichlet 准则中，可以利用式(11.109)来衡量 $\widetilde{H}(\xi-\xi_0)$ 与 $H(\xi-\xi_0)$ 的接近程度，显然 $\boldsymbol{E}$ 越小，近似效果越好.

显然，利用第二类 Dirichlet 准则和第一类 Dirichlet 准则求出的解一般是不会相同的，在利用第二类 Dirichlet 准则求解的时候，要想知道所求出的解 $\langle m(\xi_0)\rangle$ 在多大程度上反映模型在 ξ_0 处的值，除了要分析平均函数 $A(\xi,\xi_0)$ 的形态，还应该结合式(11.109)考虑误差. 只有结合 $\langle m(\xi_0)\rangle$，$A(\xi,\xi_0)$ 和式(11.109)中的 $\boldsymbol{E}$，才有可能给 $\langle m(\xi_0)\rangle$ 接近 $m(\xi_0)$ 的程度做出明确的回答.

(3)BG 展伸准则

BG 展伸准则从类似概率分布的角度对平均核函数 $A(\xi,\xi_0)$ 进行选取，即希望 $A(\xi,\xi_0)$ 满足归一性条件

$$\int_{r_0}^{r}A(\xi,\xi_0)\mathrm{d}\xi=1\ , \tag{11.114}$$

并希望 $A(\xi,\xi_0)$ 在 ξ_0 处尽可能集中. BG 展伸准则所选取的目标函数为类似于二阶矩的形式

$$\boldsymbol{E}=\int_{r_0}^{r}(\xi-\xi_0)^2A\,(\xi,\xi_0)^2\mathrm{d}\xi. \tag{11.115}$$

所以，$A(\xi,\xi_0)$ 的求取问题转化成求解以下条件极值问题

$$\begin{cases}\min\quad \boldsymbol{E}=\int_{r_0}^{r}(\xi-\xi_0)^2A\,(\xi,\xi_0)^2\mathrm{d}\xi\\ \text{s. t.}\quad \int_{r_0}^{r}A(\xi,\xi_0)\mathrm{d}\xi=1\end{cases}. \tag{11.116}$$

根据条件极值原理，利用拉格朗日乘子法将上面的条件极值问题，化为无条件极值问题. 即求泛函

$$\boldsymbol{L}=\int_{r_0}^{r}(\xi-\xi_0)^2A\,(\xi,\xi_0)^2\mathrm{d}\xi+\lambda\Big[1-\int_{r_0}^{r}\sum_{i=1}^{M}a_i(\xi_0)g_i(\xi)\mathrm{d}\xi\Big] \tag{11.117}$$

的无条件极值问题.

记

$$S_{ij}(\xi_0)=\int_{r_0}^{r}(\xi-\xi_0)^2g_i(\xi)g_j(\xi)\mathrm{d}\xi\ , \tag{11.118}$$

$$u_i=\int_{r_0}^{r}g_i(\xi)\mathrm{d}\xi\ , \tag{11.119}$$

及

$$\boldsymbol{a}=[a_1(\xi_0),a_2(\xi_0),\cdots,a_M(\xi_0)]^{\mathrm{T}},\qquad \boldsymbol{U}=[u_1,u_2,\cdots,u_M]^{\mathrm{T}},$$

$$S=\begin{bmatrix} S_{11}(\xi_0) & S_{12}(\xi_0) & \cdots & S_{1M}(\xi_0) \\ S_{21}(\xi_0) & S_{22}(\xi_0) & \cdots & S_{2M}(\xi_0) \\ \vdots & \vdots & & \vdots \\ S_{M1}(\xi_0) & S_{M2}(\xi_0) & \cdots & S_{MM}(\xi_0) \end{bmatrix}, \tag{11.120}$$

则式(11.117)可写成

$$\begin{aligned} \boldsymbol{L} &= \sum_{i=1}^{M}\sum_{j=1}^{M} S_{ij}(\xi_0)a_i(\xi_0)a_j(\xi_0)+\lambda\left[1-\sum_{i=1}^{M}a_i(\xi_0)u_i\right] \\ &= \boldsymbol{a}^{\mathrm{T}}\boldsymbol{S}\boldsymbol{a}+\lambda[1-\boldsymbol{a}^{\mathrm{T}}\boldsymbol{U}]. \end{aligned} \tag{11.121}$$

令

$$\frac{\partial E}{\partial \boldsymbol{a}^{\mathrm{T}}}=\boldsymbol{S}\boldsymbol{a}-\lambda\boldsymbol{U}=0, \tag{11.122}$$

则

$$\boldsymbol{a}=\lambda\boldsymbol{S}^{-1}\boldsymbol{U}, \tag{11.123}$$

将式(11.123)转置再右乘 $\boldsymbol{U}$,然后由 $\boldsymbol{a}^{\mathrm{T}}\boldsymbol{U}=1$ 可得

$$\lambda\boldsymbol{U}^{\mathrm{T}}\boldsymbol{S}^{-1}\boldsymbol{U}=1,$$

由上式求得

$$\lambda=(\boldsymbol{U}^{\mathrm{T}}\boldsymbol{S}^{-1}\boldsymbol{U})^{-1}. \tag{11.124}$$

将式(11.124)代入式(11.123),可求得

$$\boldsymbol{a}=(\boldsymbol{U}^{\mathrm{T}}\boldsymbol{S}^{-1}\boldsymbol{U})^{-1}\boldsymbol{S}^{-1}\boldsymbol{U}, \tag{11.125}$$

再将式(11.124)代入式(11.97)和式(11.106),得

$$\langle m(\xi_0)\rangle=\boldsymbol{a}^{\mathrm{T}}\boldsymbol{d}=\boldsymbol{U}^{\mathrm{T}}\boldsymbol{S}^{-1}(\boldsymbol{U}^{\mathrm{T}}\boldsymbol{S}^{-1}\boldsymbol{U})^{-1}\boldsymbol{d}, \tag{11.126}$$

及

$$A(\xi,\xi_0)=\boldsymbol{a}^{\mathrm{T}}\boldsymbol{g}=\boldsymbol{U}^{\mathrm{T}}\boldsymbol{S}^{-1}(\boldsymbol{U}^{\mathrm{T}}\boldsymbol{S}^{-1}\boldsymbol{U})^{-1}\boldsymbol{g}, \tag{11.127}$$

其中,$\boldsymbol{g}=[g_1,g_2,\cdots,g_M]^{\mathrm{T}}$.

和第二类 Dirichlet 准则类似,在利用 BG 展伸准则求出 $\langle m(\xi_0)\rangle$ 后,还应该结合平均函数 $A(\xi,\xi_0)$ 的形态,及式(11.116)所反映出的平均函数的"二阶矩",只有综合分析以上三种信息才可能取得关于 ξ_0 处模型的真正信息.

习　题　11

1. 证明:反演问题(11.18)存在与 $\boldsymbol{G}$ 的零空间 $N(\boldsymbol{G})$ 正交的最小二乘解.

2. 假设 $\boldsymbol{d}=[1,0,1]^{\mathrm{T}}$ 和 $\boldsymbol{G}=\begin{bmatrix}1 & 1\\ 1 & 1\\ 1 & 1\end{bmatrix}$,求反演问题(11.18)的与 $\boldsymbol{G}$ 的零空间正交的最小二

乘解.

3. 试求解纯欠定问题$\begin{bmatrix}1 & 3 & 1\\4 & 6 & 1\end{bmatrix}\begin{bmatrix}m_1\\m_1\end{bmatrix}=\begin{bmatrix}1\\2\end{bmatrix}$的最小长度解.

4. 取阻尼系数$\varepsilon^2=0.5$,试用 Marquardt 法求解如下混定问题:

$$\begin{bmatrix}3 & 5 & 7\\4 & 9 & 11\\11 & 23 & 29\end{bmatrix}\begin{bmatrix}m_1\\m_2\\m_3\end{bmatrix}=\begin{bmatrix}6\\14\\23\end{bmatrix}.$$

5. 试求解实例 1 的最小模型.

6. 试利用 BG 展伸准则分别求取实例 1 中的密度函数在$r_1=1000$ km 和$r_2=5000$ km 处的值.

参考文献

[1] 张明.应用数值分析[M].4版.北京:石油工业出版社,2012.
[2] 李庆扬,王能超,易大义.北京:清华大学出版社,2009.
[3] 王新民,董小刚.工程中的数值方法[M].长春:吉林人民出版社,2001.
[4] 姜启源,邢文训,谢金星,等.大学数学实验[M].北京:清华大学出版社,2009.
[5] 钟秦,俞马宏.化工数值计算[M].北京:化学工业出版社,2003.
[6] 易正俊.数理统计及其工程应用[M].北京:清华大学出版社,2014.
[7] 林源渠.泛函分析学习指南[M].北京:北京大学出版社,2010.
[8] 白峰杉.数值计算引论[M].北京:高等教育出版社,2004.
[9] 关治,陈景良.数值计算方法[M].北京:清华大学出版社,1990.
[10] 李庆扬,关治,白峰杉.数值计算原理[M].北京:清华大学出版社,2000.
[11] 李荣华,冯果忱.微分方程数值解法[M].3版.北京:高等教育出版社,1996.
[12] 戴天时.矩阵论[M].长春:吉林科学技术出版社,2000.
[13] 徐萃薇,孙绳武.计算方法引论[M].3版.北京:高等教育出版社,2007.
[14] 徐利治,王仁宏,周蕴时.函数逼近的理论与方法[M].上海:上课科学技术出版社,1983.
[15] 李庆扬,莫孜中,祁力群.非线性方程组数值解法[M].北京:科学出版社,1987.
[16] 李荣华.解边值问题的伽辽金方法[M].上海:上课科学技术出版社,1988.
[17] 孙讷正.地下水污染:数学模型和数值方法[M].北京:地质出版社,1989.
[18] 王洪涛.多孔介质污染物迁移动力学[M].北京:高等教育出版社,2008.
[19] ZHENG C,BENNETT G D.地下水污染物迁移模拟[M].2版.孙晋玉,卢国平,译.北京:高等教育出版社,2009.
[20] RECKTANWALD G.数值方法和MATLAB实现与应用[M].伍卫国,等,译.北京:机械工业出版社,2004.
[21] 徐树方.矩阵计算的理论与方法[M].北京:北京大学出版社,1995.
[22] 徐树方,高立,张平文.数值线性代数[M].北京:北京大学出版社,2006.
[23] 姜启源,谢金星,叶俊.数学模型[M].4版.北京:高等教育出版社,2006.
[24] 袁志发,等.多元统计分析[M].北京:科学出版社,2002.
[25] 魏宗舒,等.概率论与数理统计教程[M].北京:高等教育出版社,1983.
[26] 沈恒范.概率论与数理统计教程[M].4版.北京:高等教育出版社,2003.
[27] 李贤平,等.概率论与数理统计简明教程[M].北京:高等教育出版社,1988.
[28] 廖昭懋,等.概率论与数理统计[M].北京:北京师范大学出版社,1988.
[29] 周概容.概率论与数理统计[M].北京:高等教育出版社,1988.
[30] 刘剑平,等.概率论与数理统计方法[M].上海:华东理工大学出版社,2001.
[31] 陆元鸿,等.概率统计[M].上海:华东理工大学出版社,2003.
[32] 于寅.高等工程数学[M].3版.武汉:华中科技大学出版社,2001.

[33] 孙荣恒.应用数理统计[M].2 版.北京:科学出版社,2003.
[34] 颜钰芬,等.数理统计[M].上海:上海交通大学出版社,1992.
[35] 汪荣鑫.数理统计[M].西安:西安交通大学出版社,1986.
[36] 韩於羹.应用数理统计[M].北京:北京航空航天大学出版社,1989.
[37] 张尧庭,等.多元统计分析引论[M].北京:科学出版社,1982.
[38] 方开泰.实用多元统计分析[M].上海:华东师范大学出版社,1989.
[39] 胡国定,等.多元数据分析方法:纯代数处理[M].天津:南开大学出版社,1990.
[40] 梅长林,等.实用统计方法[M].北京:科学出版社,2002.
[41] KENDALL M.多元分析[M].中国科学院计算中心概率统计组,译.北京:科学出版社,1983.
[42] ENSLEIN K,等.数字计算机上用的计算方法(第三卷)——统计方法[M].中国科学院计算中心概率统计组,译.上海:上海科学技术出版社,1981.
[43] 徐果明.反演理论及其应用[M].北京:地震出版社,2003.
[44] 王家映.地球物理反演理论[M].2 版.北京:高等教育出版社,2002.
[45] 姚姚.地球物理反演基本理论与应用方法[M].北京:中国地质大学出版社,2002.
[46] 傅淑芳,朱仁益.地球物理反演问题[M].北京:地震出版社,1998.
[47] SAAD Y. Iterative Methods for Sparse Linear Systems[M]. Boston: PWS Bublishing Company, 1996.
[48] BURDEN R L,FAIRES J D. Numerical Analysis[M]. 7th ed. Beijing: Higher Education Press, 2001.
[49] HORN R A,JOHNSON C R. Matrix Analysis[M]. Beijing: Posts & Telecom Press, 2005.
[50] ZIENKIEWICZ O C,TALYLOR R L,ZHU J Z. Finite Element Method: It's Basis & Fundamentals[M]. Singapore: Elservier Pte Ltd., 2008.